Dubbel Mathematik

U. Jarecki • Hans-Joachim Schulz

Dubbel Mathematik

Eine kompakte Ingenieurmathematik
zum Nachschlagen

Prof. Dr. Hans-Joachim Schulz
Beuth Hochschule für Technik
Berlin
Luxemburger Straße 10
13353 Berlin
Deutschland
hjschulz@beuth-hochschule.de

Prof. Dr. U. Jarecki †
Beuth Hochschule für Technik
Berlin

ISBN 978-3-642-22058-6   e-ISBN 978-3-642-22059-3
DOI 10.1007/978-3-642-22059-3
Springer Heidelberg Dordrecht London New York

Die Deutsche Nationalbibliothek verzeichnet diese Publikation in der Deutschen Nationalbibliografie; detaillierte bibliografische Daten sind im Internet über http://dnb.d-nb.de abrufbar.

© Springer-Verlag Berlin Heidelberg 2011
Dieses Werk ist urheberrechtlich geschützt. Die dadurch begründeten Rechte, insbesondere die der Übersetzung, des Nachdrucks, des Vortrags, der Entnahme von Abbildungen und Tabellen, der Funksendung, der Mikroverfilmung oder der Vervielfältigung auf anderen Wegen und der Speicherung in Datenverarbeitungsanlagen, bleiben, auch bei nur auszugsweiser Verwertung, vorbehalten. Eine Vervielfältigung dieses Werkes oder von Teilen dieses Werkes ist auch im Einzelfall nur in den Grenzen der gesetzlichen Bestimmungen des Urheberrechtsgesetzes der Bundesrepublik Deutschland vom 9. September 1965 in der jeweils geltenden Fassung zulässig. Sie ist grundsätzlich vergütungspflichtig. Zuwiderhandlungen unterliegen den Strafbestimmungen des Urheberrechtsgesetzes.
Die Wiedergabe von Gebrauchsnamen, Handelsnamen, Warenbezeichnungen usw. in diesem Werk berechtigt auch ohne besondere Kennzeichnung nicht zu der Annahme, dass solche Namen im Sinne der Warenzeichen- und Markenschutz-Gesetzgebung als frei zu betrachten wären und daher von jedermann benutzt werden dürften.

Einbandentwurf: eStudio Calamar S.L.

Gedruckt auf säurefreiem Papier

Springer ist Teil der Fachverlagsgruppe Springer Science+Business Media (www.springer.com)

Vorwort zur DUBBEL Mathematik

Die *DUBBEL Mathematik* in kompakter Form ist jetzt wieder gedruckt verfügbar. Sie enthält alle wesentlichen Elemente der *Ingenieursmathematik* für die Studierenden des Maschinenbaus und für den in der Industrie tätigen Ingenieur. Hervorragend eignet sie sich zum schnellen Nachlesen von mathematischen Regeln und Zusammenhängen und ergänzt damit das Standardwerk DUBBEL, das jetzt in der 23. Auflage vorliegt.

Weitere Informationen und das ausführliche Inhaltsverzeichnis zum
DUBBEL – Taschenbuch für den Maschinenbau
finden Sie unter
http://www.springer.com/engineering/mechanical+eng/book/978-3-642-17305-9

Die Herausgeber des DUBBEL K.-H. Grote und J. Feldhusen

Inhaltsverzeichnis

A   Mathematik

1   Mengen, Funktionen und Boolesche Algebra A3
1.1   Mengen A3
     1.1.1 Mengenbegriff A3. – 1.1.2 Mengenrelationen A3. – 1.1.3 Mengenverknpfüngen A3. –
     1.1.4 Das kartesische oder Kreuzprodukt A3.
1.2   Funktionen A4
1.3   Boolesche Algebra A4
     1.3.1Grundbegriffe A4. – 1.3.2 Zweielementige Boolesche Algebra A5.

2   Zahlen A6
2.1   Reelle Zahlen A6
     2.1.1 Einführung A6. – 2.1.2 Grundgesetze der reellen Zahlen A6. – 2.1.3 Der absolute Betrag
     A7 – 2.1.4 Mittelwerte und Ungleichungen A7. – 2.1.5 Potenzen, Wurzeln und Logarithmen
     A7. – 2.1.6 Zahlendarstellung in Stellenwertsystemen A7. – 2.1.7 Endliche Folgen und Reihen
     Binomischer Lehrsatz A8 – 2.1.8 Unendliche reelle Zahlenfolgen und Zahlenreihen A9.
2.2   Komplexe Zahlen A10
     2.2.1 Komplexe Zahlen und ihre geometrische Darstellung A10. – 2.2.2 Addition und
     Multiplikation A10.– 2.2.3 Darstellung in Polarkoordinaten. Absoluter Betrag A10. –
     2.2.4 Potenzen und Wurzeln A10.
2.3   Gleichungen A11
     2.3.1 Algebraische Gleichungen A11.– 2.3.2 Polynome A11.– 2.3.3 Transzendente
     Gleichungen A12.

3   Lineare Algebra A12
3.1   Vektoralgebra A12
     3.1.1 Vektoren und ihre Eigenschaften A12.– 3.1.2 Lineare Abh ngigkeit und Basis A13.–
     3.1.3 Koordinatendarstellung von Vektoren A 14. –3.1.4 Inneres oder skalares
     Produkt A14.– 3.1.5 Äußeres oder vektorielles Produkt A14. – 3.1.6 Spatprodukt A15.–
     3.1.7 Entwicklungssatz und mehrfache Produkte A15.
3.2   Der reelle n-dimensionale Vektorraum $\mathbb{R}^n$ A15
     3.2.1 Der reelle Euklidische Raum A16.– 3.2.2 Determinanten A16. – 3.2.3 Cramer-Regel
     A17. – 3.2.4 Matrizen und lineare Abbildungen A18. – 3.2.5 Lineare Gleichungssysteme A19.

4   Geometrie A21
4.1   Planimetrie A21
     4.1.1 Punkt, Gerade, Strahl, Strecke, Streckenzug A21. – 4.1.2 Orientierung einer
     Ebene A21. – 4.1.3 Winkel A21. – 4.1.4 Strahlens tze A21 – 4.1.5 Ähnlichkeit A22. –
     4.1.6 Teilung von Strecken A22. – 4.1.7 Pythagoreische Sätze A23.
4.2   Trigonometrie A23
     4.2.1 Goniometrie A23. – 4.2.2 Berechnung von Dreiecken und Fl chen A27.
4.3   Stereometrie A28
     4.3.1 Punkt, Gerade und Ebene im Raum A28.– 4.3.2 Körper, Volumenmessung A30. –
     4.3.3 Polyeder A30.– 4.3.4 Oberfläche und Volumen von Polyedern A30.–
     4.3.5 Oberfläche und Volumen von einfachen Rotationskörpern A30.– 4.3.6 Guldinsche
     Regeln A30.
4.4   Darstellende Geometrie A30
     4.4.1 Vergleich der Projektionsarten A33. – 4.4.2 Orthogonale Zweitafelprojektion A33.–
     4.4.3 Axonometrische Projektionen A35.

4.5　Methoden zur Darstellung analytisch nicht beschreibbarer geometrischer Objekte A37
　　4.5.1 Problemstellung A37. – 4.5.2 Darstellung einer Raumkurve durch $n+1$ Stützpunkte mit Hilfe von Spline-Funktionen A37. – 4.5.3 Bezier-Kurven A38. – 4.5.4 B-spline-Kurven A39. – 4.5.5 Flächendarstellung A40.

5　Analytische Geometrie A41
5.1　Analytische Geometrie der Ebene A41
　　5.1.1 Das kartesische Koordinatensystem A41. – 5.1.2 Strecke A41. – 5.1.3 Dreieck A42.– 5.1.4 Winkel A42. – 5.1.5 Gerade A42. – 5.1.6 Koordinatentransformationen A43. – 5.1.7 Kegelschnitte A43. – 5.1.8 Allgemeine Kegelschnittgleichung A46.
5.2　Analytische Geometrie des Raumes A47
　　5.2.1 Das kartesische Koordinatensystem A47. – 5.2.2 Strecke A47. – 5.2.3 Dreieck und Tetraeder A48. – 5.2.4 Gerade A48. – 5.2.5 Ebene A49. – 5.2.6 Koordinatentransformationen A50.

6　Differential- und Integralrechnung A50
6.1　Reellwertige Funktionen einer reellen Variablen A50
　　6.1.1 Grundbegriffe A50. – 6.1.2 Grundfunktionen A51. – 6.1.3 Einteilung der Funktionen A52.– 6.1.4 Grenzwert und Stetigkeit A52. – 6.1.5 Ableitung einer Funktion A53. – 6.1.6 Differentiale A54. – 6.1.7 Sätze über differenzierbare Funktionen A54. – 6.1.8 Monotonie, Konvexität und Extrema von differenzierbaren Funktionen A55. – 6.1.9 Grenzwertbestimmung durch Differenzieren. Regel von de l'Hospital A57. – 6.1.10 Das bestimmte Integral A57. – 6.1.11 Integralfunktion, Stammfunktin und Hauptsatz der Differential- und Integralrechnung A58. – 6.1.12 Das unbestimmte Integral A58. – 6.1.13 Integrationsmethoden A58. – 6.1.14 Integration rationaler Funktionen A59. – 6.1.15 Integration von irrationalen algebraischen und transzendenten Funktionen A60 – 6.1.16 Uneigentliche Integrale A61. – 6.1.17 Geometrische Anwendungen der Differential- und Integralrechnung A61. – 6.1.18 Unendliche Funktionenreihen A61. –
6.2　Reellwertige Funktionen mehrerer reeller Variablen A65
　　6.2.1 Grundbegriffe A65. – 6.2.2 Grenzwerte und Stetigkeit A66. – 6.2.3 Partielle Ableitungen A66. – 6.2.4 Integraldarstellung von Funktionen und Doppelintegrale A69. – 6.2.5 Flächen- und Raumintegrale A69.

7　Kurven und Flächen, Vektoranalysis A72
7.1　Kurven in der Ebene A72
　　7.1.1 Grundbegriffe A72. – 7.1.2 Tangenten und Normalen A73. – 7.1.3 Bogenlänge A74. – 7.1.4 Krümmung A74. – 7.1.5 Einhüllende einer Kurvenschar A75. – 7.1.6 Spezielle ebene Kurven A75. – 7.1.7 Kurvenintegrale A78.
7.2　Kurven im Raum A80
　　7.2.1 Grundbegriffe A80. – 7.2.2 Tangente und Bogenlänge A80. – 7.2.3 Kurvenintegrale A80.
7.3　Fläche A81
　　7.3.1 Grundbegriffe A81. – 7.3.2 Tangentialebene A82. – 7.3.3 Oberflächenintegrale A82.
7.4　Vektoranalysis A83
　　7.4.1 Grundbegriffe A83. – 7.4.2 Der ∇-(Nabla-) Operator A84. – 7.4.3 Integralsätze A84.

8　Differentialgleichungen A85
8.1　Gewöhnliche Differentialgleichungen A85
　　8.1.1 Grundbegriffe A85. – 8.1.2 Differentialgleichung 1. Ordnung A85. – 8.1.3 Differentialgleichungen n-ter Ordnung A87. – 8.1.4 Lineare Differentialgleichungen A87.– 8.1.5 Lineare Differentialgleichungen mit konstanten Koeffizienten A88. – 8.1.6 Systeme von linearen Differentialgleichungen mit konstanten Koeffizienten A89. – 8.1.7 Randwertaufgabe A91. – 8.1.8 Eigenwertaufgabe A91.
8.2　Partielle Differentialgleichungen A92
　　8.2.1 Lineare partielle Differentialgleichungen 2. Ordnung A92.– 8.2.2 Trennung der Veränderlichen A92. – 8.2.3 Anfangs- und Randbedingungen A92.

9 Auswertung von Beobachtungen und Messungen A94
9.1 Kombinatorik A94
   9.1.2 Variationen A94. – 9.1.3 Kombinationen A94.
9.2 Fehlerrechnung A95
   9.1.1 Permutationen A94. – 9.2.1 Fehlerarten A95. – 9.2.2 Fehlerfortpflanzung bei systematischen Fehlern A95.
9.3 Ausgleichsrechnung nach der Methode der kleinsten Quadrate A95
   9.3.1 Grundlagen A95. – 9.3.2 Ausgleich direkter Messungen gleicher Genauigkeit A96. – 9.3.3 Fehlerfortpflanzung bei zufälligen Fehlergrößen A96. – 9.3.4 Ausgleich direkter Messungen ungleicher Genauigkeit A97.
9.4 Wahrscheinlichkeitsrechnung A97
   9.4.1 Definitionen und Rechengesetze der Wahrscheinlichkeit A97. – 9.4.2 Zufallsvariable und Verteilungsfunktion A99. – 9.4.3 Parameter der Verteilungsfunktion A100. – 9.4.4 Einige spezielle Verteilungsfunktionen A100.
9.5 Statistik A100
   9.5.1 Häufigkeitsverteilung A100. – 9.5.2 Arithmetischer Mittelwert, Varianz und Standardabweichung A104. – 9.5.3 Regression und Korrelation A105.

10 Praktische Mathematik A106
10.1 Graphische Darstellung von Funktionen A106
   10.1.1 Graph einer Funktion A106. – 10.1.2 Funktionsskalen A106. – 10.1.3 Funktionskurven in ebenen, rechtwinkligen Koordinatensystemen (Diagramme) A107.
10.2 Einführung in die Nomographie A107
   10.2.1 Nomogramme für zwei Veränderliche A107. – 10.2.2 Nomogramme für drei Veränderliche A107. – 10.2.3 Nomogramme für mehr als drei Veränderliche A110.
10.3 Numerische Berechnung von Wurzeln nichtlinearer Gleichungen A110
   10.3.1 Methode der schrittweisen Näherung (Iterationsverfahren) A110. – 10.3.2 Newtonsches Näherungsverfahren A111. – 10.3.3 Sekantenverfahren und Regula falsi A111. – 10.3.4 Konvergenzordnung A111. – 10.3.5 Probleme der Genauigkeit A111.
10.4 Interpolationsverfahren A112
   10.4.1 Aufgabenstellung, Existenz und Eindeutigkeit der Lösung A112. – 10.4.2 Ansatz nach Lagrange A112. – 10.4.3 Ansatz nach Newton A112. – 10.4.4 Polynomberechnung nach dem Horner-Schema A113.
10.5 Auflösung linearer Gleichungen A114
   10.5.1 Gaußsches Eliminationsverfahren A114.
10.6 Integrationsverfahren A115
   10.6.1 Newton-Cotes-Formeln A115. – 10.6.2 Graphisches Integrationsverfahren A117. – 10.6.3 Differenzenoperatoren A117.
10.7 Numerische Lösungsverfahren für Differentialgleichungen A118
   10.7.1 Aufgabenstellung des Anfangswertproblems A118. – 10.7.2 Das Eulersche Streckenzugverfahren A118. – 10.7.3 Runge-Kutta-Verfahren A119.
10.8 Lineare Optimierung A120
   10.8.1 Graphisches Verfahren für zwei Variablen A120. – 10.8.2 Simplexverfahren A120. – 10.8.3 Parametrische lineare Optimierung A123.
10.9 Nichtlineare Optimierung A124
   10.9.1 Problemstellung A124. – 10.9.2 Einige spezielle Algorithmen A124.

11 Anhang A: Diagramme und Tabellen A126

A Mathematik

1 Mengen, Funktionen und Boolesche Algebra

U. **Jarecki**, Berlin

1.1 Mengen

1.1.1 Mengenbegriff

Die Menge ist als eine Gesamtheit von verschiedenen Objekten mit gemeinsamen Eigenschaften erklärt. Die grundlegende Beziehung zwischen Mengen M und ihren Elementen m ist die Relation des Enthaltenseins mit dem Symbol $\in$:

$m \in M$ m ist Element von M,
$m \notin M$ m ist nicht Element von M.

Endliche Mengen können durch Aufzählung ihrer Elemente in einer Mengenklammer erklärt sein, z.B. $M = \{1, 2, 3\}$. Einelementige Mengen, z.B. $\{a\}$, sind von ihrem Element, z.B. a, zu unterscheiden. Die leere Menge $\{\ \}$ oder $\emptyset$ enthält kein Element.

Unendliche Mengen werden durch die Eigenschaften ihrer Elemente gekennzeichnet. Bedeutet $G(x)$ die Aussageform „x ist gerade Zahl", so wird die Menge G der geraden Zahlen dargestellt durch

$$G = \{x \mid G(x)\} = \{x \mid x \text{ ist gerade Zahl}\}.$$

Mengen werden durch Punktmengen in der Ebene, z.B. Kreise (**Bild 1**), veranschaulicht (Venn-Diagramm). Auf **Bild 1 a** ist der Punkt a ein Element der Menge A, während der Punkt b nicht zu A gehört.

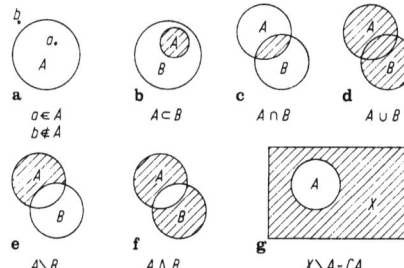

Bild 1 a–g. Venn-Diagramm

1.1.2 Mengenrelationen

Teilmengenrelation $A \subset B$ (**Bild 1 b**). A ist Teilmenge von B oder B ist Obermenge von A, wenn jedes Element von A auch Element von B ist. So ist die Menge der natürlichen Zahlen Teilmenge der ganzen Zahlen. Es gelten die Eigenschaften

$\emptyset \subset A$, $A \subset A$; aus $A \subset B$ und $B \subset C$ folgt $A \subset C$.

Gleichheitsrelation $A = B$. Die Mengen A und B heißen gleich, wenn sie die gleichen Elemente enthalten. Jedes Element von A ist in B und jedes Element von B ist in A enthalten. Also $A = B$ genau dann, wenn $A \subset B$ und $B \subset A$.

Beispiele:

$\{1;2\} = \{2;1\} = \{x \mid (x-1)(x-2) = 0\}$,
$\{x \mid x^2 > 1\} = \{x \mid x > 1 \text{ oder } x < -1\}$.

Potenzmenge $\mathfrak{P}(X)$. Sie ist definiert als Menge aller Teilmengen von X, also $A \in \mathfrak{P}(X)$ ist gleichbedeutend mit $A \subset X$.

1.1.3 Mengenverknüpfungen

Durchschnitt $A \cap B$ (**Bild 1 c**). Er ist die Menge aller Elemente, die sowohl zu A als auch zu B gehören.

$$A \cap B = \{x \mid x \in A \text{ und } x \in B\}.$$

Beispiele:

$\{a,b,c\} \cap \{b,d\} = \{b\}$,
$\{x \mid x \geq 1\} \cap \{x \mid x \leq 2\} = \{x \mid 1 \leq x \leq 2\}$.

Vereinigung $A \cup B$ (**Bild 1 d**). Sie ist die Menge aller Elemente, die mindestens in einer der beiden Mengen A und B enthalten sind.

$$A \cup B = \{x \mid x \in A \text{ oder } x \in B\}.$$

Beispiele:

$\{a,b,c\} \cup \{a,d\} = \{a,b,c,d\}$,
$\{x \mid 0 \leq x \leq 2\} \cup \{x \mid -1 \leq x \leq 1\} = \{x \mid -1 \leq x \leq 2\}$.

Differenz $A \setminus B$ (**Bild 1 e**). Sie ist die Menge aller Elemente, die zu A und nicht zu B gehören.

$$A \setminus B = \{x \mid x \in A \text{ und } x \notin B\}.$$

Beispiele:

$\{a,b,c\} \setminus \{b,d\} = \{a,c\}$,
$\{x \mid x \leq 1\} \setminus \{x \mid x < 0\} = \{x \mid 0 \leq x \leq 1\}$.

Diskrepanz $A \triangle B$ (**Bild 1 f**) oder symmetrische Differenz. Sie ist die Menge aller Elemente, die zu A und nicht zu B oder die zu B und nicht zu A gehören.

$$A \triangle B = (A \setminus B) \cup (B \setminus A).$$

Komplement CA (**Bild 1 g**). Ist A Teilmenge einer Grundmenge X, so ist $CA = X/A$.

Beispiel: Bedeutet $\mathbb{R}$ die Menge der reellen Zahlen und ist $A = \{x \mid x \leq 0\} \subset \mathbb{R}$, dann lautet das Komplement

$$CA = \mathbb{R} \setminus A = \{x \mid x > 0\}.$$

1.1.4 Das kartesische oder Kreuzprodukt

Das Kreuzprodukt $A \times B$ zweier Mengen A und B ist erklärt als die Menge aller geordneten Paare (a, b) mit $a \in A$ und $b \in B$,

$$A \times B = \{(a,b) \mid a \in A \text{ und } b \in B\},$$

wobei A und B als Faktoren bezeichnet werden. Im allgemeinen ist $A \times B \neq B \times A$. a und b heißen Koordinaten des Paares (a, b). Zwei Paare (a, b) und (x, y) sind genau dann gleich, wenn $x = a$ und $y = b$.

Beispiel: Ist $\mathbb{R}$ die Menge der reellen Zahlen, dann besteht die Menge

$$\mathbb{R}^2 = \mathbb{R} \times \mathbb{R} = \{(x,y) \mid x \in \mathbb{R} \text{ und } y \in \mathbb{R}\}$$

aus den geordneten Zahlenpaaren (x, y), die als Punkte in der Ebene dargestellt werden können, wobei x und y die kartesischen Koordinaten des Punktes (x, y) bedeuten.

Das Kreuzprodukt aus den n-Mengen $A_1, A_2, A_3, \ldots, A_n$ ist erklärt durch

$$A_1 \times A_2 \times \ldots \times A_n = \{(a_1, a_2, \ldots, a_n) \mid a_1 \in A_1$$
und $a_2 \in A_2 \ldots$ und $a_n \in A_n\}$.

Seine Elemente $(a_1, a_2, \ldots, a_n)$ heißen geordnete n-Tupel mit den Koordinaten $a_1, a_2, \ldots, a_n$. Zwei n-Tupel sind genau dann gleich, wenn ihre Koordinaten gleich sind. Sind alle n Faktoren gleich A, so ist

$$A \times A \times A \times \ldots \times A = A^n.$$

1.2 Funktionen

Ist jedem Element einer Menge X genau ein Element einer Menge Y zugeordnet, so wird eine solche Zuordnung als eine Funktion f auf der Menge X mit Werten in der Menge Y bezeichnet und geschrieben

$$f : X \longrightarrow Y \quad \text{oder} \quad X \xrightarrow{f} Y \quad (f \text{ bildet } X \text{ in } Y \text{ ab}).$$

Funktion und Abbildung sind synonyme Begriffe. Für $Y = X$ bildet f die Menge X in sich ab. X ist die Definitions-, Urbild- oder Argumentmenge von f, ihre Elemente heißen Urbilder, Argumente oder auch unabhängige Veränderliche (Variable). Das jedem Element $x \in X$ durch die Funktion f eindeutig zugeordnete Element $y \in Y$ heißt Wert oder Bild der Funktion an der Stelle x und wird mit $f(x)$ bezeichnet. Symbolisch wird dies ausgedrückt durch $x \mapsto f(x)$ oder $x \mapsto y = f(x)$. Bild der Funktion f auf X ist die Menge

$$B(f) = \{f(x) | x \in X\} \subset Y.$$

Sie enthält alle Bilder oder Werte der Funktion f auf X. Graph $[f]$ einer Funktion f auf X mit Werten in Y ist die Menge $[f] = \{(x,y) | x \in X \text{ und } y = f(x)\} = \{(x, f(x)) | x \in X\}$. Sie enthält als Elemente alle geordneten Paare (x, y), bei denen die erste Koordinate x Argument von f und die zweite Koordinate y Wert von f an der Stelle x ist.
Sind insbesondere X und Y Teilmengen der reellen Zahlen, $X \subset \mathbb{R}$ und $Y \subset \mathbb{R}$, so ist der Graph $[f]$ eine Menge von geordneten Zahlenpaaren, die als Punkte in der Ebene veranschaulicht werden können. Dies ist ein gebräuchliches Verfahren, um reellwertige Funktion mit reellem Argument graphisch als Punktemenge darzustellen.

Beispiel: Durch die Gleichung $y = e^x$ ist jeder reellen Zahl x genau eine reelle Zahl y zugeordnet. Hierdurch wird die Exponentialfunktion exp definiert. Definitionsmenge ist die Menge $\mathbb{R}$ der reellen Zahlen. Die Werte der Funktion sind ebenfalls reelle Zahlen. Die symbolische Darstellung der Funktion bzw. ihrer Bild- oder Wertemenge lautet also exp: $\mathbb{R} \longrightarrow \mathbb{R}$ oder $\mathbb{R} \xrightarrow{\exp} \mathbb{R}$ bzw. $B(\exp) = \{y | y > 0\} \subset \mathbb{R}$. Der Graph der Exponentialfunktion exp lautet $[\exp] = \{(x,y) | x \in \mathbb{R} \text{ und } y = \exp(x)\} = \{(x, \exp(x)) | x \in \mathbb{R}\}$.

Zwischen einer Funktion $f : X \to Y$, die X in Y abbildet, und ihren Werten $f(x)$ muß klar unterschieden werden. Für die Funktion f gilt:

Bild $f(A)$ der Menge $A \subset X$ (**Bild 2**) heißt die Menge $f(A) = \{y | y = f(x) \text{ und } x \in A\} = \{f(x) | x \in A\} \subset Y$. Sie enthält alle Elemente $y \in Y$, die Bild eines Elements $x \in A$ sind. Für $f(X) = Y$ heißt die Funktion f surjektiv.

Urbild oder inverses Bild $f^{-1}(B)$ von $B \subset Y$ (**Bild 3**) ist die Menge $f^{-1}(B) = \{x | f(x) \in B\} \subset X$. Sie enthält alle Urbilder x, deren Bild $f(x)$ Element von B ist. Für den Sonderfall, daß $B = \{b\}$ eine einelementige Menge ist, lautet das Urbild $f^{-1}(\{b\})$ oder kürzer $f^{-1}(b) = \{x | f(x) = b\}$ (Menge aller Urbilder x mit dem Bild b). Enthält $f^{-1}(y)$ für jedes $y \in Y$ höchstens ein Element, so heißt die Funktion f eineindeutig, eindeutig umkehrbar oder injektiv.
Surjektive und injektive Funktionen heißen bijektiv. Bei einer bijektiven Funktion $f : X \to Y$ ist jedem Element $y \in Y$ genau ein Urbild $x \in X$ mit $y = f(x)$ zugeordnet. Dem entspricht eine Funktion auf Y mit Werten in X. Diese Funktion heißt inverse Funktion oder Umkehrfunktion von f und wird symbolisch ausgedrückt durch $f^{-1} : Y \to X$. Ihre Definitionsmenge ist die Bildmenge von f, und ihre Bildmenge ist die Definitionsmenge von f. Es gelten die Identitäten

$$f^{-1}(f(x)) = x \quad \text{für alle} \quad x \in X,$$
$$f(f^{-1}(y)) = y \quad \text{für alle} \quad y \in Y.$$

Zwei Funktionen heißen gleich, wenn sie den gleichen Definitionsbereich und für jedes Argument die gleichen Werte haben.

Beispiel: Ist $\mathbb{R}$ die Menge der reellen Zahlen und $\mathbb{R}_+$ die Menge der positiven reellen Zahlen, so ist die Exponentialfunktion exp: $\mathbb{R} \to \mathbb{R}_+$ eine eineindeutige Abbildung der Menge der reellen Zahlen auf die Menge der positiven reellen Zahlen und hat dementsprechend eine Umkehrfunktion $\exp^{-1} : \mathbb{R}_+ \to \mathbb{R}$, die als Logarithmusfunktion bezeichnet und mit dem Symbol „ln" gekennzeichnet wird.

1.3 Boolesche Algebra

1.3.1 Grundbegriffe

Einer Booleschen Algebra liegt eine Menge B mit mindestens zwei ausgezeichneten Elementen 0 und 1 zugrunde, auf der eine unäre Verknüpfung, die Komplementierung mit dem Symbol „ ¯ ", zwei binäre Verknüpfungen, die Addition mit Symbol „+" und die Multiplikation mit dem Symbol „·", erklärt sind, so daß für beliebige Elemente $a, b, c \in B$ die Eigenschaften gelten:

Kommutativität
$$a + b = b + a \qquad a \cdot b = b \cdot a \qquad (1)$$

Assoziativität
$$(a+b)+c = a+(b+c) \qquad (a \cdot b) \cdot c = a \cdot (b \cdot c) \qquad (2)$$

Distributivität
$$a + (b \cdot c) = (a+b) \cdot (a+c) \quad a \cdot (b+c) = (a \cdot b) + (a \cdot c) \quad (3)$$

Adjunktivität
$$a + (a \cdot b) = a \qquad a \cdot (a+b) = a \qquad (4)$$

Komplementarität
$$a + \bar{a} = 1 \qquad a \cdot \bar{a} = 0 \qquad (5)$$

Idempotenz
$$a + a = a \qquad a \cdot a = a \qquad (6)$$

Regel von de Morgan $\quad \overline{a+b} = \bar{a} \cdot \bar{b} \quad \overline{a \cdot b} = \bar{a} + \bar{b} \quad (7)$

$$a + 0 = a \quad a \cdot 1 = a \qquad (8)$$
$$a + 1 = 1 \quad a \cdot 0 = 0 \qquad (9)$$
$$\bar{0} = 1 \quad \bar{1} = 0 \qquad (10)$$
$$\overline{(\bar{a})} = a \qquad (11)$$

Jede der Gln. (1) bis (10) hat ihre „duale" Form, die durch Tausch der Verknüpfungssymbole „+" und „·" einerseits und der ausgezeichneten Elemente 0 und 1 andererseits entsteht. Dieses Dualitätsprinzip gilt für alle Gleichheiten und Sätze der Booleschen Algebra, die sich ebenso wie die Gln. (6) bis (11) aus den Gln. (1) bis (5) ableiten lassen.
Ein Beispiel für eine Boolesche Algebra ist die Potenzmenge $\mathfrak{P}(X)$ einer beliebigen Grundmenge X, auf die die unäre Verknüpfung als Komplement einer Menge aus $\mathfrak{P}(X)$ und die beiden binären Verknüpfungen als Durchschnitt und Vereinigung von zwei Mengen aus $\mathfrak{P}(X)$ erklärt sind. Die ausgezeichneten Elemente sind die leere Menge $\emptyset$ und die Grundmenge X.

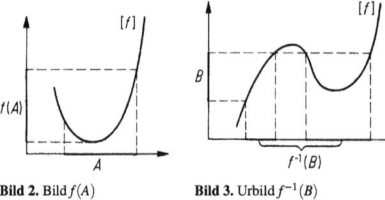

Bild 2. Bild $f(A)$ **Bild 3.** Urbild $f^{-1}(B)$

1.3.2 Zweielementige Boolesche Algebra

Es wird eine Menge B mit zwei Elementen, die dann notwendig die ausgezeichneten Elemente 0 und 1 sind, zugrunde gelegt. Konkrete Modelle sind die Aussagen- und die Schaltalgebra, wobei die Elemente 0 und 1 die Aussagenwerte „falsch" und „wahr" bzw. die Schaltwerte „aus" und „ein" bedeuten.

Schaltalgebra

Hier werden die ausgezeichneten Elemente mit 0 und L bezeichnet, so daß $B = \{0, L\}$. Ein Buchstabe, z.B. x, der durch die Elemente 0 oder L ersetzt werden kann, heißt Schaltvariable. Folgende Bezeichnungen und Symbole werden verwendet:
Komplementierung ($^-$):
Negation „$^-$" oder „$\neg$".
Addition ($+$):
Oder-Verknüpfung oder Disjunktion „$\vee$".
Multiplikation ($\cdot$):
Und-Verknüpfung oder Konjunktion „$\wedge$".

Ihre Definitionen auf der Menge $B = \{0, L\}$ ergeben sich aus den Gln. (8) bis (10). Siehe **Tab. 1**.
Der Schaltalgebra liegen Netzwerke zugrunde, bei denen eine Anzahl von Schaltern mit den Variablen $E_i \in \{0, L\}$ ($i = 1, 2, 3, \ldots, n$) teils parallel, hintereinander geschaltet oder gekoppelt ist. Dem entspricht eine n-stellige Verknüpfung der Schaltvariablen E_i durch die Symbole „$\wedge$", „$\vee$", „$^-$", über die jedem n-Tupel $(E_1, E_2, \ldots, E_n)$ mit $E_i \in \{0, L\}$ genau einer der Werte aus $\{0, L\}$, nämlich der Schaltwert des Netzwerks, zugeordnet ist. Ein solches Netzwerk wird durch eine Schaltfunktion $A = f(E_1, E_2, \ldots, E_n)$ mit den Eingangsgrößen $E_i \in \{0, L\}$ und der Ausgangsgröße $A \in \{0, L\}$ beschrieben. Daher heißt die Negation auch Nicht-, die Disjunktion Oder- und die Konjunktion Und-Funktion.

Beispiel: Die durch $A = f(E_1, E_2, E_3) = \overline{(E_1 \vee E_2)} \wedge E_3$ definierte Funktion f ordnet dem Wertetripel (L,0,L) den Funktionswert $A = f(L, 0, L) = \overline{(L \vee 0)} \wedge L = \overline{(0 \vee 0)} \wedge L = \bar{0} \wedge L = L \wedge L = L$ zu.

Allgemein wird als n-stellige Boolesche Funktion f auf der Menge $B = \{0, L\}$ eine Abbildung aller n-Tupel $(E_1, E_2, \ldots, E_n)$ mit $E_i \in B$ in die Menge B bezeichnet, symbolisch

$$f : B \times B \times B \times \ldots \times B \to B.$$
 n-mal

Da die E_i ($i = 1, 2, \ldots, n$) nur die beiden Werte 0 oder L annehmen, enthält die Definitionsmenge 2^n verschiedene n-Tupel, denen durch f genau einer der beiden Werte 0 oder L zugeordnet ist. Es gibt also $2^{(2^n)}$ verschiedene n-stellige Boolesche Funktionen auf B.
Für $n = 2$ ergeben sich 16 zweistellige Boolesche Funktionen. Von ihnen sind außer der Oder-Funktion $f(a, b) = a \vee b$ und der Und-Funktion $f(a, b) = a \wedge b$ noch von Bedeutung: (s. **Tab. 2**).
Hiernach ist die Nand-Verknüpfung die Negation der Und-Verknüpfung und die Nor-Verknüpfung die Negation der Oder-Verknüpfung. Die vorstehenden Funktionen lassen sich mit Hilfe der Grundvauerknüpfungen „$^-$", „$\vee$", „$\wedge$" folgendermaßen darstellen:

Nand-Funktion	$a \bar{\wedge} b = \overline{a \wedge b} = \bar{a} \vee \bar{b}$,
Nor-Funktion	$a \bar{\vee} b = \overline{a \vee b} = \bar{a} \wedge \bar{b}$,
Implikation	$a \supset b = \bar{a} \vee b$,
Äquivalenz	$a \equiv b = (a \wedge b) \vee (\bar{a} \wedge \bar{b})$,
Antivalenz	$a \not\equiv b = \overline{a \equiv b} = (\bar{a} \wedge b) \vee (a \wedge b)$
	$= (a \wedge \bar{b}) \vee (\bar{a} \wedge b)$.

Allgemein ist jede n-stellige Boolesche Funktion auf $B = \{0, L\}$ mit Hilfe der Grundvauerknüpfungen darstellbar. Sind $E_1, E_2, E_3, \ldots, E_n$ die Variablen einer n-stelligen Funktion, dann heißen

$$X_1 \wedge X_2 \wedge X_3 \wedge \ldots \wedge X_n \quad \text{bzw.} \quad X_1 \vee X_2 \vee X_3 \vee \ldots \vee X_n,$$

bei denen an Stelle von X_i entweder E_i oder $\bar{E}_i$ steht, ihr konjunktives bzw. disjunktives Elementarglied. Sie nehmen genau für eine Belegung der Variablen mit 0 oder L den Wert L bzw. 0 an. So nimmt das konjunktive bzw. disjunktive Elementarglied $\bar{E}_1 \wedge E_2 \wedge \bar{E}_3$ bzw. $\bar{E}_1 \vee E_2 \vee \bar{E}_3$ genau dann den Wert L bzw. 0 an, wenn $E_1 = 0$, $E_2 = L$, $E_3 = 0$ bzw. $E_1 = L$, $E_2 = 0$, $E_3 = L$ oder kürzer, wenn $(E_1, E_2, E_3) = (0, L, 0)$ bzw. $(E_1, E_2, E_3) = (L, 0, L)$.
Ist nun f eine Funktion, die mindestens für eine Belegung der Variablen den Wert L annimmt, so werden für alle n-Tupel $(E_1, E_2, \ldots, E_n)$ mit $f(E_1, E_2, \ldots, E_n) = L$ die konjunktiven Elementarglieder gebildet, so daß diese genau für ihre entsprechenden n-Tupel den Wert L annehmen. Die disjunktive Verknüpfung dieser Elementarglieder stellt dann die Funktion f dar. Diese Darstellung heißt disjunktive Normalform der Funktion f. Vollkommen analog läßt sich eine Funktion, die mindestens einmal den Wert 0 annimmt, in der konjunktiven Normalform darstellen, die aus der Konjunktion von disjunktiven Elementargliedern besteht.

Beispiel: Die dreistellige Boolesche Funktion f auf $B = \{0, L\}$ sei durch die Tabelle erklärt.

E_1	E_2	E_3	$f(E_1, E_2, E_3)$
0	0	0	0
0	0	L	L
0	L	0	0
0	L	L	0
L	0	0	L
L	0	L	0
L	L	0	L
L	L	L	0

Tabelle 1. Boolesche Funktionen

Negation ($^-$)	Disjunktion ($\vee$)			Konjunktion ($\wedge$)		
($\bar{a}$: nicht a)	($a \vee b$: a oder b)			($a \wedge b$: a und b)		
a | $\bar{a}$	a	b	$a \vee b$	a	b	$a \wedge b$
0 | L	0	0	0	0	0	0
L | 0	0	L	L	0	L	0
	L	0	L	L	0	0
	L	L	L	L	L	L

Tabelle 2. Weitere Boolesche Funktionen

Nand-Verknüpfung ($\bar{\wedge}$)			Nor-Verknüpfung ($\bar{\vee}$)			Implikation ($\supset$)			Äquivalenz ($\equiv$)			Antivalenz ($\not\equiv$)		
($a \bar{\wedge} b$: a nand b)			($a \bar{\vee} b$: a nor b)			($a \supset b$: a impliziert b)			($a \equiv b$: a äquivalent b)			($a \not\equiv b$: a antivalent b)		
a	b	$a \bar{\wedge} b$	a	b	$a \bar{\vee} b$	a	b	$a \supset b$	a	b	$a \equiv b$	a	b	$a \not\equiv b$
0	0	L	0	0	L	0	0	L	0	0	L	0	0	0
0	L	L	0	L	0	0	L	L	0	L	0	0	L	L
L	0	L	L	0	0	L	0	0	L	0	0	L	0	L
L	L	0	L	L	0	L	L	L	L	L	L	L	L	0

Sie nimmt für die folgenden 3-Tupel (0,0,L), (L,0,0), (L,L,0) den Wert L an. Die entsprechenden konjunktiven Elementarglieder lauten $\bar{E}_1 \wedge \bar{E}_2 \wedge E_3$, $E_1 \wedge \bar{E}_2 \wedge \bar{E}_3$, $E_1 \wedge E_2 \wedge \bar{E}_3$. Die disjunktive Verknüpfung dieser Elementarglieder liefert die disjunktive Normalform der Funktion f.

$$f(E_1,E_2,E_3) = (\bar{E}_1 \wedge \bar{E}_2 \wedge E_3) \vee (E_1 \wedge \bar{E}_2 \wedge \bar{E}_3) \vee (E_1 \wedge E_2 \wedge \bar{E}_3).$$

Für die konjunktive Normalform werden alle 3-Tupel mit dem Funktionswert 0 betrachtet. Diese sind

$$(0,0,0), (0,L,0), (0,L,L), (L,0,L), (L,L,L).$$

Die entsprechenden disjunktiven Elementarglieder sind

$E_1 \vee E_2 \vee E_3,\quad E_1 \vee \bar{E}_2 \vee E_3,\quad E_1 \vee \bar{E}_2 \vee \bar{E}_3,$
$\bar{E}_1 \vee E_2 \vee \bar{E}_3,\quad \bar{E}_1 \vee \bar{E}_2 \vee \bar{E}_3.$

Ihre konjunktive Verknüpfung liefert die konjunktive Normalform

$$f(E_1,E_2,E_3) = (E_1 \vee E_2 \vee E_3) \wedge (E_1 \vee \bar{E}_2 \vee E_3) \wedge (E_1 \vee \bar{E}_2 \vee \bar{E}_3) \wedge (\bar{E}_1 \vee E_2 \vee \bar{E}_3) \wedge (\bar{E}_1 \vee \bar{E}_2 \vee \bar{E}_3).$$

Die Funktion f in der disjunktiven Normalform wird wie folgt vereinfacht:

$$\begin{aligned}
f(E_1,E_2,E_3) &= (\bar{E}_1 \wedge \bar{E}_2 \wedge E_3) \vee (E_1 \wedge \bar{E}_2 \wedge \bar{E}_3) \\
&\quad \vee (E_1 \wedge E_2 \wedge \bar{E}_3) \\
&= (\bar{E}_1 \wedge \bar{E}_2 \wedge E_3) \vee [(E_1 \wedge \bar{E}_3) \wedge (E_2 \vee \bar{E}_2)]
\end{aligned}$$

s.Distributivität $a(b+c) = ab + ac$
mit $a = E_1 \wedge \bar{E}_3, b = E_2$ und $c = \bar{E}_2$;
$= (\bar{E}_1 \wedge \bar{E}_2 \wedge E_3) \vee [(E_1 \wedge \bar{E}_3) \wedge L]$
s.Komplementarität $a + \bar{a} = 1$;
$= (\bar{E}_1 \wedge \bar{E} \wedge E_3) \vee (E_1 \wedge \bar{E}_3)$
aus $a \cdot 1 = 1$ mit $a = E_1 \wedge \bar{E}_3$.

2 Zahlen

U. Jarecki, Berlin

2.1 Reelle Zahlen

2.1.1 Einführung

Die reellen Zahlen zeichnen sich durch Grundeigenschaften aus, nämlich eine algebraische, eine Ordnungs- und eine topologische Eigenschaft, die auf der Zahlengeraden (**Bild 1**) deutbar sind. Jeder reellen Zahl a kann genau ein Punkt $P(a)$ oder kurz a auf der Zahlengeraden zugeordnet werden, wobei insbesondere der Zahl 0 der Ursprung O und der Zahl 1 der Einheitspunkt E entspricht. Umgekehrt entspricht jedem Punkt P auf der Geraden genau eine reelle Zahl, die die Koordinate des Punkts P heißt.

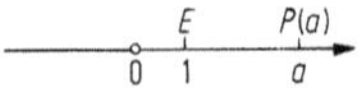

Die Menge der reellen Zahlen wird mit $\mathbb{R}$ bezeichnet. Besondere Teilmengen von $\mathbb{R}$ sind

$\mathbb{N} = \{1,2,3,\ldots\}$ natürliche Zahlen,
$\mathbb{Z} = \{0,\pm 1,\pm 2,\ldots\}$ ganze Zahlen,
$\mathbb{Q} = \{p/q | p \in \mathbb{Z}$ und $q \in \mathbb{N}$,
p und q teilerfremd$\}$ rationale Zahlen.

Bild 1. Zahlengerade

2.1.2 Grundgesetze der reellen Zahlen

Algebraische Eigenschaft. Auf der Menge $\mathbb{R}$ der reellen Zahlen sind die folgenden Verknüpfungen zweier Zahlen a und b definiert:
Addition ($+$) mit der Summe $a+b \in \mathbb{R}$, wobei die Eigenschaften gelten:
für beliebige Zahlen a, b, c

$$a+b=b+a,\quad (a+b)+c=a+(b+c);$$

zu zwei beliebigen Zahlen a und b gibt es genau eine Zahl x, so daß gilt:
$a+x=b$, $x=b-a$ heißt die Differenz von b und a.
Multiplikation ($\cdot$) mit dem Produkt $a \cdot b = ab \in \mathbb{R}$, wobei die Eigenschaften gelten:
für beliebige Zahlen a, b, c

$$ab = ba,\quad (ab)c = a(bc),\quad a(b+c) = ab + ac;$$

zu jeder Zahl $a \neq 0$ und zu jeder Zeit b gibt es genau eine Zahl x, so daß gilt:
$ax = b$, $x = b/a$ heißt der Quotient von b und a.

Hieraus ergeben sich alle elementaren Rechenregeln wie

$$b+(-a) = b - a,\ -(a-b+c) = -a+b-c,\ a+(-a) = 0,$$
$$a \cdot 0 = 0,\ a \cdot 1 = a,\ a(b-c) = ab - ac;$$

$ab = 0$ genau dann, wenn $a=0$ oder $b=0$;

$$\frac{a}{b} : c = \frac{a}{bc},\ \frac{a}{b} \cdot \frac{c}{d} = \frac{ac}{bd},\ \frac{a}{b} : \frac{c}{d} = \frac{a}{b} \cdot \frac{d}{c} = \frac{ad}{bc},$$
$$\frac{a}{b} \pm \frac{c}{b} = \frac{a \pm c}{b},\ \frac{a}{b} \pm \frac{c}{d} = \frac{ad \pm bc}{bd}.$$

Ordnungseigenschaft. In der Menge $\mathbb{R}$ ist eine Ordnungsrelation $\leq$ (kleiner oder gleich) definiert mit den Eigenschaften

$a \leq a$ Reflexivität,
Wenn $a \leq b$ und $b \leq a$, so $a = b$
Wenn $a \leq b$ und $b \leq c$, so $a \leq c$

Für beliebige $a, b \in \mathbb{R}$ gilt $a \leq b$ oder $b \leq a$.
$a < b$ (a kleiner b) ist erklärt durch $a \leq b$ und $a \neq b$.

Ist $a \geq 0$ bzw. $a > 0$,
dann heißt a nichtnegativ bzw. positiv.
Ist $a \leq 0$ bzw. $a < 0$,
dann hei a nichtpositiv bzw. negativ.

In Verbindung mit den algebraischen Verknüpfungen gilt:
Wenn $a \leq b$, so $a+c \leq b+c$ für beliebiges c.
Wenn $0 \leq a$ und $0 \leq b$, so $0 \leq a \cdot b$.

Hieraus folgt z.B.

$a^2 \geq 0$ für beliebige $a \in \mathbb{R}$.
Wenn $a < b$ und $c > 0$, so $ac < bc$.
Wenn $a < b$ und $c < 0$, so $ac > bc$.

Topologische Eigenschaft. Jede Intervallschachtelung bestimmt genau eine reelle Zahl.
Sind $a \leq b$ zwei reelle Zahlen, dann heißen die Zahlenmengen

$\{x \mid a \leq x \leq b\} = [a,b]$ abgeschlossene,
$\{x \mid a < x < b\} = (a,b)$ offene,
$\{x \mid a \leq x < b\} = [a,b)$ und
$\{x \mid a < x \leq b\} = (a,b]$ halboffene Intervalle.

a und b sind ihre Randpunkte, und $b-a$ ist ihre Länge.
Für eine beliebige reelle Zahl a heißen die Zahlenmengen

$\{x \mid a \leq x\} = [a,\infty)$ und $\{x \mid x \leq a\} = (-\infty,a]$
unbeschränkte halboffene, sowie
$\{x \mid a < x\} = (a,\infty)$ und $\{x \mid x < a\} = (-\infty,a)$
unbeschränkte offene Intervalle.

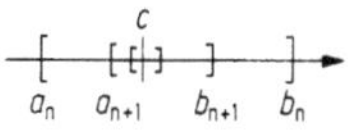

Bild 2. Intervallschachtelung

Eine Intervallschachtelung ist eine Folge von abgeschlossenen Intervallen $I_n = [a_n, b_n]$ mit $a_n \leq a_{n+1} \leq b_{n+1} \leq b_n$ für jedes $n \in N$, wobei die Intervallängen $b_n - a_n$ eine Nullfolge bilden. Auf der Zahlengeraden schrumpfen die Intervalle auf einen Punkt zusammen (**Bild 2**), dem eine reelle Zahl c zugeordnet ist.

Beispiel: Die Folge mit den Intervallen $I_n = [(1+1/n)^n, (1+1/n)^{n+1}]$ $n = 1, 2, 3, \ldots$ ist eine Intervallschachtelung, welche die Zahl e = 2,7182818 ... bestimmt, so daß für alle $n \in N$ $(1+1/n)^n \leq e \leq (1+1/n)^{n+1}$ gilt. Die Randpunkte der Intervalle sind rationale Zahlen; sie sind approximative Werte für die irrationale Zahl e.

2.1.3 Der absolute Betrag

Der absolute Betrag (Modul) einer reellen Zahl a ist definiert durch

$$|a| = \begin{cases} a & \text{für } a \geq 0 \\ -a & \text{für } a \leq 0 \end{cases} \text{ oder } |a| = \max(-a, a),$$

wobei $\max(a, b)$ die größte der beiden Zahlen a und b bedeutet. Geometrisch kennzeichnet $|a|$ den Abstand des Punkts a vom Ursprung und $|b-a|$ den Abstand der beiden Punkte a und b. Es gelten $|a| \geq 0$ für alle $a \in \mathbb{R}$ und $|a| = 0$ genau dann, wenn $a = 0$.

$|-a| = |a|$, $|ab| = |a||b|$, $|a:b| = |a|:|b|$,
$-|a| \leq a \leq |a|$, $||a| - |b|| \leq |a+b| \leq |a| + |b|$;

$|a| < c$ genau dann, wenn $-c < a < c$ $(c > 0)$.

2.1.4 Mittelwerte und Ungleichungen

Sind a_i für $i = 1, 2, 3, \ldots, n$ mit $n \geq 2$ positive Zahlen, so sind für sie die Mittelwerte erklärt:

arithmetisch $A(a_i) = (a_1 + a_2 + \ldots + a_n)/n$,
geometrisch $G(a_i) = \sqrt[n]{a_1 a_2 a_3 \ldots a_n}$,
harmonisch $H(a_i) = \left[\frac{1}{n}\left(\frac{1}{a_1} + \frac{1}{a_2} + \ldots + \frac{1}{a_n}\right)\right]^{-1}$,
quadratisch $Q(a_i) = \sqrt{a_1^2 + a_2^2 + \ldots + a_n^2}/n$.

Für sie gelten die Ungleichungen
$H(a_i) \leq G(a_i) \leq A(a_i) \leq Q(a_i)$.

Ist $\min a_i$ die kleinste und $\max a_i$ die größte der Zahlen a_i, so gilt $\min a_i \leq H(a_i)$ und $Q(a_i) \leq \max a_i$.
Bernoullische und Cauchy-Schwarzsche Ungleichungen:
$(1+x)^n \geq 1 + nx$ für $1 + x \geq 0$ und $n = 1, 2, 3, \ldots$,
$(1+x)^n > 1 + nx$ für $1 + x > 0$ und $n = 2, 3, 4, \ldots$, und
$(a_1 b_1 + a_2 b_2 + \ldots + a_n b_n)^2$
$\leq (a_1^2 + a_2^2 + \ldots + a_n^2)(b_1^2 + b_2^2 + \ldots + b_n^2)$.

2.1.5 Potenzen, Wurzeln und Logarithmen

Potenzen. Für die Potenzsymbole a^b ist vorauszusetzen, daß $a > 0$ und $b \in \mathbb{R}$ oder $a \neq 0$ und $b \in \mathbb{Z}$ oder $a \in \mathbb{R}$ und $b \in \mathbb{N}$. Es gilt

$a^1 = a$, $a^0 = 1$, $1^b = 1$, $a^{-b} = 1/a^b$;
$a^b \cdot a^c = a^{b+c}$, $(a \cdot b)^c = a^c b^c$, $(a^b)^c = a^{bc}$,
$a^b : a^c = a^{b-c}$, $(a:b)^c = a^c : b^c$.

Wurzeln. Ist $b \neq 0$, so gibt es zu jeder positiven Zahl c genau eine positive Zahl a, so daß $a^b = c$. Diese Zahl $a = \sqrt[b]{c}$ heißt b-te Wurzel aus a, wobei b der Wurzelexponent und c der Radikand bedeuten. Also ist

$a^b = c$ äquivalent $a = \sqrt[b]{c}$ für $b \neq 0$ und $c > 0$.

Es gilt

$\sqrt[b]{1} = 1$, $\sqrt[b]{c^b} = c$, $\sqrt[b]{a^c} = \sqrt[b]{a^c} = a^{c/b}$,
$\sqrt[bp]{a^{cp}} = \sqrt[b]{a^c}$, $\sqrt[bk]{a} = \sqrt[b]{\sqrt[k]{a}}$, $\sqrt[b]{ab} = \sqrt[b]{a}\sqrt[b]{b}$,
$\sqrt[b]{a:b} = \sqrt[b]{a} : \sqrt[b]{b}$.

Logarithmen. Ist $a > 1$, so gibt es zu jeder positiven Zahl c genau eine Zahl b, so daß $a^b = c$. Diese Zahl $b = \log_a c$ heißt der Logarithmus von c zur Basis a, wobei a die Basis und c der Logarithmand oder Numerus bedeuten. Also ist

$a^b = c$ äquivalent $b = \log_a c$ für $a > 1$ und $c > 0$.

Bevorzugte Logarithmen sind der dekadische mit der Basis 10, der natürliche mit der Basis e und der binäre mit der Basis 2. Es gilt

$a^{\log_a c} = c$, $b = \log_a a^b$, $\log_a 1 = 0$,
$e^{\ln c} = c$, $b = \ln e^b$, $\ln 1 = 0$.
$\log_a(bc) = \log_a b + \log_a c$, $\log_a(b:c) = \log_a b - \log_a c$,
$\log_a(1/b) = -\log_a b$, $\log_a b^c = c \log_a b$,
$\log_a \sqrt[c]{b} = (1/c) \log_a b$.
$\log_a c = \log_a b \cdot \log_b c$, $\lg a = \lg e \cdot \ln a$ mit $\lg e = 0{,}43429$

2.1.6 Zahlendarstellung in Stellenwertsystemen

Hierzu dient meist das Dezimalsystem mit der Basis (Grundzahl) 10 und den Ziffern $0, 1, 2, \ldots, 9$. Jeder natürlichen Zahl n wird dann eine endliche Folge von Ziffern zugeordnet, wobei jedes Glied der Folge neben seinem Ziffern- noch einen Stellenwert hat (z.B. $9021 = 9 \cdot 10^3 + 0 \cdot 10^2 + 2 \cdot 10^1 + 1 \cdot 10^0$). Ist $g > 1$ eine natürliche Zahl und $\{0, 1, 2, \ldots, g-1\}$ eine Ziffernmenge, so läßt sich jede natürliche Zahl n als Ziffernfolge im Stellenwertsystem mit der Basis g eindeutig darstellen.

$$n = (a_m a_{m-1} a_{m-2} \ldots a_1 a_0)_g = \sum_{i=0}^{m} a_i g^i$$

für $a_i \in \{0, 1, 2, \ldots, g-1\}$.

Das Binär- oder Dualsystem hat die Basis 2 und die Ziffernmenge $\{0, 1\}$. Die Darstellung der natürlichen Zahl 18 ist z.B. $(10010)_2 = 1 \cdot 2^4 + 0 \cdot 2^3 + 0 \cdot 2^2 + 1 \cdot 2^1 + 0 \cdot 2^0 = (18)_{10} = 18$. Da das Binärsystem ebenso wie das Dezimalsystem ein Stellenwertsystem ist, sind die für das Rechnen mit Stellenwerten gültigen Regeln übertragbar. Lediglich das kleine Einspluseins und Einmaleins sind verschieden. Im Binärsystem gilt:
Addition $\quad 0 + 0 = 0; 0 + 1 = 1; 1 + 0 = 1; 1 + 1 = 10$.
Multiplikation $\quad 0 \cdot 0 = 0; 0 \cdot 1 = 0; 1 \cdot 0 = 0; 1 \cdot 1 = 1$.

Beispiel: Addition bzw. Multiplikation von Dezimalzahlen im Binärsystem.

```
    41 + 13                          13 · 5
                                   1101 · 101
                                   ─────────
                                      1101
   101001                             0000
 +   1101                             1101
   ─────         Überträge         ───────
     1 1                               111
   ──────                         ─────────
   110110 (= 54)                  1000001 (= 65)
```

Das Hexadezimalsystem hat die Basis 16 und die Ziffernmenge $\{0, 1, 2, \ldots, 9, A, B, C, D, F\}$. Dabei entsprechen die hexadezimalen Ziffern A, B, ..., F den Dezimalzahlen 10, 11, ..., 15. So ist

$(940)_{10} = 3 \cdot 16^2 + 10 \cdot 16^1 + 12 \cdot 16^0 = (3AC)_{16}$.

2.1.7 Endliche Folgen und Reihen. Binomischer Lehrsatz

Eine endliche reelle Zahlenfolge ist durch eine reellwertige Funktion auf einer endlichen Menge $I = \{1,2,3,\ldots,n\}$, der Indexmenge, erklärt, die jedem $k \in I$ genau eine reelle Zahl a_k zuordnet. Sie wird dargestellt durch $(a_k)_{k \in I}$ oder $(a_1, a_2, \ldots, a_n)$ oder (a_k) für $k \in I$. Die Zahlen a_k heißen Glieder der Folge. Folgen können durch verschiedenartige Zuordnungsvorschriften erklärt sein. Oft lassen sie sich als Funktionsgleichungen $a_k = f(k)$ darstellen.

Arithmetische Folgen

Bei einer Folge (a_k) für $k \in I = \{1, 2, \ldots, n\}$ heißt die Differenz (s. **A 10.6.3**).

$\Delta^1 a_k = a_{k+1} - a_k$
für $k \in \{1, 2, \& \ldots, n-1\}$ von 1. Ordnung,
$\Delta^2 a_k = \Delta^1 a_{k+1} - \Delta^1 a_k$
für $k \in \{1, 2, > \ldots, n-2\}$ von 2. Ordnung,
....
$\Delta^j a_k = \Delta^{j-1} a_{k+1} - \Delta^{j-1} a_k$
für $k \in \{1, 2, > \ldots, n-j\}$ von j-ter Ordnung.
....

Haben für jedes $k \in \{1, 2, \ldots, n-j\}$ die Differenzen j-ter Ordnung den gleichen Wert, dann heißt die Folge (a_k) arithmetische Folge j-ter Ordnung. Einfache Beispiele für arithmetische Folgen 1., 2. und 3. Ordnung sind $(1, 2, 3, 4, \ldots, n)$ mit $\Delta^1 a_k = 1$, $(1, 4, 9, 16, \ldots, n^2)$ mit $\Delta^2 a_k = 2$, $(1, 8, 27, 64, \ldots, n^3)$ mit $\Delta^3 a_k = 6$. Insbesondere ist jede *arithmetische Folge 1. Ordnung* darstellbar durch die Gleichung

$a_k = a + (k-1)d$ für $k \in I = \{1, 2, 3, \ldots, n\}$

(a Anfangsglied und d Differenz der Folge).

Geometrische Folge. Bei ihr hat der Quotient a_{k+1}/a_k von zwei aufeinanderfolgenden Gliedern stets den gleichen Wert q. Mit dem Anfangsglied a wird

$a_k = aq^{k-1}$ für $k \in I = \{1, 2, \ldots, n\}$.

Reihen. Ist (a_k) für $k \in \{1, 2, 3, \ldots, n\}$ eine reelle Zahlenfolge, dann heißt der Ausdruck

$$a_1 + a_2 + a_3 + \ldots + a_n = \sum_{k=1}^{n} a_k.$$

endliche reelle Reihe mit den Gliedern $a_1, a_2, \ldots, a_n$. a_1 bzw. a_n sind das Anfangs- bzw. Endglied.
Für das Rechnen mit dem Summenzeichen gelten die Regeln

$$\sum_{k=1}^{n} c \cdot a_k = c \sum_{k=1}^{n} a_k, \quad \sum_{k=1}^{n}(a_k + b_k) = \sum_{k=1}^{n} a_k + \sum_{k=1}^{n} b_k,$$

$$\sum_{k=1}^{n} a_k = \sum_{k=1}^{m} a_k + \sum_{k=m+1}^{n} a_k \quad \text{(Zerlegung)},$$

$$\sum_{k=1}^{n} a_k = \sum_{k=1+j}^{n+j} a_{k-j} \quad \text{(Indexverschiebung)}, \; j \in \mathbb{Z}$$

$$\sum_{k=1}^{n} 1 = n, \quad \sum_{k=m}^{m} a_k = a_m.$$

m und n sind natürliche Zahlen, wobei $1 \leq m < n$.

Arithmetische Reihen. Sie sind aus den Gliedern einer arithmetischen Folge aufgebaut. Die Summenformel für die arithmetische Reihe 1. Ordnung lautet

$a + (a+d) + (a+2d) + \ldots + [a + (n-1)d]$
$= \sum_{k=1}^{n}[a + (k-1)d] = (n/2)[2a + (n-1)d]$.

Sonderfälle von arithmetischen Reihen 1., 2. und 3. Ordnung sind

$$\sum_{k=1}^{n} k = n(n+1)/2, \quad \sum_{k=1}^{n} k^2 = n(n+1)(2n+1)/6,$$

$$\sum_{k=1}^{n} k^3 = [n(n+1)/2]^2.$$

Geometrische Reihe. Sie besteht aus den Gliedern einer geometrischen Folge und hat die Summenformel

$a + aq + aq^2 + \ldots + aq^{n-1}$
$= \sum_{k=1}^{n} aq^{k-1} = \begin{cases} na & \text{für } q=1, \\ a\dfrac{1-q^n}{1-q} & \text{für } q \neq 1 \end{cases}$

(a Anfangsglied und q Quotient der Reihe). Wird a durch b^{n-1} und q durch a/b ersetzt, so ergibt sich für $a \neq b$

$b^{n-1} + ab^{n-2} + a^2 b^{n-3} + \ldots + a^{n-2}b + a^{n-1}$
$= \sum_{k=1}^{n} a^{k-1} b^{n-k} = \dfrac{b^n - a^n}{b - a}$ oder
$b^n - a^n = (b-a)(b^{n-1} + ab^{n-2} + a^2 b^{n-3} + \ldots + a^{n-2}b + a^{n-1})$.

Binomischer Lehrsatz

Das Zeichen $n!$ (n-Fakultät) ist erklärt durch

$n! = 1 \cdot 2 \cdot 3 \cdot \ldots \cdot n$ für $n \in \mathbb{N}$ und $0! = 1$.

Es hat nur für nichtnegative ganze Zahlen einen Sinn. So ist $4! = 1 \cdot 2 \cdot 3 \cdot 4 = 24$.
Der Binomialkoeffizient $\binom{c}{k}$ (c über k), wobei c eine beliebige reelle Zahl und k eine nichtnegative ganze Zahl ist, ist erklärt durch

$\binom{c}{k} = \dfrac{c(c-1)(c-2)\ldots[c-(k-1)]}{k!}$ für $k \in \mathbb{N}$ und
$\binom{c}{0} = 1$,

z.B. $\binom{-\frac{1}{2}}{3} = \dfrac{(-\frac{1}{2})(-\frac{1}{2}-1)(-\frac{1}{2}-2)}{3!} = -\dfrac{5}{16}$.

Ist insbesondere c eine positive ganze Zahl n, so ergibt sich hieraus $\binom{n}{k} = \dfrac{n!}{k!(n-k)!}$, für $n \geq k > 0$, $\binom{n}{0} = 1$ und $\binom{n}{k} = 0$ für $0 < n < k$.

$$\begin{array}{ccccccccc}
 & & & & 1 & & & & \\
 & & & 1 & & 1 & & & \\
 & & 1 & & 2 & & 1 & & \\
 & 1 & & 3 & & 3 & & 1 & \\
1 & & 4 & & 6 & & 4 & & 1
\end{array}$$

$\binom{0}{0}$
$\binom{1}{0} \; \binom{1}{1}$
$\binom{2}{0} \; \binom{2}{1} \; \binom{2}{2}$
$\binom{3}{0} \; \binom{3}{1} \; \binom{3}{2} \; \binom{3}{3}$
$\binom{4}{0} \; \binom{4}{1} \; \binom{4}{2} \; \binom{4}{3} \; \binom{4}{4}$

Bild 3. Pascalsches Zahlendreieck

Diese Binomialkoeffizienten werden anschaulich durch das Pascalsche Zahlendreieck wiedergegeben (**Bild 3**), aus dem sich

$\binom{n}{k} = \binom{n}{n-k}$ und $\binom{n}{k} + \binom{n}{k+1} = \binom{n+1}{k+1}$

ablesen lassen. Hiermit kann durch vollständige Induktion der binomische Lehrsatz bewiesen werden.

$(a+b)^n = \sum_{k=0}^{n} \binom{n}{k} a^{n-k} b^k$, $n \geq 0$, ganz;

z.B.

$(a \pm b)^3 = \binom{3}{0} a^3 + \binom{3}{1} a^2(\pm b) + \binom{3}{2} a(\pm b)^2 + \binom{3}{3}(\pm b)^3$
$= a^3 \pm 3a^2 b + 3ab^2 \pm b^3$.

2.1.8 Unendliche reelle Zahlenfolgen und Zahlenreihen

Eine reellwertige Funktion auf der Menge $\mathbb{N}$ der natürlichen Zahlen, durch die jedem $n \in \mathbb{N}$ genau eine reelle Zahl $a_n \in \mathbb{R}$ zugeordnet wird, heißt unendliche reelle Zahlenfolge auf $\mathbb{N}$ und wird dargestellt durch

$$(a_n)_n \in \mathbb{N} \quad \text{oder} \quad (a_1, a_2, a_3, \ldots) \quad \text{oder} \quad (a_n) \quad \text{für } n \in \mathbb{N}.$$

Es heißen $\mathbb{N}$ die Indexmenge und a_n das allgemeine Glied der Folge.

Grenzwerte. Eine Zahl a heißt Grenzwert der Folge (a_n) auf $\mathbb{N}$ oder (a_n) konvergiert gegen a oder ist eine a-Folge; in Zeichen $\lim_{n\to\infty} a_n = a$ oder $a_n \to a$ für $n \to \infty$, wenn es zu jeder Zahl $\varepsilon > 0$ ein $N \in \mathbb{N}$ gibt, so daß $|a_n - a| < \varepsilon$ für alle $n > N$. Konvergente Folgen mit dem Grenzwert 0 heißen Null-Folgen.

Beispiele: Die harmonische Folge $(1/n)$ für $n \in \mathbb{N}$ ist Nullfolge, d.h. $\lim_{n\to\infty}(1/n) = 0$, da $|1/n| = 1/n < \varepsilon$ für alle $n > 1/\varepsilon = N$.

Die geometrische Folge (q^{n-1}) für $n \in \mathbb{N}$ und $|q| < 1$, $q \neq 0$ ist Nullfolge, d.h. $\lim_{n\to\infty} q^{n-1} = 0$, da $|q^{n-1}| = |q|^{n-1} < \varepsilon$ für alle $n > 1 + (\lg \varepsilon / \lg |q|) = N$ $(\lg |q| < 0!)$.

Folgen, die keinen Grenzwert haben, heißen divergent. Eine Folge (a_n) auf $\mathbb{N}$ heißt divergent gegen plus bzw. minus unendlich, in Zeichen $\lim_{n\to\infty} a_n = \pm \infty$, wenn es zu jeder Zahl M ein $N \in \mathbb{N}$ gibt, so daß $M < a_n$ bzw. $a_n < M$ für alle $n > N$. Jede monotone und beschränkte Folge hat einen Grenzwert. Sind die Folgen (a_n) und (b_n) konvergent, und gibt es ein $N \in \mathbb{N}$, so daß $a_n \leq b_n$ für alle $n > N$, dann ist $\lim_{n\to\infty} a_n \leq \lim_{n\to\infty} b_n$.

Aus $\lim_{n\to\infty} a_n = a$ und $\lim_{n\to\infty} b_n = b$ folgen $\lim |a_n| = |a|$, $\lim(c a_n) = ca$ für jedes $c \in \mathbb{R}$,

$$\lim(a_n \pm b_n) = a \pm b, \quad \lim(a_n b_n) = ab,$$
$$\lim a_n / b_n = a/b, \quad b_n, b \neq 0.$$

Reihen

Ist (a_n) eine unendliche reelle Zahlenfolge auf $\mathbb{N}$, dann ist mit der Folge der Partialsummen

$$s_n = a_1 + a_2 + \ldots + a_n = \sum_{k=1}^{n} a_k \quad (n \in \mathbb{N})$$

eine unendliche reelle Zahlenfolge (s_n) auf $\mathbb{N}$ erklärt, die unendliche reelle Zahlenreihe heißt

$$\sum_{k=1}^{\infty} a_k = a_1 + a_2 + \ldots + a_n + \ldots$$

Konvergiert die Folge (s_n) gegen den Grenzwert s, so heißt die Reihe konvergent und s ist ihre Summe

$$s = \sum_{k=1}^{\infty} a_k = \lim_{n\to\infty} \sum_{k=1}^{n} a_k = \lim_{n\to\infty} s_n.$$

Eine Reihe, die nicht konvergiert, heißt divergent.

Beispiel: Die unendliche geometrische Reihe. Ihre n-te Partialsumme lautet $s_n = \sum_{k=1}^{n} aq^{k-1} = a\frac{1-q^n}{1-q}$, $q \neq 1$. Wegen $\lim_{n\to\infty} q^n = 0$ für $|q| < 1$, ist $\lim s_n = a/(1-q)$, und damit ergibt sich

$$s = \sum_{n=1}^{\infty} aq^{n-1} = a/(1-q) \quad \text{für } |q| < 1.$$

Für $|q| \geq 1$ ist die geometrische Reihe divergent.

Die Reihe $\sum_{n=1}^{\infty} \frac{1}{n(n+1)}$. Wegen $\frac{1}{k(k+1)} = \frac{1}{k} - \frac{1}{k+1}$ lautet die n-te Partialsumme $s_n = \sum_{k=1}^{n} \frac{1}{k(k+1)} = \left(1 - \frac{1}{2}\right) + \left(\frac{1}{2} - \frac{1}{3}\right) + \ldots + \left(\frac{1}{n} - \frac{1}{n+1}\right) = 1 - \frac{1}{n+1}$ und damit

$$s = \sum_{k=1}^{\infty} \frac{1}{k(k+1)} = \lim_{n\to\infty}\left(1 - \frac{1}{n+1}\right) = 1.$$

Eine notwendige Bedingung für die Konvergenz einer Reihe ist $\lim_{n\to\infty} a_n = 0$. Für konvergente Reihen mit $\sum_{1}^{\infty} a_n = A$ und $\sum_{1}^{\infty} b_n = B$ gilt: $\sum_{1}^{\infty} c a_n = c \sum_{1}^{\infty} a_n = cA$;

$$\sum_{1}^{\infty}(a_n \pm b_n) = \sum_{1}^{\infty} a_n \pm \sum_{1}^{\infty} b_n = A \pm B.$$

Konvergenzkriterium von Leibniz. Ist die Folge (a_n) auf $\mathbb{N}$ mit $a_n > 0$ eine monotone Nullfolge, dann ist die alternierende Reihe $\sum_{1}^{\infty} (-1)^n a_n$ konvergent.

Beispiel: Die Reihe $\sum_{1}^{\infty} (-1)^{n+1}(1/n)$ ist konvergent, weil die Folge $(1/n)$ auf $\mathbb{N}$ eine monotone Nullfolge ist. Es gilt $\sum_{1}^{\infty} (-1)^{n+1}(1/n) = \ln 2$.

Eine Reihe $\sum_{1}^{\infty} a_n$ heißt absolut konvergent, wenn die Reihe $\sum_{1}^{\infty} |a_n|$ konvergent ist. Jede absolut konvergente Reihe $\sum_{1}^{\infty} a_n$ ist konvergent, und es gilt

$$\left|\sum_{1}^{\infty} a_n\right| \leq \sum_{1}^{\infty} |a_n|.$$

Eine Reihe $\sum_{1}^{\infty} c_n$ mit $c_n \geq 0$ für alle $n \in \mathbb{N}$ heißt bezüglich $\sum_{1}^{\infty} a_n$

- (konvergente) Majorante, wenn es einen Index $N \in \mathbb{N}$ gibt, so daß $|a_n| \leq c_n$ für alle $n \geq N$, und wenn sie konvergiert;
- (divergente) Minorante, wenn es einen Index $N \in \mathbb{N}$ gibt, so daß $|a_n| \geq c_n$ für alle $n \geq N$, und wenn sie divergiert.

Majoranten- und Minorantenkriterium. Besitzt eine Reihe eine (konvergente) Majorante, dann ist sie absolut konvergent. Besitzt sie eine (divergente) Minorante, dann ist sie nicht absolut konvergent. Demnach sind Reihen mit nichtnegativen Gliedern, die eine (divergente) Minorante besitzen, divergent.

Die verallgemeinerte harmonische Reihe $\sum_{1}^{\infty} 1/n^\alpha$ ist für $\alpha > 1$ konvergent und für $\alpha \leq 1$ divergent.

Beispiel: Die Reihe $\sum_{1}^{\infty} 1/\sqrt{n(n+1)}$ ist divergent, da wegen $1/\sqrt{n(n+1)} > 1/(n+1)$ die Reihe $\sum_{1}^{\infty} 1/(n+1)$ eine (divergente) Minorante ist.

Wurzel- und Quotientenkriterium. Existieren die Grenzwerte $\lim_{n\to\infty} \sqrt[n]{|a_n|}$ bzw. $\lim_{n\to\infty} \left|\frac{a_{n+1}}{a_n}\right|$, dann ist die Reihe $\sum_{1}^{\infty} a_n$

für $\lim_{n\to\infty} \sqrt[n]{|a_n|} < 1$ bzw. $\lim_{n\to\infty} \left|\frac{a_{n+1}}{a_n}\right| < 1$ konvergent und

für $\lim_{n\to\infty} \sqrt[n]{|a_n|} > 1$ bzw. $\lim_{n\to\infty} \left|\frac{a_{n+1}}{a_n}\right| > 1$ divergent.

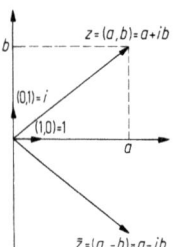

Bild 4. Gaußsche Zahlenebene

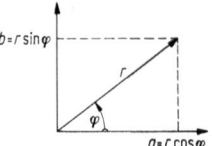

Bild 5. Polarkoordinaten

Existieren die Grenzwerte nicht oder sind sie gleich 1, dann sind die Kriterien auf die Reihe nicht anwendbar.

2.2 Komplexe Zahlen

2.2.1 Komplexe Zahlen und ihre geometrische Darstellung

Die Menge $\mathbb{C}$ der komplexen Zahlen ist eine Erweiterung der Menge $\mathbb{R}$ der reellen Zahlen. Die komplexen Zahlen sind als geordnete Paare von reellen Zahlen definiert:
$z=(a, b)$, wobei $a = \text{Re}(z) \in \mathbb{R}$ der Realteil von z und $b = \text{Im}(z) \in \mathbb{R}$ der Imaginärteil von z heißt. Sie können daher in einem ebenen Koordinatensystem (**Bild 4**) als Punkte der Gaußschen oder komplexen Zahlenebene oder als Zeiger dargestellt werden.
Die Gleichheit zweier komplexer Zahlen ist erklärt durch: $(a_1, b_1) = (a_2, b_2)$ genau dann, wenn $a_1 = a_2$ und $b_1 = b_2$. Ist $z=(a, b)$, dann heißt $\bar{z} = (a, -b)$ konjugiert zu z.

2.2.2 Addition und Multiplikation

Addition: $z_1 + z_2 = (a_1, b_1) + (a_2, b_2)$
$= (a_1 + a_2, b_1 + b_2),$
Multiplikation: $z_1 \cdot z_2 = (a_1, b_1)(a_2, b_2)$
$= (a_1 a_2 - b_1 b_2, a_1 b_2 + b_1 a_2).$

Wegen $(a, b) = (a, 0) + (0, b) = (a, 0) + (b, 0)(0, 1)$ gilt mit $(a, 0) = a$ und $(0, 1) = \text{i}$
$z = (a, b) = a + b\text{i},$ wobei $\text{i}^2 = \text{i} \cdot \text{i} = -1.$

Rechenregeln

Addition: $(a_1 + b_1 \text{i}) + (a_2 + b_2 \text{i})$
$= (a_1 + a_2) + (b_1 + b_2) > \text{i},$
Subtraktion: $(a_1 + b_1 \text{i}) - (a_2 + b_2 \text{i})$
$= (a_1 - a_2) + (b_1 - b_2) > \text{i},$
Multiplikation: $(a_1 + b_1 \text{i})(a_2 + b_2 \text{i})$
$= (a_1 a_2 - b_1 b_2) + (a_1 b_2 + b_1 a_2) > \text{i},$
Division: $\dfrac{a_1 + b_1 \text{i}}{a_2 + b_2 \text{i}} = \dfrac{(a_1 + b_1 \text{i})(a_2 - b_2 \text{i})}{(a_2 + b_2 > \text{i})(a_2 - b_2 \text{i})}$
$= \dfrac{(a_1 a_2 + b_1 b_2) + (b_1 a_2 - a_1 b_2) > \text{i}}{a_2^2 + b_2^2}$
$= \dfrac{a_1 a_2 + b_1 b_2}{a_2^2 + b_2^2} + \dfrac{b_1 a_2 - a_1 b_2}{a_2^2 + b_2^2} \text{i}$
$a_2^2 + b_2^2 > 0$

Konjugiert komplexe Zahl zu $z = a + b\text{i}$ ist $\bar{z} = a - b\text{i}$. Es gilt
$\overline{(\bar{z})} = z, \ \overline{z_1 \pm z_2} = \bar{z}_1 \pm \bar{z}_2, \ \overline{z_1 z_2} = \bar{z}_1 \bar{z}_2, \ \overline{z_1/z_2} = \bar{z}_1/\bar{z}_2.$

2.2.3 Darstellung in Polarkoordinaten. Absoluter Betrag

Mit $a = r \cos \varphi$ und $b = r \sin \varphi$ ist $z = a + b\text{i} = r(\cos \varphi + \text{i} \sin \varphi)$. Geometrisch (**Bild 5**) bedeutet r die Länge des Zeigers z und φ den Winkel zwischen dem Zeiger z und dem positiven Teil der reellen Achse. $r = |z|$ heißt absoluter Betrag oder Modul von z, $\varphi = \text{Arg}(z)$ das Argument von z. Es gilt

$r = |z| = \sqrt{a^2 + b^2}; \ \cos \varphi = a/r, \ \sin \varphi = b/r.$

Der Winkel φ mit $-\pi < \varphi \leq \pi$ heißt Hauptwert von $\text{Arg}(z)$.
Multiplikation und Division. Mit $z_1 = r_1(\cos \varphi_1 + \text{i} \sin \varphi_1)$ und $z_2 = r_2(\cos \varphi_2 + \text{i} \sin \varphi_2)$ gilt

$z_1 z_2 = r_1 r_2 [\cos(\varphi_1 + \varphi_2) + \text{i} \sin(\varphi_1 + \varphi_2)]$ und
$z_1/z_2 = (r_1/r_2)[\cos(\varphi_1 - \varphi_2) + \text{i} \sin(\varphi_1 - \varphi_2)].$

Für $z = r(\cos \varphi + \text{i} \sin \varphi)$ lautet die konjugiert komplexe Zahl $\bar{z} = r[\cos(-\varphi) + \text{i} \sin(-\varphi)] = r(\cos \varphi - \text{i} \sin \varphi),$ und es gilt $z \cdot \bar{z} = r^2$ oder $r = \sqrt{z \cdot \bar{z}} = |z|.$

Moivresche Formel. Die Multiplikationsregel liefert mit
$z = r(\cos \varphi + \text{i} \sin \varphi)$
$z^n = r^n[\cos(n\varphi) + \text{i} \sin(n\varphi)], \ n \in \mathbb{N}.$

Absoluter Betrag. Es ist $|z| \geq 0$ für alle $z \in \mathbb{C}$ und $|z| = 0$ genau dann, wenn $z = 0;$

$|z_1 z_2| = |z_1||z_2|, \ |z_1/z_2| = |z_1|/|z_2|,$
$||z_1| - |z_2|| \leq |z_1 + z_2| \leq |z_1| + |z_2|$ (Dreiecksungleichung).

2.2.4 Potenzen und Wurzeln

Ist $z = r(\cos \varphi + \text{i} \sin \varphi) \neq 0$ und a eine beliebige reelle Zahl, dann ist

$z^a = [r(\cos \varphi + \text{i} \sin \varphi)]^a$
$= r^a\{\cos[a(\varphi + 2k\pi)] + \text{i} \sin[a(\varphi + 2k\pi)]\}$

mit $k \in \mathbb{Z} = \{0, \pm 1, \pm 2, \pm 3, \ldots\}$. Für $k = 0$ ergibt sich der *Hauptwert* $z^a = r^a[\cos(a\varphi) + \text{i} \sin(a\varphi)]$.
Für $a > 0$ wird $0^a = 0$ festgesetzt. Ist $a = n$ eine ganze Zahl, dann ist $\cos[n(\varphi + 2k\pi)] = \cos(n\varphi)$ und $\sin[n(\varphi + 2k\pi)] = \sin(n\varphi),$ so daß gilt

$z^n = r^n[\cos(n\varphi) + \text{i} \sin(n\varphi)], \ n \in \mathbb{Z}.$

Für $a = 1/n$ mit $n \in \mathbb{N}$ wird festgesetzt $z^{1/n} = \sqrt[n]{z},$ so daß

$\sqrt[n]{z} = z^{1/n} = r^{1/n}\left(\cos \dfrac{\varphi + 2k\pi}{n} + \text{i} \sin \dfrac{\varphi + 2k\pi}{n}\right)$
$= \sqrt[n]{r}\left(\cos \dfrac{\varphi + 2k\pi}{n} + \text{i} \sin \dfrac{\varphi + 2k\pi}{n}\right),$
$k \in \{0, 1, 2, 3, > \ldots, n - 1\}.$

Hierbei hat $\sqrt[n]{z}$ für $r > 0$ genau n verschiedene Werte mit dem gleichen Betrag $\sqrt[n]{r}$. Sie liegen in der Gaußschen Zahlenebene in den Eckpunkten eines regelmäßigen n-Ecks.

Beispiel: Wertemenge von $\sqrt[3]{-1}$. Wegen $-1 = \cos\pi + i\sin\pi$ ist

$$\sqrt[3]{-1} = 1^{1/3}(\cos\pi + i\sin\pi)^{1/3} = \sqrt[3]{1}\left(\cos\frac{\pi+2k\pi}{3} + i\sin\frac{\pi+2k\pi}{3}\right)$$

für $k \in \{0,1,2\}$. Somit gilt $\sqrt[3]{-1} = \left\{\frac{1}{2} + i\frac{\sqrt{3}}{2}, -1, \frac{1}{2} - i\frac{\sqrt{3}}{2}\right\}$.

2.3 Gleichungen

2.3.1 Algebraische Gleichungen

$a_0 z^n + a_1 z^{n-1} + a_2 z^{n-2} + \ldots + a_{n-1} z + a_n = 0$ mit $n = 0, 1, 2, \ldots$, wobei $a_0, a_1, a_2, \ldots, a_n$ Konstante (Koeffizienten der Gleichung) und z eine Variable (Unbekannte) bedeuten, heißt für $a_0 \neq 0$ eine algebraische Gleichung n-ten Grades.

Fundamentalsatz der Algebra. Jede algebraische Gleichung n-ten Grades ($n \geqq 1$) hat in der Menge der komplexen Zahlen mindestens eine Lösung oder Wurzel. Sind die Koeffizienten reell, dann ist die zu einer Lösung konjugiert komplexe Zahl ebenfalls eine Lösung.

Lösungsformeln für algebraische Gleichungen

1. Grades (lineare Gleichung) $a_0 z + a_1 = 0$: $z = -a_1/a_0$.

2. Grades (quadratische Gleichung) $a_0 z^2 + a_1 z + a_2 = 0$:

$$z = -\frac{a_1}{2a_0} \pm \sqrt{\left(\frac{a_1}{2a_0}\right)^2 - \frac{a_2}{a_0}} = \frac{-a_1 \pm \sqrt{a_1^2 - 4a_0 a_2}}{2a_0}.$$

Von der komplexen Wurzel $\sqrt{a_1^2 - 4a_0 a_2}$ ist stets der Hauptwert zu nehmen.

Für reelle Koeffizienten bestimmt die Diskriminante $\Delta = a_1^2 - 4a_0 a_2$ der quadratischen Gleichung Anzahl und Art der Lösungen, und zwar für

$\Delta > 0$ zwei reelle $(-a_1 \pm \sqrt{a_1^2 - 4a_0 a_2})/2a_0$,

$\Delta = 0$ eine reelle $-a_1/2a_0$,

$\Delta < 0$ zwei konjugiert komplexe

$(-a_1 \pm i\sqrt{4a_0 a_2 - a_1^2})/2a_0$.

Beispiel: Die Gleichung $4z^2 + 4z + 5 = 0$ hat die Diskriminante $\Delta = -4$, und ihre Lösungsformel lautet $z = -(1/2) \pm i$.

3. Grades (kubische Gleichung) $a_0 z^3 + a_1 z^2 + a_2 z + a_3 = 0$: Die Koeffizienten a_0, a_1, a_2, a_3 werden als reell vorausgesetzt. Die Gleichung wird durch die Substitution $z = y - (a_1/3a_0)$ und anschließende Division durch a_0 auf die reduzierte Form

$$y^3 + py + q = 0$$

gebracht. Diese Gleichung 3. Grades hat die Lösungsformeln $y = u+v$, $y = \varepsilon u + \varepsilon^2 v$, $y = \varepsilon^2 u + \varepsilon v$, wobei

$$u = \sqrt[3]{-q/2 + \sqrt{(q/2)^2 + (p/3)^3}} \text{ und}$$

$$v = \sqrt[3]{-q/2 - \sqrt{(q/2)^2 + (p/3)^3}},$$

$$\varepsilon = \cos 120° + i\sin 120° = -\frac{1}{2} + \frac{\sqrt{3}}{2}i \text{ und}$$

$$\varepsilon^2 = \cos(-120°) + i\sin(-120°) = -\frac{1}{2} - \frac{\sqrt{3}}{2}i.$$

Von den komplexen Wurzeln ist stets der Hauptwert zu nehmen. Die Gleichung $y^3 + py + q = 0$ hat für

$(q/2)^2 + (p/3)^3 > 0$ eine reelle und zwei konjugiert komplexe Lösungen,

$(q/2)^2 + (p/3)^3 = 0$ zwei verschiedene reelle Lösungen, wobei $p \neq 0$ und $q \neq 0$,

$(q/2)^2 + (p/3)^3 < 0$ drei verschiedene reelle Lösungen.

Beispiel: Die Gleichung $z^3 + 9z^2 + 18z + 9 = 0$ geht durch die Substitution $z = y - 3$ über in

$$y^3 - 9y + 9 = 0.$$

Für die einzelnen Ausdrücke ergeben sich die Werte

$(q/2)^2 + (p/3)^3 = -27/4$, $\sqrt{(q/2)^2 + (p/3)^3} = 3\sqrt{3}i/2$,

$-q/2 \pm \sqrt{(q/2)^2 + (p/3)^3} = \sqrt{3}^3(-\sqrt{3}/2 \pm 1/2i)$

$= \sqrt{3}^3[\cos(\pm 150°) + i\sin(\pm 150°)]$

und damit

$u = \sqrt{3}(\cos 50° + i\sin 50°)$, $v = \sqrt{3}[\cos(-50°) + i\sin(-50°)]$;

$\varepsilon u = \sqrt{3}(\cos 170° + i\sin 170°)$, $\varepsilon v = \sqrt{3}(\cos 70° + i\sin 70°)$;

$\varepsilon^2 u = \sqrt{3}[\cos(-70°) + i\sin(-70°)]$,

$\varepsilon^2 v = \sqrt{3}[\cos(-170°) + i\sin(-170°)]$.

Für y ergeben sich dann $y = 2\sqrt{3}\cos 50°$, $y = 2\sqrt{3}\cos 170°$, $y = 2\sqrt{3}\cos 70°$, woraus wegen $z = y - 3$ die Formeln für die Ausgleichsgleichung folgen.

2.3.2 Polynome

$P_n(z) = a_0 z^n + a_1 z^{n-1} + a_2 z^{n-2} + \ldots + a_{n-1} z + a_n$ mit $a_0 \neq 0$. P_n heißt Polynom oder ganze rationale Funktion n-ten Grades. Die Konstanten $a_0, a_1, a_2, \ldots, a_n$ heißen die Koeffizienten und n der Grad des Polynoms, $n = \text{Grad } P_n$. Die Koeffizienten sind hier stets reell, während für die Variable z auch komplexe Zahlen zugelassen werden. Beim Null-Polynom sind alle Koeffizienten Null. Die Werte z, die Lösungen der algebraischen Gleichung n-ten Grades $P_n(z) = 0$ sind, heißen Nullstellen des Polynoms P_n.

Zerlegung eines Polynoms in Linearfaktoren. Für eine beliebige Zahl λ läßt sich das Polynom auch darstellen durch $P_n(z) = Q_{n-1}(z)(z - \lambda) + P_n(\lambda)$. Hierbei ist $Q_{n-1}(z)$ ein Polynom $(n-1)$-ten Grades.

$$Q_{n-1}(z) = b_0 z^{n-1} + b_1 z^{n-2} + \ldots + b_{n-2} z + b_{n-1}.$$

Seine Koeffizienten $b_0, b_1, b_2, \ldots, b_{n-1}$ lassen sich durch die Koeffizienten von $P_n(z)$ und durch λ gemäß den Rekursionsformeln ausdrücken.

$b_0 = a_0$, $b_k = b_{k-1}\lambda + a_k$, wobei $b_n = P_n(\lambda)$.

Sie können leicht mit Hilfe des Horner-Schemas berechnet werden (s. **A 10.4.4**).

Zerlegungssatz: Jedes Polynom n-ten Grades mit $n \geqq 1$ läßt sich als Produkt von n Linearfaktoren und dem Faktor a_0 darstellen.

$$P_n(z) = a_0 z^n + a_1 z^{n-1} + \ldots + a_{n-1} z + a_n$$
$$= a_0(z - z_1)(z - z_2)(z - z_3) \ldots (z - z_n).$$

Das System der Zahlen $z_1, z_2, z_3, \ldots, z_n$, die nicht notwendig voneinander verschieden sind, heißt ein vollständiges System von Nullstellen des Polynoms P_n.

Beispiel: Das Polynom $P_4(z) = (1/2)z^4 - (3/2)z^3 + 2z^2 - 4$ hat die vier Nullstellen $z_1 = -1$, $z_2 = 2$, $z_3 = 1 + i\sqrt{3}$, $z_4 = 1 - i\sqrt{3}$. Seine Produktdarstellung mit Linearfaktoren lautet demnach

$$P_4(z) = (1/2)(z+1)(z-2)[z - (1+i\sqrt{3})][z - (1-i\sqrt{3})].$$

Aus dem Zerlegungssatz folgt: Ein Polynom n-ten Grades hat höchstens n Nullstellen. Hat es mehr, so ist es das Nullpolynom.

Identitätssatz: Zwei Polynome sind dann und nur dann identisch gleich, wenn ihre Koeffizienten gleich sind.

Vietasche Formeln (Wurzelsatz von Vieta)
Bilden $z_1, z_2, z_3, \ldots, z_n$ ein vollständiges System von Nullstellen, dann gilt nach dem Zerlegungssatz
$$a_0 z^n + a_1 z^{n-1} + \ldots + a_{n-1} z + a_n$$
$$\equiv a_0 (z - z_1)(z - z_2) \ldots (z - z_n).$$
Hieraus ergeben sich durch Multiplikation der Linearfaktoren und Koeffizientenvergleich
$$a_0 (z_1 + z_2 + z_3 + \ldots + z_{n-1} + z_n) = -a_1,$$
$$a_0 (z_1 z_2 + z_1 z_3 + \ldots + z_1 z_n + z_2 z_3 + \ldots + z_{n-1} z_n) = a_2,$$
$$\vdots$$
$$a_0 (z_1 z_2 z_3 \ldots z_n) = (-1)^n a_n.$$
Insbesondere gilt für ein Polynom 3. Grades
$$P_3(z) = a_0 z^3 + a_1 z^2 + a_2 z + a_3 = a_0 (z - z_1)(z - z_2)(z - z_3),$$
$$a_0 (z_1 + z_2 + z_3) = a_1, \quad a_0 (z_1 z_2 + z_1 z_3 + z_2 z_3) = a_2,$$
$$a_0 z_1 z_2 z_3 = -a_3.$$

Rechnen mit Polynomen. Die Summe bzw. Differenz zweier Polynome $P_n(x)$ und $Q_m(x)$ vom Grad n und m ist wieder ein Polynom, dessen Grad höchstens $\max(n, m)$ ist. Ebenso ist ihr Produkt aus
$$P_n(x) = \sum_{i=0}^{n} a_i s^{n-i} \quad \text{und} \quad Q_m(x) = \sum_{j=0}^{m} b_j x^{m-j}$$
$$P_n(x) Q_m(x) = a_0 b_0 x^{n+m}$$
$$+ (a_0 b_1 + a_1 + a_1 b_0) x^{n+m-1} + \ldots + a_n b_m$$
ein Polynom vom Grad $n+m$. Ist P_n nicht das Nullpolynom, so kann der Quotient $Q_m(x)/P_n(x)$ gebildet werden. Er bestimmt eine rationale Funktion, die für alle reellen Zahlen x mit $P_n(x) \neq 0$ definiert ist. Sie heißt für $m < n$ echt gebrochen und für $m \geq n$ unecht gebrochen. Jede unechte gebrochene rationale Funktion läßt sich mittels des Divisionsalgorithmus für Polynome in eine Summe aus einer ganzen rationalen und einer echt gebrochenen rationalen Funktion zerlegen: $Q_m(x)/P_n(x) = R_{m-n}(x) + r(x)$, wobei die ganze rationale Funktion R_{m-n} vom Grad $m-n$ ist.

Beispiel: $Q_4(x) = 4x^4 + 2x^2 - x + 1$ und $P_2(x) = 2x^2 + 3$. Nach dem Divisionsalgorithmus

$$(4x^4 + 2x^2 - x + 1) : (2x^2 + 3) = 2x^2 - 2$$
$$\underline{4x^4 + 6x^2}$$
$$\quad -4x^2 - x + 1$$
$$\quad \underline{-4x^2 \quad -6}$$
$$\quad\quad\quad -x + 7$$

ergibt sich
$$\frac{Q_4(x)}{P_2(x)} = \frac{4x^2 + 2x^2 - x + 1}{2x^2 + 3} = 2x^2 - 2 + \frac{-x + 7}{2x^2 + 3}.$$

2.3.3 Transzendente Gleichungen

Sie sind nicht algebraisch, wie
$$\sin^2 x - \cos x = 0 \quad \text{oder} \quad e^{2x} - x = 0.$$
Bis auf einige einfache Sonderfälle müssen ihre Lösungen mittels Näherungsverfahren bestimmt werden. Als Definitionsmenge der Gleichungen wird eine zulässige Teilmenge der reellen Zahlen zugrunde gelegt.

Goniometrische Gleichungen. Bei ihnen tritt die Variable x im Argument von trigonometrischen Funktionen oder deren Umkehrfunktionen auf.

Beispiel: $\cos(2x) - 3\sin x - 2 = 0$. Mit der Formel $\cos(2x) = 1 - 2\sin^2 x$ und der Substitution $z = \sin x$ ergibt sich die quadratische Gleichung für z zu $z^2 + 1{,}5z + 0{,}5 = 0$ mit der Lösungsformel $z = \sin x = -0{,}75 \pm 0{,}25$, also $\sin x = -1$ bzw. $x = -90° + n_1 \cdot 360°$ oder $\sin x = -0{,}5$ bzw. $x = \begin{cases} -30° + n_2 \cdot 360° \\ -150° + n_3 \cdot 360° \end{cases}$, d.h.

$x \in \{-30° + n_1 \cdot 360°; -90° + n_2 \cdot 360°; -150° + n_3 \cdot 360° | n_1, n_2, n_3 \in \mathbb{Z}\}.$

Exponentialgleichungen. Hier tritt die Variable x mindestens einmal im Exponenten einer Potenz auf.

Beispiel: $5^x - 2 \cdot 5^{-x} - 1 = 0$. Die Substitution $z = 5^x$ führt auf die quadratische Gleichung $z^2 - z - 2 = 0$ mit den Lösungen $z = 5^x = 2$ oder $z = 5^x = -1$. Aus der ersten Gleichung folgt $x = \log_5 2 = \frac{\lg 2}{\lg 5} = 0{,}4307$. Wegen $5^x > 0$ für $x \in \mathbb{R}$ hat die zweite Gleichung keine reelle Lösung.

Logarithmische Gleichungen. Die Variable x tritt hier im Argument eines Logarithmus auf.

Beispiel: $\lg(2x + 3) = \lg(x - 1) + 1$. Die Definitionsmenge der Gleichung ist durch $2x + 3 > 0$ und $x - 1 > 0$, d.h. $x > 1$, bestimmt. Aus der Gleichung folgt $\lg \frac{2x+3}{x-1} = 1$, also $(2x + 3)/(x - 1) = 10^1$ oder $x = 13/8$.

---

3 Lineare Algebra

U. **Jarecki**, Berlin

3.1 Vektoralgebra

3.1.1 Vektoren und ihre Eigenschaften

In der Physik und Technik treten häufig Größen auf, die als Vektoren bezeichnet und in unserem Anschauungsraum als gerichtete Strecken dargestellt werden. Hierzu gehören z.B. die Kraft, die Geschwindigkeit und die Feldstärke.
Eine gerichtete Strecke $\overrightarrow{AB}$ (**Bild 1 a**) ist ein geordnetes Punktepaar mit dem Anfangspunkt A und dem Endpunkt B. Ihre Länge wird mit $|\overrightarrow{AB}|$ bezeichnet. Die Zusammenfassung oder Klasse aller gerichteten Strecken, die durch eine Parallelverschiebung auseinander hervorgehen und somit die gleiche Länge und Richtung sowie den gleichen Richtungssinn haben, heißt Vektor und wird symbolisch durch $\boldsymbol{a}$ gekennzeichnet. Er wird durch einen Länge, Richtung und Richtungssinn bestimmenden Pfeil (**Bild 1 b**) dargestellt.
Wird im Raum ein Punkt O, der Bezugspunkt, ausgezeichnet, dann heißen die in O abgetragenen Vektoren $\overrightarrow{OP} = \boldsymbol{a}$ und $\overrightarrow{OQ} = \boldsymbol{b}$ Ortsvektoren (**Bild 1 c**). Jedem Punkt des Raums

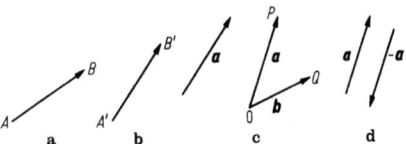

Bild 1. Vektoren. **a** gerichtete Strecke $\overrightarrow{AB}$; **b** $\overrightarrow{A'B'} = \boldsymbol{a}$; **c** Ortsvektoren; **d** entgegengesetzter Vektor

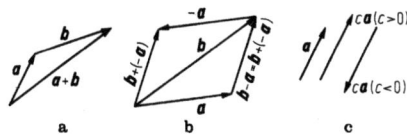

Bild 2. a Summe $a+b$; **b** Differenz $b-a = b+(-a)$; **c** Produkt ca

kann damit umkehrbar eindeutig ein Vektor zugeordnet werden. Wenn $\overrightarrow{AB} = \overrightarrow{A'B'} = a$, dann ist $|a| = |\overrightarrow{AB}| = |\overrightarrow{A'B'}|$ die Länge, der Betrag oder die Norm des Vektors. Einheitsvektoren oder normierte Vektoren haben die Länge 1. Der Vektor mit der Länge 0 heißt Nullvektor **0**. Zu jedem Vektor a gibt es genau einen Vektor, der die gleiche Länge, die gleiche Richtung und den entgegengesetzten Richtungssinn hat. Er heißt entgegengesetzter Vektor $-a$ (**Bild 1 d**).

Addition und Subtraktion von Vektoren. Werden zwei Vektoren a und b so zusammengeheftet, daß der Endpunkt von a mit dem Anfangspunkt von b zusammenfällt, dann ist durch den Anfangspunkt von a und den Endpunkt von b eindeutig ein Vektor erklärt, der als Summe $a+b$ der beiden Vektoren a und b bezeichnet wird (**Bild 2 a**).
Die Differenz zweier Vektoren ist erklärt durch $b-a = b+(-a)$ (**Bild 2 b**). Sie kann auch durch die gerichtete Strecke dargestellt werden, deren Anfangspunkt mit dem Endpunkt von a und deren Endpunkt mit dem Endpunkt von b zusammenfällt, wenn a und b mit ihren Anfangspunkten zusammengeheftet sind. Diese Differenzbildung heißt Subtraktion.

Multiplikation eines Vektors mit einer reellen Zahl (**Bild 2 c**). Das Produkt eines Vektors a mit einer reellen Zahl c ist ein Vektor $ca = ac$. Seine Länge ist das $|c|$-fache von $|a|$, d.h. $|ca| = |c||a|$, und seine Richtung stimmt mit der von a überein. Der Richtungssinn von ca ist für $c>0$ dem von a gleich und für $c<0$ entgegengesetzt. Ist $c=0$ oder $a=\mathbf{0}$, dann ist ca der Nullvektor, d.h. $0 \cdot a = c \cdot \mathbf{0} = \mathbf{0}$. Ist $a \neq \mathbf{0}$, dann ist der Vektor

$$\frac{1}{|a|}a = \frac{a}{|a|} = a^0 \quad \text{wegen} \quad \left|\frac{a}{|a|}\right| = \frac{|a|}{|a|} = 1$$

ein Einheits- oder normierter Vektor.

Vektoreigenschaften. Für die Verknüpfungen „Addition zweier Vektoren" und „Multiplikation eines Vektors mit einer Zahl" gelten die Eigenschaften (**Bild 3 a** und **b**)

$$a+b = b+a, \qquad 1 \cdot a = a,$$
$$a+(b+c) = (a+b)+c, \quad \alpha(\beta a) = (\alpha\beta)a,$$
$$a+\mathbf{0} = a, \qquad \alpha(a+b) = \alpha a + \alpha b,$$
$$a+(-a) = \mathbf{0}, \qquad (\alpha+\beta)a = \alpha a + \beta a.$$

Die griechischen Buchstaben kennzeichnen hierbei die Zahlenvariablen.
Hieraus folgen alle weiteren Vektoreigenschaften wie

$$(-1) \cdot a = -a, \quad -(-a) = a, \quad -(a-b-c) = -a+b+c,$$
$$a+x = b \quad \text{genau dann, wenn} \quad x = b-a.$$

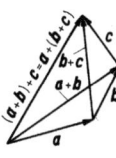
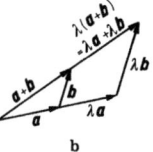

Bild 3. a Assoziativ-Gesetz; **b** Distributiv-Gesetz

Für die Norm (Betrag, Länge) eines Vektors gilt

$|a| \geq 0$ und $|a| = 0$ genau dann, wenn $a = \mathbf{0}$;
$|\alpha a| = |\alpha||a|$;
$||a| - |b|| \leq |a+b| \leq |a| + |b|$
(Dreiecksungleichung).

3.1.2 Lineare Abhängigkeit und Basis

Zwei Vektoren a und b heißen linear abhängig oder kollinear (**Bild 4 a**), wenn es zwei Zahlen α und β gibt, mit denen

$$\alpha a + \beta b = \mathbf{0} \quad \text{und} \quad \alpha^2 + \beta^2 > 0$$

gilt. Dies bedeutet anschaulich, daß a und b die gleiche Richtung haben oder – falls sie in einem Punkt zusammengeheftet sind – auf einer Geraden liegen.
Zwei nicht linear abhängige Vektoren a und b heißen linear unabhängig. Werden sie in einem Punkt P zusammengeheftet, dann spannen sie ein Parallelogramm auf (**Bild 4 b**), und die Gleichung $\alpha a + \beta b = \mathbf{0}$ ist nur dann erfüllt, wenn $\alpha = 0$ und $\beta = 0$.

Beispiel: Beweis eines Satzes, nach dem sich die Diagonalen eines Parallelogramms gegenseitig halbieren. – Nach **Bild 5** gilt $\lambda(a+b) = a + \mu(b-a)$ oder $(\lambda+\mu-1)a + (\lambda-\mu)b = \mathbf{0}$. Da a und b linear unabhängig sind, folgen $\lambda+\mu-1 = 0$ und $\lambda-\mu = 0$ oder $\lambda = \mu = 1/2$. Die Diagonalen halbieren einander also.

Allgemein heißen n Vektoren $a_1, a_2, \ldots, a_n$ linear abhängig, wenn es n Zahlen $\alpha_1, \alpha_2, \ldots, \alpha_n$ gibt, so daß $\alpha_1 a_1 + \alpha_2 a_2 + \ldots + \alpha_n a_n = \mathbf{0}$ und $\alpha_1^2 + \alpha_2^2 + \ldots + \alpha_n^2 > 0$, sonst heißen sie linear unabhängig.
Drei linear abhängige Vektoren heißen komplanar. Werden sie in einem Punkt des Raumes zusammengeheftet, dann liegen sie in einer Ebene.
Im Raum (**Bild 6**) gibt es stets drei nichtkomplanare oder linear unabhängige Vektoren a, b, c, die – von einem Punkt aus abgetragen – einen Spat (Parallelepiped) aufspannen. Jeder Vektor x des Raums läßt sich dann eindeutig als Linearkom-

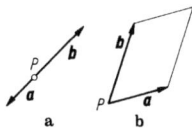

Bild 4. a kollineare Vektoren; **b** nichtkollineare Vektoren

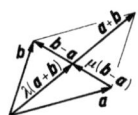

Bild 5. Parallelogramm-Satz (Beispiel)

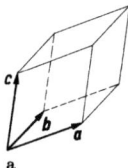
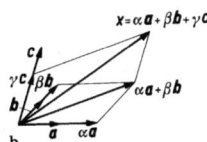

Bild 6. a nichtkomplanare Vektoren; **b** Zerlegung in Komponenten

bination dieser Vektoren darstellen, d.h., es gibt genau ein geordnetes Zahlentripel α, β, γ, so daß

$$x = \alpha a + \beta b + \gamma c$$

gilt. Mehr als drei Vektoren im Raum sind linear abhängig. Drei linear unabhängige Vektoren a, b, c des Raums heißen Basisvektoren, und ihre Gesamtheit wird als Basis bezeichnet. In der Darstellung des Vektors x durch die Basisvektoren a, b, c heißen α, β, γ die Koordinaten und $\alpha a, \beta b, \gamma c$ die Komponenten von x in bezug zur Basis a, b, c.
Eine Basis mit den Vektoren a, b, c ist ein Rechtssystem oder ist rechtsorientiert, wenn die Vektoren in der angegebenen Reihenfolge dem gespreizten Daumen, Zeigefinger und Mittelfinger der rechten Hand zugeordnet werden können, wie dies bei a, b und c auf **Bild 6 a** der Fall ist. Anderenfalls ist sie ein Linkssystem. Sind die Basisvektoren normiert (Länge 1) und orthogonal (senkrecht) zueinander, dann heißen sie bzw. ihre Basis orthonormiert.

3.1.3 Koordinatendarstellung von Vektoren

In den Anwendungen werden rechtsorientierte und orthonormierte Basen bevorzugt, deren Basisvektoren gewöhnlich mit i, j, k oder e_1, e_2, e_3 bezeichnet werden. Ein räumliches kartesisches Koordinaten-System $(O; e_1, e_2, e_3)$ ist durch eine solche Basis und den Anfangspunkt O festgelegt (**Bild 7 a**). Die Endpunkte E_1, E_2, E_3 der Ortsvektoren $\overrightarrow{OE_1} = e_1$, $\overrightarrow{OE_2} = e_2$, $\overrightarrow{OE_3} = e_3$ heißen Einheits-Punkte auf den Koordinatenachsen.
Jeder Vektor a bzw. jeder Ortsvektor $\overrightarrow{OP} = a$ mit dem Endpunkt P (**Bild 7 a**) läßt sich eindeutig als Linearkombination der Basisvektoren darstellen.

$$a = a_1 e_1 + a_2 e_2 + a_3 e_3 = \sum_{i=1}^{3} a_i e_i = (a_1, a_2, a_3).$$

Die Zahlen a_1, a_2, a_3 heißen Koordinaten des Vektors a bzw. des Punktes P bezüglich $(O; e_1, e_2, e_3)$. Bei vorgegebener Basis und vorgegebenem Koordinatenursprung ist jeder Vektor und jeder Ortsvektor (Punkt) umkehrbar eindeutig durch ein geordnetes Zahlentripel, das gewöhnlich als Spalte bzw. Zeile geschrieben und als Spalten- oder Zeilenvektor bezeichnet wird, darstellbar. Letztere werden hier wegen der Platzersparnis bevorzugt.
Der Nullvektor 0 und die Basisvektoren e_1, e_2, e_3 haben die Darstellungen

$$0 = (0, 0, 0); \quad e_1 = (1, 0, 0); \quad e_2 = (0, 1, 0); \quad e_3 = (0, 0, 1).$$

Für das Rechnen mit Zeilenvektoren gelten die Definitionen

- Gleichheit zweier Vektoren: $(a_1, a_2, a_3) = (b_1, b_2, b_3)$ genau dann, wenn $a_i = b_i$ ($i = 1, 2, 3$);
- entgegengesetzter Vektor:
  $-(a_1, a_2, a_3) = (-a_1, -a_2, -a_3)$;
- Summe zweier Vektoren:
  $(a_1, a_2, a_3) + (b_1, b_2, b_3) = (a_1 + b_1, a_2 + b_2, a_3 + b_3)$;
- Produkt eines Vektors mit einer Zahl:
  $\lambda(a_1, a_2, a_3) = (\lambda a_1, \lambda a_2, \lambda a_3)$.

Bei einer orthonormierten Basis hat nach dem pythagoreischen Lehrsatz der Vektor $a = a_1 e_1 + a_2 e_2 + a_3 e_3$ die Länge $|a| = \sqrt{a_1^2 + a_2^2 + a_3^2}$.

3.1.4 Inneres oder skalares Produkt

Das innere Produkt $a \cdot b = ab = (a, b)$ zweier Vektoren a und b ist eine Zahl, die für $a = 0$ oder $b = 0$ Null ist oder, falls keiner der Vektoren der Nullvektor ist, definiert ist durch

$$a \cdot b = |a||b| \cos\varphi \quad \text{und} \quad 0 \leq \varphi \leq \pi,$$

wobei φ der von a und b eingeschlossene Winkel ist, wenn beide Vektoren in einem Punkt zusammengeheftet sind (**Bild 7 b**). $|b| \cos\varphi$ heißt die Projektion von b auf a. Eigenschaften des inneren Produkts:

Kommutativität	$a \cdot b = b \cdot a$,
Assoziativität bezüglich der Multiplikation mit einer Zahl	$(\alpha a) \cdot b = \alpha(a \cdot b)$,
Distributivität	$a \cdot (b + c) = a \cdot b + a \cdot c$.

Die Distributivität folgt aus dem Projektionssatz (**Bild 7 c**), wonach die Projektion der Summe $b + c$ auf a gleich der Summe aus der Projektion von b auf a und der von c auf a ist.
Für $b = a$ ($\varphi = 0$) gilt $a \cdot a = a^2$ oder $|a| = \sqrt{a \cdot a} = \sqrt{a^2}$. Ein Vektor e hat also genau dann die Länge 1, wenn $e \cdot e = e^2 = 1$. Zwei vom Nullvektor verschiedene Vektoren a und b sind genau dann orthogonal, wenn für sie die *Orthogonalitätsbedingung* $a \cdot b = 0$ gilt.
Demnach gelten für die drei orthonormierten Basisvektoren eines kartesischen Koordinaten-Systems

$$e_1 \cdot e_1 = e_2 \cdot e_2 = e_3 \cdot e_3 = 1 \text{ und } e_1 \cdot e_2 = e_2 \cdot e_3 = e_3 \cdot e_1 = 0$$

oder kürzer mit dem Kronecker-Symbol δ_{ij}

$$e_i \cdot e_j = \delta_{ij} = \begin{cases} 1 & \text{für } i = j \\ 0 & \text{für } i \neq j \end{cases} \quad (i, j = 1, 2, 3).$$

Für $a = (a_1, a_2, a_3)$ und $b = (b_1, b_2, b_3)$ gilt dann

$$a \cdot b = |a||b| \cos\varphi = a_1 b_1 + a_2 b_2 + a_3 b_3.$$

Für den Betrag von a und für den von b eingeschlossenen Winkel φ folgen hieraus

$$|a| = \sqrt{a^2} = \sqrt{a_1^2 + a_2^2 + a_3^2} \quad \text{und}$$

$$\cos\varphi = \frac{a \cdot b}{|a||b|} = \frac{a_1 b_1 + a_2 b_2 + a_3 b_3}{\sqrt{a_1^2 + a_2^2 + a_3^2} \sqrt{b_1^2 + b_2^2 + b_3^2}}.$$

Die Richtungskosinusse eines Vektors a, der mit dem Basisvektor e_i den Winkel α_i einschließt, sind

$$\cos\alpha_i = \frac{a \cdot e_i}{|a|} = \frac{a}{|a|} \cdot e_i = a^0 \cdot e_i = \frac{a_i}{\sqrt{a_1^2 + a_2^2 + a_3^2}} (i = 1, 2, 3).$$

3.1.5 Äußeres oder vektorielles Produkt

Das äußere Produkt $a \times b$ zweier Vektoren a und b (**Bild 8**) ist ein Vektor, für dessen Länge, Richtung und Richtungssinn wie folgt erklärt sind:

$$|a \times b| = |a||b| \sin\varphi \quad (0 \leq \varphi \leq \pi),$$

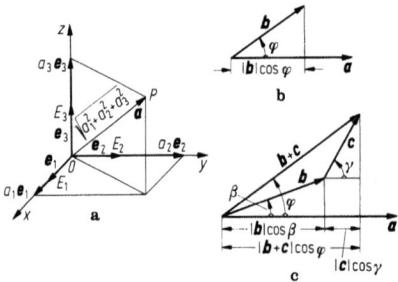

Bild 7. a kartesisches Koordinatensystem; **b** skalares Produkt; **c** Projektionssatz

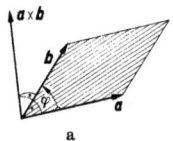
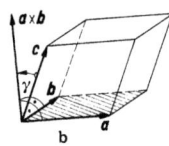

Bild 8. a äußeres Produkt $a \times b$; b Spatprodukt (a,b,c)

das ist der Inhalt der von a und b aufgespannten Parallelogrammfläche, $a \times b$ steht senkrecht auf a und b ; die Vektoren $a, b, a \times b$ bilden in dieser Reihenfolge ein Rechtssystem.
Aus dieser Definition ergeben sich die Eigenschaften des äußeren Produkts:

Antikommutativität $\qquad a \times b = -(b \times a)$,
Assoziativität bezüglich der $\qquad \lambda(a \times b) = (\lambda a) \times b$,
Multiplikation mit einer Zahl
Distributivität $\qquad a \times (b+c) = a \times b + a \times c$.

Zwei Vektoren $a \neq 0$ und $b \neq 0$ sind genau dann linear abhängig oder kollinear, wenn $a \times b = 0$. Für die rechtsorientierten und orthonormierten Basisvektoren e_1, e_2, e_3 gelten:

$$e_1 \times e_2 = e_3, \quad e_3 \times e_1 = e_2, \quad e_2 \times e_3 = e_1.$$

Mit $a = a_1 e_1 + a_2 e_2 + a_3 e_3$ und $b = b_1 e_1 + b_2 e_2 + b_3 e_3$ wird dann

$$\begin{aligned} a \times b &= (a_2 b_3 - a_3 b_2) e_1 + (a_3 b_1 - a_1 b_3) e_2 \\ &\quad + (a_1 b_2 - a_2 b_1) e_3 \\ &= \begin{vmatrix} a_2 & a_3 \\ b_2 & b_3 \end{vmatrix} e_1 + \begin{vmatrix} a_3 & a_1 \\ b_3 & b_1 \end{vmatrix} e_2 + \begin{vmatrix} a_1 & a_2 \\ b_1 & b_2 \end{vmatrix} e_3 \\ &= \begin{vmatrix} e_1 & e_2 & e_3 \\ a_1 & a_2 & a_3 \\ b_1 & b_2 & b_3 \end{vmatrix}. \end{aligned}$$

3.1.6 Spatprodukt

Das Spatprodukt (a,b,c) dreier Vektoren a,b,c ist definiert durch

$$(a,b,c) = (a \times b) c.$$

Es stellt geometrisch das (orientierte) Volumen V eines Spates oder Parallelepipeds dar, das von den drei Vektoren a,b,c aufgespannt wird (**Bild 8**). Es ist

$$V = |a \times b| |c| \cos \gamma = (a \times b) c = (a,b,c).$$

Die möglichen sechs Produkte der Vektoren a,b,c unterscheiden sich höchstens im Vorzeichen. Sind die Vektoren des Produkts (a,b,c) in der Reihenfolge des Produkts rechtsorientiert (**Bild 8 b**), also $\cos \gamma > 0$, dann ist $(a,b,c) > 0$, anderenfalls ($\cos \gamma < 0$) ist $(a,b,c) < 0$. Für komplanare Vektoren a,b,c ist $\cos \gamma = 0$, und es gilt: Drei Vektoren a,b,c sind genau dann linear abhängig oder komplanar, wenn $(a,b,c) = 0$.
Eigenschaften des Spatprodukts:

$$\begin{aligned} (a,b,c) &= (c,a,b) = (b,c,a) \\ &= -(b,a,c) = -(c,b,a) = -(a,c,b), \\ (\lambda a,b,c) &= \lambda(a,b,c), \\ (a+b,c,d) &= (a,c,d) + (b,c,d). \end{aligned}$$

Für die rechtsorientierten und orthonormierten Basisvektoren gilt $(e_1, e_2, e_3) = 1$.
Für $a = (a_1, a_2, a_3)$, $b = (b_1, b_2, b_3)$, $c = (c_1, c_2, c_3)$ gilt

$$(a,b,c) = \begin{vmatrix} a_1 & a_2 & a_3 \\ b_1 & b_2 & b_3 \\ c_1 & c_2 & c_3 \end{vmatrix}.$$

3.1.7 Entwicklungssatz und mehrfache Produkte

Der Vektor $a \times (b \times c)$ steht senkrecht (orthogonal) auf a und $b \times c$, er ist somit komplanar mit den Vektoren b und c. Nach dem Entwicklungssatz gilt

$$a \times (b \times c) = (a \cdot c) b - (a \cdot b) c.$$

Hiermit ist es möglich, mehrfache Produkte auf einfache zurückzuführen, z.B.

$$\begin{aligned} (a \times b) \times (c \times d) &= (a,c,d) b - (b,c,d) a \\ &= (a,b,d) c - (a,b,c) d. \end{aligned}$$

Hieraus folgt weiter die Identität für vier Vektoren a,b,c,d.

$$(a,b,c) d - (a,b,d) c + (a,c,d) b - (b,c,d) a = 0.$$

Ist $(a,b,c) \neq 0$, sind also a,b,c nicht komplanar, so gilt für jeden Vektor d die Darstellung

$$d = \frac{(d,b,c)}{(a,b,c)} a + \frac{(a,d,c)}{(a,b,c)} b + \frac{(a,b,d)}{(a,b,c)} c.$$

Es gelten ferner die Identitäten

$$\begin{aligned} (a \times b)(c \times d) &= (a \cdot c)(b \cdot d) - (a \cdot d)(b \cdot c) \quad \text{(Laplace)}, \\ (a \times b)^2 &= a^2 b^2 - (ab)^2 \quad \text{(Lagrange)}. \end{aligned}$$

3.2 Der reelle n-dimensionale Vektorraum $\mathbb{R}^n$

Zugrunde gelegt wird die Menge $\mathbb{R} \times \mathbb{R} \times \ldots \times \mathbb{R} = \mathbb{R}^n$, d.h. die Menge aller geordneten n-Tupel reeller Zahlen. Die n-Tupel werden als Spalten geschrieben und kurz dargestellt durch

$$a = \begin{pmatrix} a_1 \\ a_2 \\ \vdots \\ a_n \end{pmatrix} \text{ mit } a_i \in \mathbb{R} \ (i=1,2,\ldots,n) \text{ und } a \in \mathbb{R}^n.$$

Die reellen Zahlen a_i ($i=1,2,\ldots,n$) heißen Koordinaten von a. Zwei Elemente $a \in \mathbb{R}^n$ und $b \in \mathbb{R}^n$ heißen gleich, $a = b$, wenn ihre Koordinaten gleich sind;
Addition und Multiplikation mit einer reellen Zahl sind in der Menge $\mathbb{R}^n$ definiert durch

$$a + b = \begin{pmatrix} a_1 \\ a_2 \\ \vdots \\ a_n \end{pmatrix} + \begin{pmatrix} b_1 \\ b_2 \\ \vdots \\ b_n \end{pmatrix} = \begin{pmatrix} a_1 + b_1 \\ a_2 + b_2 \\ \vdots \\ a_n + b_n \end{pmatrix} \in \mathbb{R}^n,$$

$$\lambda a = \lambda \begin{pmatrix} a_1 \\ a_2 \\ \vdots \\ a_n \end{pmatrix} = \begin{pmatrix} \lambda a_1 \\ \lambda a_2 \\ \vdots \\ \lambda a_n \end{pmatrix} \in \mathbb{R}^n.$$

Die Menge $\mathbb{R}^n$ heißt n-dimensionaler Vektorraum und ihre Elemente Vektoren. Es gilt

$$a + b = b + a, \ a + (b+c) = (a+b) + c,$$
$$1 \cdot a = a, \ \lambda(\mu a) = (\lambda \mu) a,$$
$$\lambda(a+b) = \lambda a + \lambda b, \ (\lambda + \mu) a = \lambda a + \mu a.$$

Zu jedem $a \in \mathbb{R}^n$ und zu jedem $b \in \mathbb{R}^n$ gibt es genau ein $x \in \mathbb{R}^n$, so daß $a + x = b$ gilt. Dieser Vektor x, der zu a addiert b ergibt, wird durch $x = b - a$ gekennzeichnet und heißt Differenz von b und a.
Nullvektor und entgegengesetzte Vektoren sind

$$\mathbf{0} = \begin{pmatrix} 0 \\ 0 \\ \vdots \\ 0 \end{pmatrix} \text{ und } a = \begin{pmatrix} a_1 \\ a_2 \\ \vdots \\ a_n \end{pmatrix}, \ -a = \begin{pmatrix} -a_1 \\ -a_2 \\ \vdots \\ -a_n \end{pmatrix}.$$

Es gilt $a + \mathbf{0} = a$, $a + (-a) = \mathbf{0}$, $b + (-a) = b - a$.

Bei Koordinateneinheitsvektoren ist eine Koordinate 1, und alle übrigen sind 0, also

$$e_1 = \begin{pmatrix} 1 \\ 0 \\ 0 \\ \vdots \\ 0 \end{pmatrix}, \quad e_2 = \begin{pmatrix} 0 \\ 1 \\ 0 \\ \vdots \\ 0 \end{pmatrix}, \ldots, e_n = \begin{pmatrix} 0 \\ 0 \\ \vdots \\ 0 \\ 1 \end{pmatrix}.$$

Sind $a_1, a_2, \ldots, a_m$ m Vektoren und $\lambda_1, \lambda_2, \ldots, \lambda_m$ m reelle Zahlen, dann heißt die Summe $\lambda_1 a_1 + \lambda_2 a_2 + \ldots + \lambda_m a_m$ eine Linearkombination der Vektoren $a_1, a_2, \ldots, a_m$. Die Vektoren $a_1, a_2, \ldots, a_m$ heißen linear abhängig, wenn es Zahlen $\alpha_1, \alpha_2, \ldots, \alpha_m$ gibt, so daß

$$\alpha_1 a_1 + \alpha_2 a_2 + \ldots + \alpha_m a_m = 0 \quad \text{und} \quad \alpha_1^2 + \alpha_2^2 + \ldots + \alpha_m^2 > 0$$

gilt. Anderenfalls heißen sie linear unabhängig.

Beispiel: Die drei Vektoren des $\mathbb{R}^3$

$$a_1 = \begin{pmatrix} -3 \\ 1 \\ -1 \end{pmatrix}, \quad a_2 = \begin{pmatrix} 2 \\ -1 \\ 1 \end{pmatrix}, \quad a_3 = \begin{pmatrix} 0 \\ -1 \\ 1 \end{pmatrix}$$

sind linear abhängig, denn es gilt $2a_1 + 3a_2 + (-1)a_3 = 0$ und $2^2 + 3^2 + (-1)^2 > 0$.

3.2.1 Der reelle Euklidische Raum

Skalares oder inneres Produkt. Für zwei Vektoren a und b ist es erklärt durch

$$a \cdot b = ab = a_1 b_1 + a_2 b_2 + \ldots + a_n b_n = \sum_{i=1}^{n} a_i b_i \in \mathbb{R}.$$

Es hat die Eigenschaften $ab = ba$, $(\lambda a)b = \lambda(ab)$, $a(b + c) = ab + ac$. Der Vektorraum $\mathbb{R}^n$ mit diesem Skalarprodukt heißt reeller Euklidischer Raum. Zwei Vektoren a, b heißen orthogonal, wenn $ab = 0$ ist.

Norm oder absoluter Betrag von a heißt die reelle Zahl

$$\|a\| = \sqrt{a \cdot a} = \sqrt{a_1^2 + a_2^2 + \ldots + a_n^2} = \sqrt{\sum_{i=1}^{n} a_i^2}.$$

Eigenschaften der Norm:

$\|a\| \geq 0$ und $\|a\| = 0$ genau dann, wenn $a = 0$;
$\|\lambda a\| = |\lambda| \|a\|$ ($\lambda \in \mathbb{R}$);
$\|\|b\| - \|a\|\| \leq \|a + b\| \leq \|a\| + \|b\|$ (Dreiecksungleichung).

Für beliebige Vektoren $a, b \in \mathbb{R}^n$ gilt die *Ungleichung von Cauchy-Schwarz*: $|ab| \leq \|a\| \|b\|$.

Normierte Vektoren. Sie haben die Norm 1. Orthonormierte Vektoren sind normiert und orthogonal. Die Koordinateneinheitsvektoren e_i sind orthonormiert, und es gilt

$$e_i e_j = \delta_{ij} = \begin{cases} 1 & \text{für } i = j, \\ 0 & \text{für } i \neq j. \end{cases}$$

3.2.2 Determinanten

Sind $a_1 = \begin{pmatrix} a_{11} \\ a_{21} \\ a_{31} \\ \vdots \\ a_{n1} \end{pmatrix}$, $a_2 = \begin{pmatrix} a_{12} \\ a_{22} \\ a_{32} \\ \vdots \\ a_{n2} \end{pmatrix}, \ldots, a_n = \begin{pmatrix} a_{1n} \\ a_{2n} \\ a_{3n} \\ \vdots \\ a_{nn} \end{pmatrix}$ n Vektoren des $\mathbb{R}^n$, so ordnet die Determinante n-ter Ordnung

$$\text{Det}(a_1, a_2, \ldots, a_n) = \begin{vmatrix} a_{11} & a_{12} & a_{13} & \ldots & a_{1n} \\ a_{21} & a_{22} & a_{23} & \ldots & a_{2n} \\ a_{31} & a_{32} & a_{33} & \ldots & a_{3n} \\ \vdots & \vdots & \vdots & & \vdots \\ a_{n1} & a_{n2} & a_{n3} & \ldots & a_{nn} \end{vmatrix} = |a_{ij}|_n$$

den n Vektoren $a_1, a_2, \ldots, a_n$ genau eine reelle Zahl zu, wobei die folgenden Eigenschaften gelten:
1. $\text{Det}(a_1, \ldots, \lambda a_k, \ldots, a_n) = \lambda \text{Det}(a_1, \ldots, a_k, \ldots, a_n)$,
2. $\text{Det}(a_1, \ldots, a_{k-1}, b + c, a_{k+1}, \ldots, a_n)$
   $= \text{Det}(a_1, \ldots, a_{k-1}, b, a_{k+1}, \ldots, a_n)$
   $+ \text{Det}(a_1, \ldots, a_{k-1}, c, a_{k+1}, \ldots, a_n)$,
3. $\text{Det}(\ldots, a_{i-1}, a_i, a_{i+1}, \ldots, a_{j-1}, a_j, a_{j+1}, \ldots)$
   $= -\text{Det}(\ldots, a_{i-1}, a_j, a_{i+1}, \ldots, a_{j-1}, a_i, a_{j+1}, \ldots)$ und
4. $\text{Det}(e_1, e_2, \ldots, e_n) = 1$.

Hiermit ist eine Determinante n-ter Ordnung eindeutig bestimmt. Ihre wichtigsten Eigenschaften sind:
- Haben die Elemente einer Spalte einen gemeinsamen Faktor, so darf er vor das Determinantenzeichen gezogen werden (Homogenität).
- Besteht eine Spalte aus der Koordinatensumme zweier Vektoren, so läßt sich die Determinante in eine Summe aus zwei Determinanten zerlegen, von denen jede an Stelle der Koordinatensumme jeweils die Koordinaten eines Vektors enthält (Additivität).
- Beim Tausch zweier Spalten kehrt sich das Vorzeichen der Determinante um (Antisymmetrie).
- Die Determinante aus den Koordinateneinheitsvektoren ist 1.
- Sind zwei Spalten gleich, dann ist die Determinante 0.
- Sind alle Elemente einer Spalte 0, so ist die Determinante 0.
- Wird zu einer Spalte ein Vielfaches einer anderen Spalte addiert, so ändert sich der Wert der Determinante nicht.
- Werden alle Spalten mit den entsprechenden Zeilen vertauscht, so ändert sich der Wert der Determinante nicht.

Wegen der letzten Eigenschaft können alle für die Spalten gültigen Regeln auf die Zeilen übertragen werden. Dem Tausch der Spalten mit den Zeilen entspricht ein Spiegeln (Stürzen) der Elemente an der Hauptdiagonale.

Determinantenberechnung

Determinante 2. Ordnung. Mit $a_1 = \begin{pmatrix} a_{11} \\ a_{21} \end{pmatrix} = a_{11} e_1 + a_{21} e_2$

und $a_2 = \begin{pmatrix} a_{12} \\ a_{22} \end{pmatrix} = a_{12} e_1 + a_{22} e_2$ ergibt sich

$\text{Det}(a_1, a_2)$
$= \text{Det}(a_{11} e_1 + a_{21} e_2, a_2)$
$= a_{11} \text{Det}(e_1, a_{12} e_1 + a_{22} e_2)$
$\quad + a_{21} \text{Det}(e_2, a_{12} e_1 + a_{22} e_2)$
$= a_{11} a_{12} \text{Det}(e_1, e_1) + a_{11} a_{22} \text{Det}(e_1, e_2)$
$\quad + a_{21} a_{12} \text{Det}(e_2, e_1) + a_{21} a_{22} \text{Det}(e_2, e_2)$
$= (a_{11} a_{22} - a_{21} a_{12}) \text{Det}(e_1, e_2)$
$= a_{11} a_{22} - a_{21} a_{12}$,

d.h. $\begin{vmatrix} a_{11} & a_{12} \\ a_{21} & a_{22} \end{vmatrix} = a_{11} a_{22} - a_{12} a_{21}.$

Determinante 3. Ordnung. Eine entsprechende Rechnung ergibt

$$\begin{vmatrix} a_{11} & a_{12} & a_{13} \\ a_{21} & a_{22} & a_{23} \\ a_{31} & a_{32} & a_{33} \end{vmatrix} = \begin{array}{l} a_{11} a_{22} a_{33} + a_{12} a_{23} a_{31} + a_{13} a_{21} a_{32} \\ - a_{13} a_{22} a_{31} - a_{11} a_{23} a_{32} - a_{12} a_{21} a_{33} \end{array}.$$

Eine Determinante 3. Ordnung, aber auch nur sie, kann mit Hilfe der Regel von Sarrus, die durch das folgende Schema gekennzeichnet ist, berechnet werden.

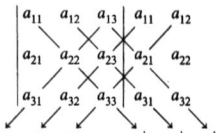

Entwicklungssatz von Laplace. Werden in der Determinante

$$D = \begin{vmatrix} a_{11} & a_{12} & \cdots & a_{1k} & \cdots & a_{1n} \\ a_{21} & a_{22} & \cdots & a_{2k} & \cdots & a_{2n} \\ \vdots & \vdots & & \vdots & & \vdots \\ a_{i1} & a_{i2} & \cdots & a_{ik} & \cdots & a_{in} \\ \vdots & \vdots & & \vdots & & \vdots \\ a_{n1} & a_{n2} & \cdots & a_{nk} & \cdots & a_{nn} \end{vmatrix} \; i$$

wie angedeutet, die i-te Zeile und die k-te Spalte gestrichen, so wird die Determinante $(n-1)$-ter Ordnung aus den restlichen Elementen als Unterdeterminante D_{ik} bezeichnet. Der Ausdruck $A_{ik} = (-1)^{i+k} D_{ik}$ heißt dann adjungierte Unterdeterminante oder Adjunkte des Elements a_{ik}. Damit lautet der Entwicklungssatz

$$D = a_{1k}A_{1k} + a_{2k}A_{2k} + \ldots + a_{nk}A_{nk}, \quad k = 1, 2, 3, \ldots, n.$$

Dies wird als Entwicklung der Determinante nach den Elementen der k-ten Spalte bezeichnet.
Werden die Elemente einer Spalte mit den Adjunkten der Elemente einer anderen Spalte multipliziert, z.B. die Elemente der i-ten Spalte mit den Adjunkten der Elemente der k-ten Spalte, dann gilt für die Summe dieser Produkte

$$a_{1i}A_{1k} + a_{2i}A_{2k} + a_{3i}A_{3k} + \ldots + a_{ni}A_{nk}$$
$$= \sum_{l=1}^{n} a_{li}A_{lk} = 0 \quad \text{für} \quad i \neq k,$$

da die zugehörige Determinante zwei gleiche Spalten enthält. Allgemein lautet der Entwicklungssatz für die Spalten bzw. Zeilen

$$\sum_{l=1}^{n} a_{li}A_{lk} = D\delta_{ik} \quad \text{bzw.} \quad \sum_{l=1}^{n} a_{il}A_{kl} = d\delta_{ik}$$

$$\text{mit} \quad \delta_{ik} = \begin{cases} 1 & \text{für } i = k \\ 0 & \text{für } i \neq k \end{cases} \quad i, k = 1, 2, \ldots, n.$$

Beispiel: Entwicklung einer Determinante 3. Ordnung nach den Elementen der 2. Spalte.

$$\begin{vmatrix} 1 & -2 & 2 \\ -1 & 0 & -2 \\ 2 & 3 & 1 \end{vmatrix} = -(-2)\begin{vmatrix} -1 & -2 \\ 2 & 1 \end{vmatrix} + 0\begin{vmatrix} 1 & 2 \\ 2 & 1 \end{vmatrix} - 3\begin{vmatrix} 1 & 2 \\ -1 & -2 \end{vmatrix} = 6$$

Mehrfache Anwendung des Entwicklungssatzes auf Determinanten mit oberer (unterer) Dreiecksform ergibt

$$\begin{vmatrix} a_{11} & a_{12} & a_{13} & \ldots & a_{1n} \\ 0 & a_{22} & a_{23} & \ldots & a_{2n} \\ 0 & 0 & a_{33} & \ldots & a_{3n} \\ & & & \ddots & \vdots \\ 0 & & & & a_{nn} \end{vmatrix} = a_{11}a_{22}a_{33}\ldots a_{nn}.$$

Jede Determinante kann auf eine solche Form gebracht werden mit Hilfe der „elementaren Umformungen": Tausch zweier Zeilen (Spalten), Addition eines Vielfachen einer Zeile (Spalte) zu einer anderen Zeile (Spalte).

Beispiel:

$$\begin{vmatrix} -1 & -2 \\ -2 & 0 & 1 \\ -1 & 3 & -4 \end{vmatrix}$$

1.Umformung

$$= \begin{vmatrix} 1 & -1 & -2 \\ 0 & -2 & -3 \\ 0 & 2 & -6 \end{vmatrix}$$

2. Umformung

$$= \begin{vmatrix} 1 & -1 & -2 \\ 0 & -2 & -3 \\ 0 & 0 & -9 \end{vmatrix}$$

$$= 1(-2)(-9) = 18$$

1. Umformung
a) 1. Zeile wird mit 2 multipliziert und zur 2. Zeile addiert;
b) 1. Zeile wird zur 3. Zeile addiert;
2. Umformung
a) 2. Zeile wird zur 3. Zeile addiert.

3.2.3 Cramer-Regel

Zugrunde gelegt wird ein lineares Gleichungssystem aus n Gleichungen mit n Unbekannten $x_1, x_2, \ldots, x_n$

$$a_{11}x_1 + a_{12}x_2 + a_{13}x_3 + \ldots + a_{1n}x_n = b_1,$$
$$a_{21}x_1 + a_{22}x_2 + a_{23}x_3 + \ldots + a_{2n}x_n = b_2,$$
$$\ldots\ldots\ldots\ldots\ldots\ldots\ldots\ldots\ldots\ldots\ldots\ldots\ldots\ldots$$
$$a_{n1}x_1 + a_{n2}x_2 + a_{n3}x_3 + \ldots + a_{nn}x_n = b_n.$$

Mit den Vektoren

$$a_i = \begin{pmatrix} a_{1i} \\ a_{2i} \\ \vdots \\ a_{ni} \end{pmatrix} \in \mathbb{R}^n, \quad b = \begin{pmatrix} b_1 \\ b_2 \\ \vdots \\ b_n \end{pmatrix} \in \mathbb{R}^n$$

lautet das Gleichungssystem

$$x_1 a_1 + x_2 a_2 + x_3 a_3 + \ldots + x_n a_n = b.$$

Das Gleichungssystem heißt regulär, wenn die Systemdeterminante $\text{Det}(a_1, a_2, a_3, \ldots, a_n) \neq 0$, sonst singulär.
Werden bei einem regulären Gleichungssystem alle n Determinanten gebildet, die aus der System-Determinante dadurch hervorgehen, daß jeweils ein Vektor a_i ($i = 1, 2, \ldots, n$) durch den Vektor b ersetzt wird, so ergibt sich unter Beachtung der Determinanteneigenschaften

$$\text{Det}(\ldots, a_{i-1}, b, a_{i+1}, \ldots)$$
$$= \text{Det}\left(\ldots, a_{i-1}, \sum_{i=1}^{n} x_i a_i, a_{i+1}, \ldots\right)$$
$$= x_i \text{Det}(a_1, a_2, \ldots, a_{i-1}, a_i, a_{i+1}, \ldots, a_n) \quad \text{oder}$$
$$x_i = \frac{\text{Det}(a_1, a_2, \ldots, a_{i-1}, b, a_{i+1}, \ldots, a_n)}{\text{Det}(a_1, a_2, \ldots, a_{i-1}, a_i, a_{i+1}, \ldots, a_n)} \quad (i = 1, 2, 3, \ldots, n)$$

Diese n Gleichungen geben die Cramer-Regel zur Lösung eines regulären Gleichungssystems wieder. Praktische Lösungen nach dem Gaußschen Verfahren s. A 10.5.1. Für homogene Gleichungssysteme ($b = 0$) folgt aus der Cramer-Regel, daß $x_i = 0$ für $i = 1, 2, \ldots, n$. Dies bedeutet, daß die Vektoren $a_1, a_2, \ldots, a_n$ linear unabhängig sind. Daher gilt: Ist $\text{Det}(a_1, a_2, \ldots, a_n) \neq 0$, so sind die Vektoren $a_1, a_2, \ldots, a_n \in \mathbb{R}^n$ linear unabhängig.

Beispiel:

$$x_1 - 3x_2 + 2x_3 = -1$$
$$-x_1 + 2x_2 - x_3 = 0 \quad \text{oder} \quad x_1 a_1 + x_2 a_2 + x_3 a_3 = b, \quad \text{wobei}$$
$$2x_1 - x_2 + 3x_3 = 2$$

$$a_1 = \begin{pmatrix} 1 \\ -1 \\ 2 \end{pmatrix}, \quad a_2 = \begin{pmatrix} -3 \\ 2 \\ -1 \end{pmatrix}, \quad a_3 = \begin{pmatrix} 2 \\ -1 \\ 3 \end{pmatrix}, \quad b = \begin{pmatrix} -1 \\ 0 \\ 2 \end{pmatrix}.$$

Das Gleichungssystem ist regulär, da die System-Determinante

$$\text{Det}(a_1, a_2, a_3) = \begin{vmatrix} 1 & -3 & 2 \\ -1 & 2 & -1 \\ 2 & -1 & 3 \end{vmatrix} = -4 \neq 0.$$

Die Berechnung der einzelnen Determinanten ergibt

$$\text{Det}(b, a_2, a_3) = -7, \quad \text{Det}(a_1, b, a_3) = -3, \quad \text{Det}(a_1, a_2, b) = 1,$$

so daß $x_1 = 7/4, x_2 = 3/4, x_3 = -1/4$.

3.2.4 Matrizen und lineare Abbildungen

Durch ein lineares Gleichungssystem mit reellen Koeffizienten

$$y_1 = a_{11}x_1 + a_{12}x_2 + a_{13}x_3 + \ldots + a_{1n}x_n,$$
$$y_2 = a_{21}x_1 + a_{22}x_2 + a_{23}x_3 + \ldots + a_{2n}x_n,$$
$$\ldots\ldots\ldots\ldots\ldots\ldots\ldots\ldots\ldots\ldots\ldots\ldots$$
$$y_m = a_{m1}x_1 + a_{m2}x_2 + a_{m3}x_3 + \ldots + a_{mn}x_n$$

ist eine Abbildung A des Vektorraums $\mathbb{R}^n$ in den Vektorraum $\mathbb{R}^m$ definiert.

$$A : \mathbb{R}^n \to \mathbb{R}^m,$$

die jedem Vektor x genau einen Vektor $y = Ax \in \mathbb{R}^m$ zuordnet, wobei

$$x = \begin{pmatrix} x_1 \\ x_2 \\ \vdots \\ x_n \end{pmatrix} \in \mathbb{R}^n, \ y = \begin{pmatrix} y_1 \\ y_2 \\ \vdots \\ y_m \end{pmatrix} \in \mathbb{R}^m.$$

$y = Ax$ heißt das Bild von x bei der Abbildung A. Um die Abhängigkeit der Abbildung A von den Koeffizienten a_{ik} ($i = 1, 2, \ldots, m$; $k = 1, 2, \ldots, n$) hervorzuheben, wird A als eine Matrix vom Typ (m, n), also mit m Zeilen und n Spalten, geschrieben. Die Abbildungsgleichung $y = Ax$ lautet dann

$$\begin{pmatrix} y_1 \\ y_2 \\ \vdots \\ y_m \end{pmatrix} = \begin{pmatrix} a_{11} & a_{12} & a_{13} & \ldots & a_{1n} \\ a_{21} & a_{22} & a_{23} & \ldots & a_{2n} \\ \ldots\ldots\ldots\ldots\ldots\ldots\ldots \\ a_{m1} & a_{m2} & a_{m3} & \ldots & a_{mn} \end{pmatrix} \begin{pmatrix} x_1 \\ x_2 \\ \vdots \\ x_n \end{pmatrix}$$

Hierbei ist die i-te Koordinate von $y = Ax$ bestimmt durch

$$y_i = \sum_{k=1}^{n} a_{ik}x_k = a_{i1}x_1 + a_{i2}x_2 + a_{i3}x_3 + \ldots + a_{in}x_n.$$

Es wird also jedes Element a_{ik} der i-ten Zeile von A mit der entsprechenden Koordinate x_k des Vektors x multipliziert und dann die Summe über alle Produkte gebildet.

Beispiel:

$$\begin{pmatrix} -2 & 3 & 2 \\ 3 & 0 & -1 \end{pmatrix} \begin{pmatrix} -1 \\ 1 \\ 2 \end{pmatrix} = \begin{pmatrix} (-2)(-1) + 3 \cdot 1 + 2 \cdot 2 \\ 3(-1) \quad + 0 \cdot 1 + (-1)2 \end{pmatrix} = \begin{pmatrix} 9 \\ -5 \end{pmatrix},$$

d.h., das Bild des Vektors $\begin{pmatrix} -1 \\ 1 \\ 2 \end{pmatrix} \in \mathbb{R}^3$ bei der Abbildung

$$A = \begin{pmatrix} -2 & 3 & 2 \\ 3 & 0 & -1 \end{pmatrix} \text{ ist der Vektor } \begin{pmatrix} 9 \\ -5 \end{pmatrix} \in \mathbb{R}^2.$$

Das Bild des Koordinateneinheitsvektors e_i lautet

$$Ae_i = \begin{pmatrix} a_{11} & a_{12} & a_{13} & \ldots & a_{1i} & \ldots & a_{1n} \\ a_{21} & a_{22} & a_{23} & \ldots & a_{2i} & \ldots & a_{2n} \\ a_{31} & a_{32} & a_{33} & \ldots & a_{3i} & \ldots & a_{3n} \\ \ldots\ldots\ldots\ldots\ldots\ldots\ldots\ldots\ldots \\ a_{m1} & a_{m2} & a_{m3} & \ldots & a_{mi} & \ldots & a_{mn} \end{pmatrix} \begin{pmatrix} 0 \\ 0 \\ \vdots \\ 1 \\ \vdots \\ 0 \\ 0 \end{pmatrix} \leftarrow i$$

$$= \begin{pmatrix} a_{1i} \\ a_{2i} \\ a_{3i} \\ \vdots \\ a_{mi} \end{pmatrix} = a_i \in \mathbb{R}^m.$$

Die Elemente der i-ten Spalte von A sind also die Koordinaten des Bild\vektors $Ae_i = a_i$, und die Matrix A wird dementsprechend auch dargestellt durch

$$A = (a_1, a_2, a_3, \ldots, a_n) \text{ mit } a_i \in \mathbb{R}^m \ (i = 1, 2, 3, \ldots, n).$$

Ist A eine Matrix vom Typ (m, n) und sind x, y beliebige Vektoren aus $\mathbb{R}^n$, dann gelten

$$A(x + y) = Ax + Ay, \ A(\lambda x) = \lambda(Ax) \ (\lambda \in \mathbb{R}).$$

Die Matrix A ist also eine *lineare* Abbildung des Raumes $\mathbb{R}^n$ in den Raum $\mathbb{R}^m$.
Matrizen mit der gleichen Spalten- und Zeilenanzahl n, die also vom Typ (n, n) sind, heißen n-reihige quadratische Matrizen. Sie bestimmen eine lineare Abbildung des Raums $\mathbb{R}^n$ in sich. Zwei Matrizen $A = (a_{ik})_{(m,n)}$ und $B = (b_{ik})_{(m,n)}$ vom gleichen Typ heißen gleich ($A = B$), wenn $a_{ik} = b_{ik}$ für alle $i = 1, 2, 3, \ldots, m$ und $k = 1, 2, 3, \ldots, n$. Dies ist gleichbedeutend mit $Ax = Bx$ für alle $x \in \mathbb{R}^n$.
In der Menge der Matrizen vom gleichen Typ (m, n) sind die Verknüpfungen erklärt:

Multiplikation einer Matrix mit einer reellen Zahl.

$$\lambda A = \lambda(a_{ik})_{(m,n)} = (\lambda a_{ik})_{(m,n)}$$

Jedes Element von A wird mit λ multipliziert.

Beispiel: $3 \cdot \begin{pmatrix} -2 & 1 & 3 \\ 1 & -1 & 0 \end{pmatrix} = \begin{pmatrix} -6 & 3 & 9 \\ 3 & -3 & 0 \end{pmatrix}$

Addition zweier Matrizen. Die Summe $A + B$ der Matrizen $A = (a_{ik})_{(m,n)}$ und $B = (b_{ik})_{(m,n)}$ ist erklärt durch

$$A + B = (a_{ik})_{(m,n)} + (b_{ik})_{(m,n)} = (a_{ik} + b_{ik})_{(m,n)}.$$

Matrizen werden elementweise addiert.

Beispiel: $\begin{pmatrix} -2 & 2 & -1 \\ 3 & -1 & 0 \end{pmatrix} + \begin{pmatrix} 1 & -1 & 2 \\ 1 & 0 & 1 \end{pmatrix} = \begin{pmatrix} -1 & 1 & 1 \\ 4 & -1 & 1 \end{pmatrix}$

Für diese beiden Verknüpfungen gelten folgende Eigenschaften:

$$A + B = B + A, \ (A + B) + C = A + (B + C).$$

Zu jeder Matrix A und zu jeder Matrix B gibt es genau eine Matrix X, so daß $A + X = B$ gilt. Diese Matrix X, die zu A addiert B ergibt, wird durch $X = B - A$ gekennzeichnet und heißt Differenz von B und A.

$$\left.\begin{array}{l} 1 \cdot A = A, \ \lambda(\mu A) = (\lambda\mu)A, \\ \lambda(A + B) = \lambda A + \lambda B, \ (\lambda + \mu)A = \lambda A + \mu A \end{array}\right\} \lambda, \mu \in \mathbb{R}.$$

Die Matrix, deren Elemente Null sind, heißt Nullmatrix $\mathbf{0}$. Für sie gilt $A + \mathbf{0} = A$.
Die Matrix, deren Elemente das entgegengesetzte Vorzeichen der Elemente einer Matrix A haben, heißt die zu A entgegengesetzte Matrix $-A$. Für sie gilt $A + (-A) = \mathbf{0}$.

Multiplikation von Matrizen. Durch die beiden linearen Gleichungssysteme

$$z_1 = b_{11}y_1 + b_{12}y_2 + b_{13}y_3 + \ldots + b_{1m}y_m$$
$$z_2 = b_{21}y_1 + b_{22}y_2 + b_{23}y_3 + \ldots + b_{2m}y_m$$
$$z_3 = b_{31}y_1 + b_{32}y_2 + b_{33}y_3 + \ldots + b_{3m}y_m$$
$$\ldots\ldots\ldots\ldots\ldots\ldots\ldots\ldots\ldots\ldots\ldots\ldots$$
$$z_l = b_{l1}y_1 + b_{l2}y_2 + b_{l3}y_3 + \ldots + b_{lm}y_m$$

$$y_1 = a_{11}x_1 + a_{12}x_2 + a_{13}x_3 + \ldots + a_{1n}x_n$$
$$y_2 = a_{21}x_1 + a_{22}x_2 + a_{23}x_3 + \ldots + a_{2n}x_n$$
$$y_3 = a_{31}x_1 + a_{32}x_2 + a_{33}x_3 + \ldots + a_{3n}x_n$$
$$\ldots\ldots\ldots\ldots\ldots\ldots\ldots\ldots\ldots\ldots\ldots\ldots$$
$$y_m = a_{m1}x_1 + a_{m2}x_2 + a_{m3}x_3 + \ldots + a_{mn}x_n$$

sind zwei lineare Abbildungen erklärt.

$z = By$, $B: \mathbb{R}^m \to \mathbb{R}^l$ und $y = Ax$, $A: \mathbb{R}^n \to \mathbb{R}^m$ mit den Matrizen $B = (b_{ij})_{(l,m)}$ und $A = (a_{jk})_{(m,n)}$. Die Zusammensetzung oder Komposition der beiden Abbildungen – zuerst A, dann B – bestimmt wieder eine lineare Abbildung: die Produktabbildung mit dem Symbol $B \cdot A$ oder BA.

$$BA: \mathbb{R}^n \to \mathbb{R}^l, \quad z = (BA)x = B(Ax).$$

Hiernach erhält man das Bild $(BA)x$ des Vektors $x \in \mathbb{R}^n$ bei der Abbildung BA dadurch, daß zuerst das Bild Ax von $x \in \mathbb{R}^n$ bei der Abbildung A und dann das Bild $B(Ax)$ des Vektors $Ax \in \mathbb{R}^m$ bei der Abbildung B bestimmt wird. Die zugehörige Matrix BA wird als das Produkt der Matrizen $B = (b_{ij})_{(l,m)}$ und $A = (a_{jk})_{(m,n)}$ bezeichnet; es ist eine Matrix vom Typ (l,n) mit den Elementen

$$c_{ik} = \sum_{j=1}^{m} b_{ij} a_{jk} \quad i = 1,2,3,\ldots,l; \quad k = 1,2,3,\ldots,n.$$

Diese Summe heißt das „Produkt aus der i-ten Zeile von B und der k-ten Spalte von A". Das Produkt BA ist nur für Matrizen erklärt, bei denen die Anzahl der Spalten von B mit der Anzahl der Zeilen von A übereinstimmt.

Beispiel: $BA = C$.

$$\begin{pmatrix} -1 & 0 & 3 \\ 2 & 1 & 1 \end{pmatrix} \begin{pmatrix} 1 & 0 & 2 & 3 \\ 0 & -1 & -1 & -2 \\ 1 & 1 & 0 & 0 \end{pmatrix} = \begin{pmatrix} 2 & 3 & -2 & -3 \\ 3 & 0 & 3 & 4 \end{pmatrix}$$

$c_{24} = b_{21}a_{14} + b_{22}a_{24} + b_{23}a_{34} = 2 \cdot 3 + 1 \cdot (-2) + 1 \cdot 0 = 4.$

Wird der Vektor $x = \begin{pmatrix} x_1 \\ x_2 \\ \vdots \\ x_n \end{pmatrix}$ entsprechend seiner Schreibweise als Matrix vom Typ $(n,1)$ aufgefaßt, so läßt sich der Vektor $Ax \in \mathbb{R}^m$ auch als Produkt aus der Matrix $A = (a_{ik})_{(m,n)}$ vom Typ (m,n) und der Matrix x vom Typ $(n,1)$ darstellen.

Im allgemeinen sind in einem Matrizenprodukt die Matrizen nicht vertauschbar. Die Matrizenmultiplikation besitzt aber die Eigenschaften der Assoziativität und der Distributivität (bezüglich der Matrizenaddition), d.h., es gelten die Gleichungen

$$(AB)C = A(BC), \quad (A+B)C = AC + BC,$$
$$A(B+C) = AB + AC.$$

Gestürzte oder transponierte Matrix A^T. Sie geht aus der Matrix A dadurch hervor, daß deren Spalten und Zeilen vertauscht werden.

$$A = \begin{pmatrix} a_{11} & a_{12} & a_{13} & \ldots & a_{1n} \\ a_{21} & a_{22} & a_{23} & \ldots & a_{2n} \\ \ldots\ldots\ldots\ldots\ldots\ldots\ldots \\ a_{m1} & a_{m2} & a_{m3} & \ldots & a_{mn} \end{pmatrix},$$

$$A^T = \begin{pmatrix} a_{11} & a_{21} & \ldots & a_{m1} \\ a_{12} & a_{22} & \ldots & a_{m2} \\ a_{13} & a_{23} & \ldots & a_{m3} \\ \ldots\ldots\ldots\ldots\ldots\ldots \\ a_{1n} & a_{2n} & \ldots & a_{mn} \end{pmatrix}.$$

Rang einer Matrix. Werden in der Matrix
$A = (a_{ij})_{(m,n)} = (a_1, a_2, a_3, \ldots, a_n)$, $a_i \in \mathbb{R}^m$,
$m-k$ verschiedene Zeilen und $n-k$ verschiedene Spalten gestrichen, wobei $1 \leq k \leq \min(m,n)$, so bilden die übrigen Elemente ein quadratisches Schema aus k Zeilen und k Spalten. Die Determinante aus diesen Elementen heißt eine Unterdeterminante k-ter Ordnung der Matrix A. Besitzt A eine von Null verschiedene Unterdeterminante r-ter Ordnung und haben alle Unterdeterminanten, deren Ordnung größer als r ist, den Wert 0, so heißt r Rang der Matrix A; $\mathrm{Rg}(A) = r$.

Der Rang einer Matrix ist invariant gegenüber elementaren Umformungen.
Elementare Umformungen einer Matrix A sind:
– Vertauschen von beliebig vielen Spalten (Zeilen), Multiplikation von Spalten (Zeilen) mit einer von Null verschiedenen Zahl,
– Addition eines Vielfachen einer Spalte (Zeile) zu einer anderen Spalte (Zeile),
– Vertauschen von Zeilen und Spalten (Stürzen).

Bei einer Matrix mit dem Rang r sind genau r ihrer Spaltenvektoren (Zeilenvektoren) linear unabhängig.

Quadratische Matrizen. Eine quadratische Matrix A mit n Zeilen und Spalten heißt n-reihig.

$$A = (a_{ij})_n = (a_1, a_2, \ldots, a_n).$$

Ihre Determinante ist $|A| = \mathrm{Det}(a_1, a_2, a_3, \ldots, a_n)$.
Quadratische Matrizen A mit $|A| \neq 0$ heißen regulär sonst singulär. Für die n-reihige Einheitsmatrix

$$E = \begin{pmatrix} 1 & & & 0 \\ & 1 & & \\ & & 1 & \\ & & & \ddots \\ 0 & & & 1 \end{pmatrix} = (\delta_{ik})_n, \quad \delta_{ik} = \begin{cases} 1 & \text{für } i = k \\ 0 & \text{für } i \neq k \end{cases},$$

gilt $|E| = 1$ und $AE = EA = A$.
Ist $A = (a_{il})_n$ eine reguläre Matrix, also $|A| \neq 0$, so folgt aus dem Entwicklungssatz von Laplace (s. A 3.2.2)

$$\sum_{l=1}^{n} a_{il} b_{lk} = \delta_{ik} \quad \text{mit} \quad b_{lk} = \frac{A_{kl}}{|A|} \quad \text{und} \quad i,k,l = 1,2,3,\ldots,n;$$

oder $AB = E$, wobei $B = (b_{lk})_n$ inverse Matrix von A heißt und das Symbol A^{-1} hat.

$$A^{-1} = \frac{1}{|A|} \begin{pmatrix} A_{11} & A_{21} & A_{31} & \ldots & A_{n1} \\ A_{12} & A_{22} & A_{32} & \ldots & A_{n2} \\ \ldots\ldots\ldots\ldots\ldots\ldots\ldots\ldots \\ A_{1n} & A_{2n} & A_{3n} & \ldots & A_{nn} \end{pmatrix}$$

mit $AA^{-1} = A^{-1}A = E$.

Hierbei ist $|A|$ die Determinante von A und A_{ij} die Adjunkte des Elements a_{ij}.

Beispiel:

$$A = \begin{pmatrix} a_{11} & a_{12} \\ a_{21} & a_{22} \end{pmatrix}, \quad |A| = \begin{vmatrix} a_{11} & a_{12} \\ a_{21} & a_{22} \end{vmatrix} = a_{11}a_{22} - a_{12}a_{21} \neq 0,$$

$$A^{-1} = \frac{1}{a_{11}a_{22} - a_{12}a_{21}} \begin{pmatrix} a_{22} & -a_{12} \\ -a_{21} & a_{11} \end{pmatrix}.$$

3.2.5 Lineare Gleichungssysteme

Zugrunde gelegt wird ein lineares Gleichungssystem aus m linearen Gleichungen mit n Unbekannten $x_1, x_2, \ldots, x_n$.

$$\begin{aligned} a_{11}x_1 + a_{12}x_2 + a_{13}x_3 + \ldots + a_{1n}x_n &= b_1 \\ a_{21}x_1 + a_{22}x_2 + a_{23}x_3 + \ldots + a_{2n}x_n &= b_2 \\ \ldots\ldots\ldots\ldots\ldots\ldots\ldots\ldots\ldots\ldots\ldots \\ a_{m1}x_1 + a_{m2}x_2 + a_{m3}x_3 + \ldots + a_{mn}x_n &= b_m \end{aligned}$$

bzw. $Ax = b$, wobei

$A = (a_{ij})_{(m,n)} = (a_1, a_2, a_3, \ldots, a_n)$, $a_i \in \mathbb{R}^m$
$(i = 1,2,\ldots,n)$.

Die Matrix, die aus A durch Erweiterung mit den Koordinaten b_i des Vektors b hervorgeht, heißt erweiterte Koeffizientenmatrix und wird ausgedrückt durch

$$(A, b) = (a_1, a_2, a_3, \ldots, a_n, b).$$

Das Gleichungssystem heißt homogen, wenn $b = 0$, sonst inhomogen. Wird die Matrix A als eine lineare Abbildung des Raumes $\mathbb{R}^n$ in den Raum $\mathbb{R}^m$ aufgefaßt, so besteht die Lösungsmenge des Gleichungssystems aus allen Vektoren $x \in \mathbb{R}^n$, deren Bild Ax der Vektor b ist.

Das lineare Gleichungssystem $Ax = b$ ist genau dann lösbar, wenn der Rang der Matrix A gleich dem Rang der erweiterten Matrix (A, b) ist, d.h., wenn $\text{Rg}(A) = \text{Rg}(A, b)$.
Für den Sonderfall, daß A regulär ist, also die inverse Matrix A^{-1} existiert, folgt unmittelbar aus $Ax = b$ die Lösungsformel $x = A^{-1} b$. Die Koordinaten x_i ($i = 1, 2, 3, \ldots, n$) des Lösungsvektors x sind dann gemäß der Cramer-Regel (s. **A 3.2.3**) bestimmt durch

$$x_i = \frac{\text{Det}(a_1, a_2, \ldots, b, \ldots, a_n)}{\text{Det}(a_1, a_2, \ldots, a_i, \ldots, a_n)}, \ (i = 1, 2, \ldots, n).$$

Homogenes Gleichungssystem $Ax = 0$

Hat die Koeffizientenmatrix vom Typ (m, n) den Rang r, dann hat das homogene Gleichungssystem $Ax = 0$ für $r = n$ als einzige Lösung den Nullvektor $\mathbf{0}$ (triviale Lösung) für $r < n$ $n - r$ linear unabhängige Lösungsvektoren $x_1, x_2, \ldots, x_{n-r}$, und jede Lösung x ist eine Linearkombination dieser Vektoren

$$x = \lambda_1 x_1 + \lambda_2 x_2 + \ldots + \lambda_{n-r} x_{n-r}, \ \lambda_i \in \mathbb{R}.$$

Die Gesamtheit der Linearkombinationen heißt allgemeine Lösung der homogenen Gleichung.

Beispiel:

$$\begin{array}{r} -2x_1 + x_2 + 2x_4 = 0 \\ x_1 + x_2 - 2x_3 + 3x_4 = 0 \\ 3x_2 - 4x_3 + 8x_4 = 0 \end{array} \ \text{oder}$$

$$\begin{pmatrix} -2 & 1 & 0 & 2 \\ 1 & 1 & -2 & 3 \\ 0 & 3 & -4 & 8 \end{pmatrix} \begin{pmatrix} x_1 \\ x_2 \\ x_3 \\ x_4 \end{pmatrix} = \begin{pmatrix} 0 \\ 0 \\ 0 \end{pmatrix}.$$

Alle vier Unterdeterminanten 3. Ordnung der Koeffizientenmatrix sind Null. Da $\begin{vmatrix} -2 & 1 \\ 1 & 1 \end{vmatrix} = -3 \neq 0$ ist, hat die Koeffizientenmatrix den Rang 2 und es gibt 4−2=2 linear unabhängige Lösungsvektoren x_1, x_2. Da die dritte Gleichung des Systems eine Linearkombination der beiden ersten Gleichungen und damit überflüssig ist, werden diese beiden Vektoren aus den beiden ersten Gleichungen bestimmt.

$$\begin{array}{r} -2x_1 + x_2 + 2x_4 = 0 \\ x_1 + x_2 - 2x_3 + 3x_4 = 0 \end{array} \ \text{oder} \ \begin{array}{r} -2x_1 + x_2 = 2x_4 \\ x_1 + x_2 = 2x_3 - 3x_4 \end{array}.$$

Hieraus ergeben sich nach der Cramer-Regel (s. **A 3.2.3**) für $x_3 = 1$ und $x_4 = 0$ bzw. für $x_3 = 0$ und $x_4 = 1$ die Lösungen $x_1 = 2/3$ und $x_2 = 4/3$ bzw. $x_1 = -1/3$ und $x_2 = -8/3$, so daß

$$x_1 = \begin{pmatrix} 2/3 \\ 4/3 \\ 1 \\ 0 \end{pmatrix} = 1/3 \begin{pmatrix} 2 \\ 4 \\ 3 \\ 0 \end{pmatrix} \ \text{und} \ x_2 = \begin{pmatrix} -1/3 \\ -8/3 \\ 0 \\ 1 \end{pmatrix} = 1/3 \begin{pmatrix} -1 \\ -8 \\ 0 \\ 3 \end{pmatrix}$$

zwei linear unabhängige Lösungsvektoren sind, mit denen die allgemeine Lösung $x = \lambda_1 x_1 + \lambda_2 x_2$ für beliebige $\lambda_1, \lambda_2 \in \mathbb{R}$ ist.

Inhomogenes Gleichungssystem $Ax = b$ ($b \neq 0$)

Die Lösbarkeitsbedingung $\text{Rg}(A) = \text{Rg}(A, b)$ sei erfüllt. Aus den linearen Eigenschaften der Abbildung A folgt unmittelbar: Die allgemeine Lösung des inhomogenen Gleichungssystems ist gleich der Summe aus der allgemeinen Lösung des homogenen Gleichungssystems und einer speziellen Lösung des inhomogenen Gleichungssystems.

Beispiel:

$$\begin{array}{r} -2x_1 + x_2 + 2x_4 = 1 \\ x_1 + x_2 - 2x_3 + 3x_4 = 0 \\ 3x_2 - 4x_3 + 8x_4 = 1 \end{array} \ \text{oder}$$

$$\begin{pmatrix} -2 & 1 & 0 & 2 \\ 1 & 1 & 2 & 3 \\ 0 & 3 & -4 & 8 \end{pmatrix} \begin{pmatrix} x_1 \\ x_2 \\ x_3 \\ x_4 \end{pmatrix} = \begin{pmatrix} 1 \\ 0 \\ 1 \end{pmatrix}.$$

Die Lösbarkeitsbedingung ist erfüllt. Die zugehörige homogene Gleichung stimmt mit der Gleichung des letzten Beispiels überein, so daß deren allgemeine Lösung

$$x_H = \lambda_1 \begin{pmatrix} 2 \\ 4 \\ 3 \\ 0 \end{pmatrix} + \lambda_2 \begin{pmatrix} -1 \\ -8 \\ 0 \\ 3 \end{pmatrix}, \ \lambda_1, \lambda_2 \in \mathbb{R}$$

ist. Die dritte Gleichung ist wieder eine Linearkombination der beiden ersten Gleichungen und damit überflüssig. Mit $x_1 = 0$ und $x_2 = 0$ lauten die beiden ersten Gleichungen

$$\begin{array}{r} 2x_4 = 1 \\ -2x_3 + 3x_4 = 0 \end{array}, \ \text{woraus} \ \begin{array}{l} x_3 = 3/4 \\ x_4 = 1/2 \end{array} \text{folgt, so daß}$$

$$x_P = \begin{pmatrix} 0 \\ 0 \\ 3/4 \\ 1/2 \end{pmatrix} = \frac{1}{4} \begin{pmatrix} 0 \\ 0 \\ 3 \\ 2 \end{pmatrix}$$

eine partikuläre Lösung der inhomogenen Gleichung ist. Die allgemeine Lösung lautet somit

$$x = \lambda_1 \begin{pmatrix} 2 \\ 4 \\ 3 \\ 0 \end{pmatrix} + \lambda_2 \begin{pmatrix} -1 \\ -8 \\ 0 \\ 3 \end{pmatrix} + \frac{1}{4} \begin{pmatrix} 0 \\ 0 \\ 3 \\ 2 \end{pmatrix} \ \text{für beliebige} \ \lambda_1, \lambda_2 \in \mathbb{R}.$$

4 Geometrie

H.-J. Schulz, Berlin

Bemerkungen zur elementaren Geometrie
In der Geometrie werden – ausgehend von durch Abstraktion gewonnenen Grundfiguren (Punkt, Gerade, Ebene) und Grundrelationen (Zugehörigkeit=Inzidenz, Symbol $\in$; Anordnung, Symbole $<$, $=$ und $>$; Deckungsgleichheit=Kongruenz, Symbol $\cong$; Stetigkeit=dichte Anordnung der Punkte) – Axiome aufgestellt, die unmittelbar verständlich und nicht anderweitig zu beweisen sind.

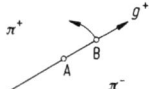

Bild 1. Orientierung einer Ebene

4.1 Planimetrie

In der Planimetrie (Flächenmessung) wird eine unendlich ausgedehnte Ebene als gegeben vorausgesetzt. In Bildern sind nur endliche Ausschnitte darstellbar.

4.1.1 Punkt, Gerade, Strahl, Strecke, Streckenzug

Parallelen. Zwei Geraden heißen parallel, wenn sie keinen oder alle Punkte gemeinsam haben. Aus den Axiomen folgt für die Schnittpunkte mehrerer Geraden:
- Zwei verschiedene, nichtparallele Geraden haben genau einen Punkt gemeinsam: den Schnittpunkt. n verschiedene, nicht paarweise parallele Geraden ergeben $n(n-1)/2$ Schnittpunkte (z.B. haben vier Geraden sechs Schnittpunkte).
- Durch einen Punkt einer Ebene lassen sich unendlich viele Geraden legen. Sie bilden ein Geradenbüschel; der Schnittpunkt heißt Träger des Büschels.
- Die Gesamtheit aller zu einer gegebenen Geraden parallelen Geraden bildet ein Parallelenbüschel oder eine Richtung. Der Träger des Parallelenbüschels liegt im Unendlichen.
- Durch drei verschiedene Punkte, die nicht auf einer Geraden liegen, lassen sich genau drei verschiedene Geraden durch je zwei Punkte legen. Sie bestimmen eine Ebene im Raum.

Halbgerade. Ein Punkt A auf der Geraden teilt diese in zwei Halbgeraden.

Achse. Eine orientierte Gerade heißt Achse. Die Orientierung (der Richtungssinn) einer Geraden wird durch einen Pfeil, der den Durchlaufsinn angibt, oder ein geordnetes Punktepaar kenntlich gemacht, dessen erster Punkt z.B. der Anfangspunkt der Halbgeraden ist.

Strahl. Eine orientierte Halbgerade mit Anfangspunkt heißt Strahl.

Strecke. Zwei verschiedene Punkte A, B auf einer Geraden definieren die Strecke $\overline{AB}$ durch ihre Endpunkte. Zum Vergleich verschiedener Strecken mit Hilfe der Kongruenzaxiome werden Abbildungen der Ebene auf sich definiert, die die Abstände und Anordnungen der Punkte in sich nicht ändern, mit denen man aber Figuren „übereinanderschieben" und auf Deckung vergleichen kann. Diese Abbildungen sind anschaulich mit den Bewegungen Parallelverschiebung, Drehung um einen Punkt und Spiegelung an einer Geraden zu beschreiben.

Streckenzug. Eine zusammenhängende Folge von Strecken verschiedener Richtung heißt Streckenzug (Polygonzug: Polygon=Vieleck). Die je zwei Strecken gemeinsamen Punkte werden Eckpunkte genannt. Ist der Polygonzug geschlossen, d.h. fallen Anfangspunkt der ersten Strecke und Endpunkt der n-ten Strecke zusammen, so bildet der Polygonzug den Rand eines n-Ecks mit den Strecken als *Seiten*. Die Verbindungsstrecken zweier Eckpunkte, die nicht Seiten sind, heißen Diagonalen. Ein Polygon ist konvex, wenn für zwei beliebige Punkte des Polygons auch alle Punkte der Verbindungsstrecke zum Polygon gehören, anderenfalls ist es konkav.

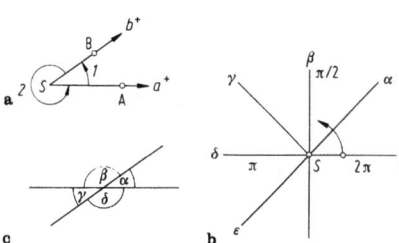

Bild 2. Ebene Winkel. **a** Richtungssinn; **b** Bezeichnungen; **c** Paarungen

4.1.2 Orientierung einer Ebene

Eine Gerade g zerlegt eine Ebene π in eine positive (π^+) und negative (π^-) Halbebene; sie ist Rand für jede dieser Halbebenen. Wird die Gerade orientiert und ist die Wahl eines Strahls g^+, so markiert die Kreislinie mit Durchlaufsinn die Orientierung der Ebene, die durch den Punkt $B \in g^+$ entsteht, wenn g^+ in π^+ hineingedreht wird. Der mathematisch positive Drehsinn einer Ebene ist entgegen dem Uhrzeigersinn (**Bild 1**).

4.1.3 Winkel

Zwei Strahlen a^+, b^+ (**Bild 2 a**) mit gemeinsamem Anfangspunkt S (Scheitel) bilden die Schenkel zweier ungerichteter Winkel (Pfeilbögen *1* und *2*). So ist der Winkel $\sphericalangle ASB$ oder $\sphericalangle(a^+, b^+)$ mit den Pfeilen *1* und *2* entgegen dem Uhrzeigersinn mathematisch positiv. Er ist durch Zahlenwert und Richtung bestimmt. Nach der Größe (**Bild 2 b**) werden α spitze, β rechte, γ stumpfe, δ gestreckte, ε überstumpfe und ζ volle Winkel unterschieden (Einheiten s. DIN 1315).

Winkel an zwei einander schneidenden Geraden (Bild 2 c). Nebenwinkel sind α und β, γ und δ und α. Es gilt $\alpha + \beta = 180°$; α hat mit β einen Schenkel gemeinsam. Scheitelwinkel sind α und γ, β und δ. Es gilt $\alpha = \gamma$ und $\beta = \delta$. Supplementwinkel haben die Winkelsumme 180, Komplementwinkel 90.

4.1.4 Strahlensätze

Werden zwei parallele Geraden von einer dritten geschnitten, so gelten für die dabei entstehenden Winkel (**Bild 3**):

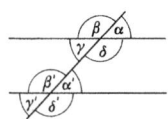

Bild 3. Winkel an Parallelen, die von einer Geraden geschnitten werden

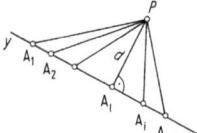

Bild 4. Abstand des Punkts P von der Geraden g; $d = |\overline{PA_1}| = \min|\overline{PA_i}|; i = 1, 2, \ldots, l, \ldots$

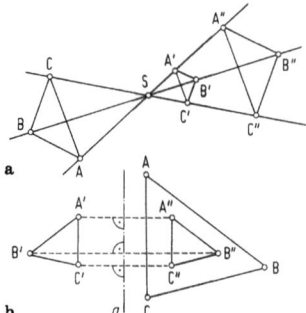

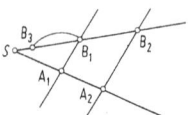

Bild 5. Strahlensätze

Bild 6. Ähnliche Dreiecke. **a** Parallellage; **b** Spiegellage

- Stufenwinkel (α, α'), (γ, γ'), (β, β') und (δ, δ) sowie Wechselwinkel (α, γ'), (α', γ), (β, δ') und (β', δ) sind gleich.
- Entgegengesetzt liegende Winkel (α, δ'), (α', δ), (β, γ') und (β', γ) sind Supplementwinkel mit der Summe 180°.

Jede dieser Eigenschaften ist notwendig und hinreichend dafür, daß zwei von einer dritten geschnittene Gerade parallel sind.

Abstand. Vor allen Verbindungsstrecken $\overline{PA_i}$ (**Bild 4**) zwischen einem Punkt P und einer Geraden g, mit $P \notin g$ und beliebigen Punkten $A_i \in g$, heißt die Strecke mit der kleinsten Länge $|\overline{PA_1}| = \min|\overline{PA_i}|$ der Abstand d des Punkts P von der Geraden. Der Punkt A_1 liegt auf der zu g senkrechten Geraden durch P.

Für viele Konstruktions- und Meßaufgaben sind folgende Sätze wichtig:

1. Strahlensatz (Thales). Werden zwei von einem Punkt ausgehende Strahlen von (zwei) Parallelen geschnitten, so verhalten sich die Abschnitte (Streckenlängen) auf dem einen Strahl wie die entsprechenden Abschnitte auf dem anderen Strahl. Nach **Bild 5** ist

$$|\overline{SB_1}| : |\overline{B_1B_2}| = |\overline{SA_1}| : |\overline{A_1A_2}| \text{ und}$$
$$|\overline{SB_1}| : |\overline{SB_2}| = |\overline{SA_1}| : |\overline{SA_2}|. \quad (1)$$

Ferner gilt die Umkehrung des 1. Strahlensatzes (Beispiel s. A 4.1.6).

2. Strahlensatz. Werden zwei von einem Punkt S ausgehende Strahlen von (zwei) Parallelen geschnitten, so verhalten sich die Abschnitte auf den Parallelen wie die entsprechenden von S aus gemessenen Abschnitte auf jedem Strahl. Mit **Bild 5** gelten also

$$|\overline{A_1B_1}| : |\overline{A_2B_2}| = |\overline{SA_1}| : |\overline{SA_2}| \text{ und}$$
$$|\overline{A_1B_1}| : |\overline{A_2B_2}| = |\overline{SB_1}| : |\overline{SB_2}|. \quad (2)$$

Die Umkehrung des 2. Strahlensatzes ist nicht eindeutig, wenn $|\overline{A_1B_1}| < |\overline{SA_1}|$ ist. Dann ist zwar $|\overline{A_1B_3}| : |\overline{A_2B_2}| = |\overline{SA_1}| : |\overline{SA_2}|$, aber $\overline{A_1B_3} \nparallel \overline{A_2B_2}$.

4.1.5 Ähnlichkeit

Zwei Polygone heißen ähnlich, wenn durch geeignete Drehung oder Spiegelung einander entsprechende Seiten parallele Geraden werden, d.h., wenn die Figuren in der Form – also in Anordnung und Größe aller Winkel –, jedoch nicht in den Seitenlängen übereinstimmen. Weiterhin folgt mit den beiden Strahlensätzen, daß in ähnlichen Polygonen die einander entsprechenden Seitenlängen proportional sind.

Beispiel: Aus

$$|\overline{BC}| : |\overline{B'C'}| = |\overline{BS}| : |\overline{B'S}| \quad \text{und} \quad |\overline{BA}| : |\overline{B'A'}| = |\overline{BS}| : |\overline{B'S}|$$

(2. Strahlensatz; **Bild 6**) folgt $|\overline{BC}| : |\overline{B'C'}| = |\overline{BA}| : |\overline{B'A'}|$ und $|\overline{BC}| : |\overline{BA}| = |\overline{B'C'}| : |\overline{B'A}|$; also sind die Dreiecke $\triangle(ABC)$ und $\triangle(A'B'C')$ ähnlich.

Speziell für Dreiecke ergeben sich Ähnlichkeitssätze, bei denen nicht alle Winkel bzw. Proportionen geprüft werden müssen. Dreiecke sind ähnlich, wenn sie übereinstimmen in zwei Seitenverhältnissen, im Verhältnis zweier Seiten und in dem von diesen Seiten eingeschlossenen Winkel, in zwei gleichliegenden Innenwinkeln, im Verhältnis zweier Seiten und dem der größeren Seite gegenüberliegenden Winkel.

4.1.6 Teilung von Strecken

Die Aufgabe, eine gegebene Strecke $\overline{AB}$ in einem beliebigen reellen Verhältnis $v = m : n$ mit $|v| = |\overline{AT}| : |\overline{TB}|$ zu teilen, ist mit Hilfe der Strahlensätze lösbar (**Bild 7 a**).

Äußere und innere Teilung. Liegt der Teilungspunkt T_i zwischen A und B, so liegt eine innere Teilung vor; es sei $v > 0$. Liegt T_a außerhalb der Strecke $\overline{AB}$, so ist es die äußere Teilung mit $v < 0$.

Harmonische Teilung. Hier sind die Beträge der äußeren und inneren Teilungen gleich, also $|\overline{AT_a}| : |\overline{T_aB}| = |\overline{AT_i}| : |\overline{T_iB}|$.

Goldener Schnitt. Er heißt auch stetige Teilung (**Bild 7 b**) und stellt die innere Teilung dar, für die $|\overline{AB}| : |\overline{AT}| = |\overline{AT}| : |\overline{TB}|$ ist.

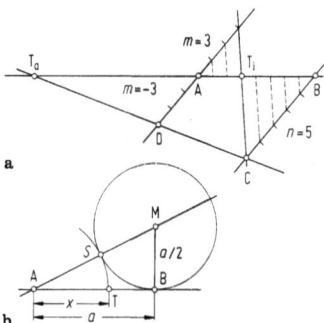

Bild 7. Teilung der Strecke $\overline{AB}$. **a** äußere und innere Teilung; **b** stetige Teilung (Goldener Schnitt)

Beispiel: Gegeben ist die Strecke $\overline{AB}$. Gesucht werden T_i für $v = 3:5$ und T_a für $v = -3:5$. – Die Geraden durch (A, D) und (B, C) sind beliebige Parallelen. Mit Hilfe weiterer Parallelen (gestrichelt) ist die Strecke $\overline{AB}$ in $n + m$ gleich große Strecken zu teilen (**Bild 7 a**).

4.1.7 Pythagoreische Sätze

Allgemeine Dreiecke

Nach **Bild 8** sind *Eckpunkte* A, B, C im mathematisch positiven Umlaufsinn zu definieren ($\triangle ABC$). Die *Seiten* a, b, c liegen gegenüber den gleichlautenden Eckpunkten, und die *Innenwinkel* α, β, γ haben den „gleichlautenden" Eckpunkt als Scheitel.
Bezeichnungen. *Höhen* h_a, h_b, h_c sind Abstände der Eckpunkte von ihren gegenüberliegenden Seiten. Insbesondere schneiden sich (**Bild 8 a–c**) die:
a *Seitenhalbierenden* s_a, s_b und s_c im Schwerpunkt S,
b *Winkelhalbierenden* w_α, w_β und w_γ im Mittelpunkt M_i des Innenkreises mit den Seiten als Tangenten,
c *Mittelsenkrechten* m_a, m_b und m_c im Mittelpunkt M_u des Umkreises durch die Eckpunkte.
Für die Höhen (**Bild 8 d**) gilt: $h_a : h_b : h_c = 1/a : 1/b : 1/c$.
Sätze: Von je zwei verschieden großen Seiten eines Dreiecks liegt der größeren Seite der größere Winkel gegenüber. – Die Summe der Innenwinkel beträgt 180. – Für Dreiecke folgen aus einer Formel zwei weitere durch zyklische Vertauschungen, also durch Ersetzen der Zahlentripel (a, b, c) und (α, β, γ) durch (b, c, a) und (β, γ, α) oder (c, a, b) und (γ, α, β).
Einteilung. Sie erfolgt nach Winkeln in spitz-, recht- und stumpfwinklige Dreiecke sowie nach den Seiten in gleichseitige und gleichschenklige Dreiecke.

Rechtwinkliges Dreieck

Hier heißen die Schenkel des rechten Winkels Katheten (a und b in **Bild 9 a**) und die ihm gegenüberliegende Seite Hypotenuse (c).

Satz von Thales. Der geometrische Ort aller Dreieckpunkte C_i, die mit einer gegebenen Strecke $\overline{AB}$ ein rechtwinkliges Dreieck bilden, ist der Kreis durch A und B mit Mittelpunkt M auf der Strecke $\overline{AB}$ (**Bild 9 b**). Im rechtwinkligen Dreieck mit den Katheten a und b teilt der Fußpunkt F der Höhe h_c die Hypotenuse c in die Abschnitte a' und b', die Projektionen der Katheten auf die Hypotenuse.

Höhensatz, Sätze von Euklid und Pythagoras. Sie lauten

$$h_c^2 = a'b'; \tag{3}$$

$$a^2 = a'c, \quad b^2 = b'c; \tag{4}$$

$$a^2 + b^2 = c^2. \tag{5}$$

Im rechtwinkligen Dreieck ist das Quadrat der Hypotenusenlänge gleich der Summe der Quadrate der Kathetenlängen. Der Beweis folgt aus der Ähnlichkeit der Dreiecke $\triangle(ABC)$, $\triangle(ACF)$ und $\triangle(CBF)$. Seine allgemeine Form ist der Kosinussatz (s. **A 4.2.2**). Dreiecke lassen sich durch ihre Höhe in rechtwinklige Teildreiecke zerlegen. Konvexe Polygone bestehen aus einzelnen Dreiecken (s. **A 4.2.2**).

Beispiel: Beweis für die Konstruktion des goldenen Schnitts. – Nach **Bild 7 b** mit $|\overline{AB}| = a, |\overline{AT}| = x = |\overline{AS}|, |\overline{TB}| = a - x$ und $|\overline{MB}| = a/2$ gilt im Dreieck $\triangle ABM$ der Satz des Pythagoras: $a^2 + a^2/4 = (x + a/2)^2$ bzw. $a:x = x:(a-x)$, also stetige Teilung.

4.2 Trigonometrie

Die Trigonometrie ist die Lehre von der Berechnung der Dreiecke mit Hilfe der trigonometrischen Funktionen, auch Winkel- oder Kreisfunktionen genannt. Die hier behandelte ebene Trigonometrie setzt das Dreieck in der Ebene voraus. Bei der sphärischen Trigonometrie dagegen werden die Dreiecke von Kreisbögen auf Kugeloberflächen gebildet. Mit der Erweiterung der Definition trigonometrischer Funktionen auf komplexe Variable ergeben sich Zusammenhänge mit den Exponential- und Hyperbelfunktionen.

4.2.1 Goniometrie

In der Goniometrie werden diejenigen Beziehungen der trigonometrischen Funktionen, die allein Winkel (s. **A 4.1.3**) betreffen, untersucht.

Trigonometrische Funktionen

Sie sind zunächst für ungerichtete spitze Winkel im rechtwinkligen Dreieck als Verhältnisse von Seitenlängen definiert. Entsprechend **Bild 9 a** gilt mit der Ankathete b, der Gegenkathete a und der Hypotenuse c

Sinus : (6)

Kosinus : (7)

Tangens : (8)

Kotangens : (9)

Trigonometrischer Satz von Pythagoras

$$\sin^2\alpha + \cos^2\alpha = 1; \tag{10}$$

$\tan\alpha = 1/\cot\alpha = \sin\alpha/\cos\alpha$,

$1 + \tan^2\alpha = 1/\cos^2\alpha, \quad 1 + \cot^2\alpha = 1/\sin^2\alpha \tag{11}$

$\sin(90° - \alpha) = \cos\alpha, \quad \cos(90° - \alpha) = \sin\alpha$,

$\tan(90° - \alpha) = \cot\alpha, \quad \cot(90° - \alpha) = \tan\alpha. \tag{12}$

Die Anwendung der Definitionen auf rechtwinklige Dreiecke als Teile von gleichseitigen Dreiecken oder Quadraten der Kantenlänge 1 ergibt die Werte für einige wichtige Winkel:

α	0°	30°	45°	60°	90°
$\sin\alpha$	0	1/2	$(1/2)\sqrt{2}$	$(1/2)\sqrt{3}$	1
$\cos\alpha$	1	$(1/2)\sqrt{3}$	$(1/2)\sqrt{2}$	1/2	0
$\tan\alpha$	0	$(1/3)\sqrt{3}$	1	$\sqrt{3}$	∞
$\cot\alpha$	∞	$\sqrt{3}$	1	$(1/3)\sqrt{3}$	0

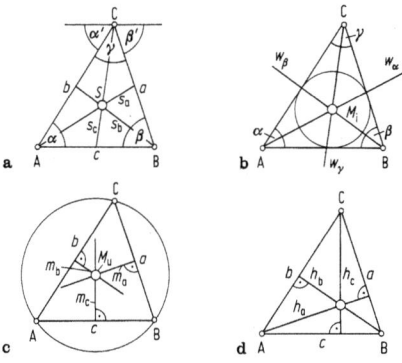

Bild 8. Dreieck. **a** Seitenhalbierende und Schwerpunkt; **b** Winkelhalbierende und Innenkreis; **c** Mittelsenkrechte und Umkreis; **d** Höhen

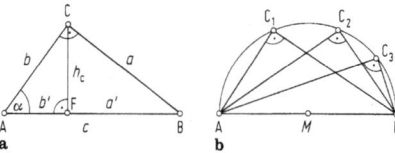

Bild 9. Sätze des rechtwinkligen Dreiecks. **a** Pythagoras und Höhensatz; **b** Thales

Funktionen beliebiger Winkel. Bild 10 a zeigt die für einen auf dem Kreis umlaufenden Punkt $P=(x,y)$ geltenden Zuordnungen für beliebige Winkel φ. Die trigonometrischen Funktionen (**Bild 10 b**) – als Menge von Punktpaaren (x, y) im Sinne der Abbildung einer Menge $\{x\}$ ($x = \varphi$/rad Zahlenwert des Winkels, s. **A 4.1.3**) – sind

$$\left.\begin{array}{l}[\sin] = \{(x,y)|x \in \mathbb{R},\ y \in [-1,1],\ x \mapsto y = \sin x\};\\ [\cos] = \{(x,y)|x \in \mathbb{R},\ y \in [-1,1],\ x \mapsto y = \cos x\};\\ [\tan] = \{(x,y)|x \in \mathbb{R} \setminus \{(2n+1)\pi/2|n \in \mathbb{Z}\},\\ \hspace{3cm} x \mapsto y = \tan x\},\\ [\cot] = \{(x,y)|x \in \mathbb{R} \setminus \{n\pi|n \in \mathbb{Z}\},\ x \mapsto y = \cot x\}.\end{array}\right\} \quad (13)$$

cos- und sin-Funktionen sind beschränkt und periodisch mit der Periode 2π, d.h. $\sin(x+2\pi n) = \sin x$, $\cos(x + 2\pi n) = \cos x$; $n \in \mathbb{Z}$. tan- und cot-Funktionen sind unbeschränkt und periodisch mit der Periode π, d.h. $\tan(x + \pi n) = \tan x$, $\cot(x + \pi n) = \cot x$, $n \in \mathbb{Z}$. Sie haben Unstetigkeitsstellen (s. Gln. (13)).

Nullstellen der Funktionen für $k \in \mathbb{Z}$:

$\sin x = \tan x = 0$ für $x = x_k = k\pi$,
$\cos x = \cot x = 0$ für $x = x_k = (2k+1)\pi/2$.

Ungerade Funktionen:

$\sin(-x) = -\sin x$, $\tan(-x) = -\tan x$,
$\cot(-x) = -\cot x$.

Gerade Funktion: $\cos(-x) = \cos x$.

Die Beträge aller Funktionswerte sind aus dem Intervall $0 \leq x \leq \pi/2$ (I. Quadrant) zu entnehmen und daher in Tabellen nur für dieses Intervall angegeben. *Zur Reduktion auf das Intervall $0 \leq x \leq \pi/2$* gelten die Beziehungen sinngemäß auch für den Winkel φ in Grad, d.h. $0 \leq \varphi \leq 90°$, daher auch als Quadrantenrelationen bezeichnet

$z =$	$\pm x$	$\pi/2 \pm x$	$\pi \pm x$	$3\pi/2 \pm x$	$2\pi - x$
$\sin z =$	$\pm \sin x$	$+\cos x$	$\mp \sin x$	$-\cos x$	$-\sin x$
$\cos z =$	$+\cos x$	$\mp \sin x$	$-\cos x$	$\pm \sin x$	$+\cos x$
$\tan z =$	$\pm \tan x$	$\mp \cot x$	$\pm \tan x$	$\mp \cot x$	$-\tan x$
$\cot z =$	$\pm \cot x$	$\mp \tan x$	$\pm \cot x$	$\mp \tan x$	$-\cot x$

Für Argumente $|x| > 2\pi$ ist zuerst die Restklasse

$z = x \bmod (2\pi) = \text{sign}(x)\{|x| - 2\pi \cdot \text{ent}[|x|/(2\pi)]\}$

zu bilden, d.h. von $|x|$ das größte ganzzahlige Vielfache von 2π, das kleiner bzw. gleich $|x|$ ist, zu subtrahieren. Hierbei ist ent(x) die größte ganze Zahl kleiner bzw. gleich x.

Funktionen desselben Arguments. Sie ergeben sich aus den in **Bild 10 a** benutzten Dreiecken mit dem Satz von Pythagoras (s. Gln. (10) bis (12)).

gegeben\gesucht	$\sin x$	$\cos x$	$\tan x$	$\cot x$
$\sin x =$	–	$\pm\sqrt{1-\cos^2 x}$	$\pm\dfrac{\tan x}{\sqrt{1+\tan^2 x}}$	$\pm\dfrac{1}{\sqrt{1+\cot^2 x}}$
$\cos x =$	$\pm\sqrt{1-\sin^2 x}$	–	$\pm\dfrac{1}{\sqrt{1+\tan^2 x}}$	$\pm\dfrac{\cot x}{\sqrt{1+\cot^2 x}}$
$\tan x =$	$\pm\dfrac{\sin x}{\sqrt{1-\sin^2 x}}$	$\pm\dfrac{\sqrt{1-\cos^2 x}}{\cos x}$	–	$\dfrac{1}{\cot x}$
$\cot x =$	$\pm\dfrac{\sqrt{1-\sin^2 x}}{\sin x}$	$\pm\dfrac{\cos x}{\sqrt{1-\cos^2 x}}$	$\dfrac{1}{\tan x}$	–

Das Vorzeichen richtet sich nach dem Quadranten, in dem x liegt.

Additionstheoreme. Sie geben die Relationen zwischen der Anwendung der Funktion auf ein aus mehreren Winkeln gebildetes Argument und den Funktionen der beteiligten Winkel an.
Summe und Differenz zweier Winkel. Aus **Bild 11** folgt z.B.

$$\sin(\alpha + \beta) = \frac{|\overline{AE}|}{|\overline{OE}|} = \frac{|\overline{AD}| + |\overline{DE}|}{|\overline{OE}|}$$

$$= \frac{|\overline{CB}|}{|\overline{OC}|} \cdot \frac{|\overline{OC}|}{|\overline{OE}|} + \frac{|\overline{DE}|}{|\overline{EC}|} \cdot \frac{|\overline{EC}|}{|\overline{OE}|},$$

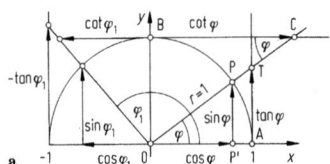

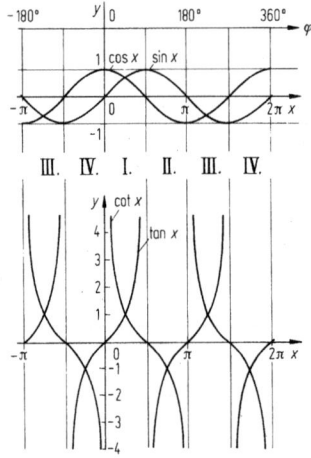

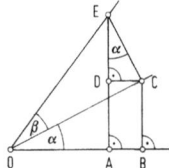

Bild 10. Trigonometrische Funktionen. **a** Einheitskreis; **b** Darstellung

Bild 11. Zur Ableitung der Additionstheoreme

$$\left.\begin{aligned}
\sin(\alpha \pm \beta) &= \sin\alpha \cos\beta \pm \cos\alpha \sin\beta;\\
\cos(\alpha \pm \beta) &= \cos\alpha \cos\beta \mp \sin\alpha \sin\beta;\\
\tan(\alpha \pm \beta) &= \tfrac{\tan\alpha \pm \tan\beta}{1 \mp \tan\alpha \tan\beta};\\
\cot(\alpha \pm \beta) &= \tfrac{\cot\alpha \cot\beta \mp 1}{\cot\beta \pm \cot\alpha}.
\end{aligned}\right\} \quad (16)$$

$$\left.\begin{aligned}
\sin(\alpha+\beta) + \sin(\alpha-\beta) &= 2\sin\alpha \cos\beta,\\
\sin(\alpha+\beta) - \sin(\alpha-\beta) &= -2\cos\alpha \sin\beta;\\
\cos(\alpha+\beta) + \cos(\alpha-\beta) &= 2\cos\alpha \cos\beta,\\
\cos(\alpha+\beta) - \cos(\alpha-\beta) &= -2\sin\alpha \sin\beta;\\
\sin(\alpha+\beta)\sin(\alpha-\beta) &= \cos^2\beta - \cos^2\alpha\\
&= \sin^2\alpha - \sin^2\beta;\\
\cos(\alpha+\beta)\cos(\alpha-\beta) &= \cos^2\beta - \sin^2\alpha\\
&= \cos^2\alpha - \sin^2\beta.
\end{aligned}\right\} \quad (17)$$

Vielfache und Teile eines Winkels. Mit $\beta = \alpha$ oder $\alpha/2$ folgen

$$\left.\begin{aligned}
\sin 2\alpha &= 2\sin\alpha\cos\alpha, \quad \sin\alpha = 2\sin(\alpha/2)\cos(\alpha/2);\\
\cos 2\alpha &= \cos^2\alpha - \sin^2\alpha,\\
\cos\alpha &= \cos^2(\alpha/2) - \sin^2(\alpha/2);\\
\tan 2\alpha &= \tfrac{2\tan\alpha}{1-\tan^2\alpha}, \quad \tan\alpha = \tfrac{2\tan(\alpha/2)}{1-\tan^2(\alpha/2)};\\
\cot 2\alpha &= \tfrac{\cot^2\alpha - 1}{2\cot\alpha}, \quad \cot\alpha = \tfrac{\cot^2(\alpha/2)-1}{2\cot(\alpha/2)}.
\end{aligned}\right\} \quad (18)$$

$$\left.\begin{aligned}
\sin 3\alpha &= 3\sin\alpha - 4\sin^3\alpha,\\
\sin 4\alpha &= 8\sin\alpha\cos^3\alpha - 4\sin\alpha\cos\alpha;\\
\cos 3\alpha &= 4\cos^3\alpha - 3\cos\alpha,\\
\cos 4\alpha &= 8\cos^4\alpha - 8\cos^2\alpha + 1.
\end{aligned}\right\} \quad (19)$$

$$\begin{aligned}
\sin(n\alpha) &= \binom{n}{1}\sin\alpha\cos^{n-1}\alpha - \binom{n}{3}\sin^3\alpha\cos^{n-3}\alpha\\
&\quad + \binom{n}{5}\sin^5\alpha\cos^{n-5}\alpha - + \ldots;\\
\cos(n\alpha) &= \binom{n}{0}\cos^n\alpha - \binom{n}{2}\sin^2\alpha\cos^{n-2}\alpha\\
&\quad + \binom{n}{4}\sin^4\alpha\cos^{n-4}\alpha - + \ldots
\end{aligned}$$

Satz von Euler und Moivre. Für komplexe Zahlen (s. **A 2.2.3**) gilt $\exp(i\alpha) = \cos\alpha + i\sin\alpha$ und $(\cos\alpha + i\sin\alpha)^n = \cos(n\alpha) + i\sin(n\alpha) = \exp(n\,i\alpha)$.

Potenzen der Funktionen. Die Umformung der Gln. (18) liefert

$$\left.\begin{aligned}
\sin^2\alpha &= (1-\cos 2\alpha)/2, \quad \cos^2\alpha = (1+\cos 2\alpha)/2,\\
\sin^3\alpha &= (3\sin\alpha - \sin 3\alpha)/4,\\
\cos^3\alpha &= (3\cos\alpha + \cos 3\alpha)/4.
\end{aligned}\right\} \quad (20)$$

Summen und Differenzen der Funktionen. Sie ergeben sich aus den Gln. (16) mit $\alpha' + \beta' = \beta$ und $\alpha' - \beta' = \alpha$ zu

$$\left.\begin{aligned}
\sin\alpha \pm \sin\beta &= 2\sin\tfrac{\alpha \pm \beta}{2} \cdot \cos\tfrac{\alpha \mp \beta}{2},\\
\cos\alpha + \cos\beta &= 2\cos\tfrac{\alpha+\beta}{2} \cdot \cos\tfrac{\alpha-\beta}{2},\\
\cos\alpha - \cos\beta &= -2\sin\tfrac{\alpha+\beta}{2} \cdot \sin\tfrac{\alpha-\beta}{2}.
\end{aligned}\right\} \quad (21)$$

Zyklometrische Funktionen

Sie werden auch Arcus- oder Bogenfunktionen genannt und sind die Umkehrfunktionen (Inversen) der trigonometrischen Funktionen. Die Spiegelung der trigonometrischen Funktionskurven an der Geraden $y=x$ ergibt die Kurven der zyklometrischen Funktionen (**Bild 12**) in dem mit „Hauptwerte" gekennzeichneten Bereich. Die implizierte Form der Umkehrfunktion zum Sinus ist $x = \sin y$, die explizite $y = \arcsin x$. Letztere besagt, daß am Einheitskreis y der Zahlenwert des Bogens ist, dessen Sinus gleich x ist. Im **Bild 13** sind y und z Winkel; y ist im positiven Sinn, z entgegengesetzt skaliert. Damit gilt

$$\left.\begin{aligned}
[\arcsin] &= \{(x,y)\,|\,x \in [-1,1], y \in [-\pi/2, \pi/2],\\
&\quad x \to y = \arcsin x\},\\
[\arccos] &= \{(x,y)\,|\,x \in [-1,1], y \in [0, \pi],\\
&\quad x \to y = \arccos x\},\\
[\arctan] &= \{(x,y)\,|\,x \in \mathbb{R}, y \in (-\pi/2, \pi/2),\\
&\quad x \to y = \arctan x\},\\
[\text{arccot}] &= \{(x,y)\,|\,x \in \mathbb{R}, y \in (0, \pi),\\
&\quad x \to y = \text{arccot}\,x\}.
\end{aligned}\right\} \quad (22)$$

Im angelsächsischen Sprachgebrauch gelten für diese Funktionen die Bezeichnungen $\sin^{-1}$, $\cos^{-1}$, $\tan^{-1}$ und $\cot^{-1}$ (z.B. auf Taschenrechnern).

Die Gln. (22) erklären zusammen mit den Gln. (13) die Umkehridentitäten:

$$\left.\begin{aligned}
\sin(\arcsin x) &\equiv x \quad \text{für } x \in [-1,1],\\
\arcsin(\sin x) &\equiv x \quad \text{für } x \in [-\pi/2, \pi/2];\\
\cos(\arccos x) &\equiv x \quad \text{für } x \in [-1,1],\\
\arccos(\cos x) &\equiv x \quad \text{für } x \in [0, \pi];\\
\tan(\arctan x) &\equiv x \quad \text{für } x \in \mathbb{R},\\
\arctan(\tan x) &\equiv x \quad \text{für } x \in (-\pi/2, \pi/2);\\
\cot(\text{arccot}\,x) &\equiv x \quad \text{für } x \in \mathbb{R},\\
\text{arccot}(\cot x) &\equiv x \quad \text{für } x \in (0, \pi).
\end{aligned}\right\} \quad (23)$$

Eigenschaften. Alle vier zyklometrischen Funktionen sind im Bereich der Hauptwerte beschränkt.

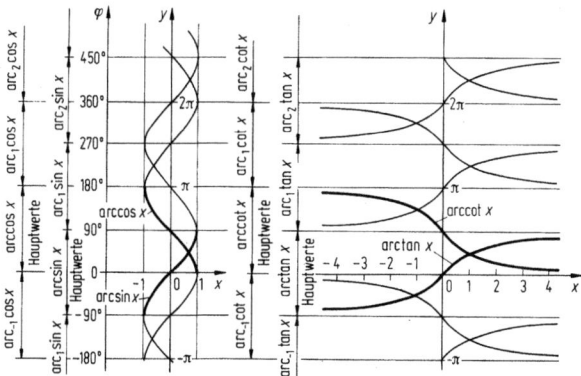

Bild 12. Zyklometrische Funktionen

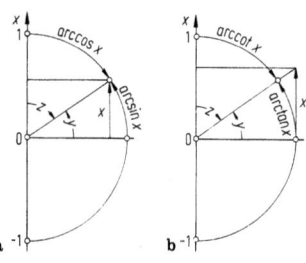

x	y	z	x	y	z
1	π/2	0	1	π/4	π/4
0	0	π/2	0	0	π/2
−1	−π/2	π	−1	−π/4	3π/4

Bild 13. Bogenfunktionswerte am Einheitskreis. **a** für $y = \arcsin x$ und $z = \arccos x$; **b** für $y = \arctan x$ und $z = \arccot x$

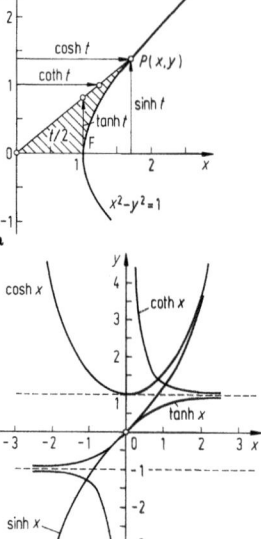

Bild 14. a Einheitshyperbel mit Sektor $t/2$ schraffiert; **b** Funktionsverlauf (Graph)

Nullstellen: $\arcsin x = 0$ für $x = 0$, $\arccos x = 0$ für $x = 1$ und $\arctan x = 0$ für $x = 0$.
Ungerade Funktionen: $\arcsin(-x) = -\arcsin x$, $\arctan(-x) = -\arctan x$.
Negative Argumente: $\arccos(-x) = \pi - \arccos x$, $\arccot(-x) = \pi - \arccot x$.
k-ter Monotoniebereich der Sinus-Funktion: Mit $-\pi/2 + k\pi \leq x \leq \pi/2 + k\pi$ ist die Umkehrfunktion für diesen Bereich der k-te Nebenwert $\arc_k \sin x$ für $k \in \mathbb{Z}$. Damit wird
$y = \arc_k \sin x = k\pi + (-1)^k \arcsin x$
für $y \in [-\pi/2 + k\pi, k\pi + \pi/2]$,
$$y = \begin{cases} k\pi + \arccos x & \text{für } k \text{ gerade} \\ (k+1)\pi - \arccos x & \text{für } k \text{ ungerade} \end{cases}$$
und $y \in [k\pi, (k+1)\pi]$,
$y = \arc_k \tan x = k\pi + \arctan x$
für $y \in (-\pi/2 + k\pi, k\pi + \pi/2)$,
$y = \arc_k \cot x = k\pi + \arccot x$ für $y \in (k\pi, (k+1)\pi)$;
$k = 0$ liefert die Hauptwerte.

Beispiel: $0{,}1(x-4)^2 + \sin x = 0$. – Einer Skizze entnimmt man den Schnittpunkt der Parabel $y = -0{,}1(x-4)^2$ mit der Sinuskurve und daß ein Wert $x \in (\pi, 4)$ sein muß. Will man mit dem Iterationsverfahren (s. **A 9.2.1**) x_{i+1} aus x_i berechnen, so ist
$$x_{i+1} = \pi - \arcsin[-(x_i - 4)^2/10] = \pi + \arcsin[(x_i - 4)^2/10]$$
zu bilden und damit auf den für die Inversion gültigen Monotoniebereich zu reduzieren. Mit $x_0 = 3{,}2$ erhält man nach einigen Schritten $x_i = 3{,}20486$ als brauchbare Näherungslösung.

Beziehungen im Bereich der Hauptwerte. Es gelten:
$$\left.\begin{aligned}
\arcsin x &= \pi/2 - \arccos x = \arctan(x/\sqrt{1-x^2}), \\
\arccos x &= \pi/2 - \arcsin x = \arccos(x/\sqrt{1-x^2}), \\
\arctan x &= \pi/2 - \arccot x = \arcsin(x/\sqrt{1+x^2}), \\
\arccot x &= \pi/2 - \arctan x = \arccos(x/\sqrt{1+x^2}), \\
\arccot x &= \begin{cases} \arctan(1/x) & \text{für } x > 0, \\ \pi + \arctan(1/x) & \text{für } x < 0. \end{cases}
\end{aligned}\right\} \quad (24)$$

Hyperbelfunktionen

Sie sind spezielle Linearkombinationen der Exponentialfunktion (**Bild 14 a**), die sich als Lösung einer Reihe technischer Probleme ergeben, wie der Hyperbelsinus (sinus hyperbolicus) sinh, der Hyperbelkosinus cosh, der Hyperbeltangens tanh und der Hyperbelkotangens coth.

$$\left.\begin{aligned}
[\sinh] &= \{(x,y) | x \in \mathbb{R}, y \in \mathbb{R}, \\
x \mapsto y &= \sinh x = [\exp(x) - \exp(-x)]/2\}; \\
[\cosh] &= \{(x,y) | x \in \mathbb{R}, y \in [1, \infty), \\
x \mapsto y &= \cosh x = [\exp(x) + \exp(-x)]/2\}; \\
[\tanh] &= \{(x,y) | x \in \mathbb{R}, y \in (-1, 1), \\
x \mapsto y &= \tanh x = \frac{\exp(x) - \exp(-x)}{\exp(x) + \exp(-x)}\}; \\
[\coth] &= \{(x,y) | x \in \mathbb{R} \setminus \{0\}, y \in \mathbb{R} \setminus (-1, 1), \\
x \mapsto y &= \coth x = \frac{\exp(x) + \exp(-x)}{\exp(x) - \exp(-x)}\}.
\end{aligned}\right\} \quad (25)$$

sinh, cosh und coth sind unbeschränkt, tanh ist beschränkt. tanh und coth haben horizontale Asymptoten bei $y = \pm 1$.
Nullstellen: $\sinh x = 0$ für $x = 0$, $\tanh x = 0$ für $x = 0$.
Gerade Funktion: $\cosh(-x) = \cosh x$.
Ungerade Funktionen: $\sinh(-x) = -\sinh x$,
$\tanh(-x) = -\tanh x$, $\coth(-x) = -\coth x$.

Definitionsgemäß ist
$$\left.\begin{aligned}
\tanh x &= \sinh x/\cosh x = 1/\coth x, \\
\sinh x + \cosh x &= \exp(x), \\
\sinh x - \cosh x &= -\exp(-x), \\
\cosh^2 x - \sinh^2 x &= 1, \quad 1 - \tanh^2 x = 1/\cosh^2 x, \\
\coth^2 x - 1 &= 1/\sinh^2 x.
\end{aligned}\right\} \quad (26)$$

Additionstheoreme. Analog den Kreisfunktionen gilt

$$\left.\begin{aligned}
&\sinh(x \pm y) = \sinh x \cosh y \pm \cosh x \sinh y, \\
&\cosh(x \pm y) = \cosh x \cosh y \pm \sinh x \sinh y, \\
&\tanh(x \pm y) = \frac{\tanh x \pm \tanh y}{1 \pm \tanh x \tanh y}, \\
&\coth(x \pm y) = \frac{1 \pm \coth x \coth y}{\coth x \pm \coth y}.
\end{aligned}\right\} \quad (27)$$

$$\left.\begin{aligned}
\sinh(nx) &= \binom{n}{1}\cosh^{n-1} x \sinh x \\
&\quad + \binom{n}{3}\cosh^{n-3} x \sinh^3 x \\
&\quad ; + \ldots + \binom{n}{n-1}\cosh x \sinh^{n-1} x, \\
\cosh(nx) &= \cosh^n x + \binom{n}{2}\cosh^{n-2} x \sinh^2 x \\
&\quad + \ldots + \binom{n}{n}\sinh^n x.
\end{aligned}\right\} \quad (28)$$

Deutung an der Einheitshyperbel. So wie $x = \cos\varphi, y = \sin\varphi$ eine Parameterdarstellung des Einheitskreises mit dem Parameter φ ist, ergeben sich $x = \cosh t$, $y = \sinh t$ für die Einheitshyperbel. $x^2 - y^2 = \cosh^2 t - \sinh^2 t = 1$. Die Koordinaten des Punkts P in **Bild 14 b** sind den Hyperbelsinus- und Hyperbelkosinuswerten des Parameters t zuzuordnen. Der Parameter t ist ein Maß für die Fläche A des schraffierten Hyperbelsektors OPF, wie mittels Integration nachweisbar ist.

$$t = \ln(\cosh t + \sqrt{\cosh^2 t - 1}) = 2A. \quad (29)$$

Die tanh-t-Werte sind Strecken auf der Scheiteltangente, die coth-t-Werte Strecken auf der Geraden $y = 1$, jeweils bis zum Schnitt mit der Strecke $\overline{OP}$.

Areafunktionen

Sie sind die Umkehrfunktionen der Hyperbelfunktionen (**Bild 15**). Der Name (area = Fläche) erklärt sich aus der Deutung der Hyperbelfunktion (**Bild 14 b**) an der Einheitshyperbel. Für den Hyperbelsinus (überall streng monoton) $y = \sinh x$ ergibt sich als Inverse in impliziter Form $x = \sinh y$ bzw. explizit $y = \text{arsinh}\, x$. Für die Graphen der Areafunktionen gilt

$$\left.\begin{aligned}
&[\text{arsinh}] = \{(x,y) | x \in \mathbb{R}, y \in \mathbb{R}, \\
&\quad x \mapsto y = \text{arsinh}\, x = \ln(x + \sqrt{x^2+1})\}; \\
&[\text{arcosh}] = \{(x,y) | x \in [1,\infty), y \in [0,+\infty), \\
&\quad x \mapsto y = \text{arcosh}\, x = +\ln(x + \sqrt{x^2-1})\}; \\
&[\text{artanh}] = \{(x,y) | x \in (-1,1), y \in \mathbb{R}, \\
&\quad x \mapsto y = \text{artanh}\, x = \tfrac{1}{2}\ln\tfrac{1+x}{1-x}\}; \\
&[\text{arcoth}] = \{(x,y) | x \in \mathbb{R} \setminus [-1,1], y \in \mathbb{R} \setminus \{0\}, \\
&\quad x \mapsto y = \text{arcoth}\, x = \tfrac{1}{2}\ln\tfrac{x+1}{x-1}\}.
\end{aligned}\right\} \quad (30)$$

So folgt aus Gl. (29) $2A = t = \ln(x + \sqrt{x^2-1}) = \text{arcosh}\, x$ mit $x = \cosh t$.

Umkehridentitäten. Sie sind mithin

$$\left.\begin{aligned}
&\sinh(\text{arsinh}\, x) \equiv x \equiv \text{arsinh}(\sinh x) \quad \text{für } x \in \mathbb{R}, \\
&\cosh(\text{arcosh}\, x) \equiv x \quad \text{für } x \in [1,\infty) \text{ und} \\
&\text{arcosh}(\cosh x) \equiv x \quad \text{für } x \in [0,\infty], \\
&\tanh(\text{artanh}\, x) \equiv x \quad \text{für } x \in (-1,1) \text{ und} \\
&\text{artanh}(\tanh x) \equiv x \quad \text{für } x \in \mathbb{R}, \\
&\coth(\text{arcoth}\, x) \equiv x \quad \text{für } x \in \mathbb{R} \setminus [-1,1] \text{ und} \\
&\text{arcoth}(\coth x) \equiv x \in \mathbb{R} \setminus \{0\}.
\end{aligned}\right\} \quad (31)$$

Eigenschaften. Ungerade Funktionen sind

$\text{arsinh}(-x) = -\text{arsinh}\, x, \quad \text{artanh}(-x) = -\text{artanh}\, x,$
$\text{arcoth}(-x) = -\text{arcoth}\, x.$

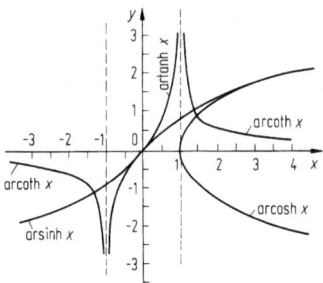

Bild 15. Areafunktionen

Weiterhin gilt

$$\left.\begin{aligned}
\text{arsinh}\, x &= \begin{cases} \text{arcosh}(\sqrt{x^2+1}) & \text{für } x \geq 0, \\ -\text{arcosh}(\sqrt{x^2+1}) & \text{für } x < 0, \end{cases} \\
&\quad \text{artanh}\, \tfrac{x}{\sqrt{x^2+1}} = \text{arcoth}\, \tfrac{\sqrt{x^2+1}}{x}; \\
\text{arcosh}\, x &= \pm \text{arsinh}(\sqrt{x^2-1}) \\
&= \pm \text{artanh}\left(\frac{\sqrt{x^2-1}}{x}\right) \\
&= \pm \text{arcoth}\left(\frac{x}{\sqrt{x^2-1}}\right).
\end{aligned}\right\} \quad (32)$$

4.2.2 Berechnung von Dreiecken und Flächen

Die Berechnung fehlender Bestimmungsstücke eines Dreiecks aus gegebenen kann mit Hilfe der trigonometrischen Funktionen über den in **A 4.1.7** dargestellten Umfang für rechtwinklige Dreiecke hinaus erweitert werden. Das Problem ist gelöst, wenn aus drei gegebenen Größen drei andere berechnet werden können.

Rechtwinkliges Dreieck. Hier (**Bild 9 a**) gelten nach dem Satz von Pythagoras mit den trigonometrischen Funktionen die Lösungen in **Tab. 1** für die fünf Grundaufgaben.

Schiefwinkliges Dreieck. In ihm gelten die folgenden Sätze (zyklische Vertauschungen sind gekennzeichnet mit ⌢):

Sinussatz: Sinussatz $\dfrac{a}{\sin\alpha} = \dfrac{b}{\sin\beta} = \dfrac{c}{\sin\gamma} = 2r.$ (33)

Kosinussatz oder verallgemeinerter Satz von Pythagoras:

$$\left.\begin{aligned}
&a^2 = b^2 + c^2 - 2bc\cos\alpha; \\
&\text{zyklische Vertauschung führt zu} \\
&b^2 = c^2 + a^2 - 2ca\cos\beta \quad \text{und} \\
&c^2 = a^2 + b^2 - 2ab\cos\gamma.
\end{aligned}\right\} \quad (34)$$

Tabelle 1. Grundaufgaben für rechtwinklige Dreiecke ($\gamma = 90°$)

Fall	gegeben	gesucht			
SWS	a, γ, b	$c = \sqrt{a^2 + b^2}$	$\tan\alpha = a/b$	$\tan\beta = b/a$	
SSW	c, a, γ	$b = \sqrt{c^2 - a^2}$	$\sin\alpha = a/c$	$\cos\beta = a/c$	
WSW	α, c, γ	$a = \sqrt{c^2 - b^2}$	$c = b/\cos\alpha$	$\beta = 90° - \alpha$	
SWW	c, γ, α	$a = c \sin\alpha$	$b = c \cos\alpha$	$\beta = 90° - \alpha$	
SWW	a, γ, α	$c = a/\sin\alpha$	$b = a/\tan\alpha$	$\beta = 90° - \alpha$	

S Seite, W Winkel

Bedingte Identitäten für die Winkelfunktionen: Wegen $\alpha + \beta + \gamma = 180°$ folgen aus den Additionstheoremen

$$\sin\alpha = \sin(\beta+\gamma),$$
$$\sin(\alpha/2) = \cos[(\beta+\gamma)/2], \quad \cos\alpha = -\cos(\beta+\gamma),$$
$$\cos(\alpha/2) = \sin[(\beta+\gamma)/2] \quad \text{und} \quad \frown.$$

Summe der Projektionen. Jede Seite läßt sich aus den beiden anderen Seiten berechnen; $a = b\cos\gamma + c\cos\beta$ und $\frown$.
Tangenssatz oder Nepersche Formel:

$$\tan\frac{\alpha-\beta}{2} = \frac{a-b}{a+b}\cdot\tan\frac{\alpha+\beta}{2} \tag{35}$$
$$\text{mit} \quad \frac{\alpha+\beta}{2} = \frac{180°-\gamma}{2} \quad \text{und} \quad \frown.$$

Mollweidesche Formeln:

$$\left.\begin{aligned}(b+c)\sin(\alpha/2) &= a\cos[(\beta-\gamma)/2] \quad \text{und}\\ (b-c)\cos(\alpha/2) &= a\sin[(\beta-\gamma)2] \quad \text{sowie} \frown\end{aligned}\right\} \tag{36}$$

Halbwinkelsatz:

$$\tan\frac{\alpha}{2} = \sqrt{\frac{(s-b)(s-c)}{s(s-a)}} \quad \text{und} \quad \frown. \tag{37}$$

Lösung der Grundaufgaben im schiefwinkligen Dreieck s. **Tab. 2.**

Flächenberechnung s. **Tab. 4.**

4.3 Stereometrie

Die Stereometrie ist die Erweiterung der in **A 4.1** und **A 4.2** dargestellten euklidischen Geometrie der Ebene auf den dreidimensionalen Raum, in dem die Betrachtung auf die Punkte, die nicht in einer Ebene liegen, ausgedehnt wird. Dieser Raum wird mit R^3 bezeichnet und durch ein Volumenmaß gemessen. Die Dimension eines Raums wird in der Vektoralgebra mit der Zahl der linear unabhängigen Basisvektoren definiert wird, ist in der axiomatischen Geometrie mit der Zahl der Maße zur Messung von Eigenschaften der Punktmengen erklärbar.

4.3.1 Punkt, Gerade und Ebene im Raum

Punkt, Gerade und Ebene sind die Grundelemente des Raums. Innerhalb jeder Ebene des Raums gelten die Gesetze der Planimetrie. Die Erweiterung der Axiome und des Parallelenbegriffs ergeben mit den Symbolen $\in$ Element der Menge, $\subset$

Tabelle 2. Grundaufgaben für schiefwinklige Dreiecke

Fall	gegeben	gesucht
SSS	a, b, c	$\cos\alpha = (b^2+c^2-a^2)/(2bc); \ s=(a+b+c)/2;$ $\tan\alpha/2 = \sqrt{(s-b)(s-c)/[s(s-a)]}$ und $\frown$
SWS	a, b, γ	$c = \sqrt{a^2+b^2-2ab\cos\gamma}; \ \sin\beta = b\sin\gamma/c;$ $\sin\alpha = a\sin\gamma/c; \ (\alpha+\beta)/2 = 90°-\gamma/2;$ $\tan(\alpha-\beta)/2 = (a-b)\tan(90°-\gamma/2)/(a+b);$ $\alpha = (\alpha+\beta)/2 + (\alpha-\beta)/2; \ \beta = (\alpha+\beta)/2 - (\alpha-\beta)/2;$ $c = [(a+b)\sin\gamma/2]/\cos((\alpha-\beta)/2)$
SSW	$a, b, \alpha^*)$	$\sin\beta = b\sin\alpha/a; \ \gamma = 180°-(\alpha+\beta);$ $c = a\sin\gamma/\sin\alpha$
WSW	α, β, c	$\gamma = 180°-(\alpha+\beta); \ a = c\sin\alpha/\sin\gamma;$ $b = c\sin\beta/\sin\gamma$
SWW	c, α, γ	s. WSW

*) Siehe Tab. 3 Merkmale für SSW.

Tabelle 3. Merkmale für SSW

Nr.	Fall		Lösung
1	$a > b$	$0 < \alpha < 180°$	eindeutig, $\beta < 90°$
2	$a = b$	$\alpha < 90°$	eindeutig, $\beta = \alpha$
3	$a < b$	$\alpha < 90°, \ a = b\sin\alpha$	eindeutig, $\beta = 90°$
4	$a < b$	$\alpha < 90°, a > b\sin\alpha$	zweideutig, $\beta_1, \beta_2 = 180°-\beta_1$

Teilmenge, $\cap$ Durchschnitt, $\wedge$ und, folglich (s. **A 1.1**) sowie $\parallel$ parallel, $\nparallel$ nicht parallel und $\times$ windschief:

– Zwei Geraden (**Bild 16**) im Raum heißen parallel, wenn sie in einer Ebene liegen (komplanar sind) und keine oder alle Punkte gemeinsam haben. Nicht in einer Ebene liegende Geraden heißen windschief. Es gilt

$$k_{12} \parallel g \Rightarrow k_{12} \subset E_1 \wedge g \subset E_1 \quad \text{und} \ a \times g.$$

– Eine Gerade hat mit einer Ebene gemeinsam: alle Punkte ($g \subset E_1$), den Durchstoßpunkt D (a, b, c, d mit der Ebene E_2) und keine Punkte (a und E_1). Hier ist $k_{12} \subset E_2$ und $D \in a \wedge D \in E_2$.

– Zwei Ebenen im Raum heißen parallel, wenn sie keine oder alle Punkte gemeinsam haben. Zwei nichtparallele Ebenen haben alle Punkte einer Geraden, der Schnittgeraden oder Kante, gemeinsam. Es ist $E_2 \parallel E_3; E_1 E_2 \Rightarrow k_{12} = E_1 \cap E_2$ = Kante.

– Durch einen Punkt P im Raum lassen sich unendlich viele Geraden legen. Sie bilden ein Bündel mit dem Träger D und den Elementen a, b, c und d.

– Durch einen Punkt P im Raum (**Bild 17**) lassen sich unendlich viele verschiedene Ebenen legen. Sie bilden ein Ebenenbündel mit den Elementen E_1 bis E_4 und dem Träger $k = E_1 \cap E_2 \cap E_3$. Durch mindestens drei Ebenen, die einen Punkt $P = E_1 \cap E_3 \cap E_4$ gemeinsam haben, wird in P eine körperliche Ecke gebildet.

Die mathematisch positive Orientierung des Raumes entspricht einer Rechtsschraube. Die Winkel als geometrische Figuren werden durch ihre Größen ($\alpha, \beta, \gamma, \ldots$) gekennzeichnet.

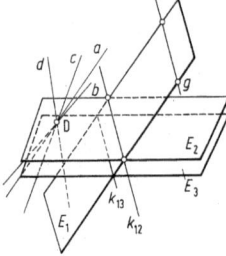

Bild 16. Geraden und Ebenen im Raum

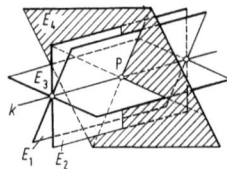

Bild 17. Ebenenbündel

Tabelle 4. Umfang und Fläche der wichtigsten ebenen Figuren

Allgemeine Bezeichnungen:
Seiten a, b, c, d; Innenwinkel $\alpha, \beta, \gamma, \delta$; Diagonalen e, f; Radien r_i, r_u (i innen, u außen)
h_a, h_b Höhen auf Seiten a, b; Fläche A; Umfang U

Dreiecke

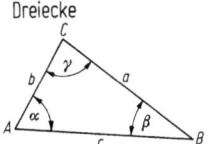

$s = (a+b+c)/2$; $A = \sqrt{s(s-a)(s-b)(s-c)}$ Heronsche Formel
$h_a = b \sin \gamma$; $A = a h_a/2 = (ab \sin \gamma)/2$; $\alpha + \beta + \gamma = 180°$
$h_b = c \sin \alpha$; $A = b h_b/2 = (bc \sin \alpha)/2$
$h_c = a \sin \beta$; $A = c h_c/2 = (ca \sin \beta)/2$

konvexe Vierecke mit Sonderfällen

$\alpha + \beta + \gamma + \delta = 360°$; $s = (a+b+c+d)/2$; $\varepsilon = (\alpha+\gamma)/2$
$A = (a h_a + b h_b)/2 = \sqrt{(s-a)(s-b)(s-c)(s-d) - abcd \cos^2 \varepsilon}$

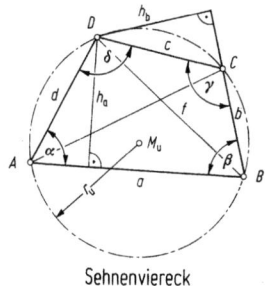

Sehnenviereck

$\alpha + \gamma = \beta + \delta = 180°$; $A = \sqrt{(s-a)(s-b)(s-c)(s-d)}$

Trapez

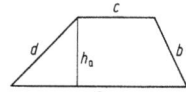

$a \parallel c$; $m = (a+c)/2$; $A = m h_a$

Parallelogramm

$a \parallel c$; $b \parallel d$; $\alpha = \gamma$; $\beta = \delta$; $A = a h_a$

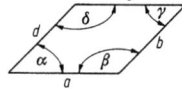

Rhombus $a = b = c = d$; $\alpha = \gamma$; $\beta = \delta$; $A = a h_a$

Rechteck $a = c$; $b = d$; $\alpha = \beta = \gamma = \delta = 90°$; $A = ab$; $U = 2(a+b)$

Quadrat $a = b = c = d$; $\alpha = \beta = \gamma = \delta = 90°$; $A = a^2$; $U = 4a$

regelmäßige n-Ecke

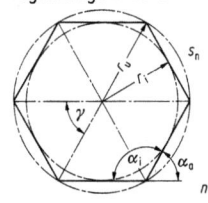

Außen-, Innenwinkel α_a, α_i; Mittelpunktswinkel γ
$\alpha_i = 90° \cdot (2n-4)/n$; $\alpha_a = 360°/n$
$s_n = 2\sqrt{r_u^2 - r_i^2}$; $r_i = \sqrt{4r_u^2 - s_n^2}/2$
$\gamma = 180° - \alpha_i$
$A = n s_n r_i/2 = 0{,}25 n s_n \sqrt{4r_u^2 - s_n^2} = n r_u^2 \sin \gamma/2$

$n = 6$

Kreis

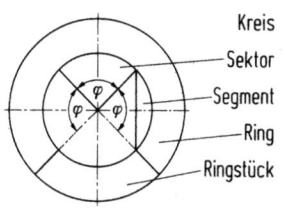

Außenradius R, Innenradius r, Bogenlänge b,
Zentriwinkel φ, Sehnenlänge s, Segmenthöhe h
$A = \pi r^2$; $U = 2\pi r$

Sektor $A = \pi r^2 \varphi/360° = r^2 \varphi/2$; $b = r\varphi$

Segment $A = r^2(\varphi - \sin\varphi)/2 = [br - s(r-h)]/2$; $s = 2\sqrt{2hr - h^2}$;
$h = r - \sqrt{4r^2 - s^2}/2$ für $r < h$

Ring $A = \pi(R^2 - r^2)$

Ringstück $A = (R^2 - r^2)\varphi/2$

4.3.2 Körper, Volumenmessung

Ein *Körper* ist eine abgeschlossene, einfach zusammenhängende Teilmenge des Raumes, dessen Randpunkte die *Oberfläche* des Körpers bilden, die die inneren Punkte des Körpers vollständig umschließt. Die Menge aller inneren Punkte bildet das *Volumen* (den Rauminhalt) des Körpers. Besteht die Oberfläche nur aus ebenen Flächen (Polygonen), so wird der Körper *Vielflächner* (Polyeder) genannt (z.B. Vierflächner= Tetraeder). Je zwei Polygone haben eine Seite, d.h. eine Kante des Körpers, gemeinsam. n Polygone ($n \in \mathbb{N}$, $n \geq 3$) haben einen Eckpunkt des Körpers gemeinsam; sie bilden eine n-kantige Ecke. Ist der Körper von krummen Oberflächen begrenzt, so heißt er *Krummflächner*. Kanten an einem Krummflächner entstehen entlang der Raumkurve, in der sich zwei Oberflächen schneiden (z.B. Kegelmantel und Grundfläche).

4.3.3 Polyeder

Polyeder sind konvex, wenn für zwei beliebige Punkte des Innern oder Randes auch alle Punkte der Verbindungsstrecke zum Polyeder gehören, d.h., wenn es keine „nach innen springenden" Ecken gibt.
Satz von Euler. Bezeichnet e die Anzahl der Ecken, f die Anzahl der Flächen und k die Anzahl der Kanten, so gilt im konvexen Polyeder $e + f - k = 2$ (z.B. für den Würfel mit $e = 8$, $f = 6$ ist $k = 12$, da $8 + 6 - 12 = 2$).
Kantenwinkelsatz. An einer n-kantigen körperlichen Ecke ist die Summe aller Kantenwinkel kleiner als 360.
Regelmäßige Polyeder (platonische Körper) heißen die konvexen Polyeder, deren Begrenzungsflächen kongruente Polygone sind. Es gibt nur die folgenden fünf regelmäßigen Polyeder (s. **Tab. 5**): Tetraeder aus vier gleichseitigen Dreiecken, Hexaeder oder Würfel aus sechs Quadraten, Oktaeder aus acht gleichseitigen Dreiecken, Pentagondodekaeder aus zwölf gleichseitigen Fünfecken und Ikosaeder aus 20 gleichseitigen Dreiecken.
Abwicklung. Die längentreue Abbildung einer Fläche in eine Ebene heißt Abwicklung. Beim Polyeder ist die Abwicklung der Begrenzungsfläche durch „Aufschneiden" entlang einer ausreichenden Zahl von Kanten und „Umklappen" in ein zusammenhängendes System von Begrenzungsflächen, Netz genannt, anschaulich beschreibbar. Mit Hilfe der Abwicklung lassen sich Oberflächenmaße von Körpern und Wege zwischen Punkten auf diesem Körperrand berechnen. Als *Weg* bezeichnet man die Länge aller Teilstrecken, die eine Verbindungslinie zwischen zwei Punkten auf den Begrenzungsflächen herstellen.

4.3.4 Oberfläche und Volumen von Polyedern

Die Summe aller Flächeninhalte der Begrenzungspolygone eines Körpers heißt Oberfläche O. Der Rauminhalt V von Körpern ergibt sich als Produkt dreier geeigneter Strecken oder als Produkt von Grundfläche und Höhe, jeweils versehen mit einem Zahlenfaktor, der die vom Würfel abweichende Form berücksichtigt (s. **Tab. 5**).
Satz von Cavalieri. Körper mit parallelen, gleich großen Grundflächen und gleichen Höhen haben gleiches Volumen, wenn sie in gleichen Höhen über der Grundfläche flächengleiche, zur Grundfläche parallele Querschnitte haben.

4.3.5 Oberfläche und Volumen von einfachen Rotationskörpern

Bei der Drehung um eine Gerade im Raum, Drehachse genannt, beschreibt jeder Punkt, der nicht auf der Geraden liegt, einen Kreisbogen. Hierbei entstehen Zylinder, Kegel, Kugeln, Paraboloide, Ellipsoide und Hyperboloide als Körper (**Tab. 5**).

4.3.6 Guldinsche Regeln

Die Guldinschen Regeln ermöglichen die Berechnung komplizierter geformter Rotationskörper. Ihre Richtigkeit ist mit den Mitteln der Integralrechnung beweisbar.
1. Guldinsche Regel zur Flächenberechnung. Der Flächeninhalt einer Rotationsfläche ist gleich dem Produkt aus der Bogenlänge s der sie erzeugenden Kurve und dem Umfang des Kreises, den der Schwerpunkt der Kurve bei einer vollen Umdrehung beschreibt (y_0 Schwerpunktabstand von der Drehachse).

$$A = 2\pi y_0 s \qquad (38)$$

2. Guldinsche Regel zur Volumenberechnung. Der Rauminhalt eines Rotationskörpers ist gleich dem Produkt aus dem Flächeninhalt A der den Körper erzeugenden Fläche und dem Umfang des Kreises, den der Schwerpunkt der Fläche bei einer vollen Umdrehung beschreibt.

$$V = 2\pi y_0 A. \qquad (39)$$

4.4 Darstellende Geometrie

Die Darstellende Geometrie hat die Aufgabe, räumliche Körper und Figuren in *einer Zeichenebene* so anschaulich darzustellen, daß alle wichtigen geometrischen Maße erkennbar oder maßstabgerecht abnehmbar sind. Wegen der Informationsreduktion auf die zwei Dimensionen der Ebene sind beide Forderungen nicht gleich gut zu erfüllen; zu verwenden ist die am besten geeignete Methode.
Zentralprojektion. Die geometrischen Strahlen projizieren wie das Licht ein Bild des Gegenstands. Das Projektionszentrum Z liegt in endlicher Entfernung vom Objekt O und der Bildebene π wie beim Schattenwurf mit einer punktförmigen Lampe (**Bild 18 a**).
Parallelprojektion. Das Bild wird maßhaltig, wenn das Projektionszentrum Z ins Unendliche gelegt wird wie beim Schattenwurf durch die Sonne (**Bild 18 b**). Gegenüber der Fotografie hat die geometrische Konstruktion den Vorteil, unsichtbare Körperkanten mittels gestrichelter Linien erkennbar zu machen.

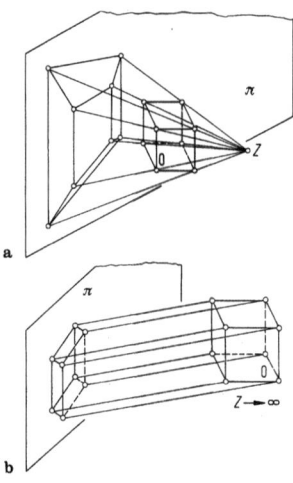

Bild 18. Würfel (O Objekt). **a** Zentral-, **b** Parallelprojektion

Tabelle 5. Oberfläche und Volumen von Polyedern und Rotationskörpern; V Volumen, A_O Oberfläche, A_M Mantelfläche, A_G Grundfläche, U Umfang, h Höhe, r_u Radius der um-, r_i Radius der einbeschriebenen Kugel

Prisma

gerade, schief

Grund- und Deckfläche kongruente n-Ecke,
Seitenflächen Parallelogramme
$V = A_G h$; $A_O = 2 A_G + U h$; $A_M = U h$
Quader: gerades Prisma mit Rechteck ab, Grundfläche, Kanten a, b, c
$V = abc$; $A_O = 2(ab + ac + bc)$; $A_M = 2(ac + bc)$

Pyramide

Pyramide: G_1 ist ein n-Eck, Seitenflächen sind Dreiecke mit Spitze in Höhe h
$V = A_{G1} h/3$
gerade, regelmäßig, viereckig mit Grundkante a
$V = a^2 h/3$; $A_O = a^2 + 2a\sqrt{h^2 + a^2/4}$; $A_M = 2a\sqrt{h^2 + a^2/4}$
Pyramidenstumpf: Deckfläche $G_2 \parallel G_1$ mit Grundkante a
$V = h_s(a^2 + ab + b^2)/3$;
$A_O = a^2 + b^2 + 2(a+b)\sqrt{h_s^2 + (a-b)^2/4}$; $A_M = 2(a+b)\sqrt{h_s^2 + (a-b)^2/4}$

Tetraeder

4 gleichseitige Dreiecke
$V = a^3\sqrt{2}/12$; $A_O = a^2\sqrt{3}$; $r_u = a\sqrt{6}/4$; $r_i = a\sqrt{6}/12$

Hexaeder (Würfel)

6 Quadrate
$V = a^3$; $A_O = 6a^2$; $r_u = a\sqrt{3}/2$; $r_i = a/2$

Oktaeder

8 gleichseitige Dreiecke
$V = a^3\sqrt{2}/3$; $A_O = 2a^2\sqrt{3}$;
$r_u = a\sqrt{2}/2$; $r_i = a\sqrt{6}/6$

Pentagon-Dodekaeder

12 gleichseitige Fünfecke
$V = a^3(15 + 7\sqrt{5})/4$;
$A_O = 3a^2\sqrt{5(5 + 2\sqrt{5})}$;
$r_u = a\sqrt{3}(1 + \sqrt{5})/4$; $r_i = a\sqrt{10(25 + 11\sqrt{5})}/20$

Ikosaeder

20 gleichseitige Dreiecke
$V = 5a^3(3 + \sqrt{5})/12$; $A_O = 5a^2\sqrt{3}$;
$r_u = a\sqrt{2(5 + \sqrt{5})}/4$; $r_i = a\sqrt{3(3 + \sqrt{5})}/12$

Tabelle 5. (Fortsetzung)

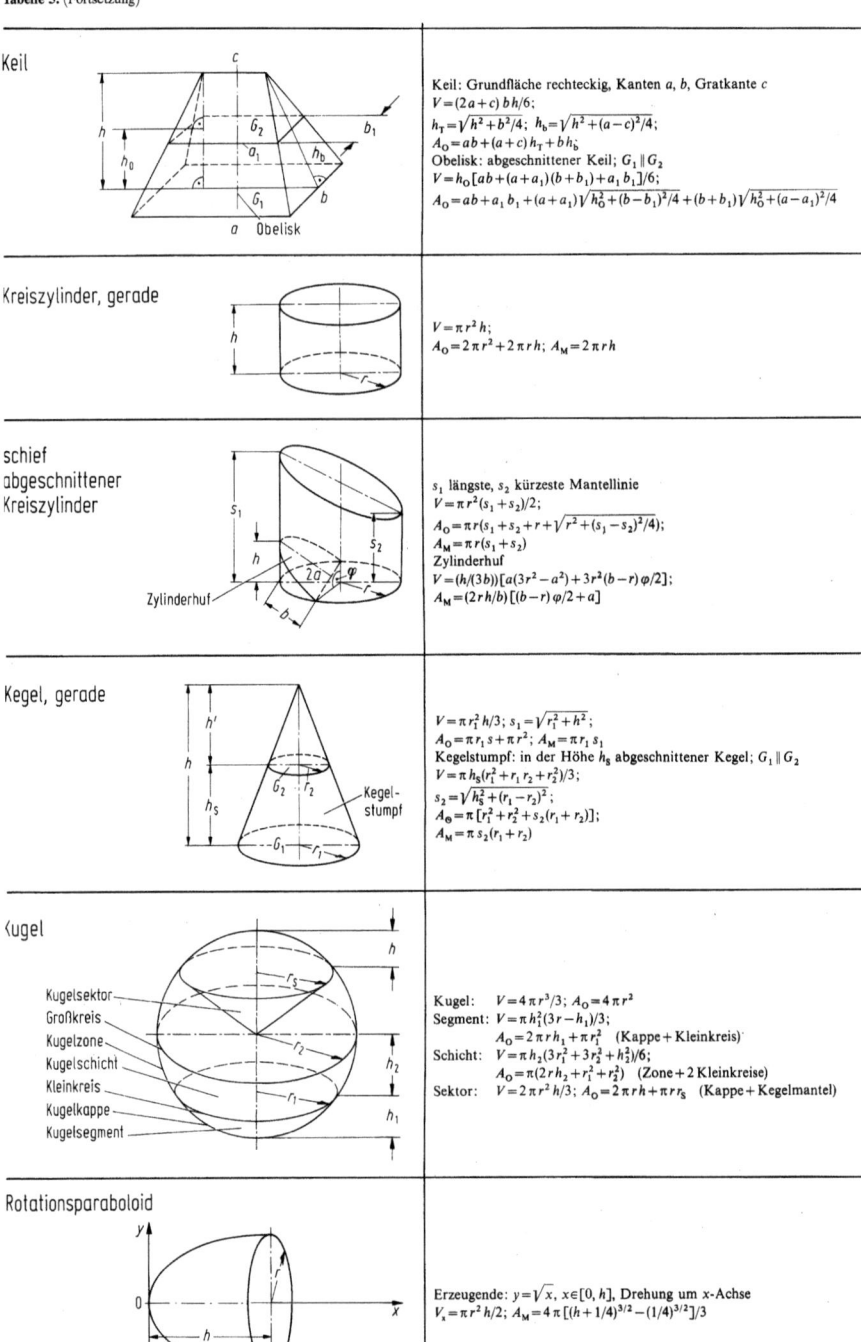

Keil

Keil: Grundfläche rechteckig, Kanten a, b, Gratkante c
$V = (2a+c)bh/6$;
$h_T = \sqrt{h^2+b^2/4}$; $h_b = \sqrt{h^2+(a-c)^2/4}$;
$A_O = ab + (a+c)h_T + bh_b$
Obelisk: abgeschnittener Keil; $G_1 \parallel G_2$
$V = h_O[ab + (a+a_1)(b+b_1) + a_1 b_1]/6$;
$A_O = ab + a_1 b_1 + (a+a_1)\sqrt{h_O^2+(b-b_1)^2/4} + (b+b_1)\sqrt{h_O^2+(a-a_1)^2/4}$

Kreiszylinder, gerade

$V = \pi r^2 h$;
$A_O = 2\pi r^2 + 2\pi rh$; $A_M = 2\pi rh$

schief abgeschnittener Kreiszylinder

s_1 längste, s_2 kürzeste Mantellinie
$V = \pi r^2(s_1+s_2)/2$;
$A_O = \pi r(s_1+s_2+r+\sqrt{r^2+(s_1-s_2)^2/4})$;
$A_M = \pi r(s_1+s_2)$
Zylinderhuf
$V = (h/(3b))[a(3r^2-a^2)+3r^2(b-r)\varphi/2]$;
$A_M = (2rh/b)[(b-r)\varphi/2+a]$

Kegel, gerade

$V = \pi r_1^2 h/3$; $s_1 = \sqrt{r_1^2+h^2}$;
$A_O = \pi r_1 s + \pi r^2$; $A_M = \pi r_1 s_1$
Kegelstumpf: in der Höhe h_s abgeschnittener Kegel; $G_1 \parallel G_2$
$V = \pi h_s(r_1^2+r_1 r_2+r_2^2)/3$
$s_2 = \sqrt{h_s^2+(r_1-r_2)^2}$;
$A_O = \pi[r_1^2+r_2^2+s_2(r_1+r_2)]$;
$A_M = \pi s_2(r_1+r_2)$

Kugel

Kugelsektor, Großkreis, Kugelzone, Kugelschicht, Kleinkreis, Kugelkappe, Kugelsegment

Kugel: $V = 4\pi r^3/3$; $A_O = 4\pi r^2$
Segment: $V = \pi h_1^2(3r-h_1)/3$;
  $A_O = 2\pi rh_1 + \pi r_1^2$ (Kappe + Kleinkreis)
Schicht: $V = \pi h_2(3r_1^2+3r_2^2+h_2^2)/6$;
  $A_O = \pi(2rh_2+r_1^2+r_2^2)$ (Zone + 2 Kleinkreise)
Sektor: $V = 2\pi r^2 h/3$; $A_O = 2\pi rh + \pi rr_s$ (Kappe + Kegelmantel)

Rotationsparaboloid

Erzeugende: $y = \sqrt{x}$, $x \in [0,h]$, Drehung um x-Achse
$V_x = \pi r^2 h/2$; $A_M = 4\pi[(h+1/4)^{3/2}-(1/4)^{3/2}]/3$

Tabelle 5. (Fortsetzung)

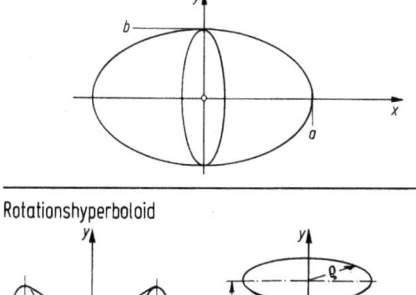

| Rotationsellipsoid | Erzeugende: $y = b\sqrt{1 - x^2/a^2}$; $x \in [-a, a]$
Drehung um x-Achse: $V_x = 4\pi ab^2/3$
Drehung um y-Achse: $V_y = 4\pi a^2 b/3$ |

Rotationshyperboloid

Erzeugende: $y = \pm b\sqrt{x^2/a^2 - 1}$
Rotation um die x-Achse: $x \in [-(a+h); -a] \cup [(a+h); a]$:
$V_x = \pi h(3r^2 - b^2 h^2/a^2)/3$ (zweischalig);
$r = b\sqrt{(a+h)^2/a^2 - 1}$
Rotation um die y-Achse: $V_y = \pi h(2a^2 + \rho^2)/3$ (einschalig)

zweischalig   einschalig

4.4.1 Vergleich der Projektionsarten

Die Zentral- und die Parallelprojektion werden einzeln dadurch modifiziert, daß die Projektionsrichtungen senkrecht oder schräg zur Projektionsebene π orientiert sind. Die „Güte" der Abbildung ergibt sich aus der Invarianz (Unveränderlichkeit) der geometrischen Maße oder Maßverhältnisse des Objekts wie die Erhaltung der folgenden acht Größen und Eigenschaften: Strecken, Winkel, Flächen, Parallelität, Streckenverhältnisse, Teilungsverhältnisse für Strecken zwischen drei Punkten auf einer Geraden (s. A 3.1.6), Doppelverhältnisse für Strecken zwischen vier geordneten Punkten A, B, C und D auf einer Geraden, also $\overline{AC} : \overline{BC} = \overline{AD} : \overline{BD}$, und der Zugehörigkeit von Punkten zu einer Geraden (Inzidenz).

Es genügt, die übersichtlichen Projektionen eines ebenen Dreiecks zu untersuchen. Als Modelle eignen sich dafür die dreieckige Pyramide für die Zentralprojektion mit dem Zentrum Z im Endlichen (Pyramidenspitze) und das dreieckige Prisma für die Parallelprojektion mit Z im Unendlichen, deren Seitenkanten die Projektionsstrahlen sind. Die zu untersuchende Objektebene Ω kann parallel oder schräg zur Projektionsebene angeordnet sein; die Schnittgerade $a = \Omega \cap \pi$ liegt im Unendlichen bzw. im Endlichen. Damit ergeben sich die vier Projektionen in **Bild 19**. Die von den Objektpunkten projizierten Bildpunkte erhalten einen Strich (').

a Parallelprojektion zwischen parallelen Ebenen ($a = \infty$, $Z = \infty$), die definitionsgemäß *Kongruenz* erzeugt. Hierbei sind alle acht Eigenschaften invariant.

b Zentralprojektion zwischen parallelen Ebenen ($a = \infty$, Z endlich). Sie erzeugt nach dem Strahlensatz (auf den Seitenflächen der Pyramide) *Ähnlichkeit*, d.h., invariant sind Winkel und Parallelität, Strecken-, Teil- und Doppelverhältnisse (Strahlensätze in den Ebenen Ω und π) sowie die Inzidenz.

c Parallelprojektion zwischen geneigten Ebenen (a endlich, $Z = \infty$) erzeugt *perspektive Affinität*. Sie ist durch folgende Eigenschaften gekennzeichnet: Affine Punkte wie A und A', B und B' liegen auf Parallelen $g(AA') \| g(BB')$ und erhalten damit die Parallelität und Inzidenz. Affine Geraden wie $g(AB) \subset \Omega$ und $g'(A'B') \subset \pi$ schneiden einander in einem

Punkt auf a; $g(AB) \cap g'(A'B') = S \in a$. Die Strahlensätze, etwa für $\sphericalangle(B'SB)$, erhalten die Teilungsverhältnisse.

d Zentralprojektion zwischen geneigten Ebenen (a endlich, Z endlich) erzeugt die *perspektive Kollineation*. Hier sind nur noch Doppelverhältnis und Inzidenz invariant; es gibt nur eine sehr „schwache" Verwandtschaft zwischen Objekt und Bild. Ihre konstruktiven Merkmale sind: Kollineare Punkte wie A und A', B und B' liegen auf Kollineationsstrahlen, die einander in einem Punkt Z schneiden und die Inzidenz herstellen. Kollineare Geraden wie $g(AB) \subset \Omega$ und $g(A'B') \subset \pi$ schneiden einander auf der Kollineationsachse $a = \Omega \cap \pi$. Die Erhaltung des Doppelverhältnisses folgt aus dem Sinussatz, etwa für $|\overline{CD}| : |\overline{DE}| = |\overline{CA}| : |\overline{EA}|$ in der Ebene durch $C'ZA'$.

Aus diesen Projektionen werden die für den Anwendungsfall geeigneten Konstruktionen ausgewählt. Höchste Ansprüche an Maßhaltigkeit und Ähnlichkeit erfüllt die orthogonale Parallelprojektion auf mehrere Bildebenen bei Werkstattzeichnungen und Bauplänen. Bessere Anschaulichkeit ergibt die schräge Parallelprojektion auf eine Tafel. Dem visuellen Eindruck am ähnlichsten ist die Perspektive der Zentralprojektion mit dem größten Verlust an Maßhaltigkeit.

4.4.2 Orthogonale Zweitafelprojektion

Die orthogonale Zweitafelprojektion ist eine senkrechte Parallelprojektion des Objekts auf zwei senkrecht zueinander angeordnete Projektionsebenen π_1 und π_2, die um die ihnen gemeinsame Schnittgerade y_{12} geklappt und so in die Zeichenebene gelegt werden (**Bild 20**). Dabei soll die vordere positive Grundrißebene π_1^+ zusammen mit der in sie hineingeklappten negativen Aufrißebene π_2^- unterhalb von y_{12} liegen. Aus der Zweitafelprojektion ergibt sich, daß der Punkt P_1 senkrecht über P_1' in der Höhe $P_{10}P_1''$ angeordnet ist.

Es wird festgelegt, daß bei Gesamtansichten das abzubildende Objekt vollständig im I. Raum-Quadranten liegt und somit nur π_1^+ unterhalb y_{12} oberhalb y_{12} in der Zeichenebene benötigt wird. Beim Klappvorgang bewegen sich die projizierten Punkte auf ebenen, zu y_{12} senkrechten Kreisbögen, deren Projektionen die in **Bild 20 b** gestrichelten Geraden senk-

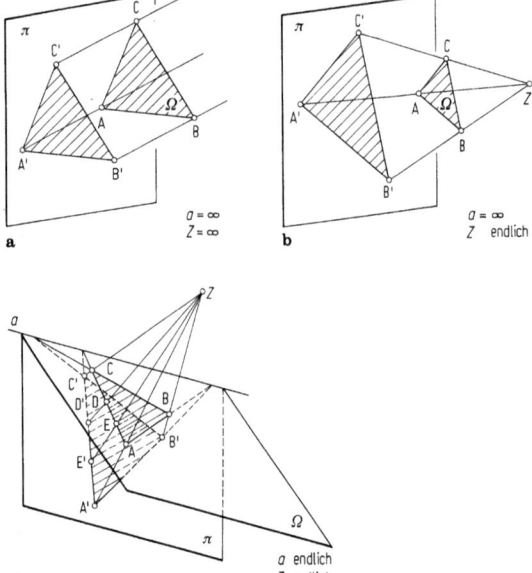

Bild 19. a–d Projektionsarten

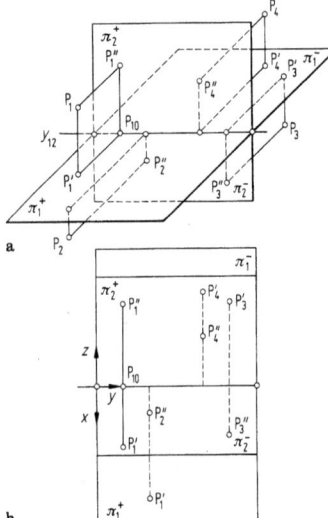

Bild 20. Orthogonale Zweitafelprojektion. **a** Schrägbild; **b** ebenes Bild

recht auf y_{12} sind und die *Ordner* der Punkte P_1 genannt und mit $o(P_1)$ bezeichnet werden. Die *Ordnerbedingung* ist dann $o(P_1) \perp y_{12}$ und $o(P_1') = o(P_1'')$.

Darstellung von Gerade und Ebene

Gerade. Eine Gerade g, die in allgemeiner Lage in einer Ebene E liegt (**Bild 21**), hat als Projektionen die Geraden g' und g''. Die Gerade kann gegeben sein durch zwei beliebige

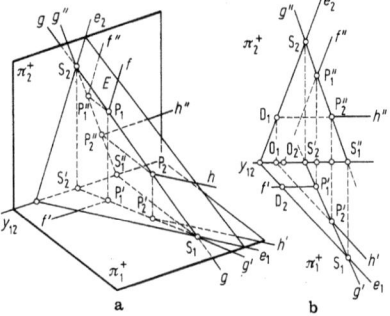

Bild 21. Orthogonale Zweitafelprojektion von Geraden und einer Ebene. **a** Schrägbild; **b** ebenes Bild

Punkte P_1 und P_2, deren Projektionen P_1', P_2' die Grundrißprojektion g' und P_1'', P_2'' die Aufrißprojektion g'' liefern, oder durch die Durchstoß- oder Spurpunkte S_1 und S_2, die jeweils einen Punkt der Projektionen von g liefern. Die Projektion von S_1 auf π_2 mit dem Ordner liefert S_1'' und damit g'' durch S_1'' und $S_2 = S_2''$. Die Projektion von S_2 auf π_1 mit dem Ordner durch S_2 liefert S_2', woraus g' als Gerade durch S_2' und $S_1 = S_1'$ folgt.

Ebene. Sie ist durch ihre Schnittgeraden $e_1 = E \cap \pi_1$ im Grundriß und $e_2 = E \cap \pi_2$ im Aufriß eindeutig festgelegt. Sie heißen *Spurgeraden* der Ebene E und schneiden einander auf der Geraden y_{12}. Eine Vorstellung von der räumlichen Lage einer durch e_1, e_2 gegebenen Ebene entsteht durch Aufklappen der Aufrißebene senkrecht zur Grundrißebene und Legen der Ebene durch die einander schneidenden Geraden e_1, e_2 in den Raum.

Höhengerade h ist jede Gerade parallel zur Grundrißebene π_1. Ihre Projektion h'' im Aufriß ist eine Parallele zu y_{12}. Liegt h in einer durch ihre Spuren gegebenen Ebene, so muß ihre Projektion h' im Grundriß eine Parallele zu e_1 sein, die die y_{12}-Achse im Ordnerfußpunkt O_1 zum Durchstoßpunkt D_1 der Höhengeraden durch π_2 schneidet.

$$h''\|y_{12} \wedge h'\|e_1 \wedge h' \cap y_{12} = y_{12} \cap o(h \cap \pi_2);$$

es gilt $h \cap \pi_2 = h'' \cap e_2$.

Frontgerade f ist jede Gerade parallel zur Aufrißebene π_2. Ihre Projektion f' im Grundriß ist eine Parallele zu y_{12}. Liegt f auf einer durch ihre Spuren e_1, e_2 gegebenen Ebene, so muß ihre Projektion f'' im Aufriß eine Parallele zu e_2 sein, die die y_{12}-Achse im Ordnerfußpunkt O_2 zum Durchstoßpunkt D_2 der Frontgeraden durch π_1 schneidet.

$$f'\|y_{12} \wedge f''\|e_2 \wedge f'' \cap y_{12} = y_{12} \cap o(f \cap \pi_1);$$

es gilt $f \cap \pi_1 = f' \cap e_1$.

Diese beiden Begriffe bieten die Möglichkeit festzustellen, ob ein Punkt P auf einer durch ihre Spuren gegebenen Ebene liegt, indem man prüft, ob P' auch auf h' liegt, wenn man $h''\|y_{12}$ durch P'' konstruiert und $h'\|e_1$ mit Hilfe von $o(h \cap \pi_2)$ gewonnen hat.

Die Darstellung eines ebenflächig begrenzten Körpers wird in **Bild 25 a** mit der axonometrischen Projektion verglichen.

4.4.3 Axonometrische Projektionen

Axonometrische Projektionen sind orthogonale oder schräge Parallelprojektionen (**Bild 22**) des Körpers zusammen mit einem angepaßten räumlichen Achsenkreuz auf eine Projektionsebene, die gegenüber den orthogonalen Ein- und Mehrtafelprojektionen folgenden Vorteil hat: *Eine* Zeichnung zeigt drei Ansichten, erspart also Arbeit und verbessert die Anschaulichkeit.

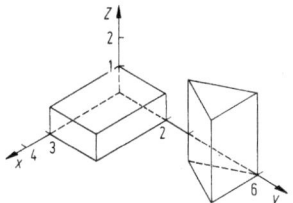

Bild 22. Axonometrische Darstellung eines Quaders und eines Prismas

Orthogonale Axonometrie

Bei der orthogonalen Axonometrie (**Bild 23**) ist die Projektionsrichtung senkrecht zur Zeichenebene orientiert. Zur Konstruktion eines axonometrischen Bildes wird ein beliebig orientiertes rechtwinkliges Koordinatensystem x, y, z mit dem Ursprung O benutzt. Die Achsen durchstoßen die Projektionsebne (Zeichenebene) π in den Spurpunkten S_x, S_y und S_z, die das Spurdreieck bilden, denn seine Seiten sind die Spuren der xy-, xz- und yz-Ebene in π.

Jede Achse steht senkrecht auf der durch die beiden anderen Koordinaten gekennzeichneten Ebene (z.B. y-Achse $\perp xz$-Ebene), und damit müssen bei orthogonaler Projektion auch die Achsenbilder senkrecht auf den entsprechenden Spuren stehen (z.B. $y' \perp s_{xz}$). Im Spurdreieck sind also die Achsenprojektionen x', y', z' durch die Höhen gegeben; ihr gemeinsamer Schnittpunkt O' ist das Bild des Ursprungs. Die wahre Größe des rechtwinkligen Dreiecks $\Delta(S_x O S_z)$ ergibt sich durch

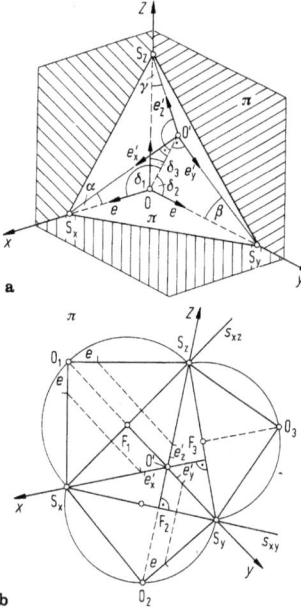

Bild 23. Beziehungen im Spurdreieck der orthogonalen Axonometrie. **a** räumliche Darstellung; **b** Punkt O in die Ebene π geklappt

Klappen um s_{xz} in die Zeichenebene. O bewegt sich dabei auf einem Kreis, dessen Projektion die Senkrechte durch O' auf s_{xz} ist, also auf dem Ordner von O bezüglich s_{xz}. Nach dem Satz von Thales ist dann $\Delta(S_x O_1 S_z)$ rechtwinklig und damit kongruent zu $\Delta(S_x O S_z)$. Analog sind die beiden anderen Dreiecke $\Delta(S_x O_2 S_y)$ und $\Delta(S_y O_3 S_z)$ zu zeichnen. Da alle drei Fußpunkte der Lote F_1, F_2, F_3 auf den Dreiecksseiten zwischen den Eckpunkten liegen, ist das Spurdreieck spitzwinklig. Auf den Strecken $\overline{O_1 S_x}$, $\overline{O_1 S_z}$ und $\overline{O_2 S_y}$ läßt sich die Einheitsstrecke e für die Koordinatenachsen im Objekt abtragen und durch Projektion auf die Achsenbilder die Größen der Einheitsstrecken e'_x, e'_y, e'_z für jede Achsrichtung in dem axonometrischen Bild konstruieren. Die Quotienten

$$m_x = e'_x/e = \cos\alpha, \quad m_y = e'_y/e = \cos\beta \quad \text{und} \quad m_z = e'_z/e = \cos\gamma \tag{40}$$

sind die Maßstabfaktoren, mit denen die Längen in der jeweiligen Achsrichtung bei der Projektion multipliziert werden. Die Neigungswinkel der Achsen gegen die Zeichenebene sind $\alpha = \sphericalangle(O'S_x O)$, $\beta = \sphericalangle(O'S_y O)$ und $\gamma = \sphericalangle(O'S_z O)$. Da das räumliche Achsenkreuz und die Projektionsrichtung zu π rechtwinklig sein sollen, besteht eine Kopplung zwischen den Winkeln α, β, γ und den Maßstabfaktoren in Gl. (40). Für die Richtungskosinusse der Geraden $\overline{OO'}$ im x, y, z-System von **Bild 23 a** gilt $\cos^2\delta_1 + \cos^2\delta_2 + \cos^2\delta_3 = 1$. Aus $\sphericalangle(OS_x O')$ folgt $\alpha + \delta_1 = 90°$ und mithin $\cos\delta_1 = \cos(90° - \alpha) = \sin\alpha$ und $\cos^2\delta_1 = \sin^2\alpha = 1 - \cos^2\alpha$. Hieraus folgt die Kopplungsbedingung

$$\cos^2\alpha + \cos^2\beta + \cos^2\gamma = m_x^2 + m_y^2 + m_z^2 = 2. \tag{41}$$

Bei vorgegebenen Maßstabfaktoren sind die Neigungswinkel α, β, γ der Achsen aus Gl. (40) bekannt. Die Konstruktion des Achsenkreuzbilds dazu wird mit **Bild 24** erklärt. Die Höhe

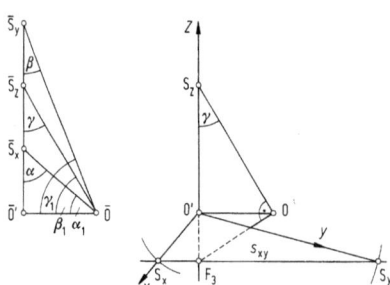

Bild 24. Konstruktion des orthogonalen axonometrischen Achsenkreuzes

$|\overline{OO'}|$ des Ursprungs über π legt nur die Größe des Spurdreiecks fest (vgl. **A 4.4.1**; Zentralprojektion $a = \infty$, Z endlich ergibt Ähnlichkeit). Aus drei rechtwinkligen Hilfsdreiecken mit der gemeinsamen Kathete $\overline{OO'}$ werden mit $\alpha_1 = 90° - \alpha$, $\beta_1 = 90° - \beta$, $\gamma_1 = 90° - \gamma$ die anderen Katheten $\overline{O'\bar{S}_x}$, $\overline{O'\bar{S}_y}$ und $\overline{O'\bar{S}_z}$ als Längen der Achsenprojektionen im Spurdreieck bestimmt.
Nach Wahl einer z-Richtung und eines Ursprungs O' kann das zu $\Delta(\bar{O}'\bar{O}\bar{S}_z)$ kongruente Dreieck $\Delta(O'OS_z)$ an die z-Achse gezeichnet werden. Es ist das um $\overline{O'S_z}$ in die Zeichenebene geklappte Stützdreieck der z-Achse, die senkrecht auf der x, y-Ebene steht. Deshalb schneidet die Senkrechte in O auf $\overline{S_zO}$ die verlängerte z-Achse im Fußpunkt F_3, einem Punkt der Spur s_{xy}, die senkrecht auf der z-Achse steht (**Bild 23**). Die Kreissektoren um O' mit $|\overline{O'\bar{S}_x}|$ und $|\overline{O'\bar{S}_y}|$ schneiden diese Spur s_{xy} in den Punkten S_x und S_y, womit das Achsenkreuz vollständig bestimmt ist. Die Dreiecke $\Delta(\bar{O}'\bar{O}\bar{S}_x)$ und $\Delta(\bar{O}'\bar{O}\bar{S}_y)$ sind zu den Stützdreiecken $\Delta(O'OS_x)$ der x-Achse und $\Delta(O'OS_y)$ der y-Achse kongruent.
In der Praxis bzw. von der Norm werden nicht die Maßstabfaktoren selbst, sondern ihre Verhältnisse vorgegeben:
Isometrie. $m_x : m_y : m_z = 1 : 1 : 1$. Die Neigungen der drei Achsen sind gleich. Mit Gl. (41) folgt $\cos\alpha = \cos\beta = \cos\gamma = \sqrt{2/3}$, $\alpha = \beta = \gamma = 35{,}26°$. Die positiven Strahlen der Achsenprojektionen bilden drei Winkel zu je 120° (**Bild 25 b**). Die z-Achse ist parallel zur Vertikalen.

Dimetrie. $m_x : m_y : m_z = 0{,}5 : 1 : 1$. Die Neigungen der y- und z-Achse sind gleich; aus $\cos\beta = \cos\gamma = 2\sqrt{2}/3$ folgt $\beta = \gamma = 19{,}47°$. Für die x-Achse ist $\cos\alpha = \sqrt{2}/3$, $\alpha = 61{,}87°$. Zwischen den positiven Achsenstrahlen ergeben sich nach der beschriebenen Konstruktion die Winkel $\sphericalangle(x,y) = 131{,}42°$, $\sphericalangle(x,z) = 131{,}42°$ und $\sphericalangle(y,z) = 97{,}18°$ (**Bild 25 c**).

Trimetrie. $m_x : m_y : m_z = a : b : c$ mit $a \ne b \ne c \ne a$, d.h., alle drei Achsen haben verschiedene Neigungen.
Für die Iso- und Dimetrie gibt es Liniennetze, die die Zeichenarbeit erleichtern. (In den Beispielen wird auf das Kennzeichen l für Projektionsbilder verzichtet.)

Beispiel: Isometrische Konstruktion der Ellipse als Bild eines Kreises (Radius r), der in der x, y-Ebene liegt (**Bild 26**). – Durch Abtragen der Radien $r_x = r_y$ auf den Achsen können der Mittelpunkt M und das achsenparallele Parallelogramm, das die Ellipse umschließt, gezeichnet werden. Die Parallelen durch M liefern die Berührungspunkte T_1 bis T_4. Die Hauptachse muß vom wahren Durchmesser $2r$ des Kreises sein. Damit liegt auf der Senkrechten zur z-Achse die Strecke $|\overline{AB}| = 2r$. Eine Senkrechte darauf durch den Ellipsenpunkt T_2 schneidet den Hauptachsenkreis in C. Die Gerade $\overline{MC}$ schneidet die Parallele zur Hauptachse durch T_2 in D und liefert damit die Länge der Nebenachse $|\overline{MD}| = b$ bzw. $|\overline{EF}| = 2b$. Diese Achsenkonstruktion benutzt die Parameterdarstellung der Ellipse, für die in einem ξ, η-System mit Ursprung in M $\eta_{T_2} = b\sin\varphi$ gilt. Nun ist die Ellipse punktweise oder mit Hilfe der Scheitelkrümmungskreise konstruierbar.

Schräge Axonometrie

Bei der schrägen Axonometrie ist die in Gl. (41) angegebene Kopplung der Maßstabfaktoren aufgehoben. Für beliebige Wahl der Achsenrichtungen und der Einheitslängen darauf besteht eine Projektionsrichtung, die ein rechtwinkliges, räumliches Achsenkreuz auf das gewählte Bild projiziert. Diesem Vorteil steht der Nachteil entgegen, daß Bilder von Kugeln Ellipsen werden, deren Hauptachsen nicht als Schatten spezieller Durchmesser einfach zu finden sind. Praktische Anwendung finden zwei spezielle schiefe Axonometrien (**Bild 27**):

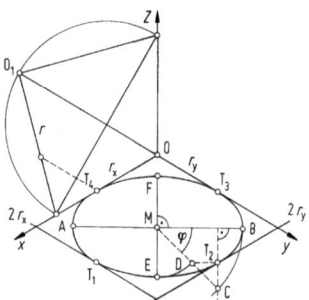

Bild 26. Ellipse als Kleinbild in isometrischer Axonometrie

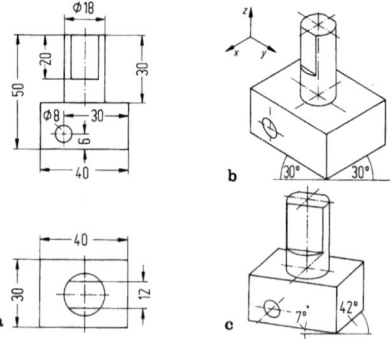

Bild 25. Maschinenteil. **a** orthogonale Zweitafelprojektion; **b** isometrische Axonometrie; **c** dimetrische Axonometrie

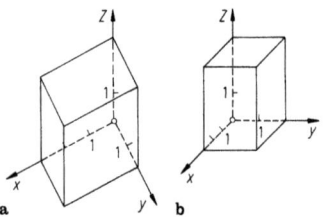

Bild 27. Quader. **a** Militär-; **b** Kavalierperspektive

a Militärperspektive. Bei ihr werden die x, y-Ebene (Grundriß) parallel zur Zeichenebene, die Projektionsrichtung unter 45 gegen π geneigt, so daß die z-Achse lotrecht nach oben weist, und die Längeneinheiten auf allen Achsen gleich groß gewählt. Damit werden alle zum Grundriß parallelen Flächen in wahrer Größe, die lotrechten Strecken untereinander parallel und in wahrer Größe abgebildet (z.B. Stadtansicht auf Stadtplan).

b Kavalierperspektive. Bei ihr werden die yz-Ebene (Aufriß) parallel zur Zeichenebene, die Projektionsrichtung unter 45 gegen die Bildebene geneigt und die Längeneinheiten auf den y-, z-Achsen gleich, auf der x-Achse mit $m_x = 0,5$ verkürzt gewählt. Damit werden alle zum Aufriß parallelen Flächen in wahrer Größe abgebildet.

Für beliebigen Projektionswinkel und andere Verkürzungen ist die Bezeichnung Frontalperspektive üblich.

4.5 Methoden zur Darstellung analytisch nicht beschreibbarer geometrischer Objekte

4.5.1 Problemstellung

Beim Bau von Fahrzeugen, Maschinen und Werkzeugen besteht das Bedürfnis, „glatte" Oberflächen durch eine diskrete Anzahl von Stützpunkten (Knoten) zu legen, die aus Messungen oder numerischen Berechnungen bekannt sind. Polynominterpolation nach **A 10** Gl. (25) erzeugt dabei große Welligkeiten, wenn der Grad des Polynoms größer als drei wird, während Approximationen mit einem Grad, der wesentlich kleiner als die Zahl der Stützpunkte ist, diese nicht mehr genau darstellt. Der Körper kann durch Raumkurven, Flächen- oder Körperelemente dargestellt werden. Die Konstrukteure zeichneten früher solche Kurven mit Hilfe dünner Straklatten aus Holz oder Kunststoff (engl.: spline), die durch Strakgewichte in den Stützpunkten fixiert wurden. Die Entwicklung moderner CAD-Verfahren (s. **C 8**) machte die mathematische Nachbildung des physikalischen Strakens erforderlich, um rechnergesteuertes Zeichnen und interaktives Gestalten der Flächen zu ermöglichen.

Für die dünne Straklatte (**Bild 28**) gilt nach **C 2** Gl. (39) vereinfacht mit $y' \ll 1$, daß für die Biegelinie die Formänderungsenergie

$$W = 0,5 \int (M^2(x)/E \cdot I) \cdot y''^2 \, dx$$

minimiert werden muß. Dies wird durch Polynome 3. Grads des Parameters $t \in [0;1]$ gelöst, die kubische Kurvensegmente zwischen den Stützpunkten P_j, P_{j+1} mit $j = 0, 1, 2, \ldots, n$ darstellen. Diese Kurven gehen für die Randwerte von t durch die Stützpunkte und stimmen dort in der Tangentenrichtung und der Krümmung überein.

4.5.2 Darstellung einer Raumkurve durch $n+1$ Stützpunkte mit Hilfe von Spline-Funktionen

Eine Funktion, die sich stückweise aus Polynomen vom Grade k zusammensetzt, die $(k-1)$mal stetig differenzierbar ist und durch die Stützpunkte geht, heißt interpolierende Spline-Funktion vom Grade k. Bevorzugt werden kubische Splines ($k=3$) (**Bild 29**) gewählt, da sie bei niedrigstem Grad einen Wendepunkt enthalten.

Eine kubische Funktion wird durch vier Koeffizienten eindeutig festgelegt. Nach Ferguson werden zu ihrer Bestimmung die Koordinaten zweier Punkte und die zugehörigen ersten Ableitungen gewählt, wodurch stückweise aneinandergesetzte Kurvenstücke stetig differenzierbar anschließen.

Im Intervall $t \in [0;1]$ gilt für das Polynom 3. Grads:
(Zur besseren Unterscheidung des Polynoms von den Stützpunkten P wird es mit $S(t)$ bezeichnet. Die Ableitung nach dem Parameter t ist hier mit $'$ notiert.)

$$S(t) = \boldsymbol{a}_3 t^3 + \boldsymbol{a}_2 t^2 + \boldsymbol{a}_1 t + \boldsymbol{a}_0 = (x(t), y(t), z(t))^T \quad (42)$$

mit den Randbedingungen

$$\begin{aligned} S(0) &= \boldsymbol{P}_0 = (x_0, y_0, z_0)^T = \boldsymbol{a}_0, \\ S(1) &= \boldsymbol{P}_1 = (x_1, y_1, z_1)^T = \boldsymbol{a}_3 + \boldsymbol{a}_2 + \boldsymbol{a}_1 + \boldsymbol{a}_0, \\ S'(0) &= \boldsymbol{P}_0' = (x_0', y_0', z_0')^T = \boldsymbol{a}_1, \\ S'(1) &= \boldsymbol{P}_1' = (x_1', y_1', z_1')^T = 3\boldsymbol{a}_3 + 2\boldsymbol{a}_2 + \boldsymbol{a}_1. \end{aligned} \quad (43)$$

Die Koeffizienten $\boldsymbol{a}_j = (a_{jx}, a_{jy}, a_{jz})^T$ mit $j = 0, 1, 2, 3$ sind Vektoren für die drei Raumkoordinaten x, y, z, die aus dem Gleichungssystem (43) zu berechnen sind

$$\boldsymbol{a}_0 = \boldsymbol{P}_0, \quad \boldsymbol{a}_1 = \boldsymbol{P}_0', \quad \boldsymbol{a}_2 = -3\boldsymbol{P}_0 - 3\boldsymbol{P}_1 - 2\boldsymbol{P}_0' - \boldsymbol{P}_1'$$
$$\boldsymbol{a}_3 = 2\boldsymbol{P}_0 - 2\boldsymbol{P}_1 + \boldsymbol{P}_0' + \boldsymbol{P}_1'.$$

Eingesetzt in Gl. (42) und nach den gegebenen Werten umsortiert ergibt sich die Form

$$S(t) = \boldsymbol{P}_0 (2t^3 - 3t^2 + 1) + \boldsymbol{P}_1 (-2t^3 + 3t^2) + \boldsymbol{P}_0' (t^3 - 2t^2 + t) + \boldsymbol{P}_1' (t^3 - t^2).$$

Für die Kurvensegmente zwischen den Punkten P_{j-1}, P_j mit $j = 1, 2, \ldots, (n-1)$ ergeben sich $(n-1)$ Polynome

$$S_j(t) = \boldsymbol{P}_{j-1}(2t^3 - 3t^2 + 1) + \boldsymbol{P}_j(-2t^3 + 3t^2) + \boldsymbol{P}_{j-1}'(t^3 - 2t^2 + t) + \boldsymbol{P}_j'(t^3 - t^2) \quad (44)$$

für die gilt:

$$S_j(0) = \boldsymbol{P}_{j-1}, \quad S_j(1) = \boldsymbol{P}_j, \quad S_{j-1}'(1) = S_j'(0), \\ S_{j-1}''(1) = S_j''(0). \quad (45)$$

Aus Gl. (44) und (45) folgen die Ableitungswerte $\boldsymbol{P}_j'$ bei gegebenen Punktkoordinaten. Gl. (44) zweimal nach t differenziert ergibt, mit den Randbedingungen Gl. (45) für die inne-

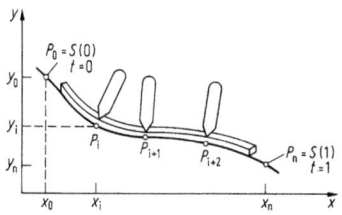

Bild 28. Straklatte als physikalischer Spline und mathematische Nachbildung

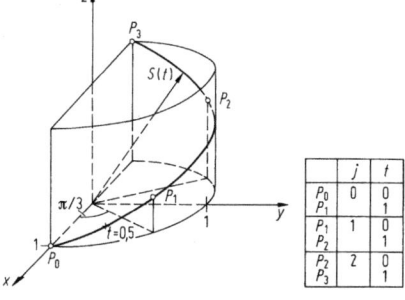

Bild 29. Zylindrische Schraubenlinie $Z(t)$ approximiert durch eine Spline-Funktion $S(t)$

	j	t
P_0	0	0
P_1		1
P_1	1	0
P_2		1
P_2	2	0
P_3		1

ren Segmente von P_1 bis P_{n-1}, $(n-1)$ lineare Gleichungen, die sich rekursiv lösen lassen

$$P'_{j-1} + 4P'_j + P'_{j+1} = -3P_{j-1} + 3P_{j+1} \qquad (46)$$
$$\text{für } j = 1, 2, \ldots, (n-1).$$

Für die beiden äußeren Segmente können die Randbedingungen für zwei bevorzugte Fälle aufgestellt werden:
Fall I. Die Enden sind frei, d.h. die Krümmung verschwindet in den äußeren Punkten: $S''_1(0) = 0 = S''_n(1)$ also folgt damit

$$2P'_0 + P'_1 = -3P_0 + 3P_1$$

und

$$P'_{n-1} + 2P'_n = -3P_{n-1} + 3P_n. \qquad (47)$$

Fall II. Die Enden sind eingespannt, d.h. die ersten Ableitungen sind in den Endpunkten vorgegeben:

$$S'_1(0) = P'_0 \quad \text{und} \quad S'_n(1) = P'_n. \qquad (48)$$

Damit lassen sich für jedes Segment beliebige Zwischenpunkte nach Gl. (44) ausrechnen und zeichnen.
Beispiel: Gegeben sei ein Stück einer zylindrischen Schraubenlinie, die exakt durch die Gleichung $Z(\sigma) = (\cos(\sigma), \sin(\sigma), \sigma)^T$ im Intervall $\sigma \in [0, \pi]$ beschrieben wird, und das an $(n+1) = 4$ Stützpunkten zum Vergleich der Darstellungsgüte durch eine Spline-Funktion $S(t)$ approximiert werden soll (s. **Bild 29**), **Tab. 6**.

Die Steigungen in den Endpunkten sind bekannt, so daß der Fall II vorliegt (Gl. (48)):

$$P'_0 = Z'_1(0) = (x'_0, y'_0, z'_0)^T = (0, 1, 1)^T$$
$$P'_3 = Z'_3(1) = (x'_3, y'_3, z'_3)^T = (0, -1, 1)^T.$$

Aus Gl. (48) und (46) folgt

(48)   : x'_0 = 0
(46) $j=1$: $x'_0 + 4x'_1 + x'_2 = -3 \cdot 1 + 3 \cdot (-0{,}5) = -4{,}5$
     $j=2$: $x'_1 + 4x'_2 + x'_3 = -3 \cdot 0{,}5 + 3 \cdot (-1) = -4{,}5$
(48)   : $x'_3 = 0.$

Aufgelöst ergeben sich die Werte $x'_0 = 0$; $x'_1 = -0{,}9$; $x'_2 = -0{,}9$; $x'_3 = 0$, die zusammen mit den Punktkoordinaten in Gl. (44) eingesetzt werden:

$$x_1(t) = 1 \cdot (2t^3 - 3t^2 + 1) + 0{,}5 \cdot (-2t^3 + 3t^2) - 0{,}9 \cdot (t^3 - t^2).$$

Durch Umsortieren nach Potenzen von t folgen auch die Koeffizienten a_{jx} der Gl. (42) für das erste Segment, nämlich

$$x_1(t) = 0{,}1 \cdot t^3 - 0{,}6 \cdot t^2 + 1,$$

also

$$a_{3x} = 0{,}1; \quad a_{2x} = -0{,}6; \quad a_{1x} = 0; \quad a_{0x} = 1.$$

Analog lassen sich die Gleichungen für die anderen Segmente und für die y- bzw. z-Koordinaten aufschreiben. Die Ergebnisse sind in **Tab. 7** zusammengefaßt.

Die Abweichungen sind graphisch nicht darstellbar.

Dieser einfachen Anwendbarkeit der Spline-Funktion steht der Nachteil gegenüber, daß die Änderung eines Stützpunkts vollständige Neuberechnung erfordert. Kurvenzüge mit beabsichtigten Knicken (Unstetigkeiten der ersten Ableitung) oder sprunghafter Änderung der Krümmung (Unstetigkeiten der zweiten Ableitung) werden in Bereiche zerlegt, für die jeweils eigene Spline-Funktionen berechnet werden.

Tabelle 6. Stützpunkte P_j

j	σ/rad	$x(\sigma)$	$y(\sigma)$	$z(\sigma)$
0	0	1	0	0
1	$\pi/3$	0,5	0,866	1,047
2	$2\pi/3$	$-0{,}5$	0,866	2,094
3	π	-1	0	3,142

Tabelle 7. Berechnete Steigungswerte $P'_j = (x'_j, y'_j, z'_j)^T$

j	x'_j	y'_j	z'_j	
0	0	1	1	Die Randwerte für $t=0$ und $t=1$ stimmen mit den Stützpunkten überein. In den weiteren Spalten sind die Werte für $t=0{,}5$ berechnet und die Abstände zum Sollwert x_{sj} angegeben. $\delta = x_j(0{,}5) - x_{sj}$
1	$-0{,}9$	0,5327	1,0566	
2	$-0{,}9$	$-0{,}5327$	1,0566	
3	0	-1	1	

j	a_{3x}	a_{2x}	a_{1x}	a_{0x}	$x_j(0{,}5)$	x_{sj}	$\delta \cdot 10^3$
1	0,1	$-0{,}6$	0	1	0,8625	0,86603	$-3{,}5$
2	0,2	$-0{,}3$	$-0{,}9$	0,5	0	0	0
3	0,1	0,3	$-0{,}9$	$-0{,}5$	$-0{,}8625$	$-0{,}86603$	3,5

4.5.3 Bezier-Kurven

Die in Gl. (44) auftretenden Hermite-Polynome des Parameters t heißen Binde- oder Basisfunktionen (blending-functions). Durch die Wahl anderer Bindefunktionen kann das Verhalten der approximierenden glatten Kurve beeinflußt werden. Das gibt dem interaktiv arbeitenden Konstrukteur die Möglichkeit, durch einen Polygonzug das Verhalten im Groben vorzugeben. Bevorzugt werden die Punkte zur Bestimmung des Polygons gewählt. Bei $(n+1)$ Polygoneckpunkten P_j mit $j = 0, 1, \ldots, n$ im Parameterintervall $t \in [0, 1]$ erfolgt die Darstellung der Bezier-Kurve durch

$$S(t) = \sum_{j=0}^{n} P_j \cdot B_j^n(t),$$

wobei als Basisfunktionen $B_j^n(t)$ die Bernsteinfunktionen dienen. Sie lauten

$$B_j^n(t) = \binom{n}{j} t^j \cdot (1-t)^{n-j} \quad \text{mit der Eigenschaft} \qquad (49)$$
$$\sum_{j=0}^{n} B_j^n(t) \equiv 1.$$

So ist $B_0^1 = 1 - t$ und $B_1^1 = t$, ferner $B_0^3 = (1-t)^3$, $B_1^3 = 3t \cdot (1-t)^2$, $B_2^3 = 3t^2 \cdot (1-t)$ und $B_3^3 = t^3$, wie in **Bild 30 a, b** für $n=1$ und $n=3$ graphisch dargestellt.

Beispiel: Es soll die Sinuskurve im ersten Quadranten mittels des Polygons durch die willkürlich gewählten Punkte P_0, P_1, P_2, P_3 nach **Bild 31** als Bezier-Kurve $S(t)$ approximiert werden (**Tab. 8**).

$$S(t) = \begin{pmatrix} x(t) \\ y(t) \end{pmatrix} \quad \text{mit } x(t) := \sum_{j=0}^{3} x_j \cdot B_j^3(t) \text{ und}$$
$$y(t) := \sum_{j=0}^{3} y_j \cdot B_j^3(t)$$

$$x(t) = 0{,}5 \cdot 3t(1-t)^2 + 1{,}2 \cdot 3t^2(1-t) + (\pi/2) \cdot t^3$$
$$y(t) = 0{,}5 \cdot 3t(1-t)^2 + 3t^2(1-t) + t^3$$
$$\delta_x = 100(x(t) - t\pi/2)/(t\pi/2) \%$$
$$\delta_y = 100(y(t) - \sin(x(t)))/\sin(x(t)) \%$$

Die Genauigkeit ist für graphische Anwendungen wohl ausreichend.

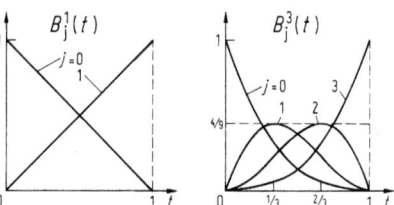

Bild 30. Bezier-Kurven für $n=1$ und $n=3$

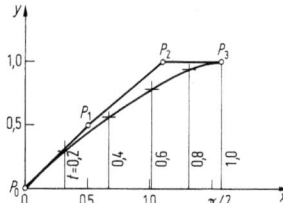

Bild 31. Definierendes Polygon P_0, P_1, P_2, P_3 und Sinuskurve angenähert als Bezier-Kurve (vgl. **Tab. 8**)

Tabelle 8. Bezier-Interpolation

Gegebene P_j			Interpolierte Punkte und ihre Abweichung von den exakten Werten			
j	x_j	y_j	t	$x(t)$	δ_x in %	$y(t)$	δ_y in %
0	0	0	0	0	0	0	0
1	0,5	0,5	0,2	0,3198	1,8	0,296	−5,8
2	1,2	1	0,4	0,6621	5,4	0,568	−7,6
3	π/2	1	0,6	1,0017	6,3	0,792	−6,0
			0,8	1,3130	4,5	0,944	−2,3
			1	1,5708	0	1	0

4.5.4 B-spline-Kurven

Für die B-spline-Kurve werden spezielle, nur stückweise definierte Polynome, die **B**asis-splines, als Bindefunktionen gewählt. Sie verbinden die $(n+1)$ Ecken P_j eines die gewünschte Kurve umschreibenden Polygons. Das Intervall des Parameters u wird – anders als bisher – durch den Knotenvektor $\boldsymbol{U} = (u_0, u_1, \ldots, u_n)$ mit $u_j \leq u_{j+1}$ in ganzzahlige Segmente $u \in [j, j+1] = [u_j, u_{j+1}]$ zerlegt. Wie bei den Bezier-Kurven gilt die Darstellung $S(u) = \sum_{j=0}^{n} P_j \cdot N_j^k(u)$ mit den normierten Basisfunktionen der Ordnung k, die rekursiv berechnet werden:

$$N_j^1(u) = \begin{cases} 1 & \text{für } u \in [j, j+1] \\ 0 & \text{für } u \notin [j, j+1] \end{cases}$$

und

$$N_j^k(u) = \frac{u-j}{k-1} N_j^{k-1}(u) + \frac{j+k-u}{k-1} N_{j+1}^{k-1}(u). \tag{50}$$

Die Basisfunktion $N_j^k(u)$ ist ein Polynom vom Grade $(k-1)$, das gerade das Intervall $[j, j+k]$ überspannt und $(k-2)$mal stetig differenzierbar ist (**Tab. 9**).
Damit wird erreicht, daß eine Ecke die Gestalt der Kurve nur lokal beeinflußt und die Kurve Knicke, Wendepunkte oder Schleifen nachbilden kann, wenn das Polygon diese Eigenschaften aufweist. Das definierende Polygon wird durch die Ordnung $k=2$ nachgebildet. Für höhere Ordnungen fällt die Kurve steifer aus. Die Kurve liegt in der konvexen Hülle des k-Ecks der Stützstellen $P_j, \ldots P_{j+k-1}$. Mit einfachen Knoten ergibt die Aneinanderreihung der B-splines periodische Basisfunktionen mit der Periode k.
Werden m Knoten an der Stelle u_j zusammengelegt, wird die Reichweite der Basisfunktionen verringert und die Differenzierbarkeit an der Stelle u_j auf $(k-m-2)$ reduziert. so ergeben sich nichtperiodische Basisfunktionen, die – im Sonderfall des Knotenvektors aus je k-fachem Anfangs- und Endknoten – eine Bernstein-Basis darstellen.

Tabelle 9. B-spline-Polynome der Ordnung k und ihre Kurven. (Es werden nur die in den Parameterabschnitten von Null verschiedenen Funktionen angegeben)

j	k	$N_j^k(u)$	für u [...,...+1]	Bild
0	1	$N_0^1 = 1$	[0, 1]	
1	1	$N_1^1 = 1$	[1, 2]	N_j^1, $k=1$, const
0	2	$N_0^2 = (u/1) \cdot N_0^1 + ((2-u)/1) \cdot N_1^1$		N_j^2, $k=2$, linear
j		$N_j^2 = \begin{cases} u-j \\ j+2-u \end{cases}$	[j, j+1] [j+1, j+2]	
0	3	$N_0^3 = (u/2) \cdot N_0^2 + ((3-u)/2) \cdot N_1^2$		N_j^3, $k=3$, quadratisch
		$N_j^3 = \begin{cases} 0,5(u-j)^2 \\ 0,5[(u-j)(j+2-u)+(j+3-u)(u-j-1)] \\ 0,5(j+3-u)^2 \end{cases}$	[j, j+1] [j+1, j+2] [j+2, j+3]	

Für die B-splines kann auch das umgekehrte Verfahren entwickelt werden: Sind am Anfang des Entwurfs einige Punkte der gesuchten Kurve bekannt, so kann mit dem zugehörigen Polygon so lange gearbeitet werden, bis die gewünschte Form erreicht ist.

4.5.5 Flächendarstellung

Die Darstellung einer Fläche erfolgt durch Linien, die auf der Fläche liegen, so daß die Techniken für Kurven passend in den dreidimensionalen Raum übertragen werden.
Ein Raumpunkt auf der Fläche kann durch zwei unabhängige Parameter u, v mittels dreier Funktionen für die Koordinaten beschrieben werden durch die allgemeine Form $\boldsymbol{P} = (x, y, z) = (x(u,v), y(u,v), z(u,v))$. Es werden drei Kategorien von Flächen unterschieden:

Strakflächen, dargestellt durch die Kurven ebener Schnitte mit der Fläche, z. B. Höhenlinien in Landkarten, Wasserlinien und dazu parallele Kurven im Schiffbau oder Rumpfquerschnitte im Schiff- und Flugzeugbau.
Mit geeigneten Bindefunktionen F folgt

$$\boldsymbol{P}(u,v) = \sum_{j=0}^{n} \boldsymbol{P}(u_j, v) \cdot F_j(u) \quad \text{für Schnitte } u_j = \text{const}$$

oder

$$\boldsymbol{P}(u,v) = \sum_{k=0}^{m} \boldsymbol{P}(u, v_k) \cdot F_j(v) \quad \text{für Schnitte } v_k = \text{const}, \quad (51)$$

womit das Problem auf die einparametrische Kurvendarstellung reduziert ist.

Produktflächen sind aus der Interpolation von diskreten Stützpunkten darstellbar, die meist in einem Rechteckraster angeordnet sind. Analog zur Kurvendarstellung nach Ferguson werden vier Randkurven ringförmig zusammengefügt. Die parametrischen partiellen Ableitungen in den Stützstellen sichern die stetigen Anschlüsse, um die Kurven an beliebigen Stellen innerhalb dieses Rahmens zu interpolieren

$$\boldsymbol{P}(u,v) = \sum_{j=0}^{n} \sum_{k=0}^{m} \boldsymbol{P}(u_j, v_k) \cdot F_j(u) \cdot F_k(v). \quad (52)$$

Summenflächen werden aus zwei einparametrischen Kurvenfamilien gebildet. Es wird das die Fläche überspannende Liniennetz $\boldsymbol{P}(u_j, v)$ und $\boldsymbol{P}(u, v_k)$ aufgebaut, die ebenfalls über rechteckigen (für kugelige Flächen auch dreieckigen) Flächenrastern erklärt sind. Allgemein ergibt sich die Darstellung

$$\boldsymbol{P}(u,v) = (F_j(u) + F_k(v) - F_j(u) \cdot F_k(v)) \cdot \boldsymbol{P}_{j,k}(u,v). \quad (53)$$

Der negative Term berücksichtigt die Tatsache, daß bei der Kombination der beiden Kurvenscharen die Werte der Schnittpunkte doppelt vorhanden sind und daher die Mittelebene subtrahiert werden muß.
Für die Summenfläche nach Coons folgt mit den Bezeichnungen des **Bildes 32** das Flächenstück über dem rechteckigen Raster mit den vier Randkurven $\boldsymbol{P}(0,v), \boldsymbol{P}(1,v), \boldsymbol{P}(u,0), \boldsymbol{P}(u,1)$ im ebenen Parameterbereich $(u,v) \in [0;1] \times [0;1]$.

$$\begin{aligned}\boldsymbol{P}(u,v) =& \boldsymbol{P}(0,v) \cdot F_0(u) + \boldsymbol{P}(1,v) \cdot F_1(u) \\&+ \boldsymbol{P}(u,0) \cdot F_0(v) + \boldsymbol{P}(u,1) \cdot F_1(v) \\&- \boldsymbol{P}(0,0) \cdot F_0(u) \cdot F_0(v) - \boldsymbol{P}(0,1) \cdot F_0(u) \cdot F_1(v) \\&- \boldsymbol{P}(1,0) \cdot F_1(u) \cdot F_0(v) \\&- \boldsymbol{P}(1,1) \cdot F_1(u) \cdot F_1(v).\end{aligned} \quad (54)$$

Die $F_j(u), F_k(v)$ sind wieder geeignete Bindefunktionen mit Eigenschaften, die die Stetigkeitsforderungen zum jeweils benachbarten Flächenstück erfüllen.

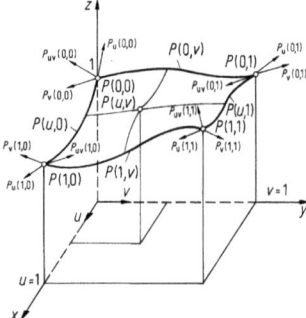

Bild 32. Flächenstück über rechteckigem Raster, dargestellt durch vier Stützpunkte, Randkurven und partiellen Ableitungen in den Stützpunkten

Im einfachsten Fall der linearen Coonsschen Fläche leisten die linearen Lagrange-Polynome (**A 10** Gl. (24)) den stetigen Anschluß an die Nachbarflächen, wobei allerdings Knicke auftreten können

$$\begin{aligned}F_0(u) &= 1-u, \quad F_1(u) = u, \\F_0(v) &= 1-v, \quad F_1(v) = v.\end{aligned} \quad (55)$$

Um dies zu vermeiden, muß die Stetigkeit der ersten partiellen Ableitungen und die gemischte zweite Ableitung (Twistvektor genannt) durch Bindefunktionen eingeführt werden

$$\boldsymbol{P}_u = \partial \boldsymbol{P}/\partial u; \quad \boldsymbol{P}_v = \partial \boldsymbol{P}/\partial v; \quad \boldsymbol{P}_{uv} = \partial^2 \boldsymbol{P}/\partial u \partial v.$$

Damit folgt nach umfangreicher Schreibarbeit für die bikubische Coonsche Fläche, mit den Hermite-Polynomen

$$\begin{aligned}F_0(u) &= 2u^3 - 3u^2 + 1, \quad F_1(u) = -2u^3 + 3u^2, \\G_0(u) &= u^3 - 2u^2 + u, \quad G_1(u) = u^3 - u^2\end{aligned} \quad (56)$$

mit $u \in [0,1]$ und analog für $v \in [0,1]$ und den Randkurven $\boldsymbol{P}(0,v), \boldsymbol{P}(1,v), \boldsymbol{P}(u,0), \boldsymbol{P}(u,1)$ sowie den partiellen Ableitungen $\boldsymbol{P}_u, \boldsymbol{P}_v, \boldsymbol{P}_{uv}$ in Matrixschreibweise

$$\boldsymbol{P}(u,v) = \begin{bmatrix} F_0(u) \\ F_1(u) \\ G_0(u) \\ G_1(u) \end{bmatrix}^T$$

$$\cdot \begin{bmatrix} \boldsymbol{P}(0,0) & \boldsymbol{P}(0,1) & | & \boldsymbol{P}_v(0,0) & \boldsymbol{P}_v(0,1) \\ \boldsymbol{P}(1,0) & \boldsymbol{P}(1,1) & | & \boldsymbol{P}_v(1,0) & \boldsymbol{P}_v(1,1) \\ 5 & & & & \\ \boldsymbol{P}_u(0,0) & \boldsymbol{P}_u(0,1) & | & \boldsymbol{P}_{uv}(0,0) & \boldsymbol{P}_{uv}(0,1) \\ \boldsymbol{P}_u(1,0) & \boldsymbol{P}_u(1,1) & | & \boldsymbol{P}_{uv}(1,0) & \boldsymbol{P}_{uv}(1,1) \end{bmatrix} \quad (57)$$

$$\cdot \begin{bmatrix} F_0(v) \\ F_1(v) \\ G_0(v) \\ G_1(v) \end{bmatrix}.$$

Die Bestimmung des Twistvektors macht in der Praxis die meisten Schwierigkeiten und er wird für nicht zu hohe Ansprüche oft zu Null gesetzt. Es gibt dann etwas flach wirkende Flächen.

Beispiel: Mit einer längeren Rechnung an der Fläche von **Bild 33** mit den untenstehenden Daten im Rechteck $0 \leq x \leq 1$ und $0 \leq y \leq 2$ soll die Berechnung der Coonsschen Fläche demonstriert werden:

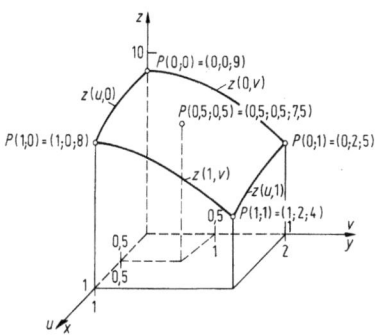

Bild 33. Bikubische Coonssche Fläche $P(u,v) = (x(u,v); y(u,v); z(u,v))$

$P(0,0) = (0,0,9),\quad P_u(0,0) = (1,0,1),\quad P_v(0,0) = (0,1,1)$
$P(0,1) = (0,2,5),\quad P_u(0,1) = (1,0,1),\quad P_v(0,1) = (0,1,-4)$
$P(1,0) = (1,0,8),\quad P_u(1,0) = (1,0,-2),\quad P_v(1,0) = (0,1,1)$
$P(1,1) = (1,2,4),\quad P_u(1,1) = (1,0,-2),\quad P_v(1,1) = (0,1,-4)$

und verschwindendem Twistvektor $P_{uv} \equiv (0,0,0)$.

Aus Gl. (57) folgt

$$x(u,v) = \begin{bmatrix} F_0(u) \\ F_1(u) \\ G_0(u) \\ G_1(u) \end{bmatrix}^T \begin{bmatrix} 0 & 0 & 0 & 0 \\ 1 & 1 & 0 & 0 \\ 1 & 1 & 0 & 0 \\ 1 & 1 & 0 & 0 \end{bmatrix} \cdot \begin{bmatrix} 2v^3 - 3v^2 + 1 \\ -2v^3 + 3v^2 \\ v^3 - 2v^2 + v \\ v^3 - v^2 \end{bmatrix}$$

$$= \begin{bmatrix} 2u^3 - 3u^2 + 1 \\ -2u^3 + 3u^2 \\ u^3 - 2u^2 + u \\ u^3 - u^2 \end{bmatrix}^T \begin{bmatrix} 0 \\ 1 \\ 1 \\ 1 \end{bmatrix} = u.$$

Analog ergeben sich

$$y(u,v) = -2v^3 + 3v^2 + v$$

und

$$z(u,v) = u^3 - 3u^2 + u + 5v^3 - 10v^2 + v + 9.$$

Die Randkurven sind

$z(u,0) = u^3 - 3u^2 + u + 9,$
$z(u,1) = u^3 - 3u^2 + u + 5,$
$z(0,v) = 5v^3 - 10v^2 + v + 9,$
$z(1,v) = 5v^3 - 10v2 + v + 8.$

In entsprechender Weise können auch Bezier- und B-spline-Flächen entwickelt werden.

5 Analytische Geometrie

U. Jarecki, Berlin

5.1 Analytische Geometrie der Ebene

5.1.1 Das kartesische Koordinatensystem

Zugrunde gelegt wird ein orthogonales kartesisches Koordinatensystem (O, e_1, e_2) in der positiv orientierten Ebene (**Bild 1**). In einem Punkt O (Ursprung, Nullpunkt oder Anfangspunkt) sind zwei Vektoren e_1 und e_2 der Länge 1 (Normiertheit) senkrecht zueinander angeheftet (Orthogonalität). e_1 wird durch eine Drehung entgegen dem Uhrzeigersinn um $\pi/2$ mit e_2 zur Deckung gebracht (positive Orientierung). Die durch O verlaufenden und entsprechend e_1 und e_2 orientierten Geraden heißen Koordinatenachsen: die x- oder Abszissen-Achse und die y- oder Ordinaten-Achse.
Jeder Vektor a der Ebene läßt sich eindeutig als Linearkombination der Vektoren e_1 und e_2 darstellen: $a = a_x e_1 + a_y e_2 = (a_x, a_y)$, wobei a_x und a_y seine Koordinaten sind. Durch die Auszeichnung eines Punkts O als Koordinatenursprung kann außerdem jedem Punkt P der Ebene (**Bild 1**) umkehrbar eindeutig ein geordnetes Zahlenpaar (x, y) bzw. ein Ortsvektor $r = \overrightarrow{OP} = xe_1 + ye_2$ mit den Punktkoordinaten x und y zugeordnet werden, wobei x Abszisse und y Ordinate von P bzw. r heißen. Punkt und Ortsvektor werden im folgenden als synonyme Begriffe verwendet und häufig mit demselben Symbol bezeichnet.

5.1.2 Strecke

Die Punkte $r_1 = (x_1, y_1)$ und $r_2 = (x_2, y_2)$ seien Anfangs- und Endpunkt der (gerichteten) Strecke $\overrightarrow{P_1P_2}$ (**Bild 2 a**) Ein Punkt $r = (x, y)$ liegt genau dann auf $\overrightarrow{P_1P_2}$, wenn für $t \in [0, 1]$ gilt $r = r_1 + t(r_2 - r_1)$ oder $x = x_1 + t(x_2 - x_1)$ und $y = y_1 + t(y_2 - y_1)$. Wird $t = t_2$ und $1 - t = t_1$ gesetzt, so lassen sich diese Gleichungen auch schreiben

$$r = t_1 r_1 + t_2 r_2 \quad \text{oder} \quad \begin{cases} x = t_1 x_1 + t_2 x_2 \\ y = t_1 y_1 + t_2 y_2 \end{cases} \text{für } \begin{array}{l} t_1 + t_2 = 1 \\ 0 \leq t_1, t_2 \end{array}$$

Länge. Sie beträgt

$$|\overrightarrow{P_1P_2}| = |r_2 - r_1| = \sqrt{(x_2 - x_1)^2 + (y_2 - y_1)^2} = l.$$

Richtung (**Bild 2 a**). Sie ist bestimmt durch den orientierten Winkel $\alpha = \sphericalangle(e_1, \overrightarrow{P_1P_2})$, um den e_1 gedreht werden muß, damit er die gleiche Richtung und den gleichen Richtungssinn wie $\overrightarrow{P_1P_2}$ hat. α ist bis auf Vielfache von π bestimmt durch

$$\cos\alpha = (x_2 - x_1)/l, \quad \sin\alpha = (y_2 - y_1)/l.$$

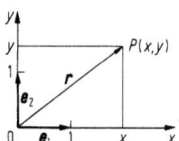

Bild 1. Ebenes kartesisches Koordinatensystem

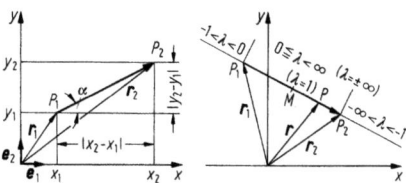

Bild 2. Strecke $\overrightarrow{P_1P_2}$. **a** Darstellung; **b** Teilung

Im allgemeinen wird derjenige Winkel α gewählt, dessen Betrag den kleinsten Wert hat. Die Steigung m der Strecke $\overrightarrow{P_1P_2}$ ist:

$$\tan\alpha = m = (y_2-y_1)/(x_2-x_1), \quad \text{wenn } x_1 \neq x_2.$$

Teilung (Bild 2 b). Ein Punkt P mit dem Ortsvektor $r=(x,y)$ teilt die Strecke $\overrightarrow{P_1P_2}$ im Verhältnis λ mit $1+\lambda \neq 0$, wenn gilt

$$r-r_1 = \lambda(r_2-r) \quad \text{bzw.} \quad r=(r_1+\lambda r_2)/(1+\lambda) \quad \text{oder}$$

$$x = \frac{x_1+\lambda x_2}{1+\lambda} \quad \text{und} \quad y = \frac{y_1+\lambda y_2}{1+\lambda}.$$

Der Punkt P liegt für $\lambda \gtreqless 0$ auf und für $\lambda < 0$ außerhalb der Strecke (innere und äußere Teilung). Für $\lambda = 1$ ist P Mittelpunkt M der Strecke $\overrightarrow{P_1P_2}$.

$$r_M = (r_1+r_2)/2 \quad \text{oder}$$
$$x_M = (x_1+x_2)/2 \quad \text{und} \quad y_M = (y_1+y_2)/2.$$

5.1.3 Dreieck

Die Eckpunkte (**Bild 3**) eines Dreiecks $\triangle(P_1,P_2,P_3)$ seien r_1,r_2,r_3. Ein Punkt r ist genau dann ein Punkt dieses Dreiecks, wenn

$$r = t_1 r_1 + t_2 r_2 + t_3 r_3 \quad \text{oder}$$
$$\left.\begin{array}{l} x = t_1 x_1 + t_2 x_2 + t_3 x_3 \\ y = t_1 y_1 + t_2 y_2 + t_3 y_3 \end{array}\right\} \text{für} \begin{array}{l} t_1+t_2+t_3 = 1 \\ 0 \leq t_1,t_2,t_3. \end{array}$$

Für $t_1,t_2,t_3 > 0$ ist r innerer Punkt des Dreiecks. Für $t_1 = 0$ ist r Randpunkt und liegt auf der Dreieckseite $\overrightarrow{P_2P_3}$.
Der Mittelpunkt M und der Flächeninhalt A des Dreiecks sind

$$r_M = (r_1+r_2+r_3)/3 \quad \text{oder}$$
$$x_M = (x_1+x_2+x_3)/3 \quad \text{und} \quad y_M = (y_1+y_2+y_3)/3,$$

$$A = (1/2)\cdot\begin{vmatrix} x_2-x_1 & x_3-x_1 \\ y_2-y_1 & y_3-y_1 \end{vmatrix} = (1/2)\cdot\begin{vmatrix} x_1 & x_2 & x_3 \\ y_1 & y_2 & y_3 \\ 1 & 1 & 1 \end{vmatrix}$$

$$= (1/2)\cdot[x_1(y_2-y_3)+x_2(y_3-y_1)+x_3(y_1-y_2)].$$

Wird der Rand des Dreiecks $\triangle(P_1,P_2,P_3)$ in der Punktfolge P_1,P_2,P_3 durchlaufen, so ist der Flächeninhalt positiv, wenn die Dreieckfläche wie in **Bild 3** zur Linken liegt, sonst negativ.

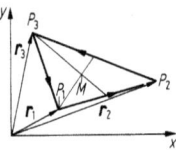

Bild 3. Dreieck mit Mittelpunkt M

5.1.4 Winkel

Sind $a=(a_x,a_y)$ und $b=(b_x,b_y)$ zwei Vektoren, so ist der orientierte Winkel $\varphi = \sphericalangle(a,b)$ durch den Drehwinkel erklärt, um den der Vektor a gedreht werden muß, damit er die gleiche Richtung und den gleichen Richtungssinn wie b hat (**Bild 4**). Er ist bis auf Vielfache von 2π durch die beiden Gleichungen

$$\cos\varphi = \frac{a_x b_x + a_y b_y}{\sqrt{a_x^2+a_y^2}\sqrt{b_x^2+b_y^2}} \quad \text{und}$$

$$\sin\varphi = \frac{a_x b_y - a_y b_x}{\sqrt{a_x^2+a_y^2}\sqrt{b_x^2+b_y^2}}$$

bestimmt. Im allgemeinen wird derjenige Winkel gewählt, dessen Betrag den kleinsten Wert hat, d.h. $-\pi < \varphi \leq \pi$.

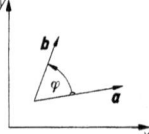

Bild 4. Orientierter Winkel φ

5.1.5 Gerade

Punktrichtungs- und Zweipunktegleichung. Eine Gerade g (**Bild 5 a**) sei bestimmt durch einen ihrer Punkte r_1 und ihren Richtungsvektor v oder zwei ihrer Punkte r_1 und r_2. Für jeden Punkt r von g gilt dann mit einem Parameter $t \in \mathbb{R}$

$$r = r_1 + tv \quad \text{oder} \quad x = x_1 + tv_x \quad \text{und} \quad y = y_1 + tv_y \quad \text{bzw.}$$
$$r = r_1 + t(r_2-r_1) \quad \text{oder} \quad x = x_1 + t(x_2-x_1) \quad \text{und}$$
$$y = y_1 + t(y_2-y_1).$$

Parameterfreie Darstellung: Elimination von t ergibt

$$(x-x_1)v_y - (y-y_1)v_x = 0 \quad \text{bzw.}$$

$$(x-x_1)(y_2-y_1) - (y-y_1)(x_2-x_1) = \begin{vmatrix} x_1 & x_2 & x \\ y_1 & y_2 & y \\ 1 & 1 & 1 \end{vmatrix} = 0.$$

Für $v_x \neq 0$ bzw. $x_2 - x_1 \neq 0$ liegt Gerade g nicht parallel zur y-Achse, und es ergeben sich hieraus die expliziten Darstellungen

$$y = y_1 + m(x-x_1) \quad \text{bzw.} \quad y = y_1 + \frac{y_2-y_1}{x_2-x_1}\cdot(x-x_1).$$

$v_y/v_x = (y_2-y_1)/(x_2-x_1) = m = \tan\varphi$ heißt Steigung der Geraden g, wobei φ mit $-\pi/2 < \varphi < \pi/2$ den Steigungswinkel von g bedeutet.

Sonderfälle: Hauptgleichung $y = mx + b$. Gerade mit der Steigung m durch (O,b); b Abschnitt auf der y-Achse.

Abschnittsgleichung $x/a + y/b = 1$. Gerade durch (a, O) und (O, b); a und b Abschnitte auf der x- bzw. y-Achse.

Hessesche Normalform (**Bild 5 b**). Eine Gerade g sei in der Punktrichtungsdarstellung gegeben. $g: r = r_1 + tv$, $t \in \mathbb{R}$. Normal- oder Stellungsvektor n^0 von g ist ein Einheitsvektor, der orthogonal zu v ist und der vom Ursprung O aus zur Geraden g weist (verläuft g durch O, dann ist der Richtungssinn beliebig wählbar). Mit dem orientierten Winkel $\varphi = \sphericalangle(e_1, n^0)$ gilt dann $n^0 = e_1\cos\varphi + e_2\sin\varphi$. Skalare Multiplikation der Punktrichtungsgleichung von g mit n^0 führt auf die Hessesche Normalform von g

$$rn^0 - d = 0 \quad \text{oder} \quad x\cos\varphi + y\sin\varphi - d = 0,$$

wobei $d = r_1 n^0 \geq 0$ den Abstand des Ursprungs O von g angibt.

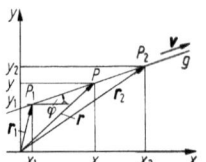 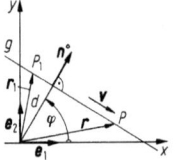

Bild 5. Gerade. **a** allgemeine Form; **b** Hessesche Normalform

Allgemeine Geradengleichung. Jede Geradengleichung läßt sich auf eine lineare Gleichung der Form

$$Ax + Bx + C = 0 \quad \text{mit} \quad A^2 + B^2 > 0$$

zurückführen. Nach Division durch $\pm\sqrt{A^2+B^2}$ ergibt sich die Hessesche Normalform, wobei

$$\cos\varphi = A/(\pm\sqrt{A^2+B^2}), \quad \sin\varphi = B/(\pm\sqrt{A^2+B^2}),$$
$$d = -C/(\pm\sqrt{A^2+B^2})$$

sowie „+" für $C<0$ und „−" für $C>0$ gilt, so daß $d>0$. Für $C=0$ verläuft Gerade g durch den Ursprung O.

Abstand Punkt – Gerade. Er wird zweckmäßig mit Hilfe der Hesseschen Normalform bestimmt. $g: \boldsymbol{rn}^0 - d = 0$ oder $x\cos\varphi + y\sin\varphi - d = 0$. Für einen beliebigen Punkt P_0 mit dem Ortsvektor $\boldsymbol{r}_0 = (x_0, y_0)$ ist sein Abstand a von g gegeben mit

$$a = |\boldsymbol{r}_0 \boldsymbol{n}^0 - d| \quad \text{oder} \quad |x_0 \cos\varphi + y_0 \sin\varphi - d|.$$

Falls g nicht durch den Ursprung O verläuft, gilt außerdem:

für $\boldsymbol{r}_0 \boldsymbol{n}^0 - d > 0$ liegen P_0 und O auf verschiedenen Seiten von g,

für $\boldsymbol{r}_0 \boldsymbol{n}^0 - d < 0$ liegen P_0 und O auf derselben Seite von g,

für $\boldsymbol{r}_0 \boldsymbol{n}^0 - d = 0$ liegt P_0 auf g.

Beispiel: $g: 3x + 4y - 10 = 0$ und $\boldsymbol{r}_0 = (4, 3)$, so daß $\sqrt{A^2+B^2} = 5$. – Hessesche Normalform von g ist $(3/5)x + (4/5)y - 2 = 0$, so daß $\boldsymbol{r}_0 \boldsymbol{n}^0 - d = (3/5)\cdot 4 + (4/5)\cdot 3 - 2 = 2{,}8$. P_0 hat von g den Abstand 2,8. P_0 und O liegen auf verschiedenen Seiten von g.

Lagebeziehung zweier Geraden. Sind g_1 und g_2 zwei einander schneidende Geraden, so ist ihr Schnittwinkel $\gamma = \sphericalangle(g_1, g_2)$ derjenige (orientierte) Winkel, um den die Gerade g_1 auf dem kürzesten Weg gedreht werden muß, damit sie mit g_2 zur Deckung kommt. Dieser Winkel ist für $-\pi/2 < \gamma < \pi/2$ eindeutig durch seinen Tangens bestimmt (**Tab. 1**).

Tabelle 1. Lagebeziehungen zweier Geraden in der Ebene

Geradengleichung	$g_1:$ $y = m_1 x + b_1$	$A_1 x + B_1 y + C_1 = 0$
	$g_2:$ $y = m_2 x + b_2$	$A_2 x + B_2 y + C_2 = 0$
Schnittwinkel $(-\pi/2 < \gamma < \pi/2)$	$\tan\gamma = \dfrac{m_2 - m_1}{1 + m_1 m_2}$	$\tan\gamma = \dfrac{A_1 B_2 - A_2 B_1}{A_1 A_2 + B_1 B_2}$
Parallelität $(\gamma = 0)$	$m_1 = m_2$	$A_1 B_2 = A_2 B_1$
Orthogonalität $(\gamma = \pi/2)$	$1 + m_1 m_2 = 0$	$A_1 A_2 + B_1 B_2 = 0$

Schnittpunkt zweier Geraden. Der Schnittpunkt $S = (x_S, y_S)$ zweier nichtparalleler Geraden in der allgemeinen Darstellung $g_1: A_1 x + B_1 y + C_1 = 0$ und $g_2: A_2 x + B_2 y + C_2 = 0$ mit $A_1 B_2 - A_2 B_1 \neq 0$ ist bestimmt durch die Lösung dieses linearen Gleichungssystems, die nach der Cramer-Regel (s. **A 3.2.3**) lautet

$$x_S = \begin{vmatrix} -C_1 & B_1 \\ -C_2 & B_2 \end{vmatrix} : \begin{vmatrix} A_1 & B_1 \\ A_2 & B_2 \end{vmatrix} \quad \text{und}$$

$$y_S = \begin{vmatrix} A_1 & -C_1 \\ A_2 & -C_2 \end{vmatrix} : \begin{vmatrix} A_1 & B_1 \\ A_2 & B_2 \end{vmatrix}.$$

5.1.6 Koordinatentransformationen

Parallelverschiebung (Bild 6). Sie ist gekennzeichnet durch einen Verschiebungsvektor $\boldsymbol{v}$, durch den das Koordinatensys-

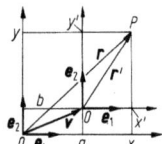

Bild 6. Parallelverschiebung

tem $(O; \boldsymbol{e}_1, \boldsymbol{e}_2)$ in das Koordinatensystem $(O'; \boldsymbol{e}_1, \boldsymbol{e}_2)$ übergeführt wird. Für einen Punkt P in der Ebene gilt dann $\overrightarrow{OP} = \overrightarrow{OO'} + \overrightarrow{O'P}$, wobei $\overrightarrow{OO'} = \boldsymbol{v}$ der Verschiebungsvektor ist. Mit $\overrightarrow{OP} = x\boldsymbol{e}_1 + y\boldsymbol{e}_2$, $\overrightarrow{OO'} = \boldsymbol{v} = a\boldsymbol{e}_1 + b\boldsymbol{e}_2$ und $\overrightarrow{O'P} = x'\boldsymbol{e}_1 + y'\boldsymbol{e}_2$ lautet dann die Koordinatendarstellung der Parallelverschiebung

$$x = x' + a, \quad y = y' + b \quad \text{oder}$$
$$(x, y) = (x', y') + (a, b) = (x' + a, y' + b).$$

Drehung (Bild 7). Das Koordinatensystem $(O; \boldsymbol{e}_1, \boldsymbol{e}_2)$ wird durch eine Drehung um den Winkel $\alpha = \sphericalangle(\boldsymbol{e}_1, \boldsymbol{e}'_1)$ in das Koordinatensystem $(O; \boldsymbol{e}'_1, \boldsymbol{e}'_2)$ übergeführt. Dann ist $\boldsymbol{e}'_1 = \cos\alpha\, \boldsymbol{e}_1 + \sin\alpha\, \boldsymbol{e}_2$ und $\boldsymbol{e}'_2 = -\sin\alpha\, \boldsymbol{e}_1 + \cos\alpha\, \boldsymbol{e}_2$. Für einen beliebigen Punkt $P = (x, y)$ gilt $\overrightarrow{OP} = x\boldsymbol{e}_1 + y\boldsymbol{e}_2 = x'\boldsymbol{e}'_1 + y'\boldsymbol{e}'_2$. Hieraus ergibt sich die Koordinatendarstellung der Drehung um α bzw. ihre Matrixform

$$x = x'\cos\alpha - y'\sin\alpha \quad \text{und}$$
$$y = x'\sin\alpha + y'\cos\alpha \quad \text{bzw.}$$

$$\begin{pmatrix} x \\ y \end{pmatrix} = \begin{pmatrix} \cos\alpha & -\sin\alpha \\ \sin\alpha & \cos\alpha \end{pmatrix} \begin{pmatrix} x' \\ y' \end{pmatrix}, \quad \text{wobei}$$

$$\begin{vmatrix} \cos\alpha & -\sin\alpha \\ \sin\alpha & \cos\alpha \end{vmatrix} = 1.$$

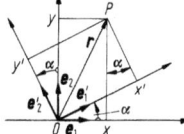

Bild 7. Drehung

5.1.7 Kegelschnitte

Grundbegriffe und allgemeine Eigenschaften

Wird ein Kreiskegel von einer Ebene geschnitten, so werden die Schnittkurven als Kegelschnitte bezeichnet.

Numerische Exzentrizität. Sie ist das bei jedem echten Kegelschnitt konstante Verhältnis $\varepsilon = r/d$. Hierbei sind r und d die Abstände (**Bild 8 a**) eines seiner Punkte vom Brennpunkt F bzw. von der Leitlinie l. Damit ist zugleich eine Konstruktionsvorschrift gegeben: In den Abständen $d_1, d_2, d_3 \ldots$ werden Parallelen zur Leitlinie l gezogen, und um den Brennpunkt F werden Kreise mit den Radien $\varepsilon d_1, \varepsilon d_2, \varepsilon d_3 \ldots$ gezeichnet; ihre Schnittpunkte mit den entsprechenden Parallelen sind Punkte des Kegelschnitts. Die zur Leitlinie l senkrechte Gerade durch F heißt Hauptachse. Die Länge der Sehne durch den Brennpunkt F und senkrecht zur Hauptachse heißt der Parameter $2p$. F hat dann von l den Abstand p/ε.

Polarkoordinaten (Bild 8 a). Wenn der Pol mit F zusammenfällt und die Polarachse mit der Hauptachse gleichgerichtet ist, dann gilt

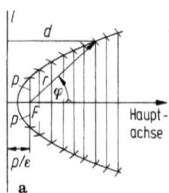

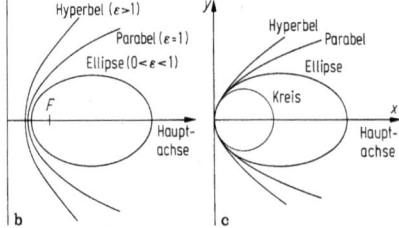

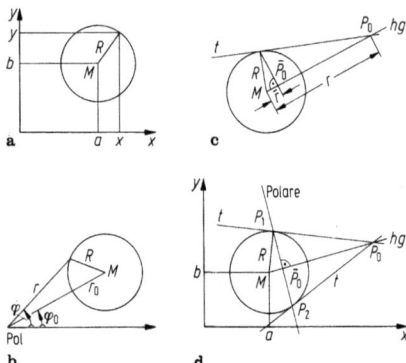

Bild 8. Kegelschnitte. **a** Polarkoordinaten; **b** gemeinsamer Brennpunkt; **c** gemeinsamer Scheitelpunkt

$$r = \frac{p}{1 - \varepsilon \cos \varphi}; \quad \begin{array}{l} \varepsilon = 0 \text{ KreisKreis, } 0 < \varepsilon < 1 \text{ Ellipse,} \\ \varepsilon = 1 \text{ ParabelParabel, } \varepsilon > 1 \text{ Hyperbel.} \end{array}$$

Im **Bild 8 b** sind für einen Brennpunkt F und eine Leitlinie l jeweils eine Ellipse, eine Parabel und eine Hyperbel dargestellt. Bei einem Kreis ($\varepsilon = 0$) liegt die Leitlinie im Unendlichen, und der Brennpunkt F ist sein Mittelpunkt.

Scheitelpunktgleichung (Bild 8 c). In einem kartesischen Koordinatensystem, dessen Ursprung mit dem linken Scheitelpunkt und dessen x-Achse mit der Hauptachse der Kegelschnitte zusammenfällt, lautet sie

$$y^2 = 2px - x^2(1 - \varepsilon^2)$$

mit dem Brennpunkt $F = \left(\dfrac{p}{1+\varepsilon}, 0\right)$,

mit der Leitlinie $x = -\dfrac{p}{\varepsilon(1+\varepsilon)}$.

Kreis

Er ist der geometrische Ort aller Punkte der Ebene, die von einem Punkt M, dem Mittelpunkt, den gleichen Abstand R haben. R heißt Radius des Kreises.

Gleichungen. Für den Mittelpunkt M und den Radius R gelten:

Kartesische Koordinaten **(Bild 9 a)**
Allgemeine Form mit $M(a,b)$: $(x-a)^2 + (y-b)^2 = R^2$,
Scheitelpunktsform mit $M(R,0)$: $x^2 - 2Rx + y^2 = 0$,
Mittelpunktsform mit $M(0,0)$: $x^2 + y^2 = R^2$.

Polarkoordinaten **(Bild 9 b)**
Allgemeine Form mit $M(r_0, \varphi_0)$:
$r^2 - 2rr_0 \cos(\varphi - \varphi_0) + r_0^2 = R^2$,
Scheitelpunktsform mit $M(R, 0)$:
$r = 2R\cos\varphi$, $\varphi \in (-\pi/2, \pi/2)$.

Tangente und Normale (t und n; Bild 9 c). Für den Kreis $k: (x-a)^2 + (y-b)^2 = R^2$ mit dem Kreispunkt $P_0(x_0, y_0)$ gilt:
  für t: $(x-a)(x_0-a) + (y-b)(y_0-b) = R^2$,
  für n: $(y-y_0)(x_0-a) - (x-x_0)(y_0-b) = 0$.

Spiegelung an einem Kreis (Bild 9 c). Zwei Punkte P_0 und $\bar{P}_0$ der Ebene heißen Spiegelpunkte des Kreises mit dem Mittelpunkt M und dem Radius R, wenn sie auf der Halbgeraden hg mit dem Anfangspunkt M liegen und für ihre Abstände r und $\bar{r}$ von M gilt: $r\bar{r} = R^2$.

Polare des Poles P_0 bezüglich des Kreises **(Bild 9 d)** ist eine Gerade, die durch den Spiegelpunkt $\bar{P}_0$ des Poles P_0 verläuft und senkrecht auf der Halbgeraden hg durch $\bar{P}_0$ mit dem Anfangspunkt M steht. Liegt der Pol P_0 außerhalb des Kreises wie auf **Bild 9 d**, so sind die Schnittpunkte P_1 und P_2 der Polaren mit dem Kreis die Berührungspunkte der Kreistangenten durch P_0. Mit der Kreisgleichung $(x-a)^2 + (y-b)^2 = R^2$ lautet die Gleichung der Polaren des Punkts $P_0(x_0, y_0)$

$$(x-a)(x_0-a) + (y-b)(y_0-b) = R^2.$$

Parabel

Sie ist der geometrische Ort aller Punkte der Ebene, deren Abstände von einem Punkt F, dem Brennpunkt, und einer Geraden l, der Leitlinie, gleich sind ($\varepsilon = 1$). Ihr Halbparameter p ist der Abstand des Brennpunkts F von l.

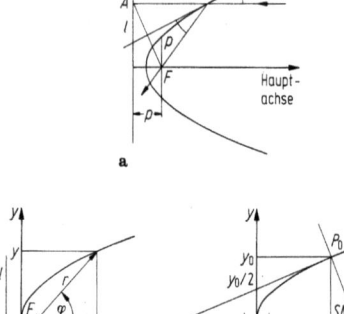

Bild 10. Parabel. **a** Konstruktion; **b** Koordinaten; **c** Tangente t und Normale n

Konstruktion. Für die Parabelpunkte und ihre Tangenten (**Bild 10 a**) gilt:
In einem Punkt A auf l wird das Lot und auf der Verbindungsstrecke $\overline{AF}$ die Mittelsenkrechte errichtet, die das Lot in einem Parabelpunkt P schneidet und zugleich Tangente in P ist. Hieraus geht hervor, daß jeder parallel zur Hauptachse einfallende Strahl nach Spiegelung an der Parabel durch den Brennpunkt F geht.

Gleichungen (Bild 10 b). In Polar- bzw. kartesischen Koordinaten ist $r = p/(1 - \cos\varphi)$ bzw. $y^2 = 2px$ mit Brennpunkt F: $(p/2, 0)$ und Leitlinie l: $x = -p/2$.

Tangente und Normale (t und n; Bild 10 c). In der Scheitelpunktdarstellung $y^2 = 2px$ mit dem Parabelpunkt $P_0(x_0,y_0)$ gilt für t: $yy_0 = p(x+x_0)$ und für n: $p(y-y_0) + y_0(x-x_0) = 0$. Die Tangente t schneidet die y-Achse bei $y_0/2$ und die x-Achse bei $-x_0$. Die Länge der Subnormalen SN ist stets p.

Ellipse

Sie ist der geometrische Ort aller Punkte der Ebene (**Bild 11 a**) mit konstanter Summe ihrer Abstände von zwei Punkten F_1 und F_2, den Brennpunkten. Der Abstand der beiden Brennpunkte wird mit $2e$ und die Abstandssumme für die Ellipsenpunkte P mit $2a$ bezeichnet: $\overline{F_1F_2} = 2e$ und $\overline{F_1P} + \overline{F_2P} = 2a$, wobei $e < a$.

Konstruktion. Für die Ellipse und ihre Tangenten (**Bild 11 a**) wird mit dem Radius $2a$ um F_1 ein Kreis, der Leitkreis, gezeichnet und einer seiner Punkte Q mit F_1 und F_2 verbunden. Die Mittelsenkrechte der Strecke $\overline{QF_2}$ schneidet die Strecke $\overline{QF_1}$ im Ellipsenpunkt P und ist zugleich Tangente in P. Hiernach geht jeder vom Brennpunkt F_1 ausgehende Strahl nach der Spiegelung an der Ellipse durch den anderen Brennpunkt F_2.

Charakteristische Größen (Bild 11 b). Diese sind die lineare Exzentrizität e, die numerische Exzentrizität $\varepsilon = e/a < 1$, die große und die kleine Halbachse a und b sowie der Halbparameter $p = b^2/a$. Der Brennpunkt F_1 bzw. der Mittelpunkt M hat von der Leitlinie l den Abstand $p/\varepsilon = b^2/e$ bzw. $a/\varepsilon = a^2/e$.

Gleichungen (Bild 11 c). In *Polarkoordinaten* (Pol fällt mit F_1 zusammen, und die Polachse geht durch F_2) ist

$$r = \frac{p}{1-\varepsilon\cos\varphi} = \frac{a^2-e^2}{a-e\cos\varphi}, \quad \varepsilon = e/a < 1.$$

Kartesische Koordinaten:
Scheitelpunkt S liegt im Ursprung

$$y^2 = 2px - x^2(1-\varepsilon^2) = 2\frac{b^2}{a}x - \frac{b^2}{a^2}x^2 \quad \text{oder}$$

$$\frac{(x-a)^2}{a^2} + \frac{y^2}{b^2} = 1,$$

Mittelpunkt M liegt im Ursprung

$$\frac{x^2}{a^2} + \frac{y^2}{b^2} = 1 \quad \text{oder} \quad y = \pm\frac{b}{a}\cdot\sqrt{a^2-x^2}.$$

Tangente und Normale (t und n ; Bild 11 b). In der Mittelpunktdarstellung mit dem Ellipsenpunkt $P_0(x_0,y_0)$ gilt

für t: $\dfrac{xx_0}{a^2} + \dfrac{yy_0}{b^2} = 1$,

für n: $\dfrac{(x-x_0)y_0}{b^2} - \dfrac{(y-y_0)x_0}{a^2} = 0$.

Hyperbel

Sie ist der geometrische Ort aller Punkte der Ebene mit konstanter Differenz ihrer Abstände von zwei Brennpunkten F_1 und F_2. Der Abstand der Brennpunkte wird mit $2e$ und die Abstandsdifferenz für einen Hyperbelpunkt P mit $2a$ bezeichnet.

$$\overline{F_1F_2} = 2e, \quad \overline{F_1P} - \overline{F_2P} = 2a, \text{ wobei } e > a.$$

Konstruktion (Bild 12 a). Hierzu wird um F_1 mit dem Radius $2a$ ein Kreis, der Leitkreis, gezeichnet. Ein Punkt Q auf dem Leitkreis wird mit F_2 verbunden. Die Mittelsenkrechte auf $\overline{QF_2}$ schneidet die verlängerte Strecke $\overline{F_1Q}$ in dem Hyperbelpunkt P und ist zugleich Tangente in P. Für diesen Punkt P ist $\overline{F_1P} - \overline{F_2P} = 2a$. Hieraus folgt, daß jeder vom Brennpunkt F_1 ausgehende Strahl nach seiner Spiegelung an der Hyperbel mit seiner rückwärtigen Verlängerung durch den zweiten Brennpunkt F_2 verläuft.

Charakteristische Größen (Bild 12 b). Diese sind die lineare Exzentrizität e, die numerische Exzentrizität $\varepsilon = e/a > 1$, die reelle Halbachse a und die imaginäre Halbachse $b = \sqrt{e^2-a^2}$ sowie der Halbparameter $p = b^2/a$. Der Brennpunkt F bzw. der Mittelpunkt M hat von der Leitlinie l den Abstand $p/\varepsilon = b^2/e$ bzw. $a/\varepsilon = a^2/e$. Die Geraden durch M, die bezüglich der Hauptachse die Steigung $\pm b/a$ haben, sind Asymptoten der Hyperbel.

Gleichungen. In *Polarkoordinaten* (Pol fällt mit F zusammen, und die Polachse ist mit der Hauptachse gleichgerichtet; **Bild 12 c**) ist

$$r = \frac{p}{1-\varepsilon\cos\varphi} = \frac{e^2-a^2}{a-e\cos\varphi}, \quad \varepsilon = \frac{e}{a} > 1.$$

Kartesische Koordinaten. Die x-Achse mit der Orientierung von links nach rechts geht durch F_1 und F_2.
Scheitelpunkt S, **Bild 12 c** liegt im Ursprung

$$y^2 = 2px - x^2(1-\varepsilon^2) \quad \text{oder} \quad \frac{(x+a)^2}{a^2} - \frac{y^2}{b^2} = 1,$$

Mittelpunkt M, **Bild 12 d** liegt im Ursprung

$$\frac{x^2}{a^2} - \frac{y^2}{b^2} = 1 \quad \text{oder} \quad y = \pm\frac{b}{a}\sqrt{x^2-a^2}.$$

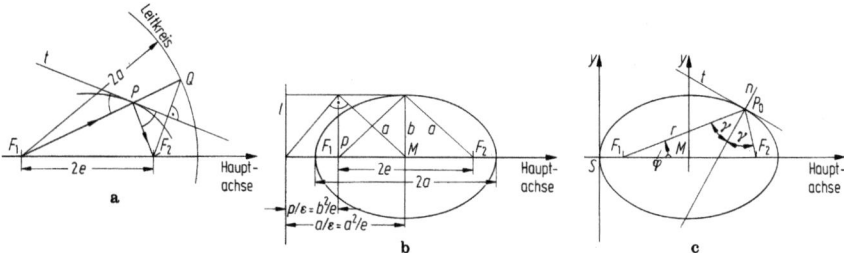

Bild 11. Ellipse. **a** Konstruktion; **b** Größen; **c** Koordinaten

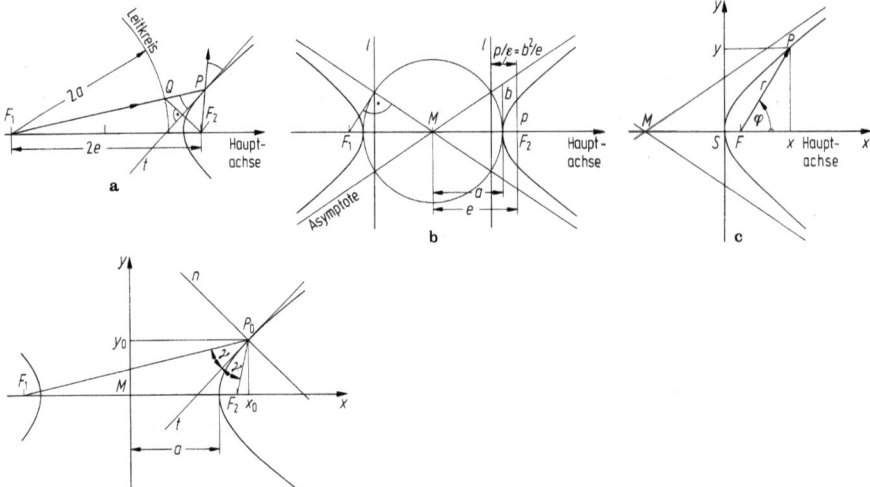

Bild 12. Hyperbel. a Konstruktion; b Größen; c Koordinaten; d Tangente t und Normale n

Tangente und Normale (t und n ; Bild 12 d). In der Mittelpunktdarstellung mit dem Hyperbelpunkt $P_0(x_0,y_0)$ gilt

für t: $\dfrac{x_0 x}{a^2} - \dfrac{y_0 y}{b^2} = 1$,

für n: $\dfrac{(x-x_0)y_0}{b^2} + \dfrac{(y-y_0)x_0}{a^2} = 0$.

5.1.8 Allgemeine Kegelschnittgleichung

Jeder Kegelschnitt ist eine Kurve 2. Ordnung, d.h., daß er in einem kartesischen Koordinatensystem durch eine Gleichung 2. Grades darstellbar ist:

$$F(x,y) = Ax^2 + 2Bxy + Cy^2 + 2Dx + 2Ey + F = 0,$$
$$A^2 + B^2 + C^2 > 0. \tag{1}$$

$$\Delta = \begin{vmatrix} A & B & D \\ B & C & E \\ D & E & F \end{vmatrix}, \quad \delta = \begin{vmatrix} A & B \\ B & C \end{vmatrix}.$$

Die Diskriminante Δ der Gleichung und die Diskriminante δ der quadratischen Glieder bestimmen im wesentlichen die Art des Kegelschnitts (**Tab. 2**).

Transformation der allgemeinen Kegelschnittgleichung auf Hauptachsen

Drehung des Koordinatensystems. Sie ist nur dann erforderlich, wenn in Gl. (1) $B \neq 0$. Ohne Einschränkung wird vorausgesetzt, daß $B > 0$ (anderenfalls Multiplikation der Gleichung mit -1). Durch eine Drehung um den Winkel α gemäß den Transformationsgleichungen $x = x'\cos\alpha - y'\sin\alpha$, $y = x'\sin\alpha + y'\cos\alpha$ geht Gl. (1) über in

$$A'x'^2 + 2B'x'y' + C'y'^2 + 2D'x' + 2E'y' + F' = 0, \tag{2}$$

wobei die Koeffizienten mit einem Strich durch die Matrizengleichung

$$\begin{pmatrix} A' & B' & D' \\ B' & C' & E' \\ D' & E' & F' \end{pmatrix} =$$

$$d \begin{pmatrix} \cos\alpha & \sin\alpha & 0 \\ -\sin\alpha & \cos\alpha & 0 \\ 0 & 0 & 1 \end{pmatrix} \begin{pmatrix} A & B & D \\ B & C & E \\ D & E & F \end{pmatrix} \begin{pmatrix} \cos\alpha & -\sin\alpha & 0 \\ \sin\alpha & \cos\alpha & 0 \\ 0 & 0 & 1 \end{pmatrix}$$

bestimmt sind. Hierbei ist

$$\begin{vmatrix} A' & B' & D' \\ B' & C' & E' \\ D' & E' & F' \end{vmatrix} = \begin{vmatrix} A & B & D \\ B & C & E \\ D & E & F \end{vmatrix} = \Delta,$$

$$\begin{vmatrix} A' & B' \\ B' & C' \end{vmatrix} = \begin{vmatrix} A & B \\ B & C \end{vmatrix} = \delta,$$

$A' + C' = A + C$, $F' = F$.

Der Drehwinkel α wird nun so bestimmt, daß

$B' = (C - A)\sin\alpha\cos\alpha + B(\cos^2\alpha - \sin^2\alpha)$
$= (1/2)(C - A)\sin 2\alpha + B\cos 2\alpha = 0$

oder

$(A - C)\sin 2\alpha = 2B\cos 2\alpha,$

woraus folgt

$\tan 2\alpha = 2B/(A - C)$ für $A \neq C$ oder
$\cos 2\alpha = 0$ für $A = C$.

Hieraus ist α bis auf ganzzahlige Vielfache von $\pi/2$ bestimmt. Mit $\alpha \in (0, \pi/2)$ gilt

$A' = (1/2)(A + C) + (1/2)\sqrt{(A - C)^2 + 4B^2}$,
$C' = (1/2)(A + C) - (1/2)\sqrt{(A - C)^2 + 4B^2}$ oder
$A' + C' = A + C$,
$A'C' = AC - B^2 = \delta$.

A' und C' sind damit Lösungen der quadratischen Gleichung

Tabelle 2. Kegelschnitte

Δ \ δ	>0	<0	=0
≠0	Ellipse (reell oder imaginär)	Hyperbel	Parabel
=0	Punkt	Geradenpaar nicht parallel	Geradenpaar parallel (reell oder imaginär)

$$\begin{vmatrix} A-\lambda & B \\ B & C-\lambda \end{vmatrix} = \lambda^2 - (A+C)\lambda + AC - B^2 = 0.$$

Wegen $B' = 0$ lautet dann Gl. (2) im gedrehten Koordinatensystem

$$A'x'^2 + C'y'^2 + 2Dx' + 2E'y' + F' = 0. \quad (3)$$

Parallelverschiebung. Gleichung (3) läßt sich durch eine Parallelverschiebung des Koordinatensystems weiter vereinfachen. Hierbei sind im wesentlichen die Fälle $\delta \neq 0$ und $\delta = 0$ zu unterscheiden.

Fall $\delta \neq 0$

$$\delta = \begin{vmatrix} A & B \\ B & C \end{vmatrix} = A'C' \neq 0.$$

Wegen $A' \neq 0$ und $C' \neq 0$ kann Gl. (3) durch quadratische Ergänzung auf die Form gebracht werden:

$$A'(x' + D/A')^2 + C'(y' + E'/C')^2 + \Delta/\delta = 0. \quad (4)$$

Die Parallelverschiebung $\xi = x' + D/A'$, $\eta = y' + E'/C'$ liefert die *Hauptachsengleichung einer Hyperbel oder Ellipse*

$$A'\xi^2 + C'\eta^2 + \Delta/\delta = 0 \quad (5)$$

($\Delta = 0$: ausgeartete Hyperbel oder Ellipse).

Fall $\delta = 0$

$$\delta = \begin{vmatrix} A & B \\ B & C \end{vmatrix} = A'C' = 0.$$

Es sei $C' = 0$ und $A' \neq 0$ (der andere mögliche Fall, $A' = 0$ und $C' \neq 0$, läßt sich entsprechend behandeln). Dann ist

$$\Delta = \begin{vmatrix} A & B & D \\ B & C & E \\ D & E & F \end{vmatrix} = \begin{vmatrix} A' & 0 & D \\ 0 & 0 & E' \\ D & E' & F' \end{vmatrix} = -A'E'^2,$$

woraus folgt, daß $E' = 0$ genau dann, wenn $\Delta = 0$. Mit $C' = 0$ lautet Gl. (3) $A'x'^2 + 2Dx' + 2E'y' + F' = 0$ oder nach quadratischer Ergänzung

$$A'(x' + D/A')^2 + 2E'y' + \overline{F} = 0 \quad \text{mit}$$
$$\overline{F} = F' - D^2/A'. \quad (6)$$

Unterfall $E' \neq 0$. Hier wird $\Delta \neq 0$ und

$$A'(x' + D/A')^2 + 2E'(y' + \overline{F}/2E') = 0.$$

Die Parallelverschiebung $\xi = x' + D/A'$, $\eta = y' + \overline{F}/(2E')$ liefert die *Hauptachsengleichung der Parabel*

$$A'\xi^2 + 2E'\eta = 0 \quad \text{oder} \quad \xi^2 = -(2E'/A')\eta = p\eta. \quad (7)$$

Unterfall $E' = 0$. Hier wird $\Delta = 0$ und

$$A'(x' + D/A')^2 + \overline{F} = 0.$$

Die Parallelverschiebung $\xi = x' + D/A'$, $\eta = y'$ liefert die *Hauptachsengleichung der ausgearteten Parabel*

$$A'\xi^2 + \overline{F} = 0 \quad \text{oder} \quad \xi^2 = -\overline{F}/A'. \quad (8)$$

Beispiel 1: $3x^2 - 2xy + 3y^2 - 4x - 4y - 12 = 0$. - Wegen $\delta = 8 > 0$, $\Delta = -128 \neq 0$ und $\Delta/\delta = -16$ ist der Kegelschnitt eine reelle Ellipse. Da $A = C$, ist $\cos 2\alpha = 0$ oder $\alpha = \pi/4$. Mit den Transformationsgleichungen für die Drehung,

$$x = x'\cos(\pi/4) - y'\sin(\pi/4) = (1/\sqrt{2})(x' - y'),$$
$$y = x'\sin(\pi/4) + y'\cos(\pi/4) = (1/\sqrt{2})(x' + y'),$$

lautet die Kegelschnittgleichung im gedrehten System $2x'^2 + 4y'^2 - 4\sqrt{2}x' - 12 = 0$. Die quadratische Ergänzung ergibt $2(x' - \sqrt{2})^2 + 4y'^2 - 16 = 0$. Die Parallelverschiebung $\xi = x' - \sqrt{2}$, $\eta = y'$ liefert die Hauptachsengleichung $\xi^2/8 + \eta^2/4 = 1$.

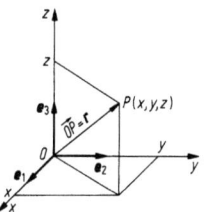

Bild 13. Räumliches kartesisches Koordinatensystem

Beispiel 2: $x^2 - 4xy + 4y^2 - 6x + 12y + 8 = 0$. - Wegen $\delta = 0$ und $\Delta = 0$ ist der Kegelschnitt eine ausgeartete Parabel. Es ist $\tan 2\alpha = 4/3$ oder $\cos\alpha = 2/\sqrt{5}$ und $\sin\alpha = 1/\sqrt{5}$. Mit den Transformationsgleichungen für die Drehung,

$$x = x'\cos\alpha - y'\sin\alpha = 1/\sqrt{5}(2x' - y'),$$
$$y = x'\sin\alpha + y'\cos\alpha = 1/\sqrt{5}(x' + 2y'),$$

lautet die Kegelschnittgleichung im gedrehten System

$$5y'^2 + 6\sqrt{5}y' + 8 = 0 \quad \text{oder} \quad (y' + 3/\sqrt{5})^2 = 1/5.$$

Die Parallelverschiebung $\eta = y' + 3/\sqrt{5}$, $\xi = x'$ liefert die Hauptachsengleichung $\eta = \pm\sqrt{1/5}$.

Die ausgeartete Parabel ist also ein Paar von reellen parallelen Geraden.

5.2 Analytische Geometrie des Raumes

5.2.1 Das kartesische Koordinatensystem

Zugrunde gelegt wird ein räumliches Koordinatensystem $(O; e_1, e_2, e_3)$ im positiv orientierten Raum (**Bild 13**). In einem Punkt O, dem Ursprung, Nullpunkt oder Koordinatenanfangspunkt, sind drei orthonormierte Basisvektoren e_1, e_2, e_3 angeheftet, die in der angegebenen Reihenfolge eine Rechtsschraube bilden (positive Orientierung).

Jeder Vektor a des Raums bzw. jeder Ortsvektor $\overrightarrow{OP} = r$ eines Raumpunkts P läßt sich eindeutig als Linearkombination der Basisvektoren darstellen,

$$a = a_x e_1 + a_y e_2 + a_z e_3 = (a_x, a_y, a_z) \quad \text{bzw.}$$
$$r = \overrightarrow{OP} = xe_1 + ye_2 + ze_3 = (x, y, z),$$

wobei a_x, a_y, a_z bzw. x, y, z Koordinaten des Vektors a bzw. des Punkts P heißen.

5.2.2 Strecke

Die Punkte r_1 und r_2 seien Anfangs- und Endpunkt der (orientierten) Strecke $\overrightarrow{P_1 P_2} = r_2 - r_1$ (**Bild 14**). Ein Punkt r liegt genau dann auf der Strecke $\overrightarrow{P_1 P_2}$, wenn

$$r = r_1 + t(r_2 - r_1) \quad \text{für} \quad t \in [0,1] \quad \text{oder}$$
$$r = t_1 r_1 + t_2 r_2 \quad \text{für} \quad \begin{matrix} t_1 + t_2 = 1, \\ 0 \leq t_1, t_2. \end{matrix}$$

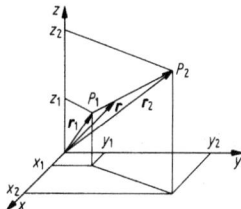

Bild 14. Strecke $\overrightarrow{P_1 P_2}$

Länge der Strecke $\overrightarrow{P_1P_2}$:

$$l = |\overrightarrow{P_1P_2}| = |r_2 - r_1|$$
$$= \sqrt{(x_2-x_1)^2 + (y_2-y_1)^2 + (z_2-z_1)^2}.$$

Richtung der Strecke $\overrightarrow{P_1P_2}$: Sie ist bestimmt durch die Winkel α, β, γ, die der Vektor $\overrightarrow{P_1P_2} = r_2 - r_1$ mit den Basisvektoren einschließt, wobei ihre Kosinuswerte Richtungskosinusse heißen. Mit dem Einheitsvektor

$$e^0 = (r_2 - r_1)/|r_2 - r_1| \text{ gilt}$$
$$\cos\alpha = e^0 e_1 = (x_2 - x_1)/l, \quad \cos\beta = e^0 e_2 = (y_2 - y_1)/l,$$
$$\cos\gamma = e^0 e_3 = (z_2 - z_1)/l; \quad \cos^2\alpha + \cos^2\beta + \cos^2\gamma = 1.$$

Winkel zwischen zwei gerichteten Strecken: Der von den beiden gerichteten Strecken oder Vektoren

$$a = \overrightarrow{P_1P_2} = r_2 - r_1 = (a_x, a_y, a_z) \text{ und}$$
$$b = \overrightarrow{P_3P_4} = r_4 - r_3 = (b_x, b_y, b_z)$$

eingeschlossene Winkel φ ($0 \leq \varphi \leq \pi$) ist bestimmt durch

$$\cos\varphi = \frac{a \cdot b}{|a||b|} = \frac{a_x b_x + a_y b_y + a_z b_z}{\sqrt{a_x^2 + a_y^2 + a_z^2}\sqrt{b_x^2 + b_y^2 + b_z^2}}$$
$$= \cos\alpha_1 \cos\alpha_2 + \cos\beta_1 \cos\beta_2 + \cos\gamma_1 \cos\gamma_2,$$

wobei $\cos\alpha_1, \cos\beta_1, \cos\gamma_1$ bzw. $\cos\alpha_2, \cos\beta_2, \cos\gamma_2$ die Richtungskosinusse von $\overrightarrow{P_1P_2}$ bzw. $\overrightarrow{P_3P_4}$ sind.

5.2.3 Dreieck und Tetraeder

Bilden die drei Punkte P_1, P_2 und P_3 mit den Ortsvektoren $r_1 = (x_1, y_1, z_1), r_2 = (x_2, y_2, z_2)$ und $r_3 = (x_3, y_3, z_3)$ die Eckpunkte eines Dreiecks (**Bild 15**) und ist durch die Punktfolge P_1, P_2, P_3 ein Umlaufsinn des Dreiecks festgelegt, so heißt das vektorielle Produkt $(\overrightarrow{P_1P_2} \times \overrightarrow{P_2P_3})/2$ orientierte Dreiecksfläche mit dem Flächeninhalt

$$0{,}5 \cdot |(r_2 - r_1) \times (r_3 - r_2)| =$$
$$0{,}5 \sqrt{\begin{vmatrix} x_1 & x_2 & x_3 \\ y_1 & y_2 & y_3 \\ 1 & 1 & 1 \end{vmatrix}^2 + \begin{vmatrix} y_1 & y_2 & y_3 \\ z_1 & z_2 & z_3 \\ 1 & 1 & 1 \end{vmatrix}^2 + \begin{vmatrix} z_1 d & z_2 & z_3 \\ x_1 & x_2 & x_3 \\ 1 & 1 & 1 \end{vmatrix}^2}.$$

Bilden die vier Punkte P_0, P_1, P_2 und P_3 mit den Ortsvektoren r_0, r_1, r_2 und r_3 die Eckpunkte eines Tetraeders (**Bild 16**), so ist dessen (orientiertes) Volumen bestimmt durch das Spatprodukt

$$(1/6)(\overrightarrow{P_0P_1}, \overrightarrow{P_0P_2}, \overrightarrow{P_0P_3}) = (1/6)(\overrightarrow{P_0P_1} \times \overrightarrow{P_0P_2}) \cdot \overrightarrow{P_0P_3} \text{ bzw.}$$
$$V = (1/6)[(r_1 - r_0) \times (r_2 - r_0)] \cdot (r_3 - r_0)$$
$$= \frac{1}{6}\begin{vmatrix} x_0 & y_0 & z_0 & 1 \\ x_1 & y_1 & z_1 & 1 \\ x_2 & y_2 & z_2 & 1 \\ x_3 & y_3 & z_3 & 1 \end{vmatrix}.$$

Das Volumen hat positives Vorzeichen, wenn $\overrightarrow{P_0P_1}, \overrightarrow{P_0P_2}, \overrightarrow{P_0P_3}$ in dieser Reihenfolge positiv orientiert sind.

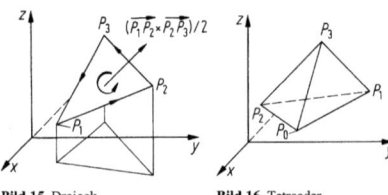

Bild 15. Dreieck   **Bild 16.** Tetraeder

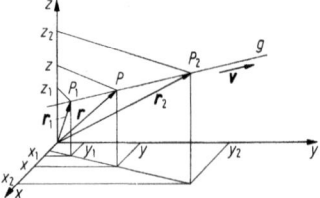

Bild 17. Gerade

5.2.4 Gerade

Zweipunkte- und Punktrichtungsgleichung. Eine Gerade g (**Bild 17**) sei bestimmt durch zwei ihrer Punkte r_1 und r_2 bzw. durch einen ihrer Punkte r_1 und ihren Richtungsvektor $v = (v_x, v_y, v_z)$. Für jeden Punkt r der Geraden g gilt mit dem Parameter $t \in \mathbb{R}$

$$r = r_1 + t(r_2 - r_1) \text{ oder}$$
$$x = x_1 + t(x_2 - x_1), \quad y = y_1 + t(y_2 - y_1),$$
$$z = z_1 + t(z_2 - z_1)$$

bzw.

$$r = r_1 + tv \text{ oder}$$
$$x = x_1 + tv_x, \quad y = y_1 + tv_y, \quad z = z_1 + tv_z.$$

Vektorielle Multiplikation beider Gleichungen mit $r_2 - r_1$ bzw. v führt auf die folgenden parameterfreien Darstellungen:

Zweipunktegleichung

$$(r - r_1) \times (r_2 - r_1) = 0,$$
$$(x - x_1)(y_2 - y_1) = (y - y_1)(x_2 - x_1),$$
$$(y - y_1)(z_2 - z_1) = (z - z_1)(y_2 - y_1),$$
$$(z - z_1)(x_2 - x_1) = (x - x_1)(z_2 - z_1),$$

Punktrichtungsgleichung

$$(r - r_1) \times v = 0,$$
$$(x - x_1)v_y = (y - y_1)v_x,$$
$$(y - y_1)v_z = (z - z_1)v_y,$$
$$(z - z_1)v_x = (x - x_1)v_z.$$

Falls die im Nenner auftretenden Größen von Null verschieden sind, lauten diese Gleichungen in der *kanonischen Form*

$$\frac{x - x_1}{x_2 - x_1} = \frac{y - y_1}{y_2 - y_1} = \frac{z - z_1}{z_2 - z_1} \text{ bzw.}$$
$$\frac{x - x_1}{v_x} = \frac{y - y_1}{v_y} = \frac{z - z_1}{v_z}.$$

Allgemeine Darstellung einer Geraden. Sie ist bestimmt durch die Schnittgerade zweier Ebenen mit den linearen Gleichungen

$$A_1 x + B_1 y + C_1 z + D_1 = 0 \text{ und}$$
$$A_2 x + B_2 y + C_2 z + D_2 = 0$$

mit Rang $\begin{pmatrix} A_1 & B_1 & C_1 \\ A_2 & B_2 & C_2 \end{pmatrix} = 2$, d.h., von

$$\begin{vmatrix} A_1 & B_1 \\ A_2 & B_2 \end{vmatrix}, \begin{vmatrix} A_1 & C_1 \\ A_2 & C_2 \end{vmatrix}, \begin{vmatrix} B_1 & D_1 \\ B_2 & C_2 \end{vmatrix}$$

ist mindestens eine Determinante von Null verschieden. Für die Schnittgerade der beiden Ebenen ist dann nach **A 5.2.5** der Richtungsvektor

Tabelle 3. Lagebeziehungen zweier Geraden im Raum

parallel $v_1 \times v_2 = 0$		nicht parallel $v_1 \times v_2 \neq 0$	
gleich $v_1 \times (r_2 - r_1) = 0$	verschieden $v_1 \times (r_2 - r_1) \neq 0$	schneiden einander $(r_2 - r_1)(v_1 \times v_2) = 0$	windschief $(r_2 - r_1)(v_1 \times v_2) \neq 0$
	Abstand $d = \dfrac{|v_1 \times (r_2 - r_1)|}{|v_1|}$		Abstand $d = \dfrac{|(r_2 - r_1)(v_1 \times v_2)|}{|v_1 \times v_2|}$

$$v = \begin{vmatrix} B_1 & C_1 \\ B_2 & C_2 \end{vmatrix} e_1 + \begin{vmatrix} C_1 & A_1 \\ C_2 & A_2 \end{vmatrix} e_2 + \begin{vmatrix} A_1 & B_1 \\ A_2 & B_2 \end{vmatrix} e_3 \neq \mathbf{0}.$$

Lagebeziehungen zweier Geraden. Die Geraden seien durch ihre Punktrichtungsgleichungen gegeben.

$$g_1 : r = r_1 + t_1 v_1, \quad g_2 : r = r_2 + t_2 v_2; \quad t_1, t_2 \in \mathbb{R}.$$

Die vier Möglichkeiten ihrer gegenseitigen Lage mit den entsprechenden Bedingungen und die Abstände der Geraden sind in **Tab. 3** zusammengefaßt.

5.2.5 Ebene

Die Ebene E sei durch drei nicht auf einer Geraden liegenden Punkte P_0, P_1, P_2 mit den Ortsvektoren r_0, r_1, r_2 bzw. durch einen Punkt P_0 und zwei nichtkollineare Vektoren $v = r_1 - r_0$, $w = r_2 - r_0$ bestimmt (**Bild 18 a**), wobei $(r_1 - r_0) \times (r_2 - r_0) \neq \mathbf{0}$ bzw. $v \times w \neq \mathbf{0}$.

Parameterdarstellung. Mit den Parametern λ, μ lautet sie

$$r = r_0 + \lambda(r_1 - r_0) + \mu(r_2 - r_0) \quad \text{bzw.}$$
$$r = r_0 + \lambda v + \mu w. \qquad (9)$$

Parameterfreie Form. Skalare Multiplikation der Gl. (9) mit $(r_1 - r_0) \times (r_2 - r_0)$ bzw. $v \times w$ ergibt

$$(r - r_0)[(r_1 - r_0) \times (r_2 - r_0)] = 0 \quad \text{bzw.}$$
$$(r - r_0)(v \times w) = 0$$

oder in Koordinatenschreibweise

$$\begin{vmatrix} x - x_0 & y - y_0 & z - z_0 \\ x_1 - x_0 & y_1 - y_0 & z_1 - z_0 \\ x_2 - x_0 & y_2 - y_0 & z_2 - z_0 \end{vmatrix} = \begin{vmatrix} x & y & z & 1 \\ x_0 & y_0 & z_0 & 1 \\ x_1 & y_1 & z_1 & 1 \\ x_2 & y_2 & z_2 & 1 \end{vmatrix} = 0$$

bzw.

$$\begin{vmatrix} x - x_0 & y - y_0 & z - z_0 \\ v_x & v_y & v_z \\ w_x & w_y & w_z \end{vmatrix} = 0.$$

Hessesche Normalform. Die Ebene E sei durch einen ihrer Punkte P_0 mit dem Ortsvektor r_0 und durch ihren Stellungsvektor n^0 festgelegt (**Bild 18 b**). n^0 ist ein zur Ebene E senkrechter Einheitsvektor, dessen Richtungssinn vom Ursprung O aus zur Ebene weist, falls O nicht auf E liegt. Sonst ist sein Richtungssinn beliebig wählbar. Für jeden Punkt r von E gilt dann

$$n^0(r - r_0) = 0 \quad \text{oder} \quad n^0 r - d = 0,$$

wobei $d = n^0 r_0 \geq 0$ der Abstand des Ursprungs O von der Ebene E ist. Mit $n^0 = (\cos\alpha, \cos\beta, \cos\gamma)$ und $r = (x, y, z)$, wobei $\cos\alpha, \cos\beta$ und $\cos\gamma$ die Richtungskosinusse von n^0 sind, lautet die Koordinatendarstellung der Hesseschen Normalform

$$x\cos\alpha + y\cos\beta + z\cos\gamma - d = 0.$$

Allgemeine Ebenengleichung. Sie hat die lineare Form

$$Ax + By + Cz + D = 0, \quad \text{wobei} \quad A^2 + B^2 + C^2 > 0.$$

Einige Sonderfälle sind:

$Ax + By + Cz = 0$ Ebene geht durch den Ursprung O,
$By + Cz + D = 0$ Ebene parallel zur x-Achse,
$Cz + D = 0$ Ebene parallel zur x, y-Ebene,
$z = 0$ Ebene fällt mit x, y-Ebene zusammen.

Abschnittsgleichung (Ebene geht durch die Punkte $(a, 0, 0)$, $(0, b, 0)$ und $(0, 0, c)$):

$$x/a + y/b + z/c = 1.$$

Abstand eines Punkts von einer Ebene. Er wird zweckmäßig mit Hilfe der Hesseschen Normalform bestimmt.

$$E: r n^0 - d = 0 \quad \text{bzw.} \quad x\cos\alpha + y\cos\beta + z\cos\gamma - d = 0.$$

Für einen beliebigen Punkt P_0 mit dem Ortsvektor $r_0 = (x_0, y_0, z_0)$ ist der Abstand a von E gegeben durch

$$a = |n^0 r_0 - d| \quad \text{bzw.}$$
$$a = |x_0 \cos\alpha + y_0 \cos\beta + z_0 \cos\gamma - d|.$$

Falls die Ebene E nicht durch den Ursprung O geht, gilt für:

$n^0 r_0 - d > 0$ P_0 und O auf verschiedenen Seiten von E,
$n^0 r_0 - d < 0$ P_0 und O auf derselben Seite von E,
$n^0 r_0 - d = 0$ P_0 liegt auf E.

Lagebeziehungen zweier Ebenen. Die Gleichungen zweier Ebenen E_1 und E_2 seien

$$E_1 : A_1 x + B_1 y + C_1 z + D_1 = 0 \quad (A_1^2 + B_1^2 + C_1^2 > 0) \quad \text{bzw.}$$
$$n_1^0 r - d_1 = 0,$$
$$E_2 : A_2 x + B_2 y + C_2 z + D_2 = 0 \quad (A_2^2 + B_2^2 + C_2^2 > 0) \quad \text{bzw.}$$
$$n_2^0 r - d_2 = 0.$$

Die Ebenen schneiden einander genau dann in einer Geraden, wenn Rang $\begin{pmatrix} A_1 & B_1 & C_1 \\ A_2 & B_2 & C_2 \end{pmatrix} = 2$ (s. **A 5.2.4**) bzw. $n_1^0 \times n_2^0 \neq \mathbf{0}$.

Der Schnittwinkel φ_0 der beiden Ebenen ist durch den von den Stellungsvektoren n_1^0 und n_2^0 eingeschlossenen Winkel φ erklärt.

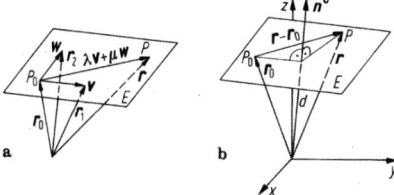

Bild 18. Ebene. **a** Parameterdarstellung; **b** Hessesche Normalform

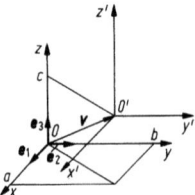

Bild 19. Parallelverschiebung

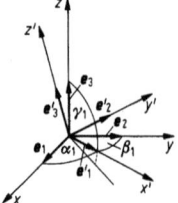

Bild 20. Drehung

$$\cos\varphi = n_1^0 n_2^0 = \frac{A_1 A_2 + B_1 B_2 + C_1 C_2}{\sqrt{A_1^2 + B_1^2 + C_1^2}\sqrt{A_2^2 + B_2^2 + C_2^2}}$$

5.2.6 Koordinatentransformationen

Parallelverschiebung (Bild 19). Sie ist gekennzeichnet durch einen Verschiebungsvektor v, durch den das Koordinatensystem $(O; e_1, e_2, e_3)$ in das Koordinatensystem $(O'; e_1, e_2, e_3)$ übergeführt wird. Für einen Punkt P des Raums gilt dann $\overrightarrow{OP} = \overrightarrow{OO'} + \overrightarrow{O'P}$ mit dem Verschiebungsvektor $v = \overrightarrow{OO'}$. Für $\overrightarrow{OP} = xe_1 + ye_2 + ze_3$, $\overrightarrow{OO'} = ae_1 + be_2 + ce_3$, $\overrightarrow{O'P} = x'e_1 + y'e_2 + z'e_3$ hat die Parallelverschiebung die Koordinatendarstellung

$$(x, y, z) = (x', y', z') + (a, b, c) = (x' + a, y' + b, z' + c).$$

Drehung (Bild 20). Durch sie wird das Koordinatensystem $(O; e_1, e_2, e_3)$ in $(O; e'_1, e'_2, e'_3)$ übergeführt. Für die orthonormierten Basisvektoren e'_1, e'_2, e'_3, die in dieser Reihenfolge positiv orientiert sind, gelten die Gleichungen

$$e'_1 = \cos\alpha_1 e_1 + \cos\beta_1 e_2 + \cos\gamma_1 e_3,$$
$$e'_2 = \cos\alpha_2 e_1 + \cos\beta_2 e_2 + \cos\gamma_2 e_3,$$
$$e'_3 = \cos\alpha_3 e_1 + \cos\beta_3 e_2 + \cos\gamma_3 e_3,$$

wobei $\cos\alpha_i = e'_i e_1$, $\cos\beta_i = e'_i e_2$, $\cos\gamma_i = e'_i e_3$ ($i = 1, 2, 3$)

die Richtungskosinusse von e'_i sind (auf **Bild 20** sind nur die Winkel $\alpha_1, \beta_1, \gamma_1$ angegeben, die der Basisvektor e'_1 mit den Basisvektoren e_1, e_2, e_3 des Ausgangssystems einschließt). Für einen beliebigen Raumpunkt P gilt dann

$$\overrightarrow{OP} = r = x'e'_1 + y'e'_2 + z'e'_3 = xe_1 + ye_2 + ze_3.$$

Skalare Multiplikation dieser Gleichung mit e'_1, e'_2, e'_3 liefert die Transformationsgleichungen für eine Drehung.

$$x' = \cos\alpha_1 x + \cos\beta_1 y + \cos\gamma_1 z,$$
$$y' = \cos\alpha_2 x + \cos\beta_2 y + \cos\gamma_2 z,$$
$$z' = \cos\alpha_3 x + \cos\beta_3 y + \cos\gamma_3 z;$$

$$\begin{pmatrix} x' \\ y' \\ z' \end{pmatrix} = \begin{pmatrix} \cos\alpha_1 & \cos\beta_1 & \cos\gamma_1 \\ \cos\alpha_2 & \cos\beta_2 & \cos\gamma_2 \\ \cos\alpha_3 & \cos\beta_3 & \cos\gamma_3 \end{pmatrix} \begin{pmatrix} x \\ y \\ z \end{pmatrix} = A \begin{pmatrix} x \\ y \\ z \end{pmatrix}.$$

Da die Basisvektoren e'_1, e'_2, e'_3 orthonormiert sind, gilt die Matrizengleichung $AA^T = E$ bzw. $A^T = A^{-1}$, wobei A^T die transponierte und A^{-1} die inverse Matrix von A ist (s. A 3.2.4). Matrizen mit dieser Eigenschaft heißen orthogonal. Da außerdem die Basisvektoren e'_1, e'_2, e'_3 positiv orientiert sind, gilt $\mathrm{Det}A = |A| = 1$. Matrizen A mit den Eigenschaften $AA^T = E$ und $|A| = 1$ heißen „eigentlich orthogonal". Damit ist jede Drehung durch eine eigentlich orthogonale Matrix charakterisiert.

---

6 Differential- und Integralrechnung

U. **Jarecki**, Berlin

6.1 Reellwertige Funktionen einer reellen Variablen

6.1.1 Grundbegriffe

Urbild- und Bildmenge. Ist D eine Teilmenge der reellen Zahlen, $D \subset \mathbb{R}$, und ist jedem $x \in D$ genau eine reelle Zahl $y \in \mathbb{R}$ zugeordnet, dann ist auf D eine reellwertige Funktion f definiert, symbolisch ausgedrückt

$$f: D \to \mathbb{R} \quad \text{oder} \quad y = f(x) \quad \text{für} \quad x \in D.$$

D heißt Definitions-, Argument- oder Urbildmenge von f. Das dem Argument oder Urbild $x \in D$ zugeordnete Element $y = f(x)$ heißt Bild von x oder Funktionswert $f(x)$. Die Menge $B(f)$ aller Bilder $f(x)$ heißt Bildmenge:

$$B(f) = \{f(x) | x \in D\} = \{y | y = f(x) \quad \text{für} \quad x \in D\}.$$

Graph der Funktion f, in Zeichen $[f]$, ist die Menge aller geordneten Paare $(x, f(x))$:

$$[f] = \{(x, f(x)) | x \in D\} = \{(x, y) | y = f(x) \quad \text{für} \quad x \in D\}.$$

Die geometrische Darstellung der geordneten Zahlenpaare $(x, f(x))$ als Punkte in einem kartesischen Koordinatensystem gibt das graphische Bild von f wieder. Zwei Funktionen f und g heißen gleich, in Zeichen $f = g$, wenn sie die gleiche Definitionsmenge D haben und $f(x) = g(x)$ für alle $x \in D$. Funktionen können durch Zahlengleichungen mit zwei Variablen x und y, Wertetabellen, ihr graphisches Bild oder dergleichen erklärt sein.

Beispiel 1: $y = 1/x$ (**Bild 1 a**). – Diese Funktion ist explizit durch eine Gleichung erklärt mit $D = \mathbb{R} \setminus \{0\}$ und $B(f) = \mathbb{R} \setminus \{0\}$.

Beispiel 2: $F(x, y) = x^2 + y^2 - 1 = 0$ und $y \geq 0$. – Diese Funktion (**Bild 1 b**) ist implizit durch eine Gleichung und explizit durch eine Ungleichung erklärt. Sie ist mit der Funktion gleich, die explizit durch die Gleichung $y = \sqrt{1 - x^2}$ erklärt ist. $D = [-1, 1]$, $B(f) = [0, 1]$.

Beispiel 3: $y = \begin{cases} x^2 & \text{für } 0 \leq x \leq 1 \\ -x + 2 & \text{für } 1 < x \leq 2. \end{cases}$ – Die Funktion (**Bild 1 c**) ist explizit durch zwei Gleichungen erklärt. $D = [0, 2]$, $B(f) = [0, 1]$.

Beispiel 4: $y = 0$, wenn x eine rationale Zahl ist, und $y = 1$, wenn x eine irrationale Zahl ist. – Diese Funktion, die auch Dirichlet-Funktion heißt, ist durch eine mit Worten ausgedrückte Zuordnungsvorschrift erklärt. $D = \mathbb{R}$, $B(f) = \{0, 1\}$. Das graphische Bild der Funktion ist nicht darstellbar.

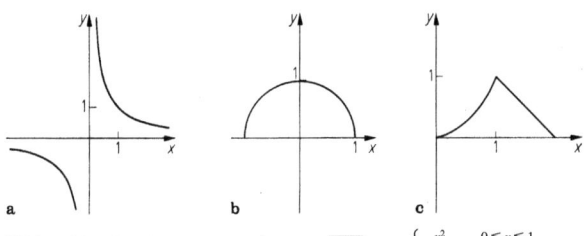

Bild 1. Funktion mit zwei Variablen. **a** $y=1/x$; **b** $y=\sqrt{1-x^2}$; **c** $y=\begin{cases} x^2 & 0 \leq x \leq 1 \\ -x+2 & 1 \leq x \leq 2 \end{cases}$

Beschränktheit. Eine Funktion f auf D heißt beschränkt, wenn es eine untere und eine obere Schranke m und M gibt, so daß $m \leq f(x) \leq M$ für alle $x \in D$. Untere Grenze von f ist die größte untere Schranke, und obere Grenze von f ist die kleinste obere Schranke.

Beispiel 1: Die Funktion $y = \sin x$ für $x \in \mathbb{R}$ ist beschränkt und hat die obere Grenze 1 und die untere Grenze -1.

Beispiel 2. Die Funktion $y = 1/x$ für $x > 0$ ist nicht beschränkt, da sie keine obere Schranke besitzt. Sie ist aber nach unten beschränkt und hat die untere Grenze 0.

Eine Funktion f heißt gerade bzw. ungerade, wenn $f(-x) = f(x)$ bzw. $f(-x) = -f(x)$. So ist die Funktion $y = f(x) = x^2$ für $x \in \mathbb{R}$ gerade und $y = f(x) = x^3$ für $x \in \mathbb{R}$ ungerade.

Periodizität. Die Funktion f auf D heißt periodisch mit der Periode λ, wenn $f(x+\lambda) = f(x)$ für alle $x \in D$. So ist die Funktion $y = \tan x$ periodisch mit der Periode π.

Monotonie. Gilt für eine Funktion f auf D für alle $x_1 \in D$ und $x_2 \in D$: Wenn $x_1 < x_2$, so $f(x_1) \leq f(x_2)$ bzw. wenn $x_1 < x_2$, so $f(x_2) \leq f(x_1)$, dann heißt sie monoton steigend bzw. fallend. Gilt statt „$\leq$" die Relation „$<$", so ist die Monotonie streng.

Eindeutigkeit. Die Funktion f auf D heißt umkehrbar eindeutig oder eineindeutig, wenn für alle $x_1, x_1 \in D$ gilt: Wenn $x_1 \neq x_2$, so $f(x_1) \neq f(x_2)$ oder wenn $f(x_1) = f(x_2)$, so $x_1 = x_2$. Jede streng monotone Funktion ist umkehrbar eindeutig.

Umkehrbarkeit. Ist f eine umkehrbar eindeutige Funktion auf D, so hat jedes Element $y \in B(f)$ genau ein Urbild $x \in D$. Inverse Funktion oder Umkehrfunktion von f ist dann diejenige Funktion, die jedem Bild $y = f(x)$ sein Urbild x zuordnet. Sie hat das Symbol f^{-1}, und es gilt die Äquivalenz $y = f(x)$ genau dann, wenn $x = f^{-1}(y)$. f ist auch inverse Funktion von f^{-1}.

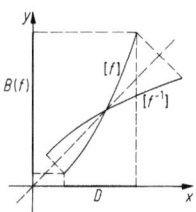

Bild 2. Inverse Funktion

Werden – wie üblich – die Argumente mit x und die Bilder mit y bezeichnet, dann lautet die Darstellung für die inverse Funktion $y = f^{-1}(x)$, wobei $x \in B(f)$ und $y \in D$. Durch den Tausch der Variablen x und y geht das Paar (x, y) aus $[f]$ in das Paar (y, x) über. Dies bedeutet, daß das graphische Bild von f^{-1} aus dem graphischen Bild von f durch Spiegelung an der Geraden $y = x$ hervorgeht (**Bild 2**).

6.1.2 Grundfunktionen

Potenzfunktionen

Die Potenzfunktion $y = x^\alpha$ ist im allgemeinen Fall nur für positive Argumente x erklärt.

α **nichtnegative ganze Zahl.** $y = x^n$ ($n = 0, 1, 2 \ldots$) ist für alle reellen Argumente x erklärt, wobei $x^0 \equiv 1$. Sie ist für alle geraden Exponenten eine gerade und für alle ungeraden Exponenten eine ungerade Funktion. Ihre Bilder sind Parabeln (**Bild 3 a**) durch den Punkt (1,1).

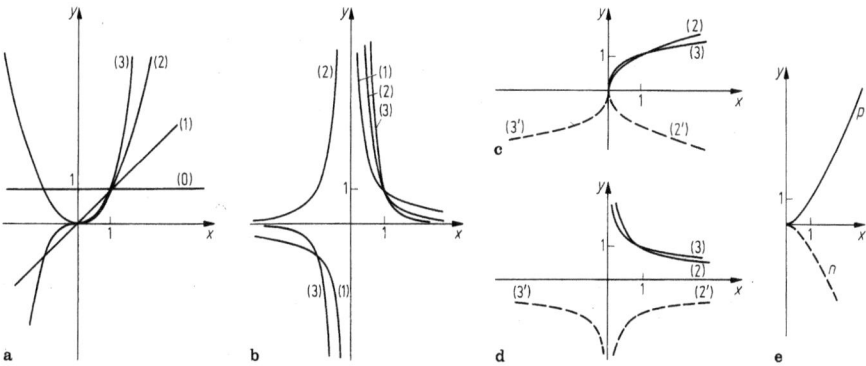

Bild 3. Potenzfunktionen. **a** $y = x^n$, $n = 0, 1, 2 \ldots$; **b** $y = x^{-n}$, $n = 1, 2, 3 \ldots$; **c** $y = \sqrt[n]{x} = x^{1/n}$, $n = 2, 3, 4 \ldots$; **d** $y = 1/\sqrt[n]{x} = x^{-1/n}$, $n = 2, 3, 4 \ldots$; **e** Neilsche Parabel $y^2 = x^3$

α **negative ganze Zahl.** $y = x^{-n}$ ($n = 1, 2, 3 \ldots$) ist für alle Argumente $x \neq 0$ erklärt. Sie ist für gerades n eine gerade und für ungerades n eine ungerade Funktion. Ihre Bilder sind Hyperbeln (**Bild 3 b**) durch den Punkt $(1,1)$.

α **rationale Zahl.** $y = x^{1/n} = \sqrt[n]{x}$ ($n = 2, 3, 4 \ldots$) ist für alle Argumente $x \geq 0$ erklärt. Sie heißt auch Wurzelfunktion und ist Inverse von $y = x^n$ für $x \geq 0$. Ihr Bild ist eine Halbparabel durch den Punkt $(1,1)$. Sie kann für gerades bzw. ungerades n durch die Funktion $y = -\sqrt[n]{x}$ mit $x \geq 0$ bzw. $y = -\sqrt[n]{-x}$ mit $x \leq 0$ zu einer Vollparabel mit der Gleichung $y^n = x$ ergänzt werden. Im **Bild 3 c** sind die ergänzenden Halbparabeln getrichelt.

Funktion $y = x^{-1/n} = 1/\sqrt[n]{x}$, $n = 2, 3, 4 \ldots$. Sie ist für alle Argumente $x > 0$ erklärt. Sie ist die inverse Funktion von $y = x^{-n}$ mit $x > 0$. Ihr Bild ist eine Halbhyperbel durch den Punkt $(1, 1)$. Sie kann für gerades bzw. ungerades n durch die Funktion $y = -x^{-1/n}$ mit $x > 0$ bzw. $y = -(-x)^{-1/n}$ mit $x < 0$ zu einer Vollhyperbel $y^{-n} = x$ ergänzt werden. Im **Bild 3 d** sind die ergänzenden Halbhyperbeln gestrichelt.

Funktion $y = x^{3/2} = x\sqrt{x}$ (**Bild 3 e**). Sie ist für $x \geq 0$ erklärt. Ihr Bild ist der positive Ast p der Neilschen Parabel $y^2 = x^3$, deren negativer Ast nBild von $y = -x^{3/2} = -x\sqrt{x}$ mit $x > 0$ ist.

Exponential- und Logarithmusfunktion (Bild 4)

Exponentialfunktion. Definitionsgleichung: $y = \exp(x) = e^x$. $D(\exp) = (-\infty, \infty) = \mathbb{R}$, $B(\exp) = (0, \infty) = \mathbb{R}_+$ (s. **Anh. A 10 Tab. 6**).

Logarithmusfunktion. Definitionsgleichung: $y = \ln x$. $D(\ln) = (0, \infty) = \mathbb{R}_+$, $B(\ln) = (-\infty, \infty) = \mathbb{R}$. Beide Funktionen sind streng monoton wachsend und zueinander invers.

Hyperbel- und Areafunktionen sowie trigonometrische und zyklometrische (arcus-)Funktionen (s. A 4.2)

Hilfsfunktionen (Bild 5 a–c), die häufig benutzt werden, sind

a) $y = |x| = \begin{cases} x & \text{für } x \geq 0 \\ -x & \text{für } x \leq 0, \end{cases}$

b) $y = \text{sgn}(x) = \begin{cases} 1 & \text{für } x > 0 \\ 0 & \text{für } x = 0 \\ -1 & \text{für } x < 0, \end{cases}$ und

c) $y = [x] = n \in \mathbb{Z}$, wenn $n \leq x < n+1$.

6.1.3 Einteilung der Funktionen

Algebraische Funktionen

Eine Funktion $y = f(x)$ heißt algebraisch, wenn sie eine Lösung der Gleichung

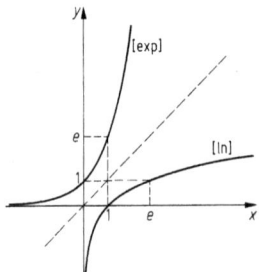

Bild 4. Exponential- und Logarithmusfunktion

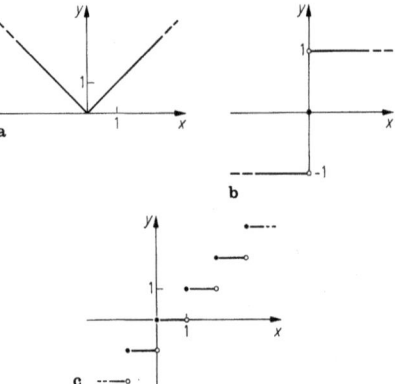

Bild 5. Hilfsfunktionen. **a** $y = x$; **b** $y = \text{sgn}(x)$; **c** $y = [x]$

$$P_n(x)y^n + P_{n-1}(x)y^{n-1} + \ldots + P_1(x)y + P_0(x) = 0$$

ist, wobei die Ausdrücke $P_i(x)$ ($i = 0, 1, 2, \ldots, n$) Polynome in x sind. So ist die Funktion $y = x - \sqrt{2x-1}$ algebraisch, da sie eine Lösung der Gleichung $y^2 - 2xy + x^2 - 2x + 1 = 0$ ist. Sonderfälle von algebraischen Funktionen sind:

ganzrationale Funktionen oder *Polynome n-ten Grades*

$$y = P_n(x) \quad a_0 \neq 0$$
$$= a_0 x^n + a_1 x^{n-1} + a_2 x^{n-2} + \ldots + a_{n-1}x + a_n$$

gebrochenrationale Funktionen

$$y = \frac{Q_m(x)}{P_n(x)}$$
$$= \frac{b_0 x^m + b_1 x^{m-1} + b_2 x^{m-2} + \ldots + b_{m-1}x + b_m}{a_0 x^n + a_1 x^{n-1} + a_2 x^{n-2} + \ldots + a_{n-1}x + a_n}.$$

Für $m \geq n$ heißen sie unecht, für $m < n$ echt gebrochen. Algebraische Funktionen, die nicht rational sind heißen irrational (z.B. $y = \sqrt{x}$).

Transzendente Funktionen

Sie sind nicht algebraisch. Zu ihnen gehören beispielsweise die trigonometrischen Funktionen (s. **A 4.2**).

6.1.4 Grenzwert und Stetigkeit

Grundbegriffe. Es werden die Umgebungs-Definitionen eingeführt.

$U_\delta^-(a) = \{x \mid a - \delta <; x \leq a\} = (a - \delta, a]$, links bzw.
$U_\delta^+(a) = \{x \mid a \leq x < a + \delta\} = [a, a + \delta)$ rechtsseitige
$U_\delta(a) = \{x \mid |x - a|$
$\quad = \{x \mid a - \delta < x < a + \delta\}$ von a
$\quad = (a - \delta, a + \delta)$
$U_M(\infty) = \{x \mid M < x\} = (M, \infty)$, Umgebung
$U_M(-\infty) = \{x \mid x < -M\} = (-\infty, -M)$ von $\pm \infty$

Hierbei bedeuten δ und M beliebige positive Zahlen. Wird die Zahl a bei der (links-, rechtsseitigen) Umgebung von a ausgeschlossen, so heißt die Restmenge gelochte oder punktierte (links-, rechtsseitige) Umgebung von a.

Grenzwert. Der Definitionsbereich D der Funktion f besitze einen Häufungswert x_0, der auch uneigentlich sein kann. Eine

Zahl g heißt (links-, rechtsseitiger) Grenzwert der Funktion f auf D für x gegen x_0 ($x \to x_0$), wenn es zu jeder Umgebung V von g eine (links-, rechtsseitige) Umgebung U von x_0 gibt, so daß $f(x) \in V$ für alle $x \in U$ und $x \neq x_0$. g kann hierbei auch ∞ oder $-\infty$ sein und heißt dann uneigentlicher Grenzwert. Ist g der Grenzwert schlechthin oder der links- bzw. rechtsseitige Grenzwert, so wird symbolisch geschrieben

$$\lim_{x \to x_0} f(x) = g, \quad \lim_{x \to x_0 - 0} f(x) = g = f(x_0 - 0),$$
$$\lim_{x \to x_0 + 0} f(x) = g = f(x_0 + 0).$$

Beispiel 1: Die Funktion $f(x) = (x^2-1)/(x+1)$ auf $D = \mathbb{R} \setminus \{-1\}$ hat wegen $(x^2-1)/(x+1) = x-1$ ($x \neq -1$) den Grenzwert -2 für $x \to -1$, d.h. $\lim_{x \to -1} f(x) = -2$.

Beispiel 2: Die Signum-Funktion (**Bild 5 b**)

$$\operatorname{sgn}(x) = \begin{cases} 1 & \text{für } x > 0 \\ 0 & \text{für } x = 0 \\ -1 & \text{für } x < 0 \end{cases}$$

hat für $x \to 0$ keinen Grenzwert. Es existieren aber die einseitigen Grenzwerte

$$\lim_{x \to +0} \operatorname{sgn}(x) = 1 = \operatorname{sgn}(+0) \quad \text{und} \quad \lim_{x \to -0} \operatorname{sgn}(x) = -1 = \operatorname{sgn}(-0).$$

Beispiel 3: Die Tangens-Funktion $f(x) = \tan x$ auf $(-\pi/2, \pi/2)$ hat in den Randpunkten des Intervalls die einseitigen uneigentlichen Grenzwerte

$$\lim_{x \to \pi/2 - 0} \tan x = \infty = \tan(\pi/2 - 0) \quad \text{bzw.}$$
$$\lim_{x \to -\pi/2 + 0} \tan x = -\infty = \tan(-\pi/2 + 0).$$

Beispiel 4: Die auf $\mathbb{R}$ definierte Funktion $f(x) = \begin{cases} e^{-1/x} & \text{für } x \neq 0 \\ 0 & \text{für } x = 0 \end{cases}$ hat für $x \to 0$ keinen Grenzwert, den rechtsseitigen Grenzwert $\lim_{x \to +0} f(x) = 0$ und den linksseitigen uneigentlichen Grenzwert $\lim_{x \to -0} f(x) = \infty$. Für $x \to \infty$ und $x \to -\infty$ existiert der Grenzwert $\lim_{x \to \pm\infty} f(x) = 1$.

Grenzwertsätze („lim" steht für „$\lim_{x \to x_0}$"). Existieren die Grenzwerte $\lim f(x) = a$ und $\lim g(x) = b$, dann gilt

$$\lim \alpha f(x) = \alpha \lim f(x) = \alpha a,$$
$$\lim (f(x) \pm g(x)) = \lim f(x) \pm \lim g(x) = a \pm b,$$
$$\lim (f(x) \cdot g(x)) = \lim f(x) \cdot \lim g(x) = ab,$$
$$\lim \frac{f(x)}{g(x)} = \frac{\lim f(x)}{\lim g(x)} = \frac{a}{b}; \quad (b \neq 0).$$

Die Sätze gelten auch für einseitige Grenzwerte und für $x \to \pm\infty$.

Stetigkeit. Die Funktion f auf D heißt in $x_0 \in D$ oder an der Stelle $x_0 \in D$ (links-, rechtsseitig) stetig, wenn gilt: Zu jeder Umgebung V von $f(x_0)$ gibt es eine (links-, rechtsseitige) Umgebung U von x_0, so daß $f(x) \in V$ für alle $x \in U$ oder: Es gibt zu jedem $\varepsilon > 0$ ein $\delta > 0$, so daß $|f(x) - f(x_0)| < \varepsilon$ für alle x mit $|x - x_0| < \delta$. Die Funktion f auf D ist in $x_0 \in D$ genau dann stetig, wenn $\lim_{x \to x_0} f(x) = f(x_0)$. f heißt stetig auf D, wenn f an jeder Stelle $x \in D$ stetig ist.

6.1.5 Ableitung einer Funktion

Differenzenquotient. Er ist erklärt für die Funktion f auf D durch

$$\frac{f(x) - f(x_0)}{x - x_0} = \frac{f(x_0 + \Delta x) - f(x_0)}{\Delta x} = \frac{\Delta f(x_0)}{\Delta x}$$

mit $x, x_0 \in D$ und $\Delta x = x - x_0 \neq 0$.

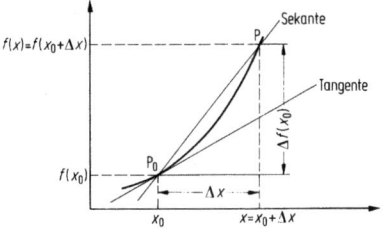

Bild 6. Geometrische Deutung der Ableitung

Differenzierbarkeit. Die Funktion f heißt in $x_0 \in D$ differenzierbar, wenn der Differenzenquotient für $x \to x_0$ bzw. für $\Delta x \to 0$ einen Grenzwert (**Bild 6**), in Zeichen $f'(x_0)$, besitzt.

$$\lim_{x \to x_0} \frac{f(x) - f(x_0)}{x - x_0} = \lim_{\Delta x \to 0} \frac{f(x_0 + \Delta x) - f(x_0)}{\Delta x}$$
$$= \lim_{\Delta x \to 0} \frac{\Delta f(x_0)}{\Delta x} = f'(x_0).$$

$f'(x_0)$ heißt die Ableitung der Funktion f in x_0. Für das Ableitungssymbol f' sind auch die Zeichen df/dx oder Df üblich.

Beispiel: $f(x) = 3x^2 + 2$. – Der Differenzenquotient lautet mit $x = x_0 + \Delta x$

$$\frac{f(x) - f(x_0)}{x - x_0} = \frac{3x^2 - 3x_0^2}{x - x_0} = \frac{3(x - x_0)(x + x_0)}{x - x_0} = 3(x + x_0)$$
$$= 3(2x_0 + \Delta x); \quad x \neq x_0, \, \Delta x \neq 0.$$

Ableitung von f in x_0 ist

$$f'(x_0) = Df(x_0) = \frac{df}{dx}(x_0) = \lim_{x \to x_0} 3(x + x_0)$$
$$= \lim_{\Delta x \to 0} 3(2x_0 + \Delta x) = 6x_0.$$

Eine Funktion f heißt auf D differenzierbar, wenn sie an jeder Stelle $x \in D$ eine Ableitung $f'(x)$ besitzt. Die dann auf D erklärte Funktion f' wird als abgeleitete Funktion oder kurz als Ableitung von f bezeichnet. Ableitungen der Grundfunktionen s. **Tab. 1**.

Ableitungsregeln. Sind die Funktionen f und g auf D in $x \in D$ differenzierbar, dann gilt

$$(\alpha f(x))' = \alpha f'(x), \quad \alpha \in \mathbb{R};$$
$$(f(x) + g(x))' = f'(x) + g'(x);$$
$$(f(x) \cdot g(x))' = f'(x) \cdot g(x) + f(x) \cdot g'(x);$$
$$\left(\frac{f(x)}{g(x)}\right)' = \frac{f'(x) \cdot g(x) - f(x) \cdot g'(x)}{g^2(x)}, \quad g(x) \neq 0.$$

Beispiele:

$$d(2x^3 - 3x + 1)/dx = 6x^2 - 3,$$
$$d(x \ln x)/dx = \ln x + 1,$$
$$\frac{d}{dx}\left(\frac{\sinh x}{\cosh x}\right) = \frac{\cosh^2 x - \sinh^2 x}{\cosh^2 x} = \frac{1}{\cosh^2 x}.$$

Kettenregel. Ist die Funktion f in x und die Funktion g in $z = f(x)$ differenzierbar, so ist die zusammengesetzte Funktion $g \circ f$ in x differenzierbar, und es gilt

$$(g(f(x)))' = g'(z) \cdot f'(x) \quad \text{mit } z = f(x).$$

Beispiel: $g(x) = \ln \cos x$, $x \in (-\pi/2, \pi/2)$. – $z = f(x) = \cos x$,

$g(z) = \ln z$, $g'(z) = 1/z$, $f'(x) = -\sin x$.

$d(\ln \cos x)/dx = (1/\cos x) \cdot (-\sin x) = -\tan x.$

Tabelle 1. Ableitungen der Grundfunktionen

$f(x)$	$f'(x)$	D	$f(x)$	$f'(x)$	D
c	0	$x \in \mathbb{R}$	$x^n (n \in \mathbb{N})$	nx^{n-1}	$x \in \mathbb{R}$
$\sqrt[n]{x}$ ($n \in \mathbb{N}$)	$\dfrac{1}{n\sqrt[n]{x^{n-1}}}$	$x > 0$	$x^\alpha (\alpha \in \mathbb{R})$	$\alpha x^{\alpha-1}$	$x > 0$
$\exp x$	$\exp x$	$x \in \mathbb{R}$	$\ln x$	$\dfrac{1}{x}$	$x > 0$
$\sin x$	$\cos x$	$x \in \mathbb{R}$	$\arcsin x$	$\dfrac{1}{\sqrt{1-x^2}}$	$|x| < 1$
$\cos x$	$-\sin x$	$x \in \mathbb{R}$	$\arccos x$	$-\dfrac{1}{\sqrt{1-x^2}}$	$|x| < 1$
$\tan x$	$\dfrac{1}{\cos^2 x} = 1 + \tan^2 x$	$x \neq \pi/2 + n\pi$	$\arctan x$	$\dfrac{1}{1+x^2}$	$x \in \mathbb{R}$
$\cot x$	$-\dfrac{1}{\sin^2 x} = -1 - \cot^2 x$	$x \neq n\pi$	$\text{arccot}\, x$	$-\dfrac{1}{1+x^2}$	$x \in \mathbb{R}$
$\sinh x$	$\cosh x$	$x \in \mathbb{R}$	$\text{arsinh}\, x$	$\dfrac{1}{\sqrt{1+x^2}}$	$x \in \mathbb{R}$
$\cosh x$	$\sinh x$	$x \in \mathbb{R}$	$\text{arcosh}\, x$	$\dfrac{1}{\sqrt{x^2-1}}$	$x > 1$
$\tanh x$	$\dfrac{1}{\cosh^2 x} = 1 - \tanh^2 x$	$x \in \mathbb{R}$	$\text{artanh}\, x$	$\dfrac{1}{1-x^2}$	$|x| < 1$
$\coth x$	$-\dfrac{1}{\sinh^2 x} = 1 - \coth^2 x$	$x \neq 0$	$\text{arcoth}\, x$	$\dfrac{1}{1-x^2}$	$|x| > 1$

Logarithmische Ableitung. Nach der Kettenregel gilt für die Ableitung der zusammengesetzten Funktion $y = \ln f(x)$ mit $f(x) > 0$

$$(\ln f(x))' = f'(x)/f(x) \quad \text{oder} \quad f'(x) = (\ln f(x))' \cdot f(x).$$

Beispiel: $f(x) = (2x-1)\sqrt{x}/(x+1)$,

$$\ln f(x) = \ln(2x-1) + (1/2)\ln x - \ln(x+1).$$

$$f'(x) = \left(\frac{2}{2x-1} + \frac{1}{2x} - \frac{1}{x+1}\right) \frac{(2x-1)\sqrt{x}}{x+1}.$$

Ableitung inverser Funktionen. Ist f eine auf D stetige, streng monotone und in $x \in D$ differenzierbare Funktion mit $f'(x) \neq 0$, dann ist die inverse Funktion f^{-1} in $y = f(x)$ differenzierbar, und es gilt

$$f^{-1\prime}(y) = 1/f'(x) \quad \text{mit} \quad x = f^{-1}(y).$$

Beispiel: $y = f(x) = \sin x, x \in (-\pi/2, \pi/2); x = f^{-1}(y) = \arcsin y$. $f'(x) = \cos x = \sqrt{1-y^2}$. Damit ist

$$f^{-1\prime}(y) = d(\arcsin y)/dy = 1/f'(x) = 1/\cos x = 1/\sqrt{1-y^2}.$$

Ableitungen höherer Ordnung. Die n-te Ableitung einer Funktion f auf D ist die 1. Ableitung der Ableitung $(n-1)$-ter Ordnung.

$$f^{(n)} = \frac{d^n f}{dx^n} = D^n f \quad (n = 0, 1, 2 \ldots)$$

Die Ableitung nullter Ordnung ist dabei die Funktion f. Die 1. bis 3. Ableitung wird mit f', f'', f''' bzw. f'''' gekennzeichnet.

Beispiel: $f^{(0)}(x) = f(x) = x^4 + 3x^2 - x$. – $f'(x) = 4x^3 + 6x - 1$,

$$f''(x) = 12x^2 + 6, \quad f'''(x) = 24x, \quad f^{(4)}(x) = 24,$$
$$f^{(n)}(x) = 0 \quad \text{für} \quad n \geq 5.$$

Formel von Leibniz:

$$(f(x) \cdot g(x))^{(n)} = \sum_{k=0}^{n} \binom{n}{k} f^{(n-k)}(x) \cdot g^{(k)}(x).$$

6.1.6 Differentiale

Funktionsdifferential. Ist die Funktion f auf D in $x \in D$ differenzierbar und $\Delta x = h$ der Zuwachs des Arguments, dann ist $f'(x) \cdot \Delta x = f'(x) \cdot h = df(x)$ das Funktionsdifferential. Wegen $\Delta x = h = dx$ für $f(x) = x$ gilt $df(x) = f'(x)dx$, so daß $f'(x) = df(x)/dx$ wird, wobei $f'(x) = df(x)/dx$ Differentialquotient heißt. Bei einer in x differenzierbaren Funktion f gilt für den Funktionszuwachs

$$\Delta f(x) = df(x) + \eta(x, \Delta x) \cdot \Delta x \quad \text{mit} \quad \lim_{\Delta x \to 0} \eta(x, \Delta x) = 0.$$

Beispiel 1: $f(x) = 1 + \sin x$. –

$$df(x) = d(1 + \sin x) = (1 + \sin x)' dx = \cos x\, dx.$$

Insbesondere ergibt sich hieraus für das Funktionsdifferential in $\pi/3$ mit dem Argumentzuwachs 0,5 der Wert $\cos \pi/3 \cdot 0,5 = 0,25$.

Beispiel 2. Für das Differential einer zusammengesetzten Funktion $h = g \circ f$ mit $h(x) = g(f(x))$ ergibt sich

$$dh(x) = d(g(f(x))) = g'(f(x)) \cdot f'(x)dx = g'(f(x))df(x).$$

Für hinreichend kleine $\Delta x = h$ gilt die Näherungsformel

$$\Delta f(dx) \approx df(x) \quad \text{oder} \quad f(x + \Delta x) - f(x) \approx f'(x)\Delta x.$$

Beispiel: Näherungsformel für e^h bei kleinem h. – Es ist $\Delta e^x = e^{x+h} - e^x$ und $de^x = e^x h$. Für $|h| \ll 1$ gilt $e^{x+h} - e^x \approx e^x h$ oder $e^h \approx 1 + h$ mit $x = 0$. Für $h = -0,012$ ergibt sich hieraus $e^{-0,012} \approx 1 - 0,012 = 0,988$ (Tabellenwert $e^{-0,012} = 0,98807$).

Differentiale höherer Ordnung. Für eine Funktion f auf D, die in $x \in D$ n-mal differenzierbar ist, ist das Differential n-ter Ordnung $d^n f(x)$ in x mit dem Argumentzuwachs dx erklärt durch

$$d^n f(x) = f^{(n)}(x) dx^n.$$

Beispiel: $y = f(x) = x^n, x \in \mathbb{R}$ und $n \in \mathbb{N}$. –

$$d^k x^n = \begin{cases} n(n-1)(n-2)\ldots(n-k+1)dx^{n-k} & 1 \leq k < n \\ n! dx^n & k = n \\ 0 & k > n. \end{cases}$$

Hieraus ergibt sich für $y = x^3, x = 2, dx = 0,5$

$$y' = 3x^2, \quad dy = 12 \cdot 0,5 = 6; \quad y'' = 6x, \quad d^2y = 12 \cdot 0,5^2 = 3;$$
$$y''' = 6, \quad d^3y = 6 \cdot 0,5^3 = 0,75; \quad y^{(n)} = 0, \quad d^n y = 0 \quad \text{für} \quad n \geq 4.$$

6.1.7 Sätze über differenzierbare Funktionen

Satz von Rolle (Bild 7). Ist f eine auf dem abgeschlossenen Intervall $[a, b]$ stetige und auf dem offenen Intervall (a, b) differenzierbare Funktion mit $f(a) = f(b)$, dann gibt es eine Stelle $c \in (a, b)$ mit $f'(c) = 0$.

Mittelwertsatz (Bild 8). Ist f eine auf dem abgeschlossenen Intervall $[a, b]$ stetige und auf dem offenen Intervall (a, b)

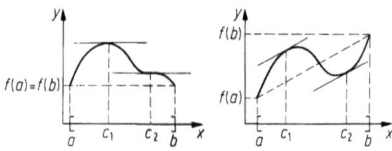

Bild 7. Satz von Rolle **Bild 8.** Mittelwertsatz

differenzierbare Funktion, dann gibt es ein $c \in (a, b)$ oder ein $\vartheta \in (0, 1)$, so daß

$$f'(c) = f'(a + \vartheta(b-a)) = \frac{f(b) - f(a)}{b - a}$$

ist. Hieraus folgt: Ist die Ableitung der auf (a, b) differenzierbaren Funktionen f überall Null, dann ist f auf (a, b) eine konstante Funktion. Besitzen die auf (a, b) differenzierbaren Funktionen f und g die gleiche Ableitung, dann unterscheiden sie sich auf (a, b) höchstens durch eine additive Konstante.

Beispiel: Die beiden Funktionen $f(x) = \arcsin x$ und $g(x) = -\arccos x$ haben auf $(-1, 1)$ die gleiche Ableitung $f'(x) = g'(x) = 1/\sqrt{1-x^2}$. – Wegen $f(x) - g(x) = \arcsin x + \arccos x = \pi/2$ unterscheiden sich beide Funktionen auf $(-1, 1)$ durch die additive Konstante $\pi/2$.

Verallgemeinerter Mittelwertsatz. Sind f und g auf $[a, b]$ stetige und auf (a, b) differenzierbare Funktionen und ist $g'(x) \neq 0$ für $x \in (a, b)$, dann gibt es ein $c \in (a, b)$ oder ein $\vartheta \in (0, 1)$, so daß gilt

$$\frac{f'(c)}{g'(c)} = \frac{f'(a + \vartheta(b-a))}{g'(a + \vartheta(b-a))} = \frac{f(b) - f(a)}{g(b) - g(a)}.$$

Taylorsche Formel. Ist f in der Umgebung $U_\delta(x_0) = (x_0 - \delta, x_0 + \delta)$ $(n+1)$-mal differenzierbar, dann gibt es zu jedem h mit $x_0 + h \in U_\delta(x_0)$ eine solche Zahl $\vartheta \in (0, 1)$, so daß

$$f(x_0 + h) = f(x_0) + \frac{f'(x_0)}{1!}h + \frac{f''(x_0)}{2!}h^2 + \ldots$$
$$+ \frac{f^{(n)}(x_0)}{n!}h^n + R_n(x_0, h),$$

gilt, wobei

$$R_n(x_0, h) = \frac{f^{(n+1)}(x_0 + \vartheta h)}{(n+1)!}h^{n+1}.$$

Diese Gleichung heißt Taylorsche Formel mit dem Restglied (von Lagrange) $R_n(x_0, h)$.
Mit der Substitution $x_0 + h = x$ lautet die Taylorsche Formel

$$f(x) = f(x_0) + \frac{f'(x_0)}{1!}(x - x_0) + \frac{f''(x_0)}{2!}(x - x_0)^2 + \ldots$$
$$+ \frac{f^{(n)}(x_0)}{n!}(x - x_0)^n + R_n(x_0, x),$$

wobei $R_n(x_0, x) = \frac{f^{(n+1)}(x_0 + \vartheta(x - x_0))}{(n+1)!}(x - x_0)^{n+1}$.

Formel von Maclaurin. Für $x_0 = 0$ ergibt sich

$$f(x) = f(0) + \frac{f'(0)}{1!}x + \frac{f''(0)}{2!}x^2 + \ldots$$
$$+ \frac{f^{(n)}(0)}{n!}x^n + \frac{f^{(n+1)}(\vartheta x)}{(n+1)!}x^{n+1}$$

mit $0 < \vartheta < 1$.

Mit der Taylor und Maclaurin-Formel (s. **Tab. 2**) können Funktionen durch Polynome approximiert werden, wobei das Restglied eine globale Abschätzung des Fehlers für die Umgebung $U_\delta(x_0)$ ermöglicht.

Beispiel 1: $f(x) = \sin x$. – Die k-te Ableitung der Sinus-Funktion lautet $\sin^{(k)}(x) = \sin(x + k \cdot \pi/2)$. Hieraus ergibt sich für $x = 0$

$$\sin^{(k)}(0) = \sin(k \cdot \pi/2) = \begin{cases} 0 & \text{für } k = 0, 2, 4 \ldots \\ 1 & \text{für } k = 1, 5, 9 \ldots \\ -1 & \text{für } k = 3, 7, 11 \ldots \end{cases}$$

Damit ergibt sich aus der Maclaurin-Formel für die Sinus-Funktion die Darstellung:

$$\sin x = x - \frac{x^3}{3!} + \frac{x^5}{5!} - \ldots + R_n \text{ mit}$$
$$R_n = \frac{\sin(\vartheta x + (n+1)\pi/2)}{(n+1)!}x^{n+1}.$$

Beispiel 2: Die Zahl e soll mit einer Genauigkeit von 10^{-5} bestimmt werden. – Für $x = 1$ ergibt sich aus der Maclaurin-Formel für die exp-Funktion $e = 1 + \frac{1}{1!} + \frac{1}{2!} + \ldots + \frac{1}{n!} + R_n$ mit $R_n = \frac{\exp(\vartheta)}{(n+1)!}, 0 < \vartheta < 1$, oder

$$0 < e - \sum_{k=0}^{n} \frac{1}{k!} = R_n = \frac{\exp(\vartheta)}{(n+1)!} < \frac{e}{(n+1)!} < \frac{3}{(n+1)!}.$$

Für $n = 8$ ist $\frac{3}{(n+1)!} = \frac{3}{9!} < 10^{-5}$, so daß die Abschätzung

$$0 < e - \sum_{k=0}^{8} \frac{1}{k!} < 10^{-5} \quad \text{oder} \quad \sum_{k=0}^{8} \frac{1}{k!} < e < \sum_{k=0}^{8} \frac{1}{k!} + 10^{-5}$$

gilt. Es ist $\sum_{k=0}^{8} \frac{1}{k!} \approx 2{,}7182788$, während für e mit derselben Stellenzahl $e \approx 2{,}7182818$ gilt.

6.1.8 Monotonie, Konvexität und Extrema von differenzierbaren Funktionen

Monotonie. Aus dem Mittelwertsatz folgt: Ist die Funktion f auf dem offenen Intervall (a, b) differenzierbar und ist dort überall $f'(x) > 0$ bzw. $f'(x) < 0$, dann ist f auf dem Intervall streng monoton wachsend bzw. fallend (**Bild 9 a, b**).

Beispiel: $f(x) = \ln x, x \in (0, \infty)$. – Wegen $f'(x) = 1/x > 0$ für $0 < x$ ist die Logarithmus-Funktion auf dem Intervall $(0, \infty)$ streng monoton wachsend.

Konvexität. Die Funktion f heißt auf dem Intervall (a, b) streng konvex, wenn für je zwei Stellen $x_1 \in (a, b)$ und $x_2 \in (a, b)$ mit $x_1 < x < x_2$ die Ungleichung

$$f(x) < f(x_1) + \frac{f(x_2) - f(x_1)}{x_2 - x_1}(x - x_1) = s(x)$$

Tabelle 2. Maclaurin-Darstellung einiger Funktionen

$\exp x = 1 + \frac{x}{1!} + \frac{x^2}{2!} + \frac{x^3}{3!} + \ldots + \frac{x^n}{n!} + R_n(x)$	$R_n(x) = \frac{\exp(\vartheta x)}{(n+1)!}x^{n+1}$
$\sin x = x - \frac{x^3}{3!} + \frac{x^5}{5!} - \frac{x^7}{7!} + \ldots + \frac{\sin(n\pi/2)}{n!}x^n + R_n(x)$	$R_n(x) = \frac{\sin(\vartheta x + (n+1)\pi/2)}{(n+1)!}x^{n+1}$
$\cos x = 1 - \frac{x^2}{2!} + \frac{x^4}{4!} - \ldots + \frac{\cos(n\pi/2)}{n!}x^n + R_n(x)$	$R_n(x) = \frac{\cos(\vartheta x + (n+1)\pi/2)}{(n+1)!}x^{n+1}$
$\ln(1+x) = x - \frac{x^2}{2} + \frac{x^3}{3} - \ldots + (-1)^{n-1}\frac{x^n}{n} + R_n(x) \quad (x > -1)$	$R_n(x) = \frac{(-1)^n}{n+1}\frac{x^{n+1}}{(1+\vartheta x)^{n+1}}$
$(1+x)^\alpha = 1 + \binom{\alpha}{1}x + \binom{\alpha}{2}x^2 + \ldots + \binom{\alpha}{n}x^n + R_n(x) \quad (x > -1)$	$R_n(x) = \binom{\alpha}{n+1}\frac{x^{n+1}}{(1+\vartheta x)^{n+1-\alpha}}$

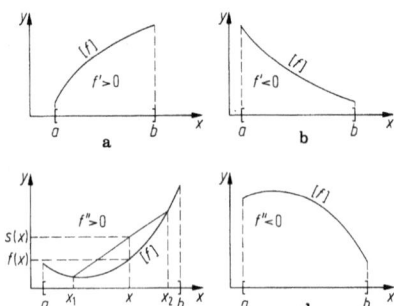

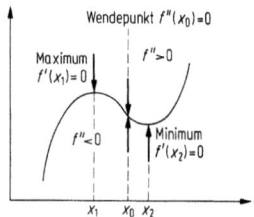

Bild 11. Extrema und Wendepunkte

Bild 9. Funktionsverlauf. **a** streng monoton wachsend; **b** streng monoton fallend; **c** streng konvex; **d** streng konkav

für alle $x \in (x_1, x_2)$ gilt. Die Ordinate $s(x)$ der Sekanten durch $(x_1, f(x_1))$ und $(x_2, f(x_2))$ für $x_1 < x < x_2$ ist also größer als die Ordinate $f(x)$ des graphischen Bilds von f. Mit der Substitution $x = t_1 x_1 + t_2 x_2$ läßt sich die Ungleichung auch schreiben

$$f(t_1 x_1 + t_2 x_2) < t_1 f(x_1) + t_2 f(x_2),$$

wobei $t_1 + t_2 = 1$ und $t_1, t_2 > 0$ ist.
Die Funktion f heißt auf (a, b) streng konkav, wenn die Funktion $-f$ auf (a, b) streng konvex ist. Ist die Funktion f auf dem Intervall (a, b) zweimal differenzierbar und ist dort überall $f''(x) > 0$ bzw. $f''(x) < 0$, dann ist f auf (a, b) streng konvex bzw. streng konkav (**Bild 9 c, d**). So ist $f(x) = \ln x$, $x \in (0, \infty)$, wegen $f''(x) = -1/x^2 < 0$ eine streng konkave Funktion auf $(0, \infty)$. Die Definitionen der Konvexität und Konkavität sind nicht einheitlich.

Maxima und Minima (gemeinsam heißen sie auch Extrema; **Bild 10**). Für eine Funktion f auf dem Intervall I heißt $f(x_0)$ strenges oder eigentliches Maximum bzw. Minimum, wenn es eine ganze in I enthaltende Umgebung $U_\delta(x_0) = (x_0 - \delta, x_0 + \delta) \subset I$ gibt, so daß gilt:

$$f(x) < f(x_0) \quad \text{bzw.} \quad f(x) > f(x_0)$$

für alle $x \in U_\delta(x_0)$ und $x \neq x_0$. Diese Extrema sind relative oder lokale Maxima oder Minima. Zur Unterscheidung hiervon heißt das eventuell existierende Maximum bzw. Minimum der Funktion f auf I absolutes oder globales Extremum. Besitzt die Funktion f in x_0 ein Extremum und existiert dort die 1. Ableitung $f'(x_0)$, dann ist $f'(x_0) = 0$. Bei differenzierbaren Funktionen sind die Tangentensteigungen (**Bild 11**) in Extrempunkten notwendig Null.

Hinreichendes Kriterium für ein strenges Maximum oder Minimum, das meist ausreicht, ist: Besitzt die Funktion f in einer Umgebung von x_0 eine stetige 2. Ableitung, dann hat die Funktion f in x_0 ein

strenges Maximum, wenn $f'(x_0) = 0$ und $f''(x_0) < 0$,
strenges Minimum, wenn $f'(x_0) = 0$ und $f''(x_0) > 0$.

Das Kriterium ist für $f''(x_0) = 0$ nicht anwendbar.

Beispiel: $f(x) = x \ln x, 0 < x; f'(x) = \ln x + 1, f''(x) = 1/x$. – Aus $f'(x) = \ln x + 1 = 0$ folgt $x = 1/e$, d.h., wenn f auf $(0, \infty)$ ein Extremum besitzt, so kann es nur in $1/e$ sein. Nun ist $f''(1/e) > 0$. Aus $f'(1/e) = 0$ und $f''(1/e) > 0$ folgt nach dem hinreichenden Kriterium, daß die Funktion f in $1/e$ das strenge Minimum $f(1/e) = -1/e$ besitzt.

Allgemeines Kriterium. Hat die Funktion f in einer Umgebung von x_0 eine stetige Ableitung $(n+1)$-ter Ordnung und ist $f'(x_0) = f''(x_0) = \ldots = f^{(n)}(x_0) = 0$ und $f^{(n+1)}(x_0) \neq 0$ für eine ungerade Zahl n, dann hat die Funktion f in x_0 ein

strenges Maximum für $f^{(n+1)}(x_0) < 0$,
strenges Minimum für $f^{(n+1)}(x_0) > 0$.

Beispiel: Die Funktion $f(x) = x^4$ besitzt in 0 offensichtlich das strenge und sogar absolute Minimum $f(0) = 0$, und es ist

$$f'(0) = f''(0) = f'''(0) = 0 \quad \text{und} \quad f^{(4)}(0) = 24 > 0.$$

Wendepunkt. Ein Punkt $(x_0, f(x_0))$ des Graphen von f heißt Wendepunkt (**Bild 12**) oder die Funktion f hat in x_0 einen Wendepunkt, wenn die abgeleitete Funktion f' in x_0 ein strenges Extremum besitzt.
Hat also die Funktion f in einer Umgebung von x_0 eine stetige Ableitung $(n+1)$-ter Ordnung und gilt

$$f''(x_0) = f'''(x_0) = \ldots = f^{(n)}(x_0) \quad \text{und}$$
$$f^{(n+1)}(x_0) \neq 0$$

für eine gerade Zahl n, dann hat f in x_0 einen *Wendepunkt*. Dies gilt besonders, wenn $f''(x_0) = 0$ und $f'''(x_0) \neq 0$ ist.

Beispiel:
$f(x) = x^2 \ln x; f'(x) = 2x \ln x + x, f''(x) = 2 \ln x + 3, f'''(x) = 2/x$ für $x > 0$. – Aus der notwendigen Bedingung für einen Wendepunkt

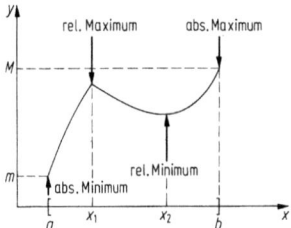

Bild 10. Extrema

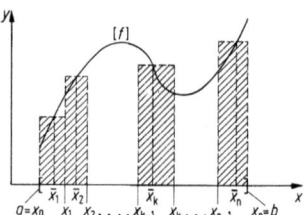

Bild 12. Riemann-Summe

$f''(x) = 2\ln x + 3 = 0$ ergibt sich $x_0 = \exp(-1{,}5)$. Ferner ist $f'''(x_0) = 2\exp(1{,}5) \neq 0$. Die Funktion f hat in $\exp(-1{,}5)$ den einzigen Wendepunkt auf $(0, \infty)$.

6.1.9 Grenzwertbestimmung durch Differenzieren. Regel von de l'Hospital

Das Zeichen „lim" steht abkürzend für „$\lim_{x \to x_0}$", wobei x_0 eigentlicher oder uneigentlicher Häufungswert $\pm\infty$ ist (s. A 6.1.4).

Unbestimmter Ausdruck 0/0. Erste Regel von de l'Hospital: Ist $\lim f(x) = 0$ und $\lim g(x) = 0$, dann gilt $\lim \frac{f(x)}{g(x)} = \lim \frac{f'(x)}{g'(x)}$, falls der letzte Grenzwert eigentlich oder uneigentlich existiert. Sind f' und g' in x_0 stetig und $g'(x_0) \neq 0$, dann ist nach den Grenzwertsätzen (s. A 6.1.4)

$$\lim \frac{f(x)}{g(x)} = \frac{f'(x_0)}{g'(x_0)}.$$

Ist $\lim f'(x) = 0$ und $\lim g'(x) = 0$, dann kann dieselbe Regel noch einmal angewandt werden.

Beispiel: $\lim_{x \to 0} \frac{1 - \cos x}{x^2} = \lim_{x \to 0} \frac{\sin x}{2x} = \lim_{x \to 0} \frac{\cos x}{2} = \frac{1}{2}$.

Unbestimmter Ausdruck ∞/∞. Zweite Regel von de l'Hospital: Ist $\lim f(x) = \infty$ und $\lim g(x) = \infty$, dann gilt $\lim \frac{f(x)}{g(x)} = \lim \frac{f'(x)}{g'(x)}$, falls der letzte Grenzwert eigentlich oder uneigentlich existiert. Ist $\lim f'(x) = \infty$ und $\lim g'(x) = \infty$, dann kann dieselbe Regel noch einmal angewandt werden.

Beispiel: $\lim_{x \to \infty} \frac{x}{\ln x} = \lim_{x \to \infty} \frac{1}{1/x} = \infty$.

Sonderformen. Die Ausdrücke $0 \cdot \infty, \infty - \infty, 1^\infty, 0^0, \infty^0$ werden auf $0/0$ oder ∞/∞ zurückgeführt.

$0 \cdot \infty: \lim_{x \to +0} x \cdot \ln x = \lim_{x \to +0} \frac{\ln x}{1/x} = \lim_{x \to +0} \frac{1/x}{-1/x^2} = \lim_{x \to +0} (-x) = 0.$

$\infty - \infty: \lim_{x \to 0} \left(\frac{1}{\sin x} - \frac{1}{x} \right) = \lim_{x \to 0} \frac{x - \sin x}{x \sin x} = \lim_{x \to 0} \frac{1 - \cos x}{\sin x + x \cos x}$
$= \lim_{x \to 0} \frac{\sin x}{2 \cos x - x \sin x} = \frac{0}{2} = 0.$

$1^\infty: \lim_{x \to \infty} (1 + 3/x)^x = \lim_{x \to \infty} \exp(x \ln(1 + 3/x))$
$= \exp\left(\lim_{x \to \infty} \frac{\ln(1 + 3/x)}{1/x} \right) = \exp 3.$

$0^0: \lim_{x \to +0} \sqrt{x}^x = \lim_{x \to +0} \exp(x \ln \sqrt{x})$
$= \exp(0{,}5 \cdot \lim_{x \to +0} (x \ln x)) = \exp 0 = 1.$

$\infty^0: \lim_{x \to \infty} x^{1/x} = \lim_{x \to \infty} \exp(1/x \ln x) = \exp(\lim_{x \to \infty} \ln x / x) = \exp 0 = 1.$

6.1.10 Das bestimmte Integral

Definition. Zugrunde gelegt wird eine auf einem abgeschlossenen Intervall $I = [a, b]$ definierte und dort beschränkte Funktion f. Durch eine Zerlegung $Z: x_0 = a < x_1 < x_2 < x_3 < \ldots < x_{n-1} < x_n = b$ mit den Teilungspunkten $x_1, x_2, x_3, \ldots, x_{n-1}$ wird das Intervall I in n Teilintervalle $I_1 = [x_0, x_1], I_2 = [x_1, x_2], \ldots, I_n = [x_{n-1}, x_n]$ mit den Längen $\Delta x_1 = x_1 - x_0, \Delta x_2 = x_2 - x_1, \ldots, \Delta x_n = x_n - x_{n-1}$ zerlegt. Die maximale Länge $d(Z) = \max_{1 \leq k \leq n} \Delta x_k$ heißt Feinheit der Zerlegung Z. In jedem Teilintervall I_k ($k = 1, 2, \ldots, n$) wird ein beliebiger Punkt $\bar{x}_k \in I_k = [x_{k-1}, x_k]$ gewählt. Die Folge $(\bar{x}_k)_{1 \leq k \leq n}$ heißt Belegung B der Teilintervalle.

Für die Zerlegung Z und die Belegung B wird die Riemann-Summe

$$S(Z, B) = f(\bar{x}_1) \Delta x_1 + f(\bar{x}_2) \Delta x_2 + \ldots$$
$$+ f(\bar{x}_n) \Delta x_n = \sum_{k=1}^{n} f(\bar{x}_k) \Delta x_k$$

gebildet. Ist f überall positiv, dann gibt die Riemann-Summe geometrisch die Summe der Inhalte von Rechtecken wieder (**Bild 12**). Ihr Grenzwert für $d(Z) \to 0$ wird als bestimmtes (Riemann-)Integral der Funktion f im Intervall $[a, b]$ bezeichnet:

$$\lim_{n \to \infty} \sum_{k=1}^{n} f(\bar{x}_k) \Delta x_k = \int_a^b f(x) dx.$$

Bei dem bestimmten Integral heißen f Integrand, x Integrationsvariable, a untere und b obere Integrationsgrenze, wobei $a < b$. Für eine auf dem abgeschlossenen Intervall $[a, b]$ monotone oder stetige Funktion f existiert dieser Grenzwert, und f ist über $[a, b]$ integrierbar.

Geometrische Deutung. Die Riemann-Summe stellt bei positiven auch nichtnegativen Funktionen f geometrisch eine Summe von Rechteckinhalten (**Bild 12**) dar, wobei die Rechtecke die Fläche zwischen dem graphischen Bild von f und der x-Achse um so besser approximieren, je feiner die Zerlegung des Intervalls $[a, b]$ ist. Ist also die Funktion f auf $[a, b]$ nichtnegativ und über $[a, b]$ integrierbar, dann beträgt der Inhalt A der Fläche unter dem Graph von f (**Bild 13 a**)

$$A = \int_a^b f(x) dx.$$

Eigenschaften. Mit den Definitionen

$$\int_a^a f(x) dx = 0 \quad \text{und} \quad \int_a^b f(x) dx = -\int_b^a f(x) dx \quad \text{für } b < a$$

gilt für beliebige Zahlen a, b und c eines abgeschlossenen Integrationsintervalls

$$\int_a^b f(x) dx + \int_b^c f(x) dx + \int_c^a f(x) dx = 0,$$

$$\int_a^b cf(x) dx = c \int_a^b f(x) dx \quad \text{mit } c \in \mathbb{R}$$

$$\int_a^b (f(x) \pm g(x)) dx = \int_a^b f(x) dx \pm \int_a^b g(x) dx.$$

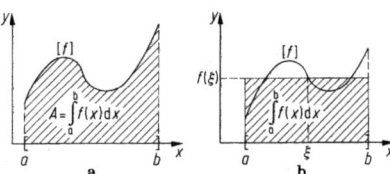

Bild 13. Bestimmtes Integral. **a** Flächeninhalt; **b** Mittelwertsatz

Ungleichungen. Für $a<b$ gelten

$$\left|\int_a^b f(x)\,dx\right| \leq \int_a^b |f(x)|\,dx,$$

$$\int_a^b f(x)\,dx \leq \int_a^b g(x)\,dx, \quad \text{wenn } f(x) \leq g(x).$$

$$\left(\int_a^b f(x)g(x)\,dx\right)^2 \leq \int_a^b f^2(x)\,dx \cdot \int_a^b g^2(x)\,dx,$$

$$\left|\int_a^b (f(x)+g(x))\,dx\right| \leq \int_a^b |f(x)|\,dx + \int_a^b |g(x)|\,dx.$$

Die beiden letzten heißen auch Schwarzsche und Dreiecks-Ungleichung.

Mittelwertsatz der Integralrechnung (Bild 13 b). Ist f eine auf dem abgeschlossenen Intervall $[a, b]$ stetige Funktion, dann gibt es eine Stelle $\xi \in [a, b]$, so daß

$$\int_a^b f(x)\,dx = f(\xi)(b-a) \quad \text{oder} \quad f(\xi) = \frac{1}{b-a}\int_a^b f(x)\,dx$$

gilt. $f(\xi)$ heißt Mittelwert der Funktion f im Intervall $[a, b]$.

6.1.11 Integralfunktion, Stammfunktin und Hauptsatz der Differential- und Integralrechnung

Integralfunktion. Ist die Funktion f über dem abgeschlossenen Intervall $[a, b]$ integrierbar und ist x_0 ein beliebiger aber fester Wert aus $[a,b]$, dann ist ihre Integralfunktion

$$F(x) = \int_{x_0}^x f(t)\,dt \quad \text{mit } x \in [a,b].$$

Jede Integralfunktion einer auf $[a, b]$ stetigen Funktion f ist differenzierbar, und es gilt

$$F'(x) = \frac{d}{dx}\int_{x_0}^x f(t)\,dt = f(x) \quad \text{für alle } x \in [a,b].$$

Stammfunktion. Eine auf einem Intervall I differenzierbare Funktion F heißt Stammfunktion der Funktion f auf I, wenn

$$F'(x) = f(x) \quad \text{für alle } x \in I.$$

Sind F_1 und F_2 zwei Stammfunktionen von f auf I, dann ist

$$F_2'(x) - F_1'(x) = d(F_2(x) - F_1(x))/dx = 0 \quad \text{oder}$$
$$F_2(x) - F_1(x) = c$$

für alle $x \in I$ (c Konstante). Zwei Stammfunktionen einer Funktion f unterscheiden sich also höchstens durch eine Konstante.

Beispiel: Die beiden Funktionen

$$F_1(x) = -\cos x \quad \text{und} \quad F_2(x) = 2\sin^2(x/2)$$

sind wegen $F_1'(x) = F_2'(x) = \sin x$ Stammfunktionen von $f(x) = \sin x$. Sie unterscheiden sich auf $\mathbb{R}$ durch die additive Konstante 1.

Hauptsatz der Differential- und Integralrechnung. Ist f eine auf dem abgeschlossenen Intervall $[a, b]$ stetige Funktion und F eine Stammfunktion von f auf $[a, b]$, dann gilt

$$\int_a^b f(x)\,dx = [F(x)]_a^b = F(x)|_a^b = F(b) - F(a),$$

wobei $F'(x) = f(x)$.

Tabelle 3. Grundintegrale

$$\int 0\,dx = C$$

$$\int x^\alpha\,dx = \frac{x^{\alpha+1}}{\alpha+1} + C, \alpha \neq -1$$

$$\int \frac{1}{x}\,dx = \ln|x| + C = \begin{cases} \ln x, & x > 0 \\ \ln(-x), & x < 0 \end{cases}$$

$$\int \frac{1}{1+x^2}\,dx = \begin{cases} \arctan x + C \\ -\operatorname{arccot} x + C \end{cases}$$

$$\int \frac{1}{1-x^2}\,dx = \begin{cases} \operatorname{artanh} x + C, |x| < 1 \\ \operatorname{arcoth} x + C, |x| > 1 \end{cases}$$

$$\int \frac{1}{\sqrt{1+x^2}}\,dx = \operatorname{arsinh} x + C$$

$$\int \frac{1}{\sqrt{1-x^2}}\,dx = \begin{cases} \arcsin x + C \\ -\arccos x + C \end{cases}$$

$$\int \frac{1}{\sqrt{x^2-1}}\,dx = \operatorname{arcosh} x + C$$

$$\int \sin x\,dx = -\cos x + C$$

$$\int \cos x\,dx = \sin x + C$$

$$\int \frac{1}{\cos^2 x}\,dx = \tan x\,dx + C$$

$$\int \frac{1}{\sin^2 x}\,dx = -\cot x + C$$

$$\int \exp x\,dx = \exp x + C$$

$$\int \sinh x\,dx = \cosh x + C$$

$$\int \cosh x\,dx = \sinh x + C$$

$$\int \frac{1}{\cosh^2 x}\,dx = \tanh x + C$$

$$\int \frac{1}{\sinh^2 x}\,dx = -\coth x + C$$

6.1.12 Das unbestimmte Integral

Ist f eine auf einem Intervall I definierte Funktion der Variablen x, dann heißt die Gesamtheit oder die Menge aller Stammfunktionen von f unbestimmtes Integral von f auf I.

$$\int f(x)\,dx = F(x) + C,$$

wobei F eine Stammfunktion, $F'(x) = f(x)$ und C eine beliebige Konstante ist. Nach Definition des unbestimmten Integrals gilt

$$\frac{d}{dx}\left(\int f(x)\,dx\right) = f(x) \quad \text{oder} \quad d\int f(x)\,dx = f(x)\,dx.$$

Tab. 3 enthält die Grundintegrale, die sich durch Umkehrung der Ableitungsformeln aus **Tab. 2** ergeben.

6.1.13 Integrationsmethoden

Grundformeln. Sind f und g stetige Funktionen auf einem Intervall I, dann gilt mit $\alpha \in \mathbb{R}$ und $x \in I$

$$\int \alpha f(x)\,dx = \alpha \int f(x)\,dx \quad \text{und}$$

$$\int (f(x) \pm g(x))\,dx = \int f(x)\,dx \pm \int g(x)\,dx.$$

Beispiel: $\int (3/x + 1)\,dx = \int 3/x\,dx + \int 1\,dx = 3\ln x + x + C, x > 0.$

Partielle Integration (Produktintegration). Sind die Funktionen f und g auf einem Intervall I stetig differenzierbar, dann gilt

$$\int f'(x)g(x)\,dx = f(x)g(x) - \int f(x)g'(x)\,dx, \quad x \in I.$$

Hiermit ist es oft möglich, Integrale mit einem Parameter n auf ein Integral desselben Typs mit dem Parameter $n-1$ oder $n-2$ zurückzuführen. Dadurch ergibt sich eine Rekursionsformel, mit der das Integral schrittweise berechnet wird.

Beispiel 1:

$$\int \ln x\,dx = \int 1 \cdot \ln x\,dx = x\ln x - \int x(1/x)\,dx = x\ln x - x + C,$$

$x > 0$.

Beispiel 2: $I_n = \int \exp(x)x^n\,dx, n = 1,2,3,\dots$ – Partielle Integration mit $f'(x) = \exp x$ und $g(x) = x^n$ führt auf

$$I_n = \exp x \cdot x^n - n \int \exp x \cdot x^{n-1} dx = \exp x \cdot x^n - n I_{n-1}.$$

Also gilt die Rekursionsformel

$$I_n = \exp x \cdot x^n - n I_{n-1} \quad \text{mit} \quad I_0 = \int \exp x \, dx = \exp x + C.$$

Integration durch Substitution. Ist f eine stetige Funktion und g eine in einem Intervall I stetig differenzierbare Funktion, dann gilt

$$\left(\int f(x) \, dx\right)_{x=g(t)} = \int f(g(t)) g'(t) \, dt, \quad t \in I.$$

Wird also die Integrationsvariable x gemäß $x = g(t)$ durch t substituiert, dann ist dx durch $g'(t) \, dt$ zu ersetzen.

Beispiel 1: $I = \int \dfrac{dx}{2\sqrt{x}(1+\sqrt[3]{x})}$ für $x > 0$

$$I = \int \frac{6t^5 dt}{2t^3(1+t^2)} = 3 \int \frac{t^2}{1+t^2} dt = 3 \int \left(1 - \frac{1}{1+t^2}\right) dt$$
$$= 3(t - \arctan t) + C = 3(\sqrt[6]{x} - \arctan \sqrt[6]{x}) + C.$$

Hier wurden mit $x = g(t) = t^6$ für $t > 0$ und $dx = 6t^5 dt$ die Wurzelausdrücke beseitigt.

Beispiel 2:

$$\int \exp(t^2) t \, dt = 0.5 \int \exp x \, dx = 0.5 \cdot \exp x + C = 0.5 \cdot \exp(t^2) + C.$$

Hier wurde die Substitution $g(t) = t^2 = x$, also $dx = g'(t) dt = 2t \, dt$ bzw. $t \, dt = dx/2$ mit $t \in \mathbb{R}$ verwendet.

6.1.14 Integration rationaler Funktionen

Jede ganze rationale Funktion $y = P_n(x) = \sum_{i=0}^{n} a_i x^{n-i}$ kann mit Hilfe der Grundformeln und des Grundintegrals für Potenzfunktionen integriert werden. Echt gebrochene rationale Funktionen sind allgemein mit der Partialbruchzerlegung integrierbar.

Partialbruchzerlegung. Vorausgesetzt wird eine echt gebrochene rationale Funktion $r(x) = Q_m(x)/P_n(x)$, wobei Q_m und P_n Polynome m-ten und n-ten Grades mit $m < n$ sind.

Nenner-Polynom $P_n(x) = a_0 x^n + a_1 x^{n-1} + \ldots + a_{n-1} x + a_n.$ Es läßt sich nach dem Zerlegungssatz für reelle Polynome (s. **A 2.3.2**) als Produkt mit Faktoren 1. und 2. darstellen: $P_n(x) = a_0 \ldots (x-a)^r \ldots (x^2 + px + q)^s \ldots$, wobei a eine reelle r-fache Nullstelle von P_n ist und $x^2 + px + q$ wegen $p^2 - 4q < 0$ nur konjugiert komplexe Nullstellen besitzt und im Reellen nicht mehr zerlegbar, also irreduzibel, ist. Die übrigen nicht angegebenen Faktoren von P_n haben einen entsprechenden Aufbau.

Partialbrüche 1. und 2. Art. Es sind Ausdrücke der Form $A/(x-a)^r$ und $(Bx+C)/(x^2+px+q)^s$, wobei $A, B, C \in \mathbb{R}$ und $r, s \in \mathbb{N}$. Jede echt gebrochene rationale Funktion kann als Summe dieser Partialbrüche 1. und 2. Art dargestellt werden:

$$r(x) = \frac{Q_m(x)}{P_n(x)} = \frac{1}{a_0} \left[\frac{Q_m(x)}{\ldots (x-a)^r \ldots (x^2 px + q)^s} \right]$$
$$= \frac{1}{a_0} \left[\ldots + \frac{A_1}{x-a} + \frac{A_2}{(x-a)^2} + \ldots + \frac{A_r}{(x-a)^r} + \ldots \right.$$
$$+ \frac{B_1 x + C_1}{x^2 + px + q} + \frac{B_2 x + C_2}{(x^2 + px + q)^2} + \ldots$$
$$\left. + \frac{B_s x + C_s}{(x^2 + px + q)^s} + \ldots \right].$$

Koeffizientenbestimmung. Die Koeffizienten $A_1, B_1, C_1 \ldots, A_2, B_2, C_2 \ldots$ können nach folgenden Verfahren eindeutig bestimmt werden: Wird die Gleichung mit $P_n(x)$ multipliziert, dann steht auf der rechten Seite ein Polynom $(n-1)$-ten Grades, dessen Koeffizienten Linearkombinationen der n Unbekannten $A_1, B_1, C_1 \ldots$ sind. Der Vergleich dieser Koeffizienten mit denen des Polynoms Q_m nach dem Identitätssatz für Polynome (s. **A 2.3.2**) ergibt n lineare Gleichungen für die n Unbekannten $A_1, B_1, C_1 \ldots$ (s. **A 3.2.3**).

Beispiel: $\dfrac{2x+4}{3(x-1)^2(x^2+1)} = \dfrac{1}{3}\left[\dfrac{A_1}{x-1} + \dfrac{A_2}{(x-1)^2} + \dfrac{B_1 x + C_1}{x^2+1}\right].$

Multiplikation mit dem Nennerpolynom ergibt

$$2x + 4 = A_1(x-1)(x^2+1) + A_2(x^2+1) + (B_1 x + C_1)(x-1)^2 \quad \text{oder}$$
$$2x + 4 = (A_1 + B_1)x^3 + (-A_1 + A_2 - 2B_1 + C_1)x^2$$
$$+ (A_1 + B_1 - 2C_1)x + (-A_1 + A_2 + C_1).$$

Koeffizientenvergleich führt auf die vier linearen Gleichungen

$A_1 \quad + B_1 \quad\quad\quad = 0,$ mit den Lösungen
$-A_1 + A_2 - 2B_1 \;+ C_1 = 0,$ $A_1 = -2, \; B_1 = 2,$
$A_1 \quad\quad\quad + B_1 \;\; - 2C_1 = 2,$ $A_2 = 3, \; C_1 = -1.$
$-A_1 + A_2 \quad\quad\quad + C_1 = 4$

Damit lautet die Partialbruchzerlegung

$$\frac{2x+4}{3(x-1)^2(x^2+1)} = \frac{1}{3}\left[\frac{-2}{x-1} + \frac{3}{(x-1)^2} + \frac{2x-1}{x^2+1}\right].$$

Durch die Partialbruchzerlegung ist nunmehr die Integration einer echt gebrochenen rationalen Funktion auf die Integration von Partialbrüchen 1. und 2. Art zurückgeführt. Für diese gelten die

Integrationsformeln

$$\int \frac{A}{(x-a)^n} dx = \begin{cases} A \ln|x-a| + C & \text{für } n = 1 \\ \dfrac{A}{1-n}(x-a)^{1-n} + C & \text{für } n = 2, 3, 4 \ldots, \end{cases}$$

$$\int \frac{Ax+B}{(x^2+px+q)^n} dx$$
$$= \frac{A}{2} \ln|x^2+px+q| + \frac{2B-Ap}{\sqrt{4q-p^2}} \arctan \frac{2x+p}{\sqrt{4q-p^2}} + C$$
$$\text{für } n = 1$$
$$= \frac{A}{2(1-n)}(x^2+px+q)^{1-n} + \frac{2B-Ap}{2} \int \frac{dx}{(x^2+px+q)^n}$$
$$\text{für } n = 2, 3, 4 \ldots.$$

$$\int \frac{Ax+B}{(x^2+px+q)^n} dx$$
$$= \frac{A}{2} \ln|x^2+px+q| + \frac{2B-Ap}{\sqrt{4q-p^2}} \arctan \frac{2x+p}{\sqrt{4q-p^2}} + C$$
$$\text{für } n = 1$$
$$= \frac{A}{2(1-n)}(x^2+px+q)^{1-n} + \frac{2B-Ap}{2} \int \frac{dx}{(x^2+px+q)^n}$$
$$\text{für } n = 2, 3, 4 \ldots$$

Hierbei gilt für das Integral $I_n = \int \dfrac{dx}{(x^2+px+q)^n}$ die Rekursionsformel

$$I_n = \frac{1}{(n-1)(4q-p^2)} \frac{2x+p}{(x^2+px+q)^{n-1}}$$
$$+ \frac{2(2n-3)}{(n-1)(4q-p^2)} I_{n-1} \quad (n = 2, 3, 4 \ldots) \quad \text{mit}$$
$$I_1 = \int \frac{dx}{x^2+px+q} = \frac{2}{\sqrt{4q-p^2}} \arctan \frac{2x+p}{\sqrt{4q-p^2}} + C.$$

Tabelle 4. Substitutionen

Typ	Integral	Substitution			
1	$\int R\left(x, \sqrt[n]{\frac{ax+b}{cx+d}}\right) dx$	$t = \sqrt[n]{\frac{ax+b}{cx+d}}$			
2	$\int R(x, \sqrt{1-x^2}) dx$	$x = \frac{1-t^2}{1+t^2}, \quad dx = -\frac{4t}{(1+t^2)^2} dt$			
3	$\int R(x, \sqrt{x^2-1}) dx$	$x = \frac{1+t^2}{1-t^2}, \quad dx = -\frac{4t}{(1-t^2)^2} dt$			
4	$\int R(x, \sqrt{x^2+1}) dx$	$x = \frac{t^2-1}{2t}, \quad dx = \frac{t^2+1}{2t^2} dt$			
5	$\int R(x, \sqrt{ax^2+bx+c}) dx$ $\Delta = b^2 - 4ac \neq 0$	$\Delta > 0$	$t = \frac{2ax+b}{\sqrt{\Delta}}$	führt für	$a < 0$ auf Typ 2 $a > 0$ auf Typ 3
		$\Delta < 0$	$t = \frac{2ax+b}{\sqrt{-\Delta}}$	führt auf Typ 4	
6	$\int R(\exp x) dx$	$\exp x = t, \quad dx = \frac{dt}{t}, \quad x = \ln t$			
7	$\int R(\tan x) dx$	$\tan x = t, \quad dx = \frac{dt}{1+t^2}, \quad x = \arctan t$			
8	$\int R(\sin x, \cos x) dx$	$\tan(x/2) = t, \quad dx = \frac{2 dt}{1+t^2}, \quad \sin x = \frac{2t}{1+t^2}, \quad \cos x = \frac{1-t^2}{1+t^2}$			

6.1.15 Integration von irrationalen algebraischen und transzendenten Funktionen

Spezielle Integrale dieses Typs (**Tab. 4** und **5**) können durch geeignete Substitutionen auf Integrale mit einem rationalen Integranden zurückgeführt werden. Für einige Integrale sind in **Tab. 4** solche Substitutionen angegeben. Hierbei bedeuten $R(x, X)$, $R(u)$ bzw. $R(u, v)$ rationale Funktionen in x und X, u bzw. u und v.

$\int \sqrt{a^2 - x^2}\, dx = (x/2)\sqrt{a^2 - x^2} + (a^2/2) \arcsin x/a$

$\int \sqrt{x^2 + a^2}\, dx = (x/2)\sqrt{x^2 + a^2} + a^2/2 \begin{cases} \ln\left(\frac{x}{a} + \sqrt{\left(\frac{x}{a}\right)^2 + 1}\right) \\ \operatorname{arsinh} x/a \end{cases}$

$\int \sqrt{x^2 - a^2}\, dx = (x/2)\sqrt{x^2 - a^2} - a^2/2 \begin{cases} \ln\left(\frac{x}{a} + \sqrt{\left(\frac{x}{a}\right)^2 - 1}\right) \\ \operatorname{arcosh} x/a \end{cases}$

Tabelle 5. Integrationsformeln

Rationale Funktionen

$\int (ax+b)^n dx = \begin{cases} \frac{1}{a(n+1)}(ax+b)^{n+1}, & n \neq -1 \\ \frac{1}{a}\ln|ax+b|, & n = -1 \end{cases}$

$\int \frac{1}{a^2+x^2} dx = \frac{1}{a}\arctan\frac{x}{a}$

$\int \frac{1}{a^2-x^2} dx = \frac{1}{2a}\ln\left|\frac{a+x}{a-x}\right| = \begin{cases} \frac{1}{a}\operatorname{artanh}\frac{x}{a}, & |x| < a \\ \frac{1}{a}\operatorname{arcoth}\frac{x}{a}, & |x| > a \end{cases} \quad a > 0$

$\int \frac{1}{ax^2+bx+c} dx = \begin{cases} \frac{2}{\sqrt{\Delta}}\arctan\frac{2ax+b}{\sqrt{\Delta}} & \Delta > 0 \\ -\frac{2}{2ax+b} & \Delta = 0, \quad \Delta = 4ac - b^2 \\ \frac{1}{\sqrt{-\Delta}}\ln\left|\frac{2ax+b-\sqrt{-\Delta}}{2ax+b+\sqrt{-\Delta}}\right| & \Delta < 0 \end{cases}$

Irrationale Funktionen

$\int \frac{1}{\sqrt{a^2-x^2}} dx = \begin{cases} \arcsin x/a \\ -\arccos x/a \end{cases}$

$\int \frac{1}{\sqrt{x^2+a^2}} dx = \ln\left|\frac{x}{a} + \sqrt{\left(\frac{x}{a}\right)^2 + 1}\right| = \operatorname{arsinh} x/a$

$\int \frac{1}{\sqrt{x^2-a^2}} dx = \ln\left|\frac{x}{a} + \sqrt{\left(\frac{x}{a}\right)^2 - 1}\right| = \operatorname{arcosh} x/a$

Transzendente Funktionen

$\int \sin^2 x\, dx = \frac{x}{2} - \frac{1}{4}\sin 2x$

$\int \cos^2 x\, dx = \frac{x}{2} + \frac{1}{4}\sin 2x$

$\int \frac{1}{\sin x} dx = \ln\left|\tan\frac{x}{2}\right|$

$\int \frac{1}{\cos x} dx = \ln\left|\tan\left(\frac{x}{2} + \frac{\pi}{4}\right)\right|$

$\int \frac{1}{1+\cos x} dx = \tan\frac{x}{2}$

$\int \frac{1}{1-\cos x} dx = -\cot\frac{x}{2}$

$\int \tan x\, dx = -\ln|\cos x|$

$\int \cot x\, dx = \ln|\sin x|$

$\int \sin mx \cos nx\, dx = -\frac{\cos(m-n)x}{2(m-n)} - \frac{\cos(m+n)x}{2(m+n)}$

$\int \sin mx \sin nx\, dx = \frac{\sin(m-n)x}{2(m-n)} - \frac{\sin(m+n)x}{2(m+n)} \quad m, n \in \mathbb{Z}, \; m \neq n, m \neq -n$

$\int \cos mx \cos nx\, dx = \frac{\sin(m-n)x}{2(m-n)} + \frac{\sin(m+n)x}{2(m+n)}$

$\int \sin^n x\, dx = -\frac{1}{n}\cos x \sin^{n-1} x + \frac{n-1}{n}\int \sin^{n-2} x\, dx$

$\int \cos^n x\, dx = \frac{1}{n}\sin x \cos^{n-1} x + \frac{n-1}{n}\int \cos^{n-2} x\, dx \quad n = 2, 3, 4 \ldots$

$\int \tan^n x\, dx = \frac{\tan^{n-1} x}{n-1} - \int \tan^{n-2} x\, dx$

$\int \cot^n x\, dx = -\frac{\cot^{n-1} x}{n-1} - \int \cot^{n-2} x\, dx$

Tabelle 5. (Fortsetzung)

$\int x^n \sin x \, dx = -x^n \cos x + n \int x^{n-1} \cos x \, dx$
$\int x^n \cos x \, dx = x^n \sin x - n \int x^{n-1} \sin x \, dx$ $n = 1, 2, 3 \ldots$

$\int \exp ax \sin bx \, dx = \dfrac{a \sin bx - b \cos bx}{a^2 + b^2} \exp ax$

$\int \exp ax \cos bx \, dx = \dfrac{a \cos bx + b \sin bx}{a^2 + b^2} \exp ax$

$\int \arcsin x \, dx = x \arcsin x + \sqrt{1-x^2}$
$\int \arccos x \, dx = x \arccos x - \sqrt{1-x^2}$
$\int \arctan x \, dx = x \arctan x - \dfrac{1}{2} \ln(1+x^2)$
$\int \text{arccot}\, x \, dx = x \,\text{arccot}\, x + \dfrac{1}{2} \ln(1+x^2)$

$\int \sinh^2 x \, dx = -\dfrac{x}{2} + \dfrac{1}{4} \sinh 2x$ $\int \cosh^2 x \, dx = \dfrac{x}{2} + \dfrac{1}{4} \sinh 2x$

$\int \dfrac{1}{\sinh x} dx = \ln \tanh \dfrac{x}{2}$ $\int \dfrac{1}{\cosh x} dx = 2 \arctan\left(\tanh \dfrac{x}{2}\right)$

$\int \ln x \, dx = x \ln x - x$ $\int \dfrac{\ln x}{x} dx = \dfrac{1}{2}(\ln x)^2$

$\int \dfrac{1}{x \ln x} dx = \ln |\ln x|$ $\int \dfrac{(\ln x)^n}{x} dx = \dfrac{1}{n+1}(\ln x)^{n+1}, \; n \neq -1$

$\int (\ln x)^n dx = x(\ln x)^n - n \int (\ln x)^{n-1} dx$ $n = 1, 2, 3 \ldots$

$\int x^n \ln x \, dx = \dfrac{x^{n+1}}{n+1} \ln x - \dfrac{x^{n-1}}{(n+1)^2}$ $n \neq -1$

$\int x^n \exp x \, dx = x^n \exp x - n \int x^{n-1} \exp x \, dx$ $n = 1, 2, 3 \ldots$

6.1.16 Uneigentliche Integrale

Unbeschränktes Integrationsintervall. Ist die Funktion f für alle $x \geq a$ erklärt und über jedem abgeschlossenen Intervall $[a, b]$ integrierbar, dann heißt $\int_a^\infty f(x) \, dx$ uneigentliches Integral über $[a, \infty)$. Es heißt konvergent, oder die Funktion f heißt über $[a, \infty)$ uneigentlich integrierbar, wenn der Grenzwert $\lim_{b \to \infty} \int_a^b f(x) \, dx = \int_a^\infty f(x) \, dx$ existiert. Entsprechendes gilt für die unbeschränkten Integrationsintervalle $(-\infty, b]$ und $(-\infty, \infty)$.

$$\int_{-\infty}^b f(x) \, dx = \lim_{a \to -\infty} \int_a^b f(x) \, dx;$$

$$\int_{-\infty}^\infty f(x) \, dx = \lim_{a \to -\infty} \int_a^c f(x) \, dx + \lim_{b \to \infty} \int_c^b f(x) \, dx.$$

Beispiele:

$$\int_2^\infty 1/x^2 \, dx = \lim_{b \to \infty} \int_2^b 1/x^2 \, dx = \lim_{b \to \infty}(-1/b + 1/2) = 1/2.$$

$$\int_{-\infty}^\infty \frac{1}{1+x^2} dx = \lim_{\substack{b \to \infty \\ a \to -\infty}} \int_a^b \frac{1}{1+x^2} dx = \lim_{\substack{b \to \infty \\ a \to -\infty}} [\arctan x]_a^b$$

$$= \lim_{\substack{b \to \infty \\ a \to -\infty}} (\arctan b - \arctan a) = \pi/2 - (-\pi/2) = \pi.$$

$$\int_1^\infty 1/x \, dx \text{ ist divergent wegen } \lim_{b \to \infty} \int_1^b 1/x \, dx = \lim_{b \to \infty} \ln b = \infty.$$

Unbeschränkter Integrand. Ist Funktion f im Intervall $[a, b)$ unbeschränkt und auf jedem abgeschlossenen Teilintervall $[a, b-\varepsilon]$ mit $\varepsilon > 0$ integrierbar, dann heißt $\int_a^b f(x) \, dx$ uneigentliches Integral bezüglich der oberen Grenze. Es heißt konvergent auf $[a, b]$, wenn für $\varepsilon > 0$ der Grenzwert

$$\lim_{\varepsilon \to 0} \int_a^{b-\varepsilon} f(x) \, dx = \int_a^b f(x) \, dx \text{ existiert.}$$

Entsprechendes gilt auch für die untere Grenze.

Beispiele:

$$\int_{-\infty}^b f(x) \, dx = \lim_{a \to -\infty} \int_a^b f(x) \, dx;$$

$$\int_{-\infty}^\infty f(x) \, dx = \lim_{a \to -\infty} \int_a^b f(x) \, dx$$

$$= \lim_{a \to -\infty} \int_a^c f(x) \, dx + \lim_{b \to \infty} \int_c^b f(x) \, dx.$$

Weitere uneigentliche Integrale enthält **Tab. 6**.

6.1.17 Geometrische Anwendungen der Differential- und Integralrechnung

(S. **Tab. 7**.)

6.1.18 Unendliche Funktionenreihen

Sind die Glieder einer unendlichen Reihe Funktionen $f_n(x)$ ($n = 1, 2, 3 \ldots$) auf dem gleichen Definitionsbereich I, dann ist die Funktionsreihe erklärt als die Folge der Partialsummen

$$s_n(x) = f_1(x) + f_2(x) + \ldots + f_n(x).$$

Konvergenzbereich. Dieser ist die Menge K der Urbilder $x \in I$, für die die zugehörige Zahlenreihe konvergiert. Auf ihm ist dann eine Funktion S erklärt, die als die Summe der Reihe bezeichnet wird.

$$S(x) = \sum_{n=1}^\infty f_n(x) = \lim_{n \to \infty} \sum_{k=1}^n f_k(x) \quad \text{für } x \in K.$$

Die Differenz $R_n(x) = S(x) - s_n(x)$ heißt Rest der Reihe.

Absolute Konvergenz. Die Funktionenreihe $\sum_{n=1}^\infty f_n(x)$ heißt auf K absolut konvergent, wenn die Reihe $\sum_{n=1}^\infty |f_n(x)|$ für alle $x \in K$ konvergent.

Beispiel: $\sum_{n=1}^\infty x(1-x^2)^{n-1}$ ist eine geometrische Reihe mit dem Anfangsglied $a = x$ und dem Quotienten $q = 1 - x^2$. – Sie konvergiert für $x = 0$ und im Fall $x \neq 0$ für $|1 - x^2| < 1$, was mit $0 < x^2 < 2$ gleich-

Tabelle 6. Bestimmte eigentliche und uneigentliche Integrale

$$\int_{-a}^{a} \sin\frac{m\pi x}{a}\sin\frac{n\pi x}{a}\,dx = \int_{-a}^{a}\cos\frac{m\pi x}{a}\cos\frac{n\pi x}{a}\,dx = \begin{cases} 0 & m \neq n \\ a & m = n \end{cases} \quad m,n = 1,2,3\ldots$$

$$\int_{-a}^{a} \sin\frac{m\pi x}{a}\cos\frac{n\pi x}{a}\,dx = 0 \quad m,n = 1,2,3\ldots$$

$$\int_0^a \frac{1}{\sqrt{a^2 - x^2}}\,dx = \pi/2 \qquad\qquad \int_{-\infty}^{\infty} \frac{1}{1+x^2}\,dx = \pi$$

$$\int_0^a \frac{1}{x^m}\,dx = \frac{a^{1-m}}{1-m},\; \begin{matrix}a > 0\\ m<1\end{matrix} \qquad \int_a^\infty \frac{1}{x^m}\,dx = \frac{1}{(m-1)a^{m-1}},\; \begin{matrix}a>0\\m>1\end{matrix}$$

$$\int_0^\infty \exp(-kx)\,dx = \frac{1}{k},\; k > 0 \qquad \int_0^\infty \exp(-x^2)\,dx = \frac{1}{2}\sqrt{\pi}$$

$$\int_0^\infty x^n \exp(-kx)\,dx = \frac{n!}{k^{n+1}},\; \begin{matrix}k>0\\ n=0,1,2\ldots\end{matrix} \qquad \int_0^\infty \frac{x^{n-1}}{x+1}\,dx = \frac{\pi}{\sin n\pi},\; 0 < n < 1$$

$$\int_0^\infty \frac{\sin kx}{x}\,dx = \int_0^\infty \frac{\tan kx}{x}\,dx = \pi/2,\; k > 0 \qquad \int_0^\infty \sin(x^2)\,dx = \int_0^\infty \cos(x^2)\,dx = \frac{1}{2}\sqrt{\frac{\pi}{2}}$$

$$\int_0^\infty \exp(-ax)\sin(bx + \varphi)\,dx = \frac{b\cos\varphi + a\sin\varphi}{a^2 + b^2},\; a > 0$$

$$\int_0^\infty \exp(-ax)\cos(bx + \varphi)\,dx = \frac{a\cos\varphi - b\sin\varphi}{a^2 + b^2},\; a > 0$$

$$\int_0^\infty \frac{\sin \alpha x}{x}\,dx = \begin{cases} \pi/2, & \alpha > 0 \\ -\pi/2, & \alpha < 0 \end{cases}$$

bedeutend ist. Sie hat für $x = 0$ die Summe $S(0) = 0$ und für $|1 - x^2| < 1$ die Summe $S(x) = x/[1 - (1 - x^2)] = 1/x$. Damit ist auf dem Konvergenzbereich $K = (-\sqrt{2}, \sqrt{2})$ der unendlichen Funktionenreihe die Funktion S erklärt durch

$$S(x) = \sum_{n=1}^\infty x(1-x^2)^{n-1} = \begin{cases} 1/x & \text{für } -\sqrt{2} < x < 0 \text{ oder } 0 < x < \sqrt{2} \\ 0 & \text{für } x = 0. \end{cases}$$

Gleichmäßige Konvergenz. Die unendliche Reihe $\sum_{n=1}^\infty f_n(x)$ heißt auf K gleichmäßig gegen die Summe $S(x)$ konvergent, wenn es zu jedem $\varepsilon > 0$ eine natürliche Zahl N gibt, so daß

$$\left|\sum_{n=1}^\infty f_n(x) - S(x)\right| < \varepsilon \quad \text{bzw.} \quad |R_n(x)| < \varepsilon \text{ für alle } n \geq N \text{ und alle}$$

$x \in K$. Bei der geometrischen Deutung (**Bild 14**) kommt die gleichmäßige Konvergenz dadurch zum Ausdruck, daß für hinreichend große n das graphische Bild der Partialsummen $s_n(x)$ innerhalb eines Streifens von der Breite 2ε mit dem graphischen Bild von $S(x)$ als Mittellinie verläuft.

Potenzreihe. Sie ist eine Funktionenreihe der Form

$$a_0 + a_1(x - x_0) + a_2(x - x_0)^2 + \ldots + a_n(x - x_0)^n + \ldots,$$

wobei x_0 die Entwicklungsstelle und die Konstanten $a_0, a_1, a_2 \ldots$ die Koeffizienten der Reihe heißen. Es genügt, Potenzreihen mit der Entwicklungsstelle $x_0 = 0$ zu untersuchen, da jede Potenzreihe durch die Substitution $x - x_0 = y$ auf eine solche zurückgeführt werden kann. Für die Potenzreihe

$$a_0 + a_1 x + a_2 x^2 + \ldots + a_b x^n + \ldots$$

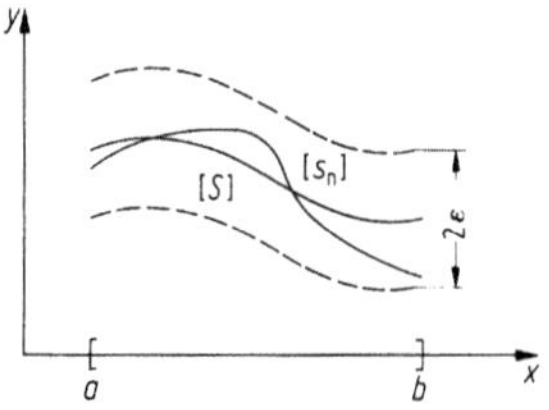

Bild 14. Gleichmäßige Konvergenz

sind zu unterscheiden:
- Es existiert eine positive Zahl r, so daß für alle $|x| < r$ die Reihe absolut konvergiert und für alle $|x| > r$ divergiert. Hierbei heißen r der Konvergenzradius und das offene Intervall $(-r, r)$ der Konvergenzbereich der Reihe.
- Die Reihe konvergiert für alle $x \in \mathbb{R}$. Sie heißt dann überall oder beständig konvergent, und es ist $r = \infty$.
- Die Reihe divergiert für alle $x \neq 0$ (für $x = 0$ konvergiert sie trivialerweise). Sie heißt dann nirgends konvergent, und es ist $r = 0$.

Existiert der Grenzwert

$$\lim_{n \to \infty} \sqrt[n]{a_n} = g \quad \text{oder} \quad \lim_{n \to \infty} \left|\frac{a_{n+1}}{a_n}\right| = g,$$

wobei auch der uneigentliche Grenzwert ∞ zugelassen ist, dann gilt $r = 1/g$ für $0 < g < \infty$, $r = \infty$ für $g = 0$ und $r = 0$ für $g = \infty$.

Beispiele:

Die Reihe $\sum_{n=0}^\infty \frac{x^n}{n!}$ hat wegen

$$\lim_{n \to \infty}\left|\frac{a_{n+1}}{a_n}\right| = \lim_{n \to \infty} \frac{n!}{(n+1)!} = \lim_{n \to \infty} \frac{1}{n+1} = 0$$

den Konvergenzradius $r = \infty$. Sie ist beständig konvergent. Die Reihe $\sum_{n=0}^\infty n!\,x^n$ hat wegen

$$\lim_{n \to \infty}\left|\frac{a_{n+1}}{a_n}\right| = \lim_{n \to \infty} \frac{(n+1)!}{n!} = \lim_{n \to \infty}(n+1) = \infty$$

den Konvergenzradius $r = 0$. Sie ist nirgends konvergent. Die Reihe $\sum_{n=0}^\infty \frac{x^n}{3^n(n+1)}$ hat wegen

$$\lim_{n \to \infty}\left|\frac{a_{n+1}}{a_n}\right| = \lim_{n \to \infty} \frac{3^n(n+1)}{3^{n+1}(n+2)} = 1/3 \text{ den Konvergenzradius } r = 3.$$

Sie ist für $|x| < 3$ absolut konvergent und für $|x| > 3$ divergent. Sie konvergiert in der Randstelle -3 und divergiert in der Randstelle $+3$.

Tabelle 7. Geometrische Anwendungen der Integralrechnung

Inhalt A ebener Flächen

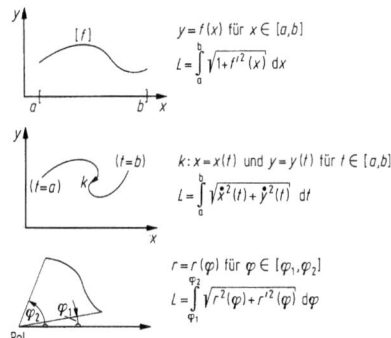

$g(x) \leq f(x)$ für $x \in [a,b]$

$A = \int_a^b [f(x) - g(x)]\, dx$

$k: x = x(t)$ und $y = y(t)$ für $t \in [a,b]$, wobei $x(a) = x(b)$ und $y(a) = y(b)$

$A = (1/2) \int_a^b [x(t)\dot{y}(t) - y(t)\dot{x}(t)]\, dt$

$0 \leq r(\varphi) \leq R(\varphi)$ für $\varphi \in [\varphi_1, \varphi_2]$

$A = (1/2) \int_{\varphi_1}^{\varphi_2} [R^2(\varphi) - r^2(\varphi)]\, d\varphi$

Bogenlänge L ebener Kurven

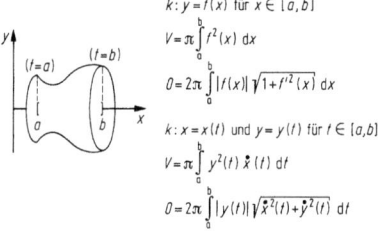

$y = f(x)$ für $x \in [a,b]$

$L = \int_a^b \sqrt{1 + f'^2(x)}\, dx$

$k: x = x(t)$ und $y = y(t)$ für $t \in [a,b]$

$L = \int_a^b \sqrt{\dot{x}^2(t) + \dot{y}^2(t)}\, dt$

$r = r(\varphi)$ für $\varphi \in [\varphi_1, \varphi_2]$

$L = \int_{\varphi_1}^{\varphi_2} \sqrt{r^2(\varphi) + r'^2(\varphi)}\, d\varphi$

Volumen V und Oberfläche O von Rotationskörpern

$k: y = f(x)$ für $x \in [a,b]$

$V = \pi \int_a^b f^2(x)\, dx$

$O = 2\pi \int_a^b |f(x)| \sqrt{1 + f'^2(x)}\, dx$

$k: x = x(t)$ und $y = y(t)$ für $t \in [a,b]$

$V = \pi \int_a^b y^2(t) \dot{x}(t)\, dt$

$O = 2\pi \int_a^b |y(t)| \sqrt{\dot{x}^2(t) + \dot{y}^2(t)}\, dt$

Taylor- und Maclaurin-Reihen. Nach der Taylor-Formel (s. A 6.1.7) ist

$$\left| f(x) - \sum_{k=0}^n \frac{f^{(k)}(x_0)}{k!}(x-x_0)^k \right| = |R_n(x_0, x)|$$

$$= \left| \frac{f^{(n+1)}(x_0 + \vartheta(x - x_0))}{(n+1)!}(x - x_0)^{n+1} \right| \quad \text{und} \quad 0 < \vartheta < 1.$$

Hieraus folgt: Ist die Funktion f auf einer Umgebung $U_\delta(x_0) = (x_0 - \delta, x_0 + \delta)$ von x_0 beliebig oft differenzierbar und ist $\lim_{n \to \infty} R_n(x_0, x) = 0$ für alle $x \in U_\delta(x_0)$, dann gilt

$$f(x) = \sum_{n=0}^\infty \frac{f^{(n)}(x_0)}{n!}(x - x_0)^n \quad \text{für } x \in U_\delta(x_0).$$

Die Reihe für $f(x)$ heißt *Taylor-Reihe* der Funktion f mit der Entwicklungsstelle oder dem Mittelpunkt x_0. Unter diesen Voraussetzungen läßt sich also eine Funktion f in einer gewissen Umgebung von x_0 in eine Potenzreihe mit den Koeffizienten $a_n = f^{(n)}(x_0)/n!$ ($n = 0, 1, 2 \ldots$) entwickeln. Die Taylor-Reihe mit der Entwicklungsstelle $x_0 = 0$ heißt *Maclaurin-Reihe* (s. Tab. 8).

$$f(x) = \sum_{n=0}^\infty \frac{f^{(n)}(0)}{n!} x^n.$$

Beispiel: Die Exponential-Funktion $f(x) = \exp x$ ist auf $\mathbb{R}$ beliebig oft differenzierbar, wobei $f^{(n)}(x) = \exp x$ und $f^{(n)}(0) = 1$. – Gemäß der Maclaurin-Formel gilt

$$\exp x = 1 + \frac{x}{1!} + \frac{x^2}{2!} + \frac{x^3}{3!} + \ldots + \frac{x^n}{n!} + R_n(x),$$

wobei $R_n(x) = \exp(\vartheta x) \frac{x^{n+1}}{(n+1)!}$ für $0 < \vartheta < 1$. Wegen $\lim_{n \to \infty} \frac{x^{n+1}}{(n+1)!} = 0$ konvergiert das Restglied $R_n(x)$ für jedes $x \in \mathbb{R}$ gegen 0. Damit lautet die Darstellung der exp-Funktion durch eine Maclaurin-Reihe

$$\exp x = 1 + \frac{x}{1!} + \frac{x^2}{2!} + \frac{x^3}{3!} + \ldots + \frac{x^n}{n!} + \ldots = \sum_{n=0}^\infty \frac{x^n}{n!} \quad \text{für } x \in \mathbb{R}.$$

Fourier-Reihen

Periodische Funktionen. Eine Funktion f auf D heißt periodisch mit der Periode λ, wenn $f(x+\lambda) = f(x)$ für alle $x \in D$. Mit λ ist auch $n\lambda$ für $n \in \mathbb{N}$ eine Periode. Jede Funktion f mit einer Periode λ läßt sich durch die Substitution $x = 0,5 \cdot \lambda t / \pi$ bzw. $t = 2\pi x / \lambda$ auf eine Funktion mit der Periode 2π zurückführen. Ist f eine integrierbare Funktion mit der Periode 2π, dann gilt für beliebige a und b

$$\int_a^b f(x)\, dx = \int_{a+2\pi}^{b+2\pi} f(x)\, dx \quad \text{und}$$

$$\int_{a+2\pi}^{b+2\pi} f(x)\, dx = \int_a^b f(x)\, dx.$$

Ist die Funktion f mit der Periode 2π gerade, also $f(x) = f(-x)$, bzw. ungerade, also $f(-x) = -f(x)$, dann gilt

$$\int_{-\pi}^\pi f(x)\, dx = 2 \int_0^\pi f(x)\, dx \quad \text{bzw.} \quad \int_{-\pi}^\pi f(x)\, dx = 0.$$

Trigonometrisches Fundamentalsystem heißt das System der Funktionen $1, \cos x, \sin x, \cos 2x, \sin 2x \ldots \cos nx, \sin nx \ldots$ *Orthogonalitätsrelationen.* Sie gelten für diese Funktionen mit $m, n \in \mathbb{N}$:

$$\int_{-\pi}^\pi \cos mx \cos nx\, dx = \pi \delta_{mn}, \quad \int_{-\pi}^\pi \sin mx \sin nx\, dx = \pi \delta_{mn},$$

$$\int_{-\pi}^\pi \sin mx \cos nx\, dx = 0, \quad \text{wobei} \quad \delta_{mn} = \begin{cases} 1, & m = n \\ 0, & m \neq n. \end{cases}$$

Trigonometrisches Polynom (n-ten Grades). So heißt eine Linearkombination von Funktionen des trigonometrischen Fundamentalsystems:

Tabelle 8. Maclaurin-Reihen

$(1+x)^\alpha = \sum_{n=0}^{\infty} \binom{\alpha}{n} x^n = 1 + \alpha x + \frac{\alpha(\alpha-1)}{2!}x^2 + \frac{\alpha(\alpha-1)(\alpha-2)}{3!}x^3 + \ldots$	$\begin{array}{ll}\|x\|<1 & \text{für } \alpha \in \mathbb{R} \\ -1 < x \leq 1 & \text{für } -1 < \alpha \\ -1 \leq x \leq 1 & \text{für } 0 < \alpha \\ x \text{ beliebig} & \text{für } \alpha \in \mathbb{N}\end{array}$
$\dfrac{1}{1+x} = \sum_{n=0}^{\infty}(-1)^n x^n = 1 - x + x^2 - x^3 + \ldots$	$\|x\| < 1$
$\sqrt{1+x} = \sum_{n=0}^{\infty} \binom{1/2}{n} x^n = 1 + \frac{1}{2}x - \frac{1}{8}x^2 + \frac{1}{16}x^3 + \ldots$	$\|x\| \leq 1$
$\dfrac{1}{\sqrt{1+x}} = \sum_{n=0}^{\infty} \binom{-1/2}{n} x^n = 1 - \frac{1}{2}x + \frac{3}{8}x^2 - \frac{5}{16}x^3 + \ldots$	$-1 < x \leq 1$
$\sqrt[3]{1+x} = \sum_{n=0}^{\infty} \binom{1/3}{n} x^n = 1 + \frac{1}{3}x - \frac{1}{9}x^2 + \frac{5}{81}x^3 + \ldots$	$\|x\| \leq 1$
$\exp x = \sum_{n=0}^{\infty} \dfrac{x^n}{n!} = 1 + x + \frac{x^2}{2!} + \frac{x^3}{3!} + \frac{x^4}{4!} + \ldots$	$\|x\| < \infty$
$\ln(1+x) = \sum_{n=1}^{\infty}(-1)^{n+1} \dfrac{x^n}{n} = x - \frac{x^2}{2} + \frac{x^3}{3} - \frac{x^4}{4} + \ldots$	$-1 < x \leq 1$
$\sin x = \sum_{n=0}^{\infty}(-1)^n \dfrac{x^{2n+1}}{(2n+1)!} = x - \frac{x^3}{3!} + \frac{x^5}{5!} - \frac{x^7}{7!} + \ldots$	$\|x\| < \infty$
$\cos x = \sum_{n=0}^{\infty}(-1)^n \dfrac{x^{2n}}{(2n)!} = 1 - \frac{x^2}{2!} + \frac{x^4}{4!} - \frac{x^6}{6!} + \ldots$	$\|x\| < \infty$
$\tan x = x + \frac{1}{3}x^3 + \frac{2}{3 \cdot 5}x^5 + \frac{17}{3^2 \cdot 5 \cdot 7}x^7 + \frac{62}{3^2 \cdot 5 \cdot 7 \cdot 9}x^9 + \ldots$	$\|x\| < \pi/2$ *
$x \cot x = 1 - \frac{1}{3}x^2 - \frac{1}{3^2 \cdot 5}x^4 - \frac{2}{3^3 \cdot 5 \cdot 7}x^6 - \frac{1}{3^3 \cdot 5^2 \cdot 7}x^8 - \ldots$	$\|x\| < \pi$ *
$\arcsin x = \sum_{n=0}^{\infty} \dfrac{(2n)! \, x^{2n+1}}{4^n (n!)^2 (2n+1)} = x + \frac{1}{6}x^3 + \frac{3}{40}x^5 + \ldots$	$\|x\| < 1$
$\arctan x = \sum_{n=0}^{\infty}(-1)^n \dfrac{x^{2n+1}}{2n+1} = x - \frac{x^3}{3} + \frac{x^5}{5} - \frac{x^7}{7} + \ldots$	$\|x\| \leq 1$
$\sinh x = \sum_{n=0}^{\infty} \dfrac{x^{2n+1}}{(2n+1)!} = x + \frac{x^3}{3!} + \frac{x^5}{5!} + \frac{x^7}{7!} + \ldots$	$\|x\| < \infty$
$\cosh x = \sum_{n=0}^{\infty} \dfrac{x^{2n}}{(2n)!} = 1 + \frac{x^2}{2!} + \frac{x^4}{4!} + \frac{x^6}{6!} + \ldots$	$\|x\| < \infty$
$\tanh x = x - \frac{1}{3}x^3 + \frac{2}{3 \cdot 5}x^5 - \frac{17}{3^2 \cdot 5 \cdot 7}x^7 + \frac{62}{3^2 \cdot 5 \cdot 7 \cdot 9}x^9 - \ldots$	$\|x\| < \pi/2$ *
$x \coth x = 1 + \frac{1}{3}x^2 - \frac{1}{3^2 \cdot 5}x^4 + \frac{2}{3^3 \cdot 5 \cdot 7}x^6 - \frac{1}{3^3 \cdot 5^2 \cdot 7}x^7 + \ldots$	$\|x\| < \pi$ *

* Die Koeffizienten werden mit Hilfe der Bernoullischen Zahlen berechnet.

$$T_n(x) = a_0/2 + a_1 \cos x + b_1 \sin x + a_2 \cos 2x$$
$$+ b_2 \sin 2x + \ldots + a_n \cos nx + b_n \sin nx$$
$$= a_0/2 + \sum_{k=1}^{n}(a_k \cos kx + b_k \sin kx).$$

Trigonometrische Reihe. Sie wird dargestellt durch

$$a_0/2 + \sum_{n=1}^{\infty}(a_n \cos nx + b_n \sin nx)$$

und ist erklärt als Folge $(T_n(x))_{n \in \mathbb{N}}$ von trigonometrischen Polynomen $T_n(x)$. Ist die Reihe $\sum_{n=1}^{\infty}(|a_n| + |b_n|)$ konvergent, dann ist die trigonometrische Reihe gleichmäßig und absolut konvergent, und ihre Summe ist eine stetige periodische Funktion mit der Periode 2π.

$$f(x) = a_2/2 + \sum_{n=1}^{\infty}(a_n \cos nx + b_n \sin nx).$$

Fourierkoeffizienten. Wird die vorstehende Gleichung nacheinander mit 1, $\cos(mx)$ und $\sin(mx)$ multipliziert und über $[-\pi, \pi]$ gliedweise integriert, so ergeben sich mit den Orthogonalitätsrelationen

$$a_n = 1/\pi \int_{-\pi}^{\pi} f(x) \cos nx \, dx \quad (n = 0, 1, 2 \ldots) \quad \text{und}$$

$$b_n = 1/\pi \int_{-\pi}^{\pi} f(x) \sin nx \, dx \quad (n = 1, 2, 3 \ldots).$$

Ist nun f eine beliebige Funktion mit der Periode 2π, die über $[-\pi, \pi]$ integrierbar ist, dann heißen die Zahlen a_n und b_n Fou-

Tabelle 9. Fourier-Reihen

$f(x) = |\sin x| = \begin{cases} -\sin x, & -\pi \leq x \leq 0 \\ \sin x, & 0 \leq x \leq \pi \end{cases}$

$f(x+2\pi) = f(x)$

$f(x) = \frac{2}{\pi} - \frac{4}{\pi} \sum_{n=1}^{\infty} \frac{\cos 2nx}{4n^2 - 1} = \frac{2}{\pi} - \frac{4}{\pi} \left(\frac{\cos 2x}{1 \cdot 3} + \frac{\cos 4x}{3 \cdot 5} + \frac{\cos 6x}{5 \cdot 7} + \ldots \right)$

$f(x) = \begin{cases} -x, & -\pi \leq x \leq 0 \\ x, & 0 \leq x \leq \pi \end{cases}$

$f(x+2\pi) = f(x)$

$f(x) = \frac{\pi}{2} - \frac{4}{\pi} \sum_{n=1}^{\infty} \frac{\cos(2n-1)x}{(2n-1)^2} = \frac{\pi}{2} - \frac{4}{\pi} \left(\cos x + \frac{\cos 3x}{3^2} + \frac{\cos 5x}{5^2} + \ldots \right)$

$f(x) = \begin{cases} -1, & -\pi < x < 0 \\ 1, & 0 \leq x \leq \pi \end{cases}$

$f(x+2\pi) = f(x)$

$f(x) = \frac{4}{\pi} \sum_{n=1}^{\infty} \frac{\sin(2n-1)x}{2n-1} = \frac{4}{\pi} \left(\sin x + \frac{\sin 3x}{3} + \frac{\sin 5x}{5} + \ldots \right), \quad x \neq n\pi \text{ für } n \in \mathbb{Z}.$

$f(x) = x^2$ für $-\pi \leq x \leq \pi$

$f(x+2\pi) = f(x)$

$f(x) = \frac{\pi^2}{3} + 4 \sum_{n=1}^{\infty} (-1)^n \frac{\cos nx}{n^2} = \frac{\pi^2}{3} - 4 \left(\cos x - \frac{\cos 2x}{2^2} + \frac{\cos 3x}{3^2} + \ldots \right)$

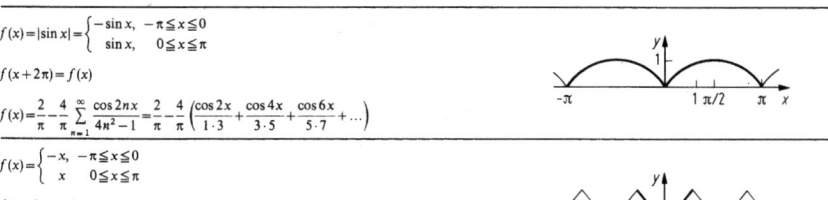

rierkoeffizienten der Funktion f und die mit ihnen gebildete Reihe **Fourier-Reihe** (Tab. 9).

$$a_0/2 + \sum_{n=1}^{\infty} (a_n \cos nx + b_n \sin nx),$$

wobei ihre n-te Partialsumme als Fourier-Polynom n-ten Grades bezeichnet wird.

f sei eine auf $[-\pi, \pi]$ integrierbare Funktion mit der Periode 2π. Ist sie gerade, also $f(-x) = f(x)$, dann gilt

$$a_n = 2/\pi \int_0^\pi f(x) \cos nx \, dx \quad \text{und} \quad b_n = 0;$$

ist sie ungerade, also $f(-x) = -f(x)$, dann gilt

$$a_n = 0 \quad \text{und} \quad b_n = 2/\pi \int_0^\pi f(x) \sin nx \, dx.$$

Die Fourier-Reihe einer geraden Funktion ist eine reine Kosinusreihe, die Fourier-Reihe einer ungeraden Funktion eine reine Sinusreihe.
Fourier-Reihen von stückweise glatten Funktionen. Eine Funktion f heißt auf $[a, b]$ stückweise glatt, wenn sie auf $[a, b]$ stückweise stetig ist und auf $[a, b]$ eine stückweise stetige Ableitung f' besitzt. Ist f periodisch mit 2π und auf $[-\pi, \pi]$ stückweise glatt, dann konvergiert die Fourier-Reihe von f in jedem abgeschlossenen Intervall, auf dem f stetig ist, gleichmäßig gegen f. An jeder Sprungstelle x von f konvergiert die Fourier-Reihe gegen das arithmetische Mittel $0,5 \cdot [f(x+0) + f(x-0)]$ aus dem links- und rechtsseitigen Grenzwert.

Beispiel: Sägezahnkurve (**Bild 15**).

$$f(x) = \begin{cases} x & \text{für } 0 \leq x < 2\pi \\ 0 & \text{für } x = 2\pi \end{cases}$$

und $f(x+2\pi) = f(x)$. – Die Gleichungen für die Fourierkoeffizien-

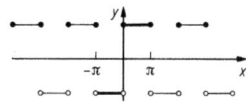

Bild 15. Sägezahnkurve

ten lauten $a_n = 1/\pi \int_0^{2\pi} x \cos(nx) \, dx \quad (n = 0,1,2 \ldots)$ und $b_n = 1/\pi \int_0^{2\pi} x \sin(nx) \, dx \, (n = 1,2,3 \ldots).$

Die Berechnung der Integrale ergibt $a_0 = 2\pi, a_n = 0$ für $n = 1,2,3 \ldots$ und $b_n = -2/n$. Für alle Stetigkeitsstellen $x \neq 2n\pi$ ($n \in \mathbb{Z}$) der Funktion f lautet damit die Darstellung der Funktion f durch ihre Fourier-Reihe

$$f(x) = \pi - 2 \left(\frac{\sin x}{1} + \frac{\sin(2x)}{2} + \ldots + \frac{\sin(nx)}{n} + \ldots \right)$$
$$= \pi - 2 \sum_{n=1}^{\infty} \frac{\sin(nx)}{n}, \quad x \neq 2n\pi.$$

In den Sprungstellen $x = 2n\pi$ ($n \in \mathbb{Z}$) konvergiert die Fourier-Reihe gegen π.

6.2 Reellwertige Funktionen mehrerer reeller Variablen

6.2.1 Grundbegriffe

Wegen der geometrischen Darstellbarkeit werden – wenn nicht anders betont – reellwertige Funktionen von zwei reellen Variablen betrachtet. Viele Aussagen über sie lassen sich auf Funktionen von mehr als zwei Variablen übertragen. Zugrunde gelegt wird ein ebenes kartesisches Koordinatensystem. Jedes geordnete Zahlenpaar $(x,y) \in \mathbb{R}^2$ wird dann als Punkt $P(x, y)$ der Ebene oder durch seinen Ortsvektor $r(x,y)$ dargestellt. Teilmengen von $\mathbb{R}^2$ werden daher auch als ebene Punktmengen bezeichnet.

Abstand zweier Punkte $r_2(x_2,y_2)$ und $r_1(x_1,y_1)$ ist definiert durch

$$|r_2 - r_1| = \sqrt{(x_2-x_1)^2 + (y_2-y_1)^2}.$$

(ϱ-)Umgebung. Für einen Punkt $r_0(x_0,y_0)$ ist sie eine offene Kreisscheibe mit dem Mittelpunkt r_0.

$$U_\varrho(r_0) = \{r \mid |r-r_0| < \varrho\}$$
$$= \{(x,y) \mid \sqrt{(x-x_0)^2 + (x-y_0)^2} < \varrho\},$$
wobei $\varrho > 0$.

Reellwertige Funktion zweier reeller Variablen. Sie ist eine Abbildung f einer Teilmenge von $\mathbb{R}^2$ in $\mathbb{R}$

$f: D \to \mathbb{R}$ für $D \subset \mathbb{R}^2$ oder $z = f(x,y)$
für $(x,y) \in D \subset \mathbb{R}^2$.

Graph. Für die reellwertige Funktion f auf $D \subset \mathbb{R}^2$ wird er dargestellt durch die Menge

$[f] = \{(x,y,z) \mid z = f(x,y)$ für $(x,y) \in D\}$
$= \{(r,z) \mid f(r) = z$ für $r \in D\}$.

Das geordnete Zahlentripel $(x,y,z) \in [f] \subset \mathbb{R}^3$ kann in einem räumlichen kartesischen Koordinatensystem als Punkt des Raums dargestellt werden (**Bild 16 a**). Die Punkte (x, y, z) von $[f]$ bilden i. allg. eine Fläche. Der Graph $[f]$ wird daher auch häufig als Fläche und die Gleichung $z = f(x,y) = f(r)$ als Gleichung einer Fläche bezeichnet.

Beispiel: Die Funktion $z = f(x,y) = \sqrt{1-x^2-y^2}$ für $x^2 + y^2 \leq 1$ stellt geometrisch die obere Hälfte einer Kugelfläche mit dem Radius 1 und dem Mittelpunkt $(0, 0, 0)$ dar (**Bild 16 b**).

Niveaulinien. Eine andere geometrische Deutung einer reellwertigen Funktion f auf $D \subset \mathbb{R}^2$ mit $z = f(x, y)$ besteht in ihrer Darstellung durch Niveaulinien: $f(x, y) = c$ (c Konstante). Eine Niveaulinie besteht dabei aus der Menge aller Punkte (Urbilder) $(x, y) \in D$ in der Koordinatenebene, die das Bild oder das „Niveau" c haben und somit die Gl. $f(x, y) = c$ erfüllen.

Beispiel: $z = f(x, y) = xy$ für $(x,y) \in \mathbb{R}^2$ (**Bild 16 c**). – Die Niveaulinien sind für $z \neq 0$ Hyperbeln und für $z = 0$ die Koordinatenachsen.

6.2.2 Grenzwerte und Stetigkeit

Grenzwerte. Ist f eine reellwertige Funktion auf D und r_0 Häufungspunkt von D, dann heißt die Zahl g Grenzwert der Funktion f für $r \to r_0$, wenn es zu jedem $\varepsilon > 0$ ein $\delta > 0$ gibt, so daß $|f(r) - g| < \varepsilon$ für alle $r \in D$ mit $0 < |r - r_0| < \delta$. Anschaulich bedeutet dies, daß für alle Punkte $r \in D$, die hinreichend nahe bei r_0 liegen und von r_0 verschieden sind, die Bilder $f(r)$ beliebig nahe bei g liegen, symbolisch:

$$\lim_{\vec{r} \to \vec{r}_0} f(r) = g \quad \text{oder} \quad \lim_{(x,y) \to (x_0,y_0)} f(x,y) = g.$$

Stetigkeit. Die Funktion f auf D heißt in $r_0 \in D$ stetig, wenn es zu jedem $\varepsilon > 0$ ein $\delta > 0$ gibt, so daß $|f(r) - f(r_0)| < \varepsilon$ für alle $r \in D$ mit $|r - r_0| < \delta$ oder $r \in U_\delta(r_0)$. Ist r_0 Häufungspunkt von D, so ist dies gleichbedeutend mit

$$\lim_{\vec{r} \to \vec{r}_0} f(r) = f(r_0).$$

Die Funktion f heißt stetig auf D, wenn sie in jedem Punkt von D stetig ist.

6.2.3 Partielle Ableitungen

Die reellwertige Funktion f auf $D \subset \mathbb{R}^2$ heißt in $(x_0,y_0) \in D$ partiell nach x bzw. y differenzierbar, wenn der Grenzwert

$$\lim_{h \to 0} \frac{f(x_0+h, y_0) - f(x_0, y_0)}{h}$$
$$= \frac{\partial f}{\partial x}(x_0, y_0) = f_x(x_0, y_0) = \frac{\partial}{\partial x} f(x_0, y_0) \quad \text{bzw.}$$
$$\lim_{k \to 0} \frac{f(x_0, y_0+k) - f(x_0, y_0)}{k}$$
$$= \frac{\partial f}{\partial y}(x_0, y_0) = f_y(x_0, y_0) = \frac{\partial}{\partial y} f(x_0, y_0)$$

existiert. Dieser Grenzwert heißt partielle Ableitung nach x bzw. y.

Für $y = y_0 = $ const stellt der Graph von $z = f(x, y_0)$ die Schnittkurve der Ebene $y = y_0$ mit der Fläche $z = f(x, y)$ dar, und die partielle Ableitung von f nach x ist dann die Steigung der Tangente im Punkt $(x_0, y_0, f(x_0, y_0))$ der Schnittkurve. Entsprechendes gilt für die partielle Ableitung nach y (**Bild 17**).

Beispiel: $z = f(x,y) = x^y$ für $(x,y) \in D = \{(x,y) \mid x > 0 \text{ und } y \in \mathbb{R}\}$. –

$$\frac{\partial f}{\partial x}(x,y) = f_x(x,y) = y x^{y-1}; \quad \frac{\partial f}{\partial y}(x,y) = f_y(x,y) = x^y \ln x.$$

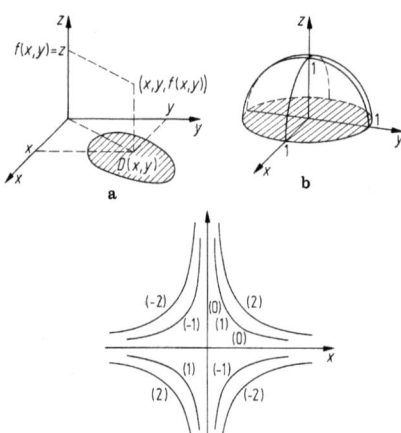

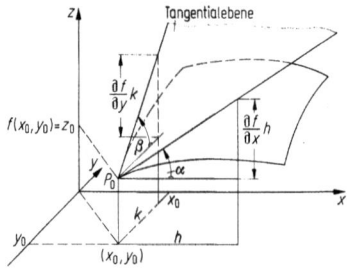

Bild 16. Funktionen mit zwei Veränderlichen. **a** geometrische Deutung von $z = f(x, y)$; **b** Kugeloberfläche $z = \sqrt{1-x^2-y^2}$; **c** Niveaulinien

Bild 17. Geometrische Deutung der partiellen Ableitungen

Höhere partielle Ableitungen. Ist die reellwertige Funktion f in einem Gebiet $G \subset \mathbb{R}^2$ partiell nach x und y differenzierbar, dann stellen die partiellen Ableitungen f_x und f_y Funktionen auf G dar, die selbst wieder partiell nach x und y differenzierbar sein können. Diese partiellen Ableitungen 2. Ordnung werden ausgedrückt durch

$$\frac{\partial^2 f}{\partial x^2}(x,y) = \frac{\partial}{\partial x}\left(\frac{\partial f}{\partial x}(x,y)\right) = f_{xx}(x,y),$$
$$\frac{\partial^2 f}{\partial y^2}(x,y) = \frac{\partial}{\partial y}\left(\frac{\partial f}{\partial y}(x,y)\right) = f_{yy}(x,y),$$
$$\frac{\partial^2 f}{\partial x \partial y}(x,y) = \frac{\partial}{\partial x}\left(\frac{\partial f}{\partial y}(x,y)\right) = f_{yx}(x,y),$$
$$\frac{\partial^2 f}{\partial y \partial x}(x,y) = \frac{\partial}{\partial y}\left(\frac{\partial f}{\partial x}(x,y)\right) = f_{xy}(x,y).$$

Alle weiteren partiellen Ableitungen höherer Ordnung werden analog erklärt.

Beispiel: $z = f(x,y) = x \exp(xy), D = \mathbb{R}^2$. –

$f_x(x,y) = (1+xy)\exp(xy),$
$f_{xx}(x,y) = (2y + xy^2)\exp(xy),$
$f_{xy}(x,y) = (2x + x^2 y)\exp(xy),$

Sätze über partiell differenzierbare Funktionen. Besitzt die reellwertige Funktion f im Gebiet $G \subset \mathbb{R}^2$ beschränkte partielle Ableitungen f_x und f_y, d.h., gibt es eine solche positive Zahl m, so daß

$$|f_x(x,y)| \leq m \quad \text{und} \quad |f_y(x,y)| \leq m \quad \text{für alle} \quad (x,y) \in G$$

gilt, dann ist f auf G stetig.
Satz von Schwarz: Besitzt die Funktion in dem Gebiet G die partiellen Ableitungen f_x, f_y, f_{xy} und f_{yx} und sind f_{xy} und f_{yx} stetige Funktionen auf G, dann ist $f_{xy} = f_{yx}$. Bei stetigen gemischten Ableitungen darf also die Reihenfolge der partiellen Ableitungen vertauscht werden.

Differenzierbarkeit. Eine reellwertige Funktion f auf dem Gebiet $G \subset \mathbb{R}^2$ heißt in $(x_0, y_0) \in G$ (total) differenzierbar, wenn es zwei Zahlen A und B und zu jedem $\varepsilon > 0$ ein $\delta > 0$ gibt, so daß

$$\left|\frac{f(x_0+h, y_0+k) - f(x_0,y_0) - (Ah + Bk)}{\sqrt{h^2+k^2}}\right| < \varepsilon$$
für $\sqrt{h^2+k^2} < \delta$.

Eine notwendige Bedingung für die (totale) Differenzierbarkeit von f in (x_0, y_0) ist die Existenz der partiellen Ableitungen in (x_0, y_0), wobei $A = \frac{\partial f}{\partial x}(x_0, y_0)$ und $B = \frac{\partial f}{\partial y}(x_0, y_0)$. Damit gilt für eine in (x_0, y_0) total differenzierbare Funktion f

$$f(x_0+h, y_0+k) - f(x_0, y_0)$$
$$= f_x(x_0,y_0)h + f_y(x_0,y_0)k + \eta(h,k)\sqrt{h^2+k^2}$$

mit $\lim \eta(h,k) = 0$ für $(h,k) \to (0,0)$. Für den Zuwachs h bzw. k ist auch die Bezeichnung Δx bzw. Δy und dx bzw. dy gebräuchlich.

Totales Differential. So heißt der in h und k bzw. dx und dy lineare Ausdruck

$$df(x,y) = f_x(x,y)\,dx + f_y(x,y)\,dy.$$

Mit der Bezeichnung $\Delta f(x,y) = f(x+dx, y+dy) - f(x,y)$ für den Funktionszuwachs läßt sich die Bedingung für die (totale) Differenzierbarkeit der Funktion f in (x, y) auch angeben:

$$\lim \frac{\Delta f(x,y) - df(x,y)}{\sqrt{dx^2+dy^2}} = 0 \quad \text{für} \quad (dx, dy) \to (0,0).$$

Besitzt die reellwertige Funktion f in dem Gebiet $G \subset \mathbb{R}^2$ stetige partielle Ableitungen f_x und f_y, dann ist sie in G total differenzierbar.

Beispiel: $z = f(x,y) = x^2 y + y, (x,y) \in \mathbb{R}^2$. – Mit $f_x(x,y) = 2xy$ und $f_y(x,y) = x^2 + 1$ lautet das totale Differential $df(x,y) = 2xy\,dx + (x^2+1)\,dy$. Der Funktionszuwachs $\Delta f(x,y)$ ist

$$\Delta f(x,y) = (x+dx)^2(y+dy) + (y+dy) - (x^2 y + y)$$
$$= 2xy\,dx + (x^2+1)\,dy + y\,dx^2 + 2xy\,dx\,dy + dx^2\,dy$$
$$= df(x,y) + y\,dx^2 + 2x\,dx\,dy + dx^2\,dy.$$

Es ist leicht einzusehen, daß für $(dx, dy) \to (0,0)$

$$\lim \frac{\Delta f(x,y) - df(x,y)}{\sqrt{dx^2+dy^2}} = \lim \frac{y\,dx^2 + 2x\,dx\,dy + dx^2\,dy}{\sqrt{dx^2+dy^2}} = 0$$

für alle $(x,y) \in \mathbb{R}^2$.

Dies bedeutet, daß f in jedem $(x,y) \in \mathbb{R}^2$ (total) differenzierbar ist.

Geometrische Deutung. Wird in der Gleichung

$$f(x_0+dx, y_0+dy) = f(x_0, y_0) + f_x(x_0, y_0)\,dx$$
$$+ f_y(x_0, y_0)\,dy + \eta(dx, dy)\sqrt{dx^2+dy^2}$$

das Glied $\eta(dx, dy)\sqrt{dx^2+dy^2}$ vernachlässigt und $x_0 + dx = x, y_0 + dy = y, f(x_0, y_0) = z_0$ sowie $f(x, y) = z$ gesetzt, dann lautet sie

$$z = z_0 + f_x(x_0, y_0)(x - x_0) + f_y(x_0, y_0)(y - y_0).$$

Diese Gleichung stellt geometrisch die Tangentialebene im Punkt $(x_0, y_0, f(x_0, y_0))$ der Fläche $z = f(x, y)$ dar. Sie enthält die beiden Tangenten mit den Steigungen $f_x(x_0, y_0)$ und $f_y(x_0, y_0)$, **Bild 17**. Geometrisch bedeutet demnach die totale Differenzierbarkeit von f in (x_0, y_0), daß sich die Fläche $z = f(x, y)$ in einer Umgebung von (x_0, y_0) durch eine Tangentialebene approximieren läßt.

Ableitung von zusammengesetzten Funktionen

Kettenregel. Ist f eine reellwertige Funktion, die in einem Gebiet $G \subset \mathbb{R}^2$ stetige partielle Ableitungen f_x und f_y besitzt, und ist $r(t) = (x(t), y(t))$ eine differenzierbare ebene Kurve, die für $t \in [a, b]$ ganz in G verläuft, dann ist die zusammengesetzte Funktion $f(r(t)) = F(t)$ nach t differenzierbar, und es gilt – wenn der Punkt die Ableitung nach t kennzeichnet –

$$\dot{F}(t) = \frac{df(r(t))}{dt} = f_x(x(t), y(t))\dot{x}(t) + f_y(x(t), y(t))\dot{y}(t).$$

Dies ist die Kettenregel für Funktionen von zwei Variablen, die von einem Parameter abhängen. Sie läßt sich auf Funktionen mehrerer Variablen und auf mehrere Parameter verallgemeinern. Werden bei der Funktion $z = f(x, y)$ gemäß $x = x(u, v)$ und $y = y(u, v)$ die neuen Variablen u und v eingeführt, so gilt $z = f(x(u, v), y(u, v)) = F(u, v)$. Werden nacheinander v und u als Konstanten behandelt, so kann die Funktion F nach der Kettenregel partiell nach u und v differenziert werden, und die partiellen Ableitungen lauten

$$\frac{\partial F}{\partial u} = \frac{\partial f}{\partial x}\frac{\partial x}{\partial u} + \frac{\partial f}{\partial y}\frac{\partial y}{\partial u} \quad \text{und} \quad \frac{\partial F}{\partial v} = \frac{\partial f}{\partial x}\frac{\partial x}{\partial v} + \frac{\partial f}{\partial y}\frac{\partial y}{\partial v}.$$

Implizite Funktionen. Eine Funktion $y = f(x)$ einer Variablen, die durch eine Gleichung der Form $F(x, y) = 0$ definiert ist, heißt implizite Funktion. Ist die Funktion F in dem Gebiet $G \subset \mathbb{R}^2$ stetig und besitzt sie in G stetige partielle Ableitungen F_x und F_y und ist

$$F(x_0, y_0) = 0 \quad \text{und} \quad F_y(x_0, y_0) \neq 0 \quad \text{für} \quad (x_0, y_0) \in G,$$

dann gibt es eine Umgebung $U_\delta(x_0) \subset \mathbb{R}$ von x_0 und genau eine Funktion f auf $U_\delta(x_0)$, für die

$y_0 = f(x_0)$, $F(x, f(x)) = 0$ für alle $x \in U_\delta(x_0)$,

f und f' stetig auf $U_\delta(x_0)$

und $f'(x) = -\dfrac{F_x(x, f(x))}{F_y(x, f(x))}$.

Die letzte Eigenschaft heißt Ableitungsregel für implizite Funktionen.
Bei entsprechenden Voraussetzungen haben implizite Funktionen $z = f(x, y)$, die durch eine Gleichung der Form $F(x, y, z) = 0$ definiert sind, analoge Eigenschaften. Anwendung der Kettenregel auf die Identität $F(x, y, f(x, y)) \equiv 0$ führt auf die Gleichungen

$F_x + F_z f_x = 0$ und $F_y + F_z f_y = 0$.

Taylor-Formel. Hier treten zur abkürzenden Schreibweise Ausdrücke auf, die wie Potenzen eines Binoms behandelt werden:

$$\left(h\dfrac{\partial}{\partial x} + k\dfrac{\partial}{\partial y}\right)^n \text{ für } n = 0, 1, 2, \ldots, \text{ z.B.}$$

$$\left(h\dfrac{\partial}{\partial x} + k\dfrac{\partial}{\partial y}\right)^2 f(x, y)$$
$$= h^2 \dfrac{\partial^2 f}{\partial x^2}(x, y) + 2hk \dfrac{\partial^2 f}{\partial x \partial y}(x, y) + k^2 \dfrac{\partial^2 f}{\partial y^2}(x, y).$$

Besitzt die Funktion auf dem Gebiet $G \subset \mathbb{R}^2$ stetige partielle Ableitungen bis zur Ordnung $n+1$, dann ist

$$f(x+h, y+k) = f(x, y) + \left(h\dfrac{\partial}{\partial x} + k\dfrac{\partial}{\partial y}\right) f(x, y)$$
$$+ \dfrac{1}{2!}\left(h\dfrac{\partial}{\partial x} + k\dfrac{\partial}{\partial y}\right)^2 f(x, y) + \ldots$$
$$+ \dfrac{1}{n!}\left(h\dfrac{\partial}{\partial x} + k\dfrac{\partial}{\partial y}\right)^n f(x, y)$$
$$+ \dfrac{1}{(n+1)!}\left(h\dfrac{\partial}{\partial x} + k\dfrac{\partial}{\partial y}\right)^{n+1} f(x+\vartheta h, y+\vartheta k)$$

für $(x, y) \in G$ und $(x+h, y+k) \in G$, wobei $0 < \vartheta < 1$. Dies ist die Taylor-Formel für Funktionen zweier Variablen. Aus ihr ergibt sich für $n = 0$ der Mittelwertsatz

$$f(x+h, y+k) = f(x, y) + h\dfrac{\partial f}{\partial x}(x+\vartheta h, y+\vartheta k)$$
$$+ k\dfrac{\partial f}{\partial y}(x+\vartheta h, y+\vartheta k), \quad 0 < \vartheta < 1.$$

Für die Untersuchung von Funktionen f auf lokale Extremwerte ist noch der Fall $n = 1$ von Bedeutung.

$$f(x+h, y+k) = f(x, y) + hf_x(x, y) + kf_y(x, y)$$
$$+ 0{,}5 \cdot (h^2 f_{xx}(\xi, \eta) + 2hk f_{xy}(\xi, \eta) + k^2 f_{yy}(\xi, \eta)),$$

wobei $\xi = x + \vartheta h$, $\eta = y + \vartheta k$ und $0 < \vartheta < 1$.

Lokale Extremwerte von Funktionen zweier Variablen

f sei eine Funktion auf $D \subset \mathbb{R}^2$ und $r_0 = (x_0, y_0)$ innerer Punkt von D. $f(r_0)$ heißt lokales Maximum bzw. Minimum, wenn es eine Umgebung $U_\varrho(r_0) \subset D$ gibt, so daß $f(r) \leq f(r_0)$ bzw. $f(r) \geq f(r_0)$ für alle $r \in U_\varrho(r_0)$ gilt. Gelten die Ungleichungen für $r \neq r_0$ auch ohne Gleichheitszeichen, dann heißt $f(r_0)$ strenges lokales Extremum.

Notwendige Bedingung. Besitzt die Funktion f auf $D \subset \mathbb{R}^2$ in einem inneren Punkt $r_0 \in D$ ein lokales Extremum und existieren in r_0 die partiellen Ableitungen $f_x(r_0)$ und $f_y(r_0)$, dann ist

$f_x(r_0) = 0$ und $f_y(r_0) = 0$.

Hinreichende Bedingung. Besitzt die Funktion f auf $D \subset \mathbb{R}^2$ in einer Umgebung $U_\varrho(r_0) \subset D$ von r_0 stetige partielle Ableitungen 2. Ordnung und gilt

$f_x(r_0) = 0$ und $f_y(r_0) = 0$ sowie

$f_{xx}(r_0) f_{yy}(r_0) - f_{xy}^2(r_0) > 0$,

dann ist $f(r_0)$ ein strenges lokales Extremum, und zwar

ein Maximum, wenn $f_{xx}(r_0) < 0$,

und ein Minimum, wenn $f_{xx}(r_0) > 0$.

Ist $f_{xx}(r_0) f_{yy}(r_0) - f_{xy}^2(r_0) < 0$, dann ist $f(r_0)$ kein lokales Extremum (Sattelpunkt). Für $f_{xx}(r_0) f_{yy}(r_0) - f_{xy}^2(r_0) = 0$ läßt sich keine eindeutige Aussage darüber machen, ob $f(r_0)$ lokales Extremum ist oder nicht.

Beispiel 1: $z = f(r) = f(x, y) = x^2 - xy + y^2 + 9x - 6y + 20$. $f_x(r) = 2x - y + 9$, $f_y(r) = -x + 2y - 6$, $f_{xy}(r) = f_{yx}(r) = -1$, $f_{xx}(r) = 2$, $f_{yy}(r) = 2$. Aus $f_x(r) = 0$ und $f_y(r) = 0$ folgen die notwendigen Bedingungen $2x - y + 9 = 0$ und $-x + 2y - 6 = 0$, also $r_0 = (x_0, y_0) = (-4; 1)$. Damit ist $f_{xx}(r_0) = f_{xx}(-4; 1) = 2 > 0$ und $f_{xx}(-4; 1) f_{yy}(-4; 1) - f_{xy}^2(-4; 1) = 3 > 0$. Die Funktion f besitzt demnach in $(-4; 1)$ das strenge lokale Minimum $z = f(r_0) = f(-4; 1) = -1$.

Beispiel 2: $z = f(r) = f(x, y) = y^2 - x^2$. $f_x(r) = -2x$, $f_y(r) = 2y$, $f_{xy}(r) = f_{yx}(r) = 0$, $f_{xx}(r) = -2$, $f_{yy}(r) = 2$. Aus $-2x = 0$ und $2y = 0$ folgt $r_0 = (x_0, y_0) = (0, 0)$ und $f_{xx}(0, 0) f_{yy}(0, 0) - f_{xy}^2(0, 0) = -4 < 0$. Die Funktion f hat also in $r_0 = (0, 0)$ einen Sattelpunkt.

Besitzt die Funktion f auf $D \subset \mathbb{R}^n$ in einem inneren Punkt $r_0 = (x_1^0, x_2^0, x_3^0 \ldots x_n^0) \in D$ ein lokales Extremum und existieren in r_0 die partiellen Ableitungen $\partial f(r_0)/\partial x_i$, dann ist

$$\dfrac{\partial f}{\partial x_i}(r_0) = 0 \text{ für } i = 1, 2, 3, \ldots, n.$$

Bedingte lokale Extrema. Zugrunde gelegt sei eine Funktion f auf $D \subset \mathbb{R}^2$, deren Variablen x und y noch einer Nebenbedingung $g(r) = g(x, y) = 0$ unterworfen sind. $f(r) = f(x_0, y_0)$ heißt ein bedingtes lokales Maximum bzw. Minimum (beide gemeinsam: bedingtes lokales Extremum) von f in r_0, wenn es eine Umgebung $U_\varrho(r_0) \subset D$ gibt, so daß

$f(r) \leq f(r_0)$ bzw. $f(r) \geq f(r_0)$

für alle $r \in U_\varrho(r_0)$ und $g(r) = 0$ gilt.

Notwendige Bedingung. Besitzt die Funktion f auf D in $r_0 \in D$ ein bedingtes lokales Extremum $f(r_0)$ mit der Nebenbedingung $g(r) = 0$, und haben die Funktionen f und g in einer Umgebung von r_0 stetige partielle Ableitungen 1. Ordnung, wobei

$g_x(r_0) \neq 0$ oder $g_y(r_0) \neq 0$ und $g(r_0) = 0$,

dann gibt es eine Zahl λ, so daß

$f_x(r_0) + \lambda g_x(r_0) = 0$ und $f_y(r_0) + \lambda g_y(r_0) = 0$.

Die Punkte (x, y), in denen die Funktion f bedingte lokale Extrema besitzt, befinden sich demnach unter den Lösungen (x, y, λ) des Gleichungssystems

$f_x(x, y) + \lambda g_x(x, y) = 0$,
$f_y(x, y) + \lambda g_y(x, y) = 0$,
$g(x, y) = 0$.

Multiplikatorregel von Lagrange. Hiernach ergeben sich für bedingte lokale Extrema durch Einführungen der Funktion $F(x, y, \lambda) = f(x, y) + \lambda g(x, y)$ mit dem Multiplikator λ die notwendigen Bedingungen

$F_x(x, y, \lambda) = f_x(x, y) + \lambda g_x(x, y) = 0$,
$F_y(x, y, \lambda) = f_y(x, y) + \lambda g_y(x, y) = 0$,
$F_\lambda(x, y, \lambda) = g(x, y) = 0$.

Beispiel: Gesucht sind die Punkte auf der Hyperbel $g(x,y) = x^2 - y^2 - 4 = 0$, die vom Punkt (0;2) einen lokalen extremalen Abstand haben. – Das Abstandsquadrat eines Hyperbelpunkts (x, y) vom Punkt (0;2) ist $f(x,y) = x^2 + (y-2)^2$ mit der Nebenbedingung $g(x,y) = x^2 - y^2 - 4 = 0$. Aus dem Ansatz

$$F(x,y,\lambda) = x^2 + (y-2)^2 + \lambda(x^2 - y^2 - 4)$$

folgen die Bedingungsgleichungen für ein lokales Extremum:
$F_x(x,y,\lambda) = 2x + 2\lambda x = 0, \quad F_y(x,y,\lambda) = 2(y-2) - 2\lambda y = 0,$
$F_\lambda(x,y,\lambda) = x^2 - y^2 - 4 = 0.$

Für $\lambda = -1$ hat die Funktion f in den Punkten $(-\sqrt{5}, 1)$ und $(\sqrt{5}, 1)$ ein bedingtes lokales Extremum (Minimum).

Richtungsableitung und Gradient

f sei eine Funktion auf $D \subset \mathbb{R}^2$, die in einer Umgebung des inneren Punkts $r_0 = (x_0, y_0) \in D$ stetige partielle Ableitungen besitzt.

Richtungsvektor. Durch den Einheitsvektor
$$t = \cos\alpha\, e_1 + \sin\alpha\, e_2$$
sei eine Richtung in der x,y-Ebene festgelegt, wobei e_1 und e_2 die Koordinaten-Einheitsvektoren sind. Für einen Punkt $r = (x,y)$ der Halbgeraden, die von dem Punkt r_0 in Richtung des Einheitsvektors t ausgeht, gilt
$$x = x_0 + t\cos\alpha \quad \text{und} \quad y = y_0 + t\sin\alpha \quad \text{für } t \geq 0.$$

Richtungsableitung. Sie ist für die Funktion f in r_0 nach der durch t festgelegten Richtung definiert durch
$$\frac{\partial f}{\partial t}(r_0) = \lim_{t \to 0}\frac{F(t) - F(0)}{t} = F'(0),$$

wobei $F(t) = f(x_0 + t\cos\alpha, y_0 + t\sin\alpha)$. Aus der Kettenregel folgt $F'(0) = f_x(r_0)\cos\alpha + f_y(r_0)\sin\alpha$. Damit lautet die Richtungsableitung der Funktion f in r_0 nach der durch $t = \cos\alpha\, e_1 + \sin\alpha\, e_2$ festgelegten Richtung

$$\frac{\partial f}{\partial t}(r_0) = f_x(r_0)\cos\alpha + f_y(r_0)\sin\alpha.$$

Gradient. Der Vektor $\text{grad} f(r_0) = f_x(r_0)e_1 + f_y(r_0)e_2$ heißt Gradient von f in r_0.
Die Richtungsableitung ist also das skalare Produkt des Gradienten von f und des Richtungsvektors t

$$\frac{\partial f}{\partial t}(r_0) = f_x(r_0)\cos\alpha + f_y(r_0)\sin\alpha = \text{grad} f(r_0) \cdot t$$
$$= |\text{grad} f(r_0)|\cos\varphi,$$

wobei φ der Winkel zwischen den Vektoren $\text{grad} f(r_0)$ und t ist.
Für $\cos\varphi = 1$, d.h., wenn t und $\text{grad} f(r_0)$ die gleiche Richtung und den gleichen Richtungssinn haben, wird die Richtungsableitung am größten, nämlich

$$\frac{\partial f}{\partial t}(r_0) = |\text{grad} f(r_0)| = \sqrt{f_x^2(r_0) + f_y^2(r_0)}.$$

Dies bedeutet, daß $\text{grad} f(r_0)$ die Richtung in r_0 angibt, in der die Funktion f am stärksten zunimmt. Wird f durch ihre Niveaulinien $f(r) = $ const dargestellt und ist r_0 ein Punkt einer Niveaulinie, so steht $\text{grad} f(r_0)$ in r_0 auf dieser Niveaulinie senkrecht und zeigt in die Richtung des Niveauanstiegs.

Beispiel: $z = f(r) = f(x,y) = x^2 + y^2$. – Die Niveaulinien sind konzentrische Kreise in der x,y-Ebene mit dem Zentrum (0, 0). Der Punkt $r_0 = (\sqrt{3}, -1)$ liegt auf dem Kreis mit dem Radius 2, der das Niveau $z = 4$ besitzt. Es ist

$\text{grad} f(r) = 2xe_1 + 2ye_2 \quad \text{und} \quad \text{grad} f(\sqrt{3}, -1) = 2\sqrt{3}e_1 - 2e_2.$

Als größter Anstieg von f in $(\sqrt{3}, -1)$ ergibt sich damit
$|\text{grad} f(\sqrt{3}, -1)| = \sqrt{12 + 4} = 4.$

Die Richtungsableitung der Funktion f in $(\sqrt{3}, -1)$ nach der durch $t = \cos 30° \, e_1 + \sin 30° \, e_2$ festgelegten Richtung hat den Wert

$$\frac{\partial f}{\partial t}(\sqrt{3}, -1) = (2\sqrt{3}e_1 - 2e_2)(0{,}5\sqrt{3}e_1 + 0{,}5e_2) = 2.$$

6.2.4 Integraldarstellung von Funktionen und Doppelintegrale

Die Funktion f sei auf einem Rechteck $a \leq x \leq b$ und $c \leq y \leq d$ erklärt und für jedes y über $[a,b]$ integrierbar. Dann ist durch $F(y) = \displaystyle\int_a^b f(x,y)\,dx$ eine Funktion f auf $[c,d]$ erklärt, die als eine Integraldarstellung bezeichnet wird. Die Variable y heißt Parameter des Integrals. F ist stetig, wenn f es ist. Existiert außerdem die stetige partielle Ableitung $f_y(x,y)$ auf dem Rechteck, so ist F in $[c,d]$ differenzierbar, und es gilt

$$F'(y) = \int_a^b f_y(x,y)\,dx.$$

Ableitungsformel von Leibniz. Sind die Grenzen des bestimmten Integrals selbst noch differenzierbare Funktionen der Variablen y, also $a = g(y)$ und $b = h(y)$, dann gilt für

$$F(y) = \int_{g(y)}^{h(y)} f(x,y)\,dx$$

$$F'(y) = \int_{g(y)}^{h(y)} f_y(x,y)\,dx + f(h(y), y)h'(y) - f(g(y), y)g'(y).$$

Doppelintegral. Es heißt auch iteriertes Integral und hat die Form

$$\int_c^d \left(\int_{g(y)}^{h(y)} f(x,y)\,dx \right) dy \quad \text{oder kürzer}$$

$$\int_c^d \int_{g(y)}^{h(y)} f(x,y)\,dx\,dy.$$

6.2.5 Flächen- und Raumintegrale

Flächenintegrale

Zugrunde gelegt wird ein beschränktes Gebiet G der Ebene, dessen Rand aus einer geschlossenen, stückweise glatten Kurve besteht. Auf G sei eine stetige beschränkte Funktion f definiert: $z = f(x,y)$ für $(x,y) \in G$. Das Gebiet G wird in endliche Zahl von Teilgebieten G_i ($i = 1, 2, 3, \ldots, n$) zerlegt (**Bild 18 a, b**). Oft besteht eine solche Zerlegung in einer Unterteilung des Gebiets G durch Parallelen zur x- und y-Achse (**Bild 18 b**). Zur geometrischen Deutung sei speziell vorausgesetzt, daß $f(x,y) \geq 0$ für $(x,y) \in G$.
Ist (x_i, y_i) ein Punkt des Teilgebiets G_i und ΔS_i der Flächeninhalt von G_i, dann stellt das Produkt $f(x_i, y_i) \cdot \Delta S_i$ das Volumen einer Säule mit der Grundfläche G_i und der Höhe $f(x_i, y_i)$ dar (**Bild 18 c**). Die Summe $\displaystyle\sum_{i=1}^{n} f(x_i, y_i)\Delta S_i$, die auch als Riemann-Summe bezeichnet wird, gibt dann annähernd das Volumen des Zylinders mit der ebenen Grundfläche G und der Deckfläche $[f] = \{(x,y,z) \mid z = f(x,y) \text{ für } (x,y) \in G\}$ wieder. Unter gewissen Voraussetzungen haben die Riemann-Summen bei Verfeinerung der Zerlegung von G einen Grenzwert, der Flächenintegral der Funktion f über G heißt:

$$\iint_G f(x,y)\,dS \quad \text{oder} \quad \iint_G f(x,y)\,d(x,y) \quad \text{oder} \quad \iint_G f(r)\,dr.$$

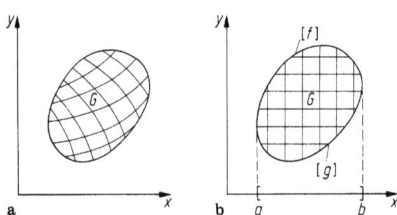
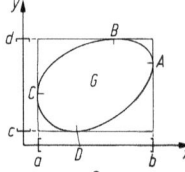
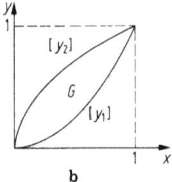

Bild 19. Ebenes Gebiet G. **a** Begrenzungen; **b** $y_1(x) = x^2, y_2(x) = \sqrt{x}$

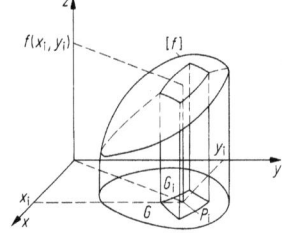

Bild 18. Flächenintegral. **a** und **b** Zerlegung eines Gebiets G; **c** geometrische Deutung

Ist $f(x, y) \geq 0$ für $(x, y) \in G$, so wird das Flächenintegral geometrisch als das Volumen des Zylinders mit der Grundfläche G und der Deckfläche $[f]$ definiert. Ist insbesondere $f(x, y) = 1$ für $(x, y) \in G$, so bestimmt das Flächenintegral

$$\iint_G 1\,dS = \iint_G dS = \iint_G d(x,y)$$

den Flächeninhalt des Gebiets G.

Mittelwertsatz. Ist f eine auf dem abgeschlossenen Gebiet G stetige Funktion mit dem Kleinstwert m und dem Größtwert M, dann ist

$$\iint_G f(x,y)\,d(x,y) = \mu \iint_G d(x,y), \quad \text{wobei} \quad m \leq \mu \leq M.$$

μ heißt der Mittelwert von f auf G.

Berechnung. G sei ein beschränktes Gebiet mit einer geschlossenen und doppelpunktfreien Randkurve. Jede Parallele zur x- bzw. y-Achse soll die Randkurve in höchstens zwei Punkten schneiden. Das kleinste abgeschlossene Rechteck (**Bild 19 a**), das G umschließt, sei bestimmt durch $a \leq x \leq b$ und $c \leq y \leq d$. Hierdurch wird die Randkurve des Gebiets G wie folgt zerlegt:

oberes und unteres Kurvenstück
$ABC: y = y_2(x), \quad CDA: y = y_1(x) \quad$ für $x \in [a, b]$;

linkes und rechtes Kurvenstück
$BCD: x = x_1(y), \quad DAB: x = x_2(y) \quad$ für $y \in [c, d]$.

Hiermit gilt für eine stetige und beschränkte Funktion f auf G

$$\iint_G f(x,y)\,d(x,y)$$
$$= \int_a^b \left(\int_{y_1(x)}^{y_2(x)} f(x,y)\,dy \right) dx$$
$$= \int_c^d \left(\int_{x_1(y)}^{x_2(y)} f(x,y)\,dx \right) dy.$$

Hiermit läßt sich das Flächenintegral einer stetigen und beschränkten Funktion f über G auf ein Doppelintegral zurückführen.

Beispiel: Auf dem abgeschlossenen Gebiet (**Bild 19 b**)

$$G = \{(x,y) | 0 \leq x \leq 1 \text{ und } x^2 \leq y \leq \sqrt{x}\},$$

dessen Rand durch den Graph der Funktionen $y_1(x) = x^2$ und $y_2(x) = \sqrt{x}$ bestimmt ist, ist die Funktion $f(x, y) = 2xy$ erklärt. – Es ist

$$\iint_G 2xy\,d(x,y) = \int_0^1 \left(\int_{x^2}^{\sqrt{x}} 2xy\,dy \right) dx = \int_0^1 x[y^2]_{x^2}^{\sqrt{x}}\,dx$$
$$= \int_0^1 x(x - x^4)\,dx = 1/6.$$

Substitutionsregel. F sei ein ebenes abgeschlossenes Gebiet, dessen Rand eine stückweise glatte Kurve ist. Auf einem F umfassenden Gebiet seien zwei Funktionen $x = \varphi(u, v)$ und $y = \psi(u, v)$ mit stetigen partiellen Ableitungen 1. Ordnung gegeben, die das Innere von F eineindeutig auf ein ebenes Gebiet G abbilden (**Bild 20 a**). Für jeden inneren Punkt (u, v) von F sei die Funktionaldeterminante der beiden Funktionen φ und ψ verschieden von Null.

$$\frac{\partial(x,y)}{\partial(u,v)} = \begin{vmatrix} \varphi_u(u,v) & \psi_u(u,v) \\ \varphi_v(u,v) & \psi_v(u,v) \end{vmatrix} \neq 0.$$

Dann gilt für jede auf G stetige Funktion f die Substitutionsregel für Flächenintegrale:

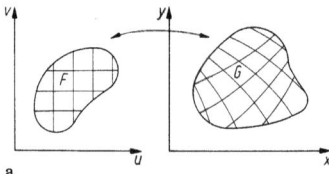
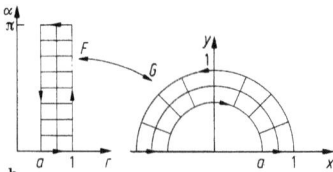

Bild 20 a und **b**. Abbildung eines Gebiets F auf ein Gebiet G

$$\iint_G f(x,y)\,d(x,y)$$
$$= \iint_F f(\varphi(u,v),\psi(u,v))\left|\frac{\partial(x,y)}{\partial(u,v)}\right|d(u,v).$$

Beispiel (Bild 20 b): In der x, y-Ebene sei das abgeschlossene Gebiet $G = \{(x,y) \mid 0 < a \leq \sqrt{x^2+y^2} \leq 1 \text{ und } y \geq 0\}$ gegeben, das die Form eines halben Kreisrings mit dem Außendurchmesser 1 und dem Innendurchmesser a hat. Auf G ist die Funktion $z = f(x,y) = \sqrt{1-x^2-y^2}$ für $(x,y) \in G$ erklärt. – Durch die Substitution $x = \varphi(r,\alpha) = r\cos\alpha$ und $y = \psi(r,\alpha) = r\sin\alpha$ wird das abgeschlossene Gebiet $F = \{(r,\alpha) \mid 0 < a \leq r \leq 1 \text{ und } 0 \leq \alpha \leq \pi\}$ eineindeutig auf das abgeschlossene Gebiet G abgebildet. Mit der Funktionaldeterminante der beiden Funktionen φ und ψ

$$\frac{\partial(x,y)}{\partial(r,\alpha)} = \begin{vmatrix} \cos\alpha & \sin\alpha \\ -r\sin\alpha & r\cos\alpha \end{vmatrix} = r > 0$$

ergibt sich für das Flächenintegral der Funktion f über G

$$\iint_G \sqrt{1-x^2-y^2}\,d(x,y) = \iint_F \sqrt{1-r^2}\,r\,d(r,\alpha)$$
$$= \int_a^1 \left(\int_0^\pi \sqrt{1-r^2}\,r\,d\alpha\right)dr = \pi \int_a^1 \sqrt{1-r^2}\,r\,dr = \pi/3\sqrt{1-a^2}^3.$$

Raumintegrale

Zugrunde gelegt wird ein räumliches abgeschlossenes Gebiet $G = \{(x,y,z) \mid (x,y) \in B \text{ und } f_1(x,y) \leq z \leq f_2(x,y)\}$, wobei B ein ebenes abgeschlossenes Gebiet mit stückweise glattem Rand ist und f_1, f_2 stetige Funktionen auf B sind. G ist demnach ein zylindrischer Körper, dessen Projektion auf die x, y-Ebene B ist und der oben von der Fläche $z = f_2(x,y)$ und unten von der Fläche $z = f_1(x,y)$ begrenzt wird. Ist f eine stetige Funktion auf G, dann ist das Raumintegral der Funktion f über G erklärt durch das iterierte Integral

$$\iiint_G f(x,y,z)\,d(x,y,z) = \iiint_G f(\mathbf{r})\,d\mathbf{r}$$
$$= \iint_B d(x,y) \int_{f_1(x,y)}^{f_2(x,y)} f(x,y,z)\,dz.$$

Der Ausdruck $d(x,y,z) = dx\,dy\,dz = d\mathbf{r} = dV$ heißt Volumenelement in kartesischen Koordinaten. Durch das Raumintegral mit $f(x,y,z) \equiv 1$ ist das Volumen von G definiert.

Beispiel (Bild 21): Das räumliche abgeschlossene Gebiet G ist ein Tetraeder, das von den vier Ebenen $x = 0$, $y = 0$, $z = 0$ und $x+y+z = 1$ begrenzt wird, so daß $B = \{(x,y) \mid 0 \leq x \leq 1 \text{ und } 0 \leq y \leq 1-x\}$ und $G = \{(x,y,z) \mid (x,y) \in B \text{ und } 0 \leq z \leq 1-x-y\}$. Auf G ist die Funktion $f(x,y,z) = 1/(1+x+y+z)^2$ erklärt. – Das Raumintegral der Funktion f über G lautet

$$\iiint_G \frac{1}{(1+x+y+z)^2}\,d(x,y,z)$$
$$= \iint_B d(x,y) \int_0^{1-x-y} \frac{1}{(1+x+y+z)^2}\,dz.$$

Integration des einfachen Integrals ergibt

$$\int_0^{1-x-y} \frac{1}{(1+x+y+z)^2}\,dz = -\left[\frac{1}{1+x+y+z}\right]_0^{1-x-y}$$
$$= -\left(\frac{1}{2} - \frac{1}{1+x+y}\right).$$

Für die Bestimmung des Raumintegrals ist jetzt nur noch das Flächenintegral zu berechnen, das sich wieder auf ein iteriertes Integral zurückführen läßt.

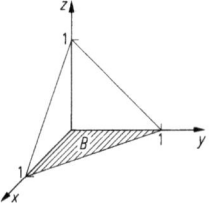

Bild 21. Tetraeder als räumlich abgeschlossenes Gebiet

$$\iint_B \left(\frac{1}{1+x+y} - \frac{1}{2}\right)d(x,y) = \int_0^1 dx \int_0^{1-x} \left(\frac{1}{1+x+y} - \frac{1}{2}\right)dy$$
$$= \int_0^1 dx \left[\ln(1+x+y) - \frac{1}{2}y\right]_0^{1-x}$$
$$= \int_0^1 (\ln 2 - (1-x)/2 - \ln(1+x))\,dx = 3/4 - \ln 2.$$

Substitutionsregel. Sind $x = x(u,v,w)$, $y = y(u,v,w)$ und $z = z(u,v,w)$ Funktionen mit stetigen partiellen Ableitungen 1. Ordnung, die ein räumliches Gebiet F mit den Variablen u, v, w auf ein räumliches Gebiet G mit den Variablen x, y, z abbilden, und ist die Funktionaldeterminante der Transformation

$$\frac{\partial(x,y,z)}{\partial(u,v,w)} = \begin{vmatrix} x_u & x_v & x_w \\ y_u & y_v & y_w \\ z_u & z_v & z_w \end{vmatrix} \neq 0 \quad \text{für } (u,v,w) \in F,$$

dann gilt für eine auf G stetige Funktion f die Substitutionsregel für Raumintegrale:

$$\iiint_G f(x,y,z)\,d(x,y,z)$$
$$= \iiint_F f(x(u,v,w),y(u,v,w),z(u,v,w))\left|\frac{\partial(x,y,z)}{\partial(u,v,w)}\right|d(u,v,w).$$

Koordinatentransformationen. Häufig treten auf:

Zylinderkoordinaten (**Bild 22**)

$$\begin{aligned} x &= r\cos\varphi \\ y &= r\sin\varphi, \quad \text{für } \begin{array}{l} 0 \leq r \\ 0 \leq \varphi \leq 2\pi \end{array} \\ z &= z \end{aligned}$$

$$\frac{\partial(x,y,z)}{\partial(r,\varphi,z)} = \begin{vmatrix} \cos\varphi & -r\sin\varphi & 0 \\ \sin\varphi & r\cos\varphi & 0 \\ 0 & 0 & 1 \end{vmatrix} = r,$$

$$\iiint_G f(x,y,z)\,d(x,y,z)$$
$$= \iiint_F f(r\cos\varphi, r\sin\varphi, z)\,r\,d(r,\varphi,z).$$

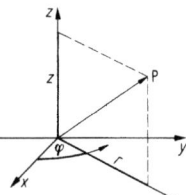

Bild 22. Zylinderkoordinaten r, φ, z

Kugelkoordinaten (**Bild 23**)

$$x = r\cos\vartheta\cos\varphi \qquad 0 \leq r$$
$$y = r\cos\vartheta\sin\varphi \quad \text{für} \quad -\pi/2 \leq \vartheta \leq \pi/2$$
$$z = r\sin\vartheta \qquad 0 \leq \varphi \leq 2\pi$$

$$\frac{\partial(x,y,z)}{\partial(r,\varphi,\vartheta)} = \begin{vmatrix} \cos\vartheta\,;\cos\varphi & -r\cos\vartheta\sin\varphi & -r\sin\vartheta\cos\varphi \\ \cos\vartheta\sin\varphi & r\cos\vartheta\cos\varphi & -r\sin\vartheta\sin\varphi \\ \sin\vartheta & 0 & r\cos\vartheta \end{vmatrix}$$
$$= r^2\cos\vartheta;$$

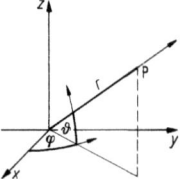

Bild 23. Kugelkoordinaten r, φ, ϑ

$$\iiint_G f(\mathbf{r})\,d\mathbf{r}$$
$$= \iiint_F f(r\cos\vartheta\cos\varphi, r\cos\vartheta\sin\varphi, r\sin\vartheta)r^2\cos\vartheta\,d(r,\varphi,\vartheta).$$

---

7 Kurven und Flächen, Vektoranalysis

U. Jarecki, Berlin

7.1 Kurven in der Ebene

7.1.1 Grundbegriffe

Parameterdarstellung. Eine ebene Kurve k ist durch ein System aus zwei Gleichungen erklärt: $x = x(t)$ und $y = y(t)$ für $t \in [a, b]$, wobei $x(t)$ und $y(t)$ stetige Funktionen auf dem abgeschlossenen Intervall $I = [a, b]$ sind. t heißt Kurvenparameter und I Parameterintervall. Beide Gleichungen ordnen jedem Parameterwert t genau einen Punkt oder Ortsvektor der Kurve k zu (**Bild 1**).

$$\mathbf{r}(t) = (x(t), y(t)) = x(t)\mathbf{e}_1 + y(t)\mathbf{e}_2 \quad \text{für} \quad t \in I = [ab].$$

Der Durchlaufsinn, mit dem der Punkt $\mathbf{r}(t)$ mit wachsenden Parameterwerten t die Kurve k durchläuft, heißt Orientierung von k, so daß $\mathbf{r}(a)$ den Anfangs- und $\mathbf{r}(b)$ den Endpunkt der Kurve kennzeichnen. Die Kurve k heißt geschlossen, wenn $\mathbf{r}(a) = \mathbf{r}(b)$.
Bei einer Substitution des Parameters t gemäß $t = \varphi(\tau)$ für $\tau \in [\alpha, \beta]$ und $\varphi(\alpha) = a$, $\varphi(\beta) = b$, wobei φ eine streng monoton wachsende Funktion auf $[\alpha, \beta]$ ist, bleiben Gestalt und Orientierung der Kurve erhalten.

$$\mathbf{r}(t) \quad \text{für} \quad t \in [a,b] \quad \text{und} \quad \tilde{\mathbf{r}}(\tau) = \mathbf{r}(\varphi(\tau)) \quad \text{für} \quad \tau \in [\alpha, \beta]$$

heißen dann äquivalente Darstellungen der Kurve k.

Beispiel (Bild 2): Durch die Gleichungen $x = \cos t$ und $y = \sin t$ oder $\mathbf{r}(t) = (\cos t, \sin t)$ für $t \in [0, \pi]$ ist ein Halbkreis mit dem Radius 1, dessen Orientierung dem Uhrzeigersinn entgegengesetzt ist, erklärt. Äquivalente Darstellungen dieser Kurve sind $x = \tilde{x}(\tau) = 2\cos^2\tau - 1$ und $y = \tilde{y}(\tau) = 2\sin\tau\cdot\cos\tau$ für $\tau \in [0, \pi/2]$, wobei $t = \varphi(\tau) = 2\tau$, $\tau \in [0, \pi/2]$, oder $x = \tilde{x}(\tau) = -\tau$ und $y = \tilde{y}(\tau) = \sqrt{1-\tau^2}$ für $\tau \in [-1, 1]$, wobei $t = \pi - \arccos\tau$.

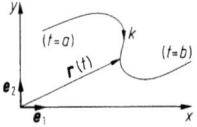

Bild 1. Kurve $k; x = x(t), y = y(t)$ für $t \in [a, b]$

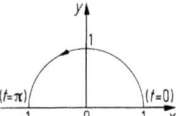

Bild 2. Halbkreis; $x = \cos t, y = \sin t$ für $t \in [0, \pi]$

Unter $-k$ ist eine Kurve erklärt, die aus k durch Umkehrung des Durchlaufsinns hervorgeht. Sind k_1 und k_2 zwei Kurven, bei denen der Anfangspunkt von k_2 mit dem Endpunkt von k_1 zusammenfällt, dann ist durch die Summe $k_1 + k_2$ eine Kurve erklärt, bei der nacheinander die Kurven k_1 und k_2 durchlaufen werden.

Beispiel:

$$k_1: \mathbf{r}_1(t) = (-t, \sqrt{1-t^2}) \quad \text{für} \quad t \in [-1,1],$$
$$k_2: \mathbf{r}_2(t) = (t-2, 0) \quad \text{für} \quad t \in [1,3],$$
$$k_1 + k_2: \mathbf{r}(t) = \begin{cases} \mathbf{r}_1(t) & \text{für } t \in [-1,1] \\ \mathbf{r}_2(t) & \text{für } t \in [1,3]. \end{cases}$$

Häufig wird eine Kurve k in Polarkoordinaten r und φ dargestellt.

$$r = r(t) \quad \text{und} \quad \varphi = \varphi(t) \quad \text{für} \quad t \in [a,b].$$

So stellt z.B. die Kurve $r = r(t) = \exp(\alpha t)$ und $\varphi = 2t$ für $t \in [0, \pi]$ eine Windung einer logarithmischen Spirale dar.

Parameterfreie Darstellung. Die Elimination des Parameters t bei der Kurve k, $x = \varphi(t)$ und $y = \psi(t)$ für $t \in [a, b]$, führt auf eine Gleichung der Form $F(x, y) = 0$ oder $y = f(x)$ bzw. $g = f(y)$. Sie heißt dann implizite oder explizite parameterfreie Darstellung der Kurve.

Beispiel: Der Einheitskreis $x = \cos t$ und $y = \sin t$ für $t \in [0, 2\pi]$ hat wegen $\cos^2 t + \sin^2 t = 1$ die implizite Darstellung $F(x,y) = x^2 + y^2 - 1 = 0$. Für $t \in [0, \pi]$, also $y \geq 0$, lautet die explizite Darstellung des oberen Halbkreises $y = f(x) = \sqrt{1-x^2}$.

Bei Kurven in Polarkoordinaten $r = r(t)$ und $\varphi = \varphi(t)$ für $t \in [a, b]$ lautet die parameterfreie Darstellung explizit und implizit

$$r = f(\varphi) \quad \text{für} \quad \varphi \in [\alpha, \beta] \quad \text{oder} \quad \varphi = g(r) \quad \text{für} \quad r \in [a, b],$$
$$F(r, \varphi) = 0.$$

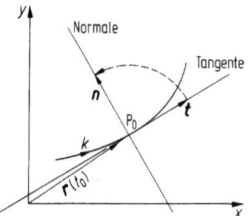

Bild 3. Tangenten- und Normaleneinheitsvektor t und n

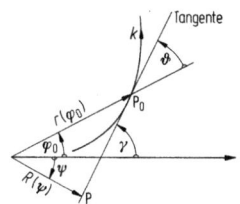

Bild 4. Polarkoordinaten, Tangente

7.1.2 Tangenten und Normalen

Differenzierbare Kurven. Eine Kurve k heißt differenzierbar, wenn sie eine Parameterdarstellung besitzt,

$$r = r(t) = (x(t), y(t)) \quad \text{für} \quad t \in [a, b],$$

bei der die Funktionen $x(t)$ und $y(t)$ in $[a, b]$ differenzierbar sind. Die Ableitung eine Kurve wird dann ausgedrückt durch

$$\frac{dr}{dt}(t) = r'(t) = (\dot{x}(t), \dot{y}(t)) = \dot{x}(t)e_1 + \dot{y}(t)e_2 \quad \text{für} \quad t \in [a, b].$$

Vektoren. In einem Kurvenpunkt $r(t_0)$ mit $r'(t_0) \neq \mathbf{0} = (0,0)$ beträgt für $t_0 \in [a, b]$ der Tangentenvektor

$$r'(t_0) = (\dot{x}(t_0), \dot{y}(t_0)).$$

Tangenteneinheitsvektor. Er ist der normierte Tangentenvektor (**Bild 3**)

$$\frac{r'(t_0)}{|r'(t_0)|} = t = \frac{1}{\sqrt{\dot{x}^2(t_0) + \dot{y}^2(t_0)}} (\dot{x}(t_0), \dot{y}(t_0)).$$

Normaleneinheitsvektor. Er ergibt sich nach (**Bild 3**) aus t durch Drehung um $\pi/2$ im positiven Sinn.

$$n = \frac{1}{\sqrt{\dot{x}^2(t_0) + \dot{y}^2(t_0)}} (-\dot{y}(t_0), \dot{x}(t_0))$$

Gleichungen

Kartesische Koordinaten. Für eine Kurve k mit $r(t)$ für $t \in [a, b]$ werden ihre Tangente bzw. Normale durch die orientierte Gerade mit dem Parameter $\lambda \in \mathbb{R}$ im Kurvenpunkt $r(t_0)$ dargestellt (s. **Tab. 1**).

$$\lambda \in \mathbb{R}: \quad r = r(t_0) + \lambda t \quad \text{bzw.} \quad r = r(t_0) + \lambda n$$

Beispiel: $r(t) = (2\sqrt{3}\cos t, 2\sin t)$ für $t \in [0, 2\pi]$ ist eine Darstellung der orientierten Ellipse mit den Halbachsen $2\sqrt{3}$ und 2. – Es ist $r'(t) = (-2\sqrt{3}\sin t, 2\cos t)$ für $t \in [0, 2\pi]$. Für den Kurvenpunkt $r(\pi/6)$ gilt $r(\pi/6) = (3;1), r'(\pi/6) = (-\sqrt{3}, \sqrt{3}), |r'(\pi/6)| = \sqrt{6}$. Damit lautet der Tangenteneinheitsvektor in $r'(\pi/6)$

$$t = \frac{r'(\pi/6)}{|r'(\pi/6)|} = \frac{1}{\sqrt{6}} (-\sqrt{3}, \sqrt{3}) = (-1/\sqrt{2}, 1/\sqrt{2})$$

und die Gleichung der (orientierten) Tangente $r = r(t) = (3;1) + \lambda(-1;1)$ oder in Koordinatenschreibweise $x = 3-\lambda$ und $y = 1+\lambda$ bzw. explizit $y = -x + 4$.

Polarkoordinaten. Ist eine Kurve k (**Bild 4**) durch eine explizite Darstellung in Polarkoordinaten r und φ gegeben,

$$r = r(\varphi) \quad \text{für} \quad \varphi \in [\alpha, \beta]$$

und ist $r_0 = (\varphi_0, r(\varphi_0))$ ein Punkt der Kurve, so wird die Tangentenrichtung durch den Winkel γ zwischen Tangente und Polarachse oder den Winkel ϑ zwischen Tangente und verlängertem Ortsvektor des Punkts r_0 angegeben. Es ist

$$\tan \gamma = \frac{r'(\varphi_0) \sin \varphi_0 + r(\varphi_0) \cos \varphi_0}{r'(\varphi_0) \cos \varphi_0 - r(\varphi_0) \sin \varphi_0} \quad \text{bzw.}$$

$$\tan \vartheta = \frac{r(\varphi_0)}{r'(\varphi_0)}.$$

Die Gleichung der Tangente an k in r_0 lautet in Polarkoordinaten R und ψ

$$R = R(\psi) = \frac{r^2(\varphi_0)}{r(\varphi_0) \cos(\psi - \varphi_0) - r'(\varphi_0) \sin(\psi - \varphi_0)}.$$

Die Abschnitte T und N der Tangenten und der Normalen sowie ihre Projektionen, die Subtangente ST und Subnormale SN, sind in **Tab. 2** und **Bild 5** angegeben.

Beispiel: Logarithmische Spirale $r = r(\varphi) = A \exp(\varphi/m)$. – Mit $r'(\varphi) = (A/m) \exp(\varphi/m)$ ergibt sich $\tan \vartheta = r(\varphi)/r'(\varphi) = m$, d.h., daß hier der Winkel zwischen der Tangente und der Verlängerung des Ortsvektors konstant ist.

Glatte Kurven. Eine Kurve k heißt glatt, wenn sie eine Parameterdarstellung

$$r = r(t) = (x(t), y(t)) \quad \text{für} \quad t \in [a, b]$$

besitzt, die auf $[a, b]$ stetig differenzierbar ist und bei der $r'(t) \neq \mathbf{0}$ für alle $t \in [a, b]$ ist. Ist die Kurve geschlossen, dann gilt außerdem $r'(a) = r'(b)$. Eine glatte Kurve hat demnach in jedem Punkt eine Tangente.

Tabelle 1. Tangenten

Kurvendarstellung	Tangenten-steigung	Tangentengleichung
$y = f(x)$ $y_0 = f(x_0)$	$f'(x_0)$	$y - y_0 = f'(x_0)(x - x_0)$
$x = x(t); \quad y = y(t)$ $x_0 = x(t_0); y_0 = y(t_0)$	$\dfrac{\dot{y}(t_0)}{\dot{x}(t_0)}$	$\dot{y}(t_0)(x - x_0) - \dot{x}(t_0)(y - y_0) = 0$
$F(x, y) = 0$ $F(x_0, y_0) = 0$	$-\dfrac{F_x(x_0, y_0)}{F_y(x_0, y_0)}$	$F_x(x_0, y_0)(x - x_0)$ $+ F_y(x_0, y_0)(y - y_0) = 0$

Tabelle 2. Strecken an einer Kurve

Kurve Strecke	$y = f(x)$	$r = R(\varphi)$
Tangentenabschnitt T	$\left\|\dfrac{f(x_0)}{f'(x_0)}\right\| \sqrt{1 + f'^2(x_0)}$	$\dfrac{R(\varphi_0)}{\|R'(\varphi_0)\|} \sqrt{R^2(\varphi_0) + R'^2(\varphi_0)}$
Normalenabschnitt N	$\|f(x_0)\| \sqrt{1 + f'^2(x_0)}$	$\sqrt{R^2(\varphi_0) + R'^2(\varphi_0)}$
Subtangente ST	$\left\|\dfrac{f(x_0)}{f'(x_0)}\right\|$	$\dfrac{R^2(\varphi_0)}{\|R'(\varphi_0)\|}$
Subnormale SN	$\|f(x_0) f'(x_0)\|$	$\|R'(\varphi_0)\|$

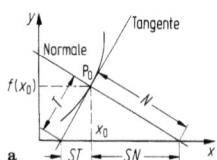
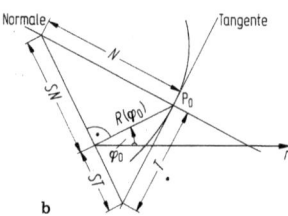

Bild 5. Strecken an einer Kurve. **a** kartesische Koordinaten; **b** Polarkoordinaten

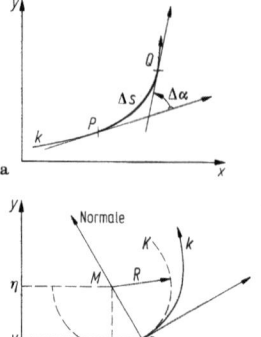

Bild 6. a Krümmung; **b** Krümmungskreis

7.1.3 Bogenlänge

Vorausgesetzt wird eine glatte oder stückweise glatte Kurve k

$$\boldsymbol{r} = \boldsymbol{r}(t) = (x(t), y(t)) \quad \text{für} \quad t \in [a,b]$$

Ihre Bogenlänge ist – mit dem Bogenelement $\mathrm{d}s = |\boldsymbol{r}'(t)|\,\mathrm{d}t$ –

$$L = \int_a^b |\boldsymbol{r}'(t)|\,\mathrm{d}t = \int_a^b \sqrt{\dot{x}^2(t) + \dot{y}^2(t)}\,\mathrm{d}t.$$

Kartesische und Polarkoordinaten. Hier ergibt die explizite Darstellung

$$\begin{aligned} y &= f(x) \\ x &\in [a,b] \end{aligned} \qquad L = \int_a^b \sqrt{1 + f'^2(x)}\,\mathrm{d}x$$

$$\begin{aligned} r &= r(\varphi) \\ \varphi &\in [\varphi_1, \varphi_2] \end{aligned} \qquad L = \int_{\varphi_1}^{\varphi_2} \sqrt{r^2(\varphi) + r'^2(\varphi)}\,\mathrm{d}\varphi$$

Bogenelement. Das Element $\mathrm{d}s = |\boldsymbol{r}'(t)|\,\mathrm{d}t$ lautet in kartesischen bzw. Polarkoordinaten

$$\mathrm{d}s = \sqrt{(\mathrm{d}x)^2 + (\mathrm{d}y)^2} \quad \text{bzw.} \quad \mathrm{d}s = \sqrt{(\mathrm{d}r)^2 + (r\,\mathrm{d}\varphi)^2}.$$

Beispiel 1: Bogenlänge einer gewöhnlichen Zykloide; $k: x = a(t - \sin t), y = a(1-\cos t)$ für $t \in [0, 2\pi]$. – $\dot{x}(t) = a(1 - \cos t), \dot{y}(t) = a \sin t$,

$$\mathrm{d}s = \sqrt{\dot{x}^2(t) + \dot{y}^2(t)}\,\mathrm{d}t = 2a|\sin(t/2)|\,\mathrm{d}t = 2a\sin(t/2)\,\mathrm{d}t,$$

$$L = 2a \int_0^{2\pi} \sin(t/2)\,\mathrm{d}t = 8a.$$

Beispiel 2: Windung einer logarithmischen Spirale; $k: r = r(\varphi) = A\exp(\alpha\varphi)$ für $\varphi \in [0, 2\pi]$ und $A > 0$. – $r'(\varphi) = \alpha A \exp(\alpha\varphi)$,

$$\mathrm{d}s = \sqrt{r^2(\varphi) + r'^2(\varphi)}\,\mathrm{d}\varphi = \sqrt{A^2\exp(\alpha\varphi) + \alpha^2 A^2 \exp(\alpha\varphi)}\,\mathrm{d}\varphi$$
$$= A\sqrt{1 + \alpha^2}\exp(\alpha\varphi)\,\mathrm{d}\varphi,$$
$$L = A\sqrt{1 + \alpha^2} \int_0^{2\pi} \exp(\alpha\varphi)\,\mathrm{d}\varphi = A/\alpha \sqrt{1 + \alpha^2}(\exp(2\pi\alpha) - 1).$$

7.1.4 Krümmung

Im **Bild 6 a** ist ein Teil einer (orientierten) Kurve k dargestellt. Beim Durchlaufen der Kurve wird sich im allgemeinen der Steigungswinkel α der (orientierten) Tangente ändern. Ist $\Delta\alpha$ der Zuwachs des Steigungswinkels beim Durchlaufen des Kurvenbogens $\widehat{PQ}$ der Länge Δs, dann ist die Krümmung $\varkappa$ der Kurve im Kurvenpunkt P (**Tab. 3**)

$$\varkappa = \frac{\mathrm{d}\alpha}{\mathrm{d}s} = \lim_{\Delta s \to 0} \frac{\Delta\alpha}{\Delta s}.$$

Kurvenpunkte, in denen die Krümmung ein lokales Extremum besitzt, heißen Scheitelpunkte. Der Kehrwert des Betrags der Krümmung heißt Krümmungsradius

$$R = 1/|\varkappa|.$$

K heißt der zum Kurvenpunkt $P(x, y)$ gehörende Krümmungskreis (**Bild 6 b**), wenn der Punkt P auf dem Kreis K liegt, der Kreis K und die Kurve k in P die gleiche Tangente besitzen, der Radius R des Kreises mit dem Krümmungsradius der Kurve in P übereinstimmt.

Tabelle 3. Krümmung

Kurvendarstellung	Krümmung	Krümmungsmittelpunkt (ξ, η)
$y = f(x)$	$\dfrac{f''(x)}{(1 + f'^2(x))^{3/2}}$	$\xi = x - \dfrac{1 + f'^2(x)}{f''(x)} f'(x)$ $\eta = f(x) + \dfrac{1 + f'^2(x)}{f''(x)}$
$x = x(t)$ $y = y(t)$	$\dfrac{\dot{x}\ddot{y} - \dot{y}\ddot{x}}{(\dot{x}^2 + \dot{y}^2)^{3/2}}$	$\xi = x - \dfrac{\dot{x}^2 + \dot{y}^2}{\dot{x}\ddot{y} - \dot{y}\ddot{x}} \dot{y}$ $\eta = y + \dfrac{\dot{x}^2 + \dot{y}^2}{\dot{x}\ddot{y} - \dot{y}\ddot{x}} \dot{x}$
$r = R(\varphi)$	$\dfrac{r^2 + 2r'^2 - rr''}{(r^2 + r'^2)^{3/2}}$	$\xi = r\cos\varphi - \dfrac{(r^2 + r'^2)(r\cos\varphi + r'\sin\varphi)}{r^2 + 2r'^2 - rr''}$ $\eta = r\sin\varphi - \dfrac{(r^2 + r'^2)(r\sin\varphi - r'\cos\varphi)}{r^2 + 2r'^2 - rr''}$

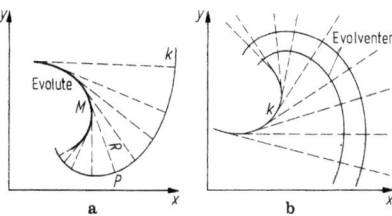

Bild 7. a Evolute; **b** Evolvente

Krümmungsmittelpunkt. Er ist der Mittelpunkt $M(\xi, \eta)$ des Krümmungskreises K (**Tab. 3**) und liegt auf der Normalen in P. Seine Koordinaten sind

$$\xi = x - R\sin\alpha = x - R\frac{dy}{ds}, \quad \eta = y + R\cos\alpha = y + R\frac{dx}{ds}.$$

Evolute und Evolvente. Die Kurve, deren Punkte die Krümmungsmittelpunkte M einer Kurve k sind, heißt Evolute der Kurve k (**Bild 7 a**). Sie ist Einhüllende der Normalenschar von k. Evolvente einer Kurve k ist eine Kurve, deren Evolute die Kurve k ist (**Bild 7 b**). Die Evolvente einer Kurve k schneidet die Tangenten von k senkrecht.

Beispiel: Eine Parameterdarstellung der Kreisevolvente lautet $x = r\cos t + rt\sin t$, $y = r\sin t - rt\cos t$ für $t \geq 0$. — Hieraus folgt $\ddot{x}\dot{y} - \ddot{y}\dot{x} = r^2 t^2$ und $\dot{x}^2 + \dot{y}^2 = r^2 t^2$, so daß ihre Krümmung und ihr Krümmungsradius nach **Tab. 3** $\varkappa = 1/(rt)$ und $R = rt$ sind. Ihre Krümmungsmittelpunkte haben die Koordinaten $\xi = r\cos t$ und $\eta = r\sin t$. Die Evolute der Kreisevolvente ist also ein Kreis mit dem Radius r.

7.1.5 Einhüllende einer Kurvenschar

Eine Gleichung der Form $F(x, y, c) = 0$ mit den drei Zahlenvariablen x, y und c, wobei x und y kartesische Koordinaten sind und c ein Parameter ist, stellt für jeden Wert c eines gewissen Bereichs eine ebene Kurve dar. Die Gesamtheit aller Kurven heißt einparametrige Kurvenschar mit dem Scharparameter c. So stellt die Gleichung $F(x,y,c) = (x-c)^2 + y^2 - c^2 = 0$ für $c \in \mathbb{R}$ eine einparametrige Schar von Kreisen mit dem Radius c dar, deren Mittelpunkte auf der x-Achse liegen und die die y-Achse berühren (**Bild 8**). Häufig besitzt eine solche Kurvenschar eine Einhüllende oder Enveloppe (**Bild 9 a**), die jede Kurve der Schar in einem Punkt berührt und nur aus solchen Berührungspunkten besteht.

Ist $F(x, y, c)$ eine in einer Umgebung von (x_0, y_0, c_0) definierte Funktion mit stetigen partiellen Ableitungen 2. Ordnung und ist

$F(x_0, y_0, c_0) = 0$,
$F_c(x_0, y_0, c_0) = 0$, und
$F_{cc}(x_0, y_0, c_0) \neq 0$

$\begin{vmatrix} F_x(x_0,y_0,c_0) & F_y(x_0,y_0,c_0) \\ F_{cx}(x_0,y_0,c_0) & F_{cy}(x_0,y_0,c_0) \end{vmatrix} \neq 0,$

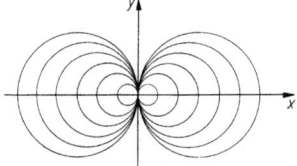

Bild 8. Einparametrige Kurvenschar

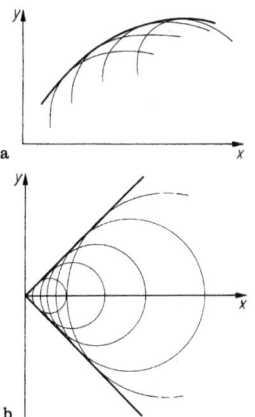

Bild 9. Enveloppe. **a** allgemein; **b** einer Kreisschar

dann besitzt die einparametrige Kurvenschar $F(x, y, c) = 0$ eine Einhüllende $x = \varphi(c)$ und $y = \psi(c)$, die sich durch Auflösen von $F(x, y, c) = 0$ und $F_c(x, y, c) = 0$ ergibt.

Beispiel (**Bild 9 b**): Einparametrige Kreisschar. $F(x,y,c) = (x - \sqrt{2}c)^2 + y^2 - c^2 = 0$ für $c \geq 0$, $F_c(x,y,c) = -2\sqrt{2}(x - \sqrt{2}c) - 2c = 0$. — Aus diesen beiden Gleichungen ergibt sich die Einhüllende $x = \varphi(c) = c/\sqrt{2}$ und $y = \pm c/\sqrt{2}$ oder $y = \pm x$ für $x \geq 0$.

7.1.6 Spezielle ebene Kurven

Potenzkurven. In den Anwendungen treten die Potenzfunktionen (s. **A 6.1.2**) meist in Verbindung mit einem Faktor auf: Ihre Gleichungen lauten dann $y = ax^\alpha$.

Konstruktion (**Bild 10**). Ausgegangen wird dabei von zwei Punkten $P_1 = (x_1, y_1)$ und $P_2(x_2, y_2)$, wobei $y_1 = ax_1^\alpha$ und $y_2 = ax_2^\alpha$ mit $x_1 \neq x_2$. Im Koordinatenursprung werden zwei Strahlen angetragen, die mit der x- bzw. y-Achse jeweils einen beliebigen Winkel γ bzw. δ bilden. Werden von den Punkten P_1 und P_2 die Lote auf die Koordinatenachsen gefällt, so schneiden diese die Koordinatenachsen und die Strahlen in den Punkten Q_1 und R_1, Q_2 und R_2 bzw. S_1 und T_1, S_2 und T_2. Zu den Strecken $\overline{Q_1 R_2}$ bzw. $\overline{S_1 T_2}$ werden die parallelen Strecken $\overline{Q_2 R_3}$ bzw. $\overline{S_2 T_3}$ gezogen. Der Schnittpunkt der Lote von R_3 auf die y-Achse und von T_3 auf die x-Achse ergibt dann einen Punkt der Potenzkurve. Durch Fortsetzung dieses Verfahrens können – wie in **Bild 10** angedeutet – weitere Punkte gewonnen werden.

Schleppkurve (Traktrix). Bei der Schleppkurve (**Bild 11**) ist der Tangentenabschnitt für jeden Kurvenpunkt gleich einer Konstanten a. Eine Parameterdarstellung lautet

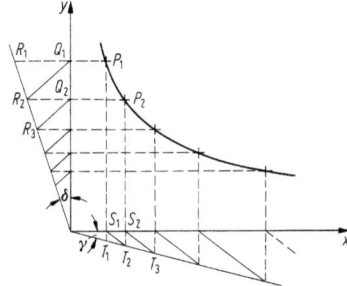

Bild 10. Konstruktion von $y = ax^\alpha$

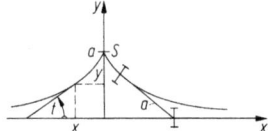

Bild 11. Schleppkurve (Traktrix)

$x = a \ln\tan(t/2) + a \cos t$ und
$y = a \sin t$ für $t \in (0, \pi)$.

Der Punkt $S = (0, a)$ für $t = \pi/2$ ist wegen $\dot x(\pi/2) = \dot y(\pi/2) = 0$ singulärer Punkt (Umkehrpunkt).
Kettenlinie. Sie ist die Evolute der Traktrix (**Bild 12**) und es gilt mit $t \in (0, \pi)$ bzw. $x \in \mathbb{R}$ (s. **B 1.9.1**)

$x = a \ln\tan(t/2)$ und $y = a/\sin t$ bzw.
$y = a/2[\exp(x/a) + \exp(-x/a)]$.

Die Länge des Kurvenbogens SP ist gleich der Länge R der Projektion der Ordinate y von P auf die Tangente mit dem Berührungspunkt P. In der Nachbarschaft ihres Scheitelpunktes S läßt sich die Kettenlinie durch die Parabel $= a + x^2/(2a)$ annähern.

Zykloiden

Gewöhnliche Zykloiden (Bild 13 a) . Sie wird beim Abrollen eines Kreises mit dem Radius r auf einer Geraden von einem festen Punkt P auf dem Umfang des Kreises beschrieben und hat die Parameterdarstellung

$x = r(t - \sin t)$ und $y = r(1 - \cos t)$,

wobei der Parameter t den Wälzwinkel $\sphericalangle AMP$ darstellt. Länge eines Zykloidenbogens $L = 8r$, Fläche unter einem Zykloidenbogen $A = 3\pi r^2$, Krümmungsradius $R = 4r \sin(t/2)$.
Verkürzte und verlängerte Zykloide (Bilder 13 b und c). Hierbei liegt der Punkt P, der fest mit dem auf der Geraden abrollenden Kreis verbunden ist, im Abstand a von dessen Mittelpunkt. Die Parameterdarstellung für die verkürzte ($a<r$) und die verlängerte Zykloide ($a>r$) lautet

$x = rt - a \sin t$ und $y = r - a \cos t$.

Epizykloide (Bild 13 d). Rollt ein Kreis mit dem Radius r auf der Außenseite eines Kreises mit dem Radius R, so beschreibt ein fester Punkt P des rollenden Kreises eine Epizykloide. Ist a der Abstand des Punkts P vom Mittelpunkt M des rollenden Kreises, so heißt die Epizykloide gewöhnlich, wenn $a = r$, verkürzt, wenn $a < r$ und verlängert, wenn $a > r$ ist. Die allgemeine Parameterdarstellung lautet

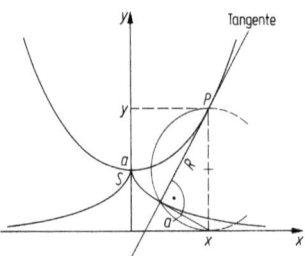

Bild 12. Kettenlinie

$x = (R + r)\cos\left(\dfrac{r}{R}t\right) - a \cos\left(\dfrac{R+r}{R}t\right)$ und

$y = (R + r)\sin\left(\dfrac{r}{R}t\right) - a \sin\left(\dfrac{R+r}{R}t\right)$,

wobei $t = \sphericalangle AMP$ der Wälzwinkel und $rt/R = \sphericalangle AOB$ der Drehwinkel ist.
Hypozykloide (Bild 13 e). Rollt der Kreis mit dem Radius r auf der Innenseite des Kreises mit dem Radius $R(r < R)$, so beschreibt der feste Punkt P auf dem rollenden Kreis eine Hypozykloide. Ihre Parameterdarstellung lautet

$x = (R - r)\cos\left(\dfrac{r}{R}t\right) + a \cos\left(\dfrac{R-r}{R}t\right)$ und

$y = (R - r)\sin\left(\dfrac{r}{R}t\right) - a \sin\left(\dfrac{R-r}{R}t\right)$.

Sie ergibt sich aus der Parameterdarstellung der Epizykloidem, indem dort r durch $-r$, a durch $-a$ und t durch $-t$ ersetzt wird. Bei der gewöhnlichen Hypozykloide ist $a = r$.

Einige Sonderfälle der Epi- und Hypozykloiden

Herzkurve oder *Kardioide* heißt die Epyzykloide mit $r = R = a$ (**Bild 13 f**). Hier gilt in Parameterdarstellung bzw. implizit

$x = a[2\cos t - \cos(2t)]$ und $y = a[2\sin t - \sin(2t)]$ bzw.
$(x^2 + y^2 - a^2)^2 = 4a^2[(x-a)^2 + y^2]$.

Mit $x = y + \varrho\cos\varphi$ und $y = \varrho\sin\varphi$ folgt hieraus die Darstellung in Polarkoordinaten ϱ und φ.

$\varrho = 2a(1 - \cos\varphi)$

Der Umfang der Kardioide hat die Länge $u = 16a$, die von ihr eingeschlossene Fläche den Inhalt $A = 6\pi a^2$.
Astroide oder *Sternkurve* heißt die Hypozykloide mit $r = a = R/4$ (**Bild 13**). Es gilt

$x = (3/4)R\cos(t/4) + (1/4)R\cos(3t/4) = R\cos^3(t/4)$
$y = (3/4)R\sin(t/4) - (1/4)R\sin(3t/4) = R\sin^3(t/4)$ bzw.
$(x^2 + y^2 - R^2)^3 + 27R^2 x^2 y^2 = 0$ oder
$x^{2/3} + y^{2/3} = R^{2/3}$.

Der Umfang der Astroide ist $u = 6R$, die von ihr eingeschlossene Fläche $A = (3/8)\pi R^2$. Die Astroide ist Einhüllende aller Strecken mit der Länge R, deren Endpunkte auf der x- und y-Achse liegen.
Ist $R = 2r$, dann ergibt sich aus der Hypozykloide eine Ellipse mit den Halbachsen $r + a$ und $r - a$. Es gilt $x = (r + a)\cos(t/2)$ und $y = (r - a)\sin(t/2)$. Ist außerdem noch $r = a$, liegt der Punkt P also auf dem Umfang des rollenden Kreises, so wird $x = 2r\cos(t/2)$ und $y = 0$. Der Punkt P bewegt sich dann auf der x-Achse und sein Gegenpunkt auf dem Kreis auf der y-Achse.

Kreisevolvente (**Bild 14**). Wird ein biegsamer Faden von einem Kreis mit dem Radius a straff abgewickelt, so daß er tangential vom Kreis (Punkt B) abläuft, so beschreibt sein Ende P eine Kreisevolvente. Mit dem Parameter $t = \sphericalangle AOB$ folgt in kartesischen bzw. Polarkoordinaten

$x = x(t) = a(\cos t + t \sin t)$ und
$y = y(t) = a(\sin t - t \cos t)$ bzw.
$r = r(t) = a\sqrt{1 + t^2}$ und $\varphi = \varphi(t) = t - \arctan t$.

Hierbei ist $\alpha = \arctan t = t - \varphi$ der Winkel, den die Tangente in P mit dem verlängerten Ortsvektor $\overrightarrow{OP}$ einschließt. Die Länge des Bogens $\widehat{AP}$ ist $L = at^2/2$, der Inhalt des Sektors OPA ist $A = a^2 t^3/6$, der Krümmungsradius in P ist $R = at$.

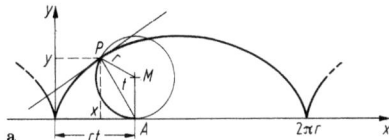
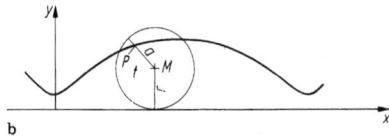
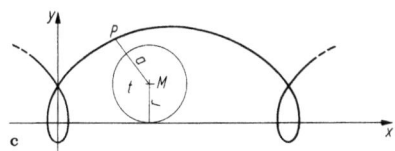
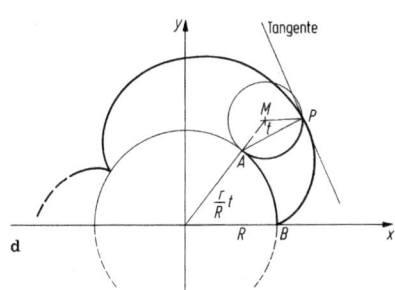
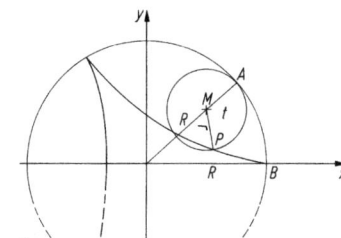
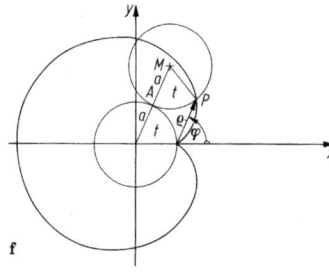

Bild 13. Zykloiden. **a** gemeine; **b** verkürzte; **c** verlängerte; **d** Epi-, **e** Hypo-, **f** Kardioide; **g** Astroide

Spiralen

Archimedische Spirale (Bild 15 a). Bewegt sich ein Punkt P mit konstanter Geschwindigkeit v auf einem Strahl, der sich mit gleichförmiger Winkelgeschwindigkeit ω um den festen Pol O dreht, so beschreibt er eine Archimedische Spirale

$$r = a\varphi, \quad a > 0 \text{ und } \varphi \geqq 0$$

Je zwei aufeinander folgende Schnittpunkte eines beliebigen, vom Pol O ausgehenden Strahls mit der Spirale haben den konstanten Abstand $2\pi a$.

Bogenlänge: $\quad L = a(\varphi\sqrt{1+\varphi^2} + \operatorname{arsinh}\varphi)/2$,

Krümmungsradius: $\quad R = (a^2 + r^2)^{3/2}/(2a^2 + r^2)$.

Hyperbolische Spirale (Bild 15 b). Ihre Gleichung lautet

$$r\varphi = a, \quad a > 0, \quad \varphi > 0$$

Wegen $r \to 0$ für $\varphi \to \infty$ windet sich die Kurve um den Pol O, ohne ihn jedoch zu erreichen. Pol O ist asymptotischer Punkt. Die Parallele im Abstand a zur Polarachse ist Asymptote.

Krümmungsradius: $\quad R = r(1 + r^2/a^2)^{3/2}$.

Logarithmische Spirale (Bild 15 c). Ihre Gleichung lautet

$$r = a \exp(m\varphi) \quad a, m > 0.$$

Wegen $r \to 0$ für $\varphi \to -\infty$ windet sich die Kurve um den Pol O, ohne ihn jedoch zu erreichen, d.h., der Pol O ist asymptotischer Punkt.

Für den Winkel ψ zwischen dem verlängerten Ortsvektor $\overrightarrow{OP}$ und der zugehörige Tangente gilt $\tan\psi = 1/m$. Dies bedeutet, daß die Spirale alle vom Pol O ausgehenden Halbgeraden unter dem konstanten Winkel $\psi = \arctan(1/m)$ schneidet. Der Krümmungsradius bzw. die Länge des Normalenabschnitts beträgt

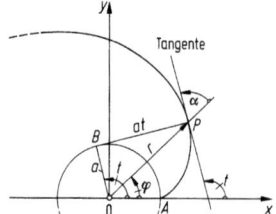

Bild 14. Kreisevolvente

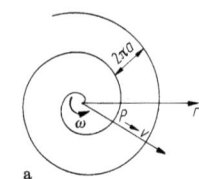

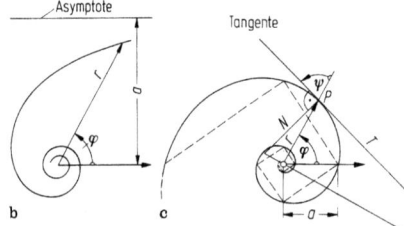

Bild 15. Spiralen. **a** archimedisch; **b** hyperbolisch; **c** logarithmisch

$$R = N = r\sqrt{1+m^2},$$

die Länge des Bogens $\widehat{OP}$ bzw. des Tangentenabschnitts T ist $L = r\sqrt{1+m^{-2}}$.

7.1.7 Kurvenintegrale

Die Kurvenintegrale sind eine Erweiterung des gewöhnlichen Riemann-Integrals, indem bei ihnen an die Stelle eines Integrationsintervalls eine Integrationskurve oder ein Integrationsweg k tritt. Der Einfachheit halber wird vorausgesetzt, daß die in Betracht kommenden Kurven (stückweise) glatt und die im Integranden auftretenden Funktionen stetig sind.

Nichtorientiertes Kurvenintegral. Seine symbolische Schreibweise für eine Funktion f auf k ist

$$\int_k f(\mathbf{r})\,\mathrm{d}s = \int_k f(x,y)\,\mathrm{d}s.$$

Ist die Kurve k durch die Parameterdarstellung $k: \mathbf{r} = \mathbf{r}(t) = (x(t), y(t))$ für $t \in [a,b]$ gegeben so läßt sich das Kurvenintegral durch ein gewöhnliches Riemann-Integral ausdrücken.

$$\int_k f(\mathbf{r})\,\mathrm{d}s = \int_a^b f(\mathbf{r}(t))|\mathbf{r}'(t)|\,\mathrm{d}t$$

$$= \int_a^b f(x(t),y(t))\sqrt{\dot{x}^2(t)+\dot{y}^2(t)}\,\mathrm{d}t$$

Im Kurvenintegral ist also $\mathbf{r}$ durch die Kurvenpunkte $\mathbf{r}(t)$ und $\mathrm{d}s$ durch das Bogenelement $|\mathbf{r}'(t)|\,\mathrm{d}t$ zu ersetzen.

Beispiel 1: $\int_k x^2\,\mathrm{d}s$, wobei $k: \mathbf{r} = \mathbf{r}(t) = a(\cos t, \sin t)$ für $t \in [0,\pi]$. – Die Kurve k stellt in der x,y-Ebene einen Halbkreis mit dem Radius a dar, dessen Mittelpunkt im Koordinatenursprung liegt. Mit $\mathrm{d}s = a\,\mathrm{d}t$ gilt

$$\int_k x^2\,\mathrm{d}s = \int_0^\pi a^2\cos^2 t\, a\,\mathrm{d}t = a^3\int_0^\pi \cos^2 t\,\mathrm{d}t = (\pi/2)a^3.$$

Beispiel 2: $\int_k (x^2+y^2)^{-3/2}\,\mathrm{d}s$, wobei $k: r = r(\varphi) = 1/\varphi$ für $\sqrt{3} \leq \varphi \leq 2\sqrt{2}$. – Die Kurve k stellt einen Teil der hyperbolischen Spirale dar. Wegen $x = r\cos\varphi = \cos\varphi/\varphi$ und $y = r\sin\varphi = \sin\varphi/\varphi$ gilt $(x^2+y^2)^{-3/2} = \varphi^3$. Für das Bogenelement $\mathrm{d}s$ in Polarkoordinaten ergibt sich $\mathrm{d}s = \sqrt{r^2+r'^2}\,\mathrm{d}\varphi = \sqrt{1+\varphi^2}/\varphi^2\,\mathrm{d}\varphi$, und damit ist

$$\int_k (x^2+y^2)^{-3/2}\,\mathrm{d}s = \int_{\sqrt{3}}^{2\sqrt{2}} \varphi\sqrt{1+\varphi^2}\,\mathrm{d}\varphi = 19/3.$$

Orientiertes Kurvenintegral. Auf der Kurve k sind zwei stetige Funktionen P und Q erklärt, die zu einer vektoriellen Funktion f zusammengefaßt sind.

$$f(\mathbf{r}) = (P(\mathbf{r}), Q(\mathbf{r})) \quad \text{für} \quad \mathbf{r} \in k$$

Das orientierte Kurvenintegral der Funktion f über k wird symbolisch ausgedrückt durch

$$\int_k f(\mathbf{r})\,\mathrm{d}\mathbf{r} = \int_k P(\mathbf{r})\,\mathrm{d}x + Q(\mathbf{r})\,\mathrm{d}y$$

$$= \int_k P(x,y)\,\mathrm{d}x + Q(x,y)\,\mathrm{d}y.$$

Ist die Kurve k durch eine Parameterdarstellung gegeben, $\mathbf{r} = \mathbf{r}(t) = (x(t), y(t))$ für $t \in [a,b]$, so läßt sich das orientierte Kurvenintegral auf ein gewöhnliches Riemann-Integral

$$\int_k f(\mathbf{r})\,\mathrm{d}\mathbf{r} = \int_a^b f(\mathbf{r}(t))\cdot \mathbf{r}'(t)\,\mathrm{d}t$$

$$= \int_a^b (P(\mathbf{r}(t))\dot{x}(t) + Q(\mathbf{r}(t))\dot{y}(t))\,\mathrm{d}t$$

zurückführen. Bedeutet $f(\mathbf{r})$ eine Kraft im Kurvenpunkt $\mathbf{r}$, dann stellt das orientierte Kurvenintegral die Arbeit längs der Kurve k dar.

Eigenschaften des orientierten Kurvenintegrals:

$$\int_{-k} f(r)\,dr = -\int_{k} f(r)\,dr,$$

$$\int_{k} cf(r)\,dr = c\int_{k} f(r)\,dr, \quad c \in \mathbb{R},$$

$$\int_{k} (f_1(r)+f_2(r))\,dr = \int_{k} f_1(r)\,dr + \int_{k} f_2(r)\,dr,$$

$$\int_{k_1+k_2} f(r)\,dr = \int_{k_1} f(r)\,dr + \int_{k_2} f(r)\,dr.$$

Beispiel: $\int_{k}(x+y)\,dx + (x-y)\,dy = \int_{k} f(r)\,dr$ mit $f(r) = (x+y, x-y)$.
– Die Kurve k soll ein orientierter Bogen der Parabel $y = x^2$ mit dem Anfangspunkt $a = (-1, 1)$ und dem Endpunkt $b = (1, 1)$ sein. Eine Parameterdarstellung der Kurve k lautet $r = r(t) = (t, t^2)$ für $t \in [-1, 1]$. Es ist $f(r(t)) = (t+t^2, t-t^2)$ und $dr = r'(t)\,dt = (1, 2t)\,dt$. Damit ergibt sich

$$\int_{k}(x+y)\,dx+(x-y)\,dy = \int_{-1}^{1}((t+t^2)+(2t^2-2t^3))\,dt$$
$$= \int_{-1}^{1}(-2t^3+3t^2+t)\,dt = 2.$$

Wegunabhängigkeit des Kurvenintegrals. Auf dem ebenen Gebiet G sei eine Funktion $f(r) = (P(r), Q(r))$ erklärt, wobei P und Q stetige Funktionen sind. Das orientierte Kurvenintegral $\int_{k} f(r)\,dr$ heißt im Gebiet G wegunabhängig, wenn für je zwei Punkte $a \in G$ und $b \in G$ sowie für jede ganz in G verlaufende und die Punkte a und b verbindende Kurve k das Kurvenintegral $\int_{k} f(r)\,dr$ stets denselben Wert besitzt. Dies ist gleichbedeutend damit, daß für jede ganz in G verlaufende geschlossene Kurve k gilt:

$$\oint_{k} f(r)\,dr = 0.$$

Eine auf G definierte Funktion $g(r)$ heißt *Stammfunktion* von $f(r) = (P(r), Q(r))$ in G, wenn für alle $r \in G$

$$\frac{\partial g}{\partial x}(r) = P(r) \text{ und } \frac{\partial g}{\partial y}(r) = Q(r) \text{ oder } \text{grad } g(r) = f(r)$$

gilt. Ist g eine Stammfunktion von f im Gebiet G und sind a und b zwei Punkte aus G, dann gilt für jede ganz in G verlaufende Kurve k mit dem Anfangspunkt a und dem Endpunkt b

$$\int_{k} f(r)\,dr = g(b) - g(a).$$

Ist das Kurvenintegral wegunabhängig im Gebiet G, dann ist bei festem $x_0 \in G$

$$g(x) = \int_{x_0}^{x} f(r)\,dr \quad \text{für} \quad x \in G$$

eine Stammfunktion von f in G, wobei das Integral ein Kurvenintegral längs einer beliebigen in G verlaufenden Kurve mit dem Anfangspunkt x_0 und dem Endpunkt x bedeutet.

Integrabilitätsbedingung. Notwendig für die Wegunabhängigkeit des Kurvenintegrals

$$\int f(r)\,dr = \int P(x,y)\,dx + Q(x,y)\,dy$$

im Gebiet G ist die Bedingung

$$\frac{\partial P}{\partial y}(r) = \frac{\partial Q}{\partial x}(r) \quad \text{für} \quad r \in G.$$

Ist das Gebiet G einfach zusammenhängend, dann ist sie auch hinreichend für die Wegunabhängigkeit des Kurvenintegrals.

Beispiel: $f(r) = (6xy - 4y^2, 3x^2 - 8xy)$ oder $P(r) = 6xy - 4y^2$ und $Q(r) = 3x^2 - 8xy$. – Wegen $\frac{\partial P}{\partial y} = \frac{\partial Q}{\partial x} = 6x - 8y$ ist die Integrabilitätsbedingung in der ganzen Ebene (einfach zusammenhängendes Gebiet G) erfüllt, d.h., das Kurvenintegral $\int f(r)\,dr$ ist in der ganzen Ebene wegunabhängig oder gleichbedeutend damit, die Funktion f besitzt eine Stammfunktion g. Mit dem festen Punkt $(0, 0)$ und dem variablen Punkt (x', y') der Ebene ist dann durch

$$g(x', y') = \int_{(0,0)}^{(x', y')} f(r)\,dr$$ eine Stammfunktion g von f auf $\mathbb{R}$ erklärt.

Wird als Kurve k eine gerichtete Strecke mit dem Anfangspunkt $(0, 0)$ und dem Endpunkt (x', y') gewählt, $r = r(t) = (tx', ty')$ für $t \in [0, 1]$, so ist wegen

$f(r(t)) = (6t^2x'y' - 4t^2y'^2, 3t^2x'^2 - 8t^2x'y')$ und $r'(t) = (x', y')$

$$g(x', y') = \int_{0}^{1}(9x^2y' - 12xy'^2)t^2\,dt = (9x'^2y' - 12x'y'^2)[t^3/3]_0^1$$
$$= 3x'^2y' - 4x'y'^2$$

die Funktion $g(x,y) = g(r) = 3x^2y - 4xy^2$ eine Stammfunktion von $f(r) = (6xy - 4y^2, 3x^2 - 8xy)$. Die Gesamtheit alle Stammfunktionen von f ergibt sich durch Addition einer beliebigen Konstanten C zu g.

Gaußscher Integralsatz der Ebene (Bild 16). Ist G ein ebenes Gebiet, dessen Rand R aus ein oder mehreren stückweise glatten Kurven besteht, und sind P und Q zwei auf G und R erklärte Funktionen mit stetigen partiellen Ableitungen 1. Ordnung, dann gilt

$$\iint_{G}\left(\frac{\partial Q}{\partial x} - \frac{\partial P}{\partial y}\right)d(x,y) = \int_{R} P\,dx + Q\,dy.$$

Die Randkurven sind dabei so orientiert, daß das Gebiet G stets zur linken Seite liegt. Mit Hilfe des Gaußschen Satzes können Flächeninhalte durch ein Kurvenintegral ausgedrückt werden.

$$\iint_{G} d(x,y) = \int_{R} x\,dy = -\int_{R} y\,dx = 1/2 \int_{R} x\,dy - y\,dx$$

Beispiel: Inhalt der Fläche, die von der Astroide begrenzt wird. – Randkurve: $x = a\cos^3 t$ und $y = a\sin^3 t$ für $t \in (0, 2\pi]$. Flächeninhalt:

$$A = \iint_{G} d(x,y) = (1/2)\int_{R} x\,dy - y\,dx$$
$$= (3/2)a^2 \int_{0}^{2\pi} \sin^2 t \cos^2 t\,dt = (3/8)\pi a^2.$$

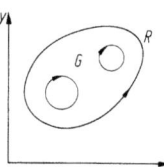

Bild 16. Orientierung der Randkurve eines Gebiets G

7.2 Kurven im Raum

7.2.1 Grundbegriffe

Zugrunde gelegt wird ein räumliches kartesisches Koordinatensystem $(0; e_1, e_2, e_3)$ im positiv orientierten Raum. Eine (stetige) Kurve k wird dargestellt durch eine stetige Funktion

$$r = r(t) = (x(t), y(t), z(t))$$
$$= x(t)e_1 + y(t)e_2 + z(t)e_3 \quad \text{für } t \in [a, b],$$

wobei $x(t)$, $y(t)$ und $z(t)$ reellwertige stetige Funktionen des Parameters t auf dem Parameterintervall $[a, b]$ sind. $r(a)$ bzw. $r(b)$ heißt Anfangs- und Endpunkt von k. Fallen Anfangs- und Endpunkt zusammen, d.h. $r(a) = r(b)$, dann heißt die Kurve geschlossen.
Ist bei der Darstellung der Kurve k $r = r(t) = (x(t), y(t), z(t))$ für $t \in [a, b]$ z.B. die Funktion $x = x(t)$ auf $[a, b]$ umkehrbar mit $t = t(x)$ für $x \in [x_1, x_2]$, dann heißt $y = y(t(x)) = \bar{y}(x)$ und $z = z(t(x)) = \bar{z}(x)$ oder $r = \bar{r}(x) = (x, \bar{y}(x), \bar{z}(x))$ für $x \in [x_1, x_2]$ eine parameterfreie Darstellung der Kurve k.

7.2.2 Tangente und Bogenlänge

Differenzierbare Kurven. Eine Kurve k heißt differenzierbar, wenn sie eine differenzierbare Parameterdarstellung besitzt.

$$r = r(t) = (x(t), y(t), z(t)) \quad \text{für } t \in [a, b],$$

wobei $x(t)$, $y(t)$ und $z(t)$ differenzierbare Funktionen sind. Es ist dann

$$r'(t) = \frac{dr}{dt} = (\dot{x}(t), \dot{y}(t), \dot{z}(t)) = \lim_{\Delta t \to 0} \frac{r(t + \Delta t) - r(t)}{\Delta t}.$$

Die Kurve k heißt stetig differenzierbar, wenn $\dot{x}(t)$, $\dot{y}(t)$ und $\dot{z}(t)$ auf $[a, b]$ stetig sind. Höhere Ableitungen sind entsprechend erklärt.

Tangente. Ist bei der differenzierbaren Kurve k $r = r(t)$, $t \in [a, b]$, $r'(t_0) = (\dot{x}(t_0), \dot{y}(t_0), \dot{z}(t_0)) \neq 0 = (0, 0, 0)$, dann heißt $r'(t_0)$ Tangentialvektor im Kurvenpunkt $r(t_0)$. Sein Richtungssinn stimmt mit der Orientierung der Kurve überein. Der normierte Tangentialvektor $t = r'(t_0)/|r'(t_0)|$ heißt Tangenteneinheitsvektor. Die Gerade $r = r(t_0) + sr'(t_0)$ mit $r'(t_0) \neq 0$, wobei s Parameter der Geraden ist, heißt Tangente an k im Kurvenpunkt $r(t_0)$. Eine differenzierbare Kurve k, $r = r(t)$ für $t \in [a, b]$, bei der $r'(t) \neq 0$ für jedes $t \in [a, b]$, heißt glatt. Sie besitzt also in jedem Kurvenpunkt eine Tangente.

Bogenlänge. Für eine auf $[a, b]$ stetig differenzierbare Kurve k, $r = r(t) = (x(t), y(t), z(t))$, beträgt sie

$$L = \int_a^b |r'(t)| \, dt = \int_a^b \sqrt{\dot{x}^2(t) + \dot{y}^2(t) + \dot{z}^2(t)} \, dt.$$

Beispiel: Schraubenlinie $r = r(t) = (a \cos t, a \sin t, ct)$ für $t \in [0, 2\pi]$. – Für $c > 0$ ist die Schraubenlinie rechtsgängig. Sie hat die Ganghöhe $h = 2\pi c$. Ihre Projektion auf die x, z- bzw. y, z-Ebene ist durch die Gleichungen $x = a \cos t, z = ct$ bzw. $x = a \cos(z/c)$ bzw. $y = a \sin t$, $z = ct$ oder $y = a \sin(z/c)$ bestimmt. Der Tangential- bzw. Tangenteneinheitsvektor ist

$$r'(t) = (-a \sin t, a \cos t, c) \quad \text{bzw.}$$
$$t = \frac{r'(t)}{|r'(t)|} = \frac{1}{\sqrt{a^2 + c^2}} (-a \sin t, a \cos t, c).$$

Der Tangentialvektor schließt mit der z-Achse den konstanten Winkel γ ein, wobei $\cos \gamma = c/\sqrt{a^2 + c^2}$. Die Länge einer Schraubenwindung ist $L = \int_0^{2\pi} \sqrt{a^2 + c^2} \, dt = 2\pi \sqrt{a^2 + c^2}$.

7.2.3 Kurvenintegrale

Die Kurvenintegrale im Raum sind entsprechend denen in der Ebene definiert. Vorausgesetzt wird, daß die in Betracht kommenden Kurven glatt und die im Integranden auftretenden Funktionen stetig sind.

Nichtorientiertes Kurvenintegral. Es ist für eine Funktion f auf k, $r = r(t)$ mit $t \in [a, b]$, erklärt durch

$$\int_k f(r) \, ds = \int_k f(x, y, z) \, ds = \int_a^b f(r(t)) |r'(t)| \, dt$$
$$= \int_a^b f(x(t), y(t), z(t)) \sqrt{\dot{x}^2(t) + \dot{y}^2(t) + \dot{z}^2(t)} \, dt.$$

Sein Wert ist unabhängig von der Kurvenorientierung. $ds = |r'(t)| \, dt$ heißt nichtorientiertes Bogenelement.

Orientiertes Kurvenintegral. Es ist für eine Vektorfunktion $v(r) = v(x, y, z) = (P(r), Q(r), R(r))$ auf k, $r = r(t)$ mit $t \in [a, b]$, definiert durch

$$\int_k v(r) \, dr = \int_a^b v(r(t)) r'(t) \, dt$$
$$= \int_k P(r) \, dx + Q(r) \, dy + R(r) \, dz$$
$$= \int_a^b (P(r(t))\dot{x}(t) + Q(r(t))\dot{y}(t) + R(r(t))\dot{z}(t)) \, dt.$$

Bei entgegengesetzter Orientierung (Kurve $-k$) ändert sich das Vorzeichen des Integrals. Kurvenintegrale, bei denen die Integrationskurve k geschlossen ist, werden gewöhnlich durch das Zeichen $\oint$ gekennzeichnet.

Beispiel: Schraubenwindung; k: $r = r(t) = (a \cos t, a \sin t, ct)$ für $t \in [0, 2\pi]$. – $v(r) = (y, z, x)$ oder $P(x, y, z) = y$, $Q(x, y, z) = z$, $R(x, y, z) = x$. Hieraus ergibt sich $v(r(t)) = (a \sin t, ct, a \cos t)$, $r'(t) = (-a \sin t, a \cos t, c)$ und damit $v(r(t)) \cdot r'(t) = -a^2 \sin^2 t + act \cos t + ac \cos t$. Das Kurvenintegral der Funktion v längs k lautet dann

$$\int_0^{2\pi} v(r) \, dr = \int_0^{2\pi} v(r(t)) \cdot r'(t) \, dt$$
$$= \int_0^{2\pi} (-a^2 \sin^2 t + act \cos t + ac \cos t) \, dt = -\pi a^2.$$

Wegunabhängigkeit. Die vektorielle Funktion $v = v(r)$ sei in einem räumlichen Gebiet G erklärt und dort stetig. Das orientierte Kurvenintegral heißt wegunabhängig in G, wenn für jede geschlossene, ganz in G verlaufende Kurve

$$\oint v(r) \, dr = 0$$

gilt. Für jede, zwei beliebige Punkte des Gebiets G verbindende und ganz in G verlaufende Kurve k hat damit das Kurvenintegral der Funktion v längs k denselben Wert.

Stammfunktion. Eine auf G stetig differenzierbare, reellwertige Funktion $f(r)$ heißt Stammfunktion von $v(r) = (P(r), Q(r), R(r))$, wenn

$$\text{grad} f(r) = v(r) \quad \text{oder}$$
$$\frac{\partial f}{\partial x}(r) = P(r), \quad \frac{\partial f}{\partial y}(r) = Q(r), \quad \frac{\partial f}{\partial z}(r) = R(r).$$

Die Existenz einer Stammfunktion von v bedeutet zugleich, daß $v(r) \, dr = P(r) \, dx + Q(r) \, dy + R(r) \, dz$ ein totales Differential ist.

Ist nun f eine Stammfunktion von $\boldsymbol{v}$ in G und k, $\boldsymbol{r} = \boldsymbol{r}(t)$ für $t \in [a, b]$, eine beliebige, ganz in G verlaufende und stetig differenzierbare Kurve mit $\boldsymbol{a} = \boldsymbol{r}(a)$ als Anfangs- und $\boldsymbol{b} = \boldsymbol{r}(b)$ als Endpunkt, dann ergibt sich

$$\int_k \boldsymbol{v}(\boldsymbol{r}) \, \mathrm{d}\boldsymbol{r} = \int_a^b \operatorname{grad} f(\boldsymbol{r}(t)) \cdot \boldsymbol{r}'(t) \, \mathrm{d}t$$
$$= \int_a^b \frac{\mathrm{d}f}{\mathrm{d}t}(\boldsymbol{r}(t)) \, \mathrm{d}t = f(\boldsymbol{r}(b)) - f(\boldsymbol{r}(a)) = f(\boldsymbol{b}) - f(\boldsymbol{a});$$

das Kurvenintegral ist also wegunabhängig.

Integrabilitätsbedingungen. Ist die Funktion $\boldsymbol{v}(\boldsymbol{r}) = (P(\boldsymbol{r}), Q(\boldsymbol{r}), R(\boldsymbol{r}))$ in G stetig differenzierbar und besitzt sie dort eine Stammfunktion $f(\boldsymbol{r})$, dann folgt aus $\operatorname{grad} f(\boldsymbol{r}) = \boldsymbol{v}(\boldsymbol{r})$, d.h. $\frac{\partial f}{\partial x}(\boldsymbol{r}) = P(\boldsymbol{r}), \frac{\partial f}{\partial y}(\boldsymbol{r}) = Q(\boldsymbol{r}), \frac{\partial f}{\partial z}(\boldsymbol{r}) = R(\boldsymbol{r})$, unter Beachtung der Vertauschbarkeit der partiellen Ableitungen die notwendige Bedingung für die Wegunabhängigkeit des Kurvenintegrals bzw. für die Existenz einer Stammfunktion von $\boldsymbol{v}$.

$$\frac{\partial P}{\partial y}(\boldsymbol{r}) = \frac{\partial Q}{\partial x}(\boldsymbol{r}), \quad \frac{\partial Q}{\partial z}(\boldsymbol{r}) = \frac{\partial R}{\partial y}(\boldsymbol{r}), \quad \frac{\partial R}{\partial x}(\boldsymbol{r}) = \frac{\partial P}{\partial z}(\boldsymbol{r}).$$

Diese Gleichungen heißen Integrabilitätsbedingungen.

Beispiel: Feldstärke im Gravitationsfeld einer Masse m.

$\boldsymbol{F}(\boldsymbol{r}) = -k\frac{m}{r^3}(x,y,z) = -k\frac{m}{r^3}\boldsymbol{r}$, $G = \{(x,y,z) | x^2 + y^2 + z^2 > 0\}$, $r = |\boldsymbol{r}| = \sqrt{x^2 + y^2 + z^2}$.

Mit $P(\boldsymbol{r}) = -k\frac{m}{r^3}x, Q(\boldsymbol{r}) = -k\frac{m}{r^3}y, R(\boldsymbol{r}) = -k\frac{m}{r^3}z$ sind die Integrabilitätsbedingungen erfüllt, und die reellwertige Funktion $g(\boldsymbol{r}) = k\frac{m}{r}$ ist eine Stammfunktion von $\boldsymbol{F}(\boldsymbol{r})$. Für jede die Punkte $\boldsymbol{r}_1 = (x_1, y_1, z_1)$ und $\boldsymbol{r}_2 = (x_2, y_2, z_2)$ aus G und ganz in G verlaufende Kurve k ist

$$\int_k \boldsymbol{F}(\boldsymbol{r}) \, \mathrm{d}\boldsymbol{r} = km\left(\frac{1}{r_2} - \frac{1}{r_1}\right) \text{ mit } r_1 = |\boldsymbol{r}_1| \text{ und } r_2 = |\boldsymbol{r}_2|.$$

7.3 Fläche

7.3.1 Grundbegriffe

Parameterstellung. Eine Fläche A wird mit den Parametern u und v dargestellt durch

$$\boldsymbol{r} = \boldsymbol{r}(u,v) = (x(u,v), y(u,v), z(u,v))$$
$$= x(u,v)\boldsymbol{e}_1 + y(u,v)\boldsymbol{e}_2 + z(u,v)\boldsymbol{e}_3 \text{ für } (u,v) \in G,$$

wobei der Definitionsbereich G ein ebenes Gebiet mit stückweise glattem Rang in der u, v-Ebene ist und die reellwertigen Funktionen $x(u,v)$, $y(u,v)$ und $z(u,v)$ stetig auf G sind.

Glatte Fläche. Die Fläche heißt glatt, wenn die Funktion $\boldsymbol{r}(u,v)$ stetig differenzierbar ist, d.h., wenn die Funktionen $x(u,v)$, $y(u,v)$ und $z(u,v)$ stetige partielle Ableitungen 1. Ordnung besitzen, und wenn außerdem

$\boldsymbol{r}_u(u,v) \times \boldsymbol{r}_v(u,v) \neq \boldsymbol{0}$ bzw.
$|\boldsymbol{r}_u(u,v) \times \boldsymbol{r}_v(u,v)| > 0$ für $(u,v) \in G$,

wobei $\boldsymbol{r}_u = \frac{\partial \boldsymbol{r}}{\partial u} = (x_u, y_u, z_u)$ und $\boldsymbol{r}_v = \frac{\partial \boldsymbol{r}}{\partial v} = (x_v, y_v, z_v)$. Dies ist gleichbedeutend damit, daß mindestens eine der Determinanten

$$\begin{vmatrix} y_v & y_u \\ z_v & z_u \end{vmatrix}, \quad \begin{vmatrix} z_v & z_u \\ x_v & x_u \end{vmatrix}, \quad \begin{vmatrix} x_v & x_u \\ y_v & y_u \end{vmatrix}$$

für alle $(u,v) \in G$ verschieden von Null ist. Singulär heißt ein Flächenpunkt $\boldsymbol{r}(u,v)$ mit $(u,v) \in G$, wenn $\boldsymbol{r}_u(u,v) \times \boldsymbol{r}_v(u,v) = \boldsymbol{0}$. Die einfachen glatten Flächen können geschlossen sein oder einen stückweise glatten Rand besitzen.

Koordinatenlinien. So heißen die Kurven

$\boldsymbol{r}(u,v_0) = (x(u,v_0), y(u,v_0), z(u,v_0)), \quad v_0 = \text{const};$
$\boldsymbol{r}(u_0,v) = (x(u_0,v), y(u_0,v), z(u_0,v)) \quad u_0 = \text{const}$

auf der Fläche. Sie bilden ein krummliniges Netz (**Bild 17**) mit den Koordinaten u und v. Ihre Tangentialvektoren sind

$$\boldsymbol{r}_u = \frac{\partial \boldsymbol{r}}{\partial u} = (x_u, y_u, z_u) \quad \text{und} \quad \boldsymbol{r}_v = \frac{\partial \boldsymbol{r}}{\partial v} = (x_v, y_v, z_v).$$

Durch jeden Flächenpunkt geht genau eine u- und v-Linie, die einander dort schneiden. Sind insbesondere die Tangentialvektoren der Koordinatenlinien in jedem Flächenpunkt orthogonal, d.h., $\boldsymbol{r}_u \cdot \boldsymbol{r}_v = 0$, dann heißt das Koordinatennetz orthogonal.

Beispiel: Oberfläche einer Kugel mit dem Radius R (**Bild 18**). – $\boldsymbol{r} = \boldsymbol{r}(u,v) = R(\cos v \cdot \cos u, \cos^2 v \cdot \sin u, \sin v), u \in [0, 2\pi], v \in [-\pi/2, \pi/2]$. Die u-Linien ($v = \text{const}$) sind die Breitenkreise und die v-Linien ($u = \text{const}$) sind die Längenkreise. Ihre Tangentialvektoren sind

$\boldsymbol{r}_u = R(-\cos v \cdot \sin u, \cos v \cdot \cos u, 0)$ und
$\boldsymbol{r}_v = R(-\sin v \cdot \cos u, -\sin v \cdot \sin u, \cos v)$.

Hieraus ergibt sich $\boldsymbol{r}_u \times \boldsymbol{r}_v = R^2(\cos^2 v \cdot \cos u, \cos^2 v \cdot \sin u, \cos v \cdot \sin v) = R \cos v \cdot \boldsymbol{r}(u,v)$. Die Pole ($v = -\pi/2$ oder $v = \pi/2$) sind wegen $\boldsymbol{r}_v \times \boldsymbol{r}_u = \boldsymbol{0}$ singuläre Flächenpunkte. Das Koordinatennetz ist orthogonal, da $\boldsymbol{r}_u \cdot \boldsymbol{r}_v = 0$ ist.

Parameterfreie Darstellung. Sie erfolgt in der Form $F(x, y, z) = 0$, wobei die Funktion F stetige partielle Ableitungen 1. Ordnung F_x, F_y und F_z besitzt und $F_x^2(x,y,z) + F_y^2(x,y,z) + F_z^2(x,y,z) > 0$. Punkte (x, y, z) mit $F_x^2 + F_y^2 + F_z^2 = 0$ heißen singulär. Ein Sonderfall einer parameterfreien Darstellung ist $F(x, y, z) = f(x, y) - z = 0$ oder $z = f(x, y)$ bzw. $\boldsymbol{r} = \boldsymbol{r}(x,y) = (x, y, f(x, y))$.

Beispiel: Kugeloberfläche mit dem Radius R. – Elimination der Parameter u und v aus dem letzten Beispiel führt auf die Gleichung

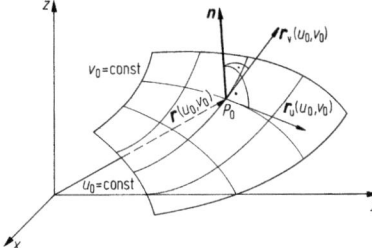

Bild 17. Fläche im Raum

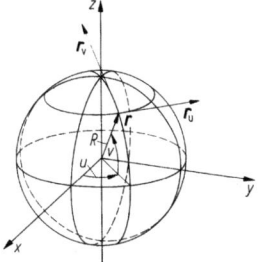

Bild 18. Kugeloberfläche

$F(x,y,z) = x^2 + y^2 + z^2 - R^2 = 0$. Insbesondere ergibt sich hieraus für die Darstellung der oberen Hälften der Kugeloberfläche $(z \geq 0) z = f(x, y) = \sqrt{R^2 - x^2 - y^2}$ für $x^2 + y^2 \leq R^2$.

7.3.2 Tangentialebene

Gleichungen. Die Fläche sei in der Parameterdarstellung gegeben, $r = r(u, v)$. Ist $r_0 = (x_0, y_0, z_0) = (x(u_0, v_0), y(u_0, v_0), z(u_0, v_0)) = r(u_0, v_0)$ ein Punkt der Fläche, dann spannen die Tangentialvektoren $r_u(u_0, v_0)$ und $r_v(u_0, v_0)$ der Koordinatenlinien im Punkt $r(u_0, v_0)$ die Tangentialebene der Fläche in r_0 auf. Ihr Stellungsvektor (**Bild 17**) ist

$$n = r_u(u_0, v_0) \times r_v(u_0, v_0) \neq 0.$$

Der normierte Stellungsvektor

$$n^0 = \frac{r_u \times r_v}{|r_u \times r_v|}$$

heißt Normalvektor der Fläche im Punkt r_0.
Für einen Punkt r der Tangentialebene gilt:

$(r - r_0)n = 0$ bzw.

$$\begin{vmatrix} x - x(u_0, v_0) & x_u(u_0, v_0) & x_v(u_0, v_0) \\ y - y(u_0, v_0) & y_u(u_0, v_0) & y_v(u_0, v_0) \\ z - z(u_0, v_0) & z_u(u_0, v_0) & z_v(u_0, v_0) \end{vmatrix} = 0.$$

Bei einer Fläche in der parameterfreien Darstellung $F(x, y, z) = 0$ ist der Stellungsvektor bzw. der Normalvektor

$$n = \text{grad} F = (F_x, F_y, F_z) \quad \text{bzw.} \quad n^0 = \text{grad} F / |\text{grad} F|.$$

Für die Tangentialebene gilt

$(r - r_0) \text{grad} F = 0$ bzw. $F_x(x_0, y_0, z_0)(x - x_0) + F_y(x_0, y_0, z_0)(y - y_0) + F_z(x_0, y_0, z_0)(z - z_0) = 0.$

Flächeninhalt. Die tangential zu den Koordinatenlinien der Fläche $r = r(u, v)$ gerichteten Vektoren $r_u \, du$ und $r_v \, dv$ mit $r_u \times r_v \neq 0$ spannen ein Parallelogramm auf (**Bild 19**). Es heißen $dS = (r_u \times r_v) \, du \, dv$ vektorielles oder orientiertes Flächenelement, $dS = |r_u \times r_v| \, du \, dv$ skalares Flächenelement. Ist G ein Gebiet mit stückweise glattem Rand der u, v-Ebene, dann ist der Inhalt der Fläche $r = r(u, v)$ für $(u, v) \in G$ bestimmt durch

$$\iint_G |r_u \times r_v| \, du \, dv = \iint_G \sqrt{r_u^2 \cdot r_v^2 - (r_u \cdot r_v)^2} \, du \, dv.$$

$E = r_u^2 = x_u^2 + y_u^2 + z_u^2$, $G = r_v^2 = x_v^2 + y_v^2 + z_v^2$, $F = r_u \cdot r_v = x_u x_v + y_u y_v + z_u z_v$ heißen Gaußsche Koeffizienten der Fläche. Für die Fläche mit der Gleichung $z = f(x, y)$ für $(x, y) \in G$ lautet der Flächeninhalt

$$\iint_G \sqrt{1 + f_x^2 + f_y^2} \, dx \, dy.$$

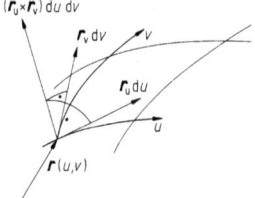

Bild 19. Flächenelement

Beispiel: Inhalt der Kugeloberfläche (s. **A 7.3.1**). – Es ist $|r_u \times r_v| = |R \cos v \, r(u, v)| = R^2 \cos v$ für $0 \leq u \leq 2\pi$, $-\pi/2 \leq v \leq \pi/2$.

$$\iint_G R^2 \cos v \, du \, dv$$

$$= R^2 \int_{-\pi/2}^{\pi/2} \cos v \, dv \int_0^{2\pi} du = 2\pi R^2 [\sin v]_{-\pi/2}^{\pi/2} = 4\pi R^2.$$

7.3.3 Oberflächenintegrale

Nichtorientiertes Oberflächenintegral. Auf der Punktmenge der Fläche $A, r = r(u, v)$ für $(u, v) \in G$, sei die stetige Funktion $F(r) = F(x, y, z)$ erklärt. Das nichtorientierte Oberflächenintegral ist definiert durch

$$\iint_A F(r) \, dS = \iint_G F(r(u, v)) |r_u \times r_v| \, du \, dv.$$

Hiermit wird es auf ein gewöhnliches Flächenintegral zurückgeführt, wobei $dS = |r_u \times r_v| \, du \, dv$ das skalare Flächenelement ist.
Für die Fläche A mit der Darstellung $z = f(x, y)$ für $(x, y) \in G$ lautet das Oberflächenintegral

$$\iint_A F(r) \, dS$$

$$= \iint_G F(x, y, f(x, y)) \sqrt{1 + f_x^2(x, y) + f_y^2(x, y)} \, dx \, dy.$$

Beispiel: Trägheitsmoment einer Kugeloberfläche bezüglich eines Kugeldurchmessers (z-Achse). – Gleichung der Kugeloberfläche: $r = r(u, v) = R(\cos v \cdot \cos u, \cos v \cdot \sin u, \sin v)$ für $0 \leq u \leq 2\pi$, $-\pi/2 \leq v \leq \pi/2$. Das skalare Flächenelement der Kugeloberfläche lautet $dS = |r_u \times r_v| \, du \, dv = R^2 \cos v \, du \, dv$. Trägheitsmoment bezüglich der z-Achse:

$$\iint_A (x^2 + y^2) \, dS = \iint_G R^2 \cos^2 v \, R^2 \cos v \, du \, dv$$

$$= R^4 \int_0^{2\pi} du \int_{-\pi/2}^{\pi/2} \cos^3 v \, dv = \frac{8\pi}{3} R^4.$$

Orientiertes Oberflächenintegral. Auf der Punktmenge der Fläche $A, r = r(u, v)$ für $(u, v) \in G$, sei die stetige vektorielle Funktion erklärt: $F(r) = (P(r), Q(r), R(r))$. Das orientierte Oberflächenintegral ist dann definiert durch

$$\iint_A F(r) \, dS = \iint_G F(r(u, v)) \cdot (r_u \times r_v) \, du \, dv,$$

wobei $dS = (r_u \times r_v) \, du \, dv$ das orientierte Flächenelement ist. Mit dem Normalenvektor der Fläche A,

$$n^0 = (r_u \times r_v) / |r_u \times r_v|,$$

lautet es,

$$\iint_A F(r) \, dS = \iint_G F(r(u, v)) \cdot n^0 |r_u \times r_v| \, du \, dv$$

$$= \iint F(r) \cdot n^0 \, dS.$$

Sind $\cos\alpha, \cos\beta$ und $\cos\gamma$ die Richtungscosinusse von $\mathbf{n}^0$, dann ist

$$\iint_A \mathbf{F}(\mathbf{r}) \, d\mathbf{S} = \iint_A (P(\mathbf{r})\cos\alpha + Q(\mathbf{r})\cos b + R(\mathbf{r})\cos\gamma) \, dS$$
$$= \iint_A P(\mathbf{r}) \, dy \, dz + Q(\mathbf{r}) \, dz \, dx + R(\mathbf{r}) \, dx \, dy.$$

Wird der Richtungssinn der Flächennormalen umgekehrt, dann ändert sich das Vorzeichen des Integrals.

7.4 Vektoranalysis

7.4.1 Grundbegriffe

Zugrunde gelegt wird ein räumliches kartesisches Koordinaten-System $(0; \mathbf{e}_1, \mathbf{e}_2, \mathbf{e}_3)$ mit positiver Orientierung (Rechtssystem), so daß jeder Punkt des Raums eindeutig durch seinen Ortsvektor $\overrightarrow{OP} = \mathbf{r} = x\mathbf{e}^1 + y\mathbf{e}_2 + z\mathbf{e}_3$ dargestellt wird. Punkte werden auch kurz mit $\mathbf{r}$ gekennzeichnet.

Skalarfeld

Ist jedem Punkt $\mathbf{r}$ eines Raumgebiets G genau eine skalare Größe $f(\mathbf{r}) = f(x,y,z)$, z.B. Temperatur, zugeordnet, dann heißt die Funktion f Skalarfeld auf G, z.B. Temperaturfeld, wobei die Flächen $f(\mathbf{r}) = C = \text{const}$ als Niveauflächen von f bezeichnet werden.

Vektorfeld

Ist jedem Punkt $\mathbf{r}$ eines Raumgebiets G genau eine vektorielle Größe $\mathbf{F}(\mathbf{r})$, z.B. Kraft oder Geschwindigkeit, zugeordnet, dann heißt die vektorielle Funktion $\mathbf{F}$ Vektorfeld auf G, z.B. Kraftfeld oder Geschwindigkeitsfeld. Eine solche vektorielle Funktion $\mathbf{F}$ wird durch drei reellwertige Funktionen F_x, F_y und F_z dargestellt.

$$\mathbf{F}(\mathbf{r}) = F_x(\mathbf{r})\mathbf{e}_1 + F_y(\mathbf{r})\mathbf{e}_2 + F_z(\mathbf{r})\mathbf{e}_3$$
$$= (F_x(\mathbf{r}), F_y(\mathbf{r}), F_z(\mathbf{r})).$$

Feldlinie heißt eine Raumkurve k, $\mathbf{r} = \mathbf{r}(t)$, in einem Vektorfeld $\mathbf{F}$, wenn $\mathbf{F}(\mathbf{r}) \times d\mathbf{r}/dt = \mathbf{0}$, d.h., wenn ihre Tangentialvektoren $d\mathbf{r}/dt$ mit den Vektoren $\mathbf{F}(\mathbf{r})$ in den Kurvenpunkten $\mathbf{r}(t)$ kollinear sind.

Fluß eines Vektorfelds $\mathbf{F}$ durch eine Fläche A. Er ist definiert durch das orientierte Oberflächenintegral

$$\iint_A \mathbf{F}(\mathbf{r}) \, d\mathbf{S}.$$

Zirkulation eines Vektorfelds $\mathbf{F}$ längs einer geschlossenen Kurve k. Sie ist definiert durch das orientierte Kurvenintegral

$$\oint_k \mathbf{F}(\mathbf{r}) \, d\mathbf{r}.$$

Gradient. So heißt das Vektorfeld

$$\text{grad} f(\mathbf{r}) = \frac{\partial f}{\partial x}(\mathbf{r})\mathbf{e}_1 + \frac{\partial f}{\partial y}(\mathbf{r})\mathbf{e}_2 + \frac{\partial f}{\partial z}(\mathbf{r})\mathbf{e}_3$$
$$= \left(\frac{\partial f}{\partial x}, \frac{\partial f}{\partial y}, \frac{\partial f}{\partial z}\right).$$

Richtungsableitung. Sie ist für eine Skalarfunktion f und einen eine Richtung kennzeichnenden Einheitsvektor

$$\mathbf{l} = \cos\alpha \mathbf{e}_1 + \cos\beta \mathbf{e}_2 + \cos\gamma \mathbf{e}_3$$

mit $\cos^2\alpha + \cos^2\beta + \cos^2\gamma = 1$ definiert durch

$$\frac{\partial f}{\partial l} = \text{grad} f \cdot \mathbf{l} = \frac{\partial f}{\partial x}\cos\alpha + \frac{\partial f}{\partial y}\cos\beta + \frac{\partial f}{\partial z}\cos\gamma.$$

$$|\text{grad} f| = \sqrt{\left(\frac{\partial f}{\partial x}\right)^2 + \left(\frac{\partial f}{\partial y}\right)^2 + \left(\frac{\partial f}{\partial z}\right)^2}.$$

Dabei ist $|\text{grad} f|$ die größte Richtungsableitung, wenn $\text{grad} f$ und $\mathbf{l}$ gleichgerichtet sind.

Beispiel: $f(\mathbf{r}) = 1/\sqrt{x^2+y^2+z^2} = 1/r$ mit $r = \sqrt{x^2+y^2+z^2}$. – Die Niveauflächen von f sind Kugeloberflächen mit dem Ursprung O als Mittelpunkt. Es ist $\frac{\partial f}{\partial x}(\mathbf{r}) = -x/r^3, \frac{\partial f}{\partial y}(\mathbf{r}) = -y/r^3, \frac{\partial f}{\partial z}(\mathbf{r}) = -z/r^3$. Damit ergibt sich $\text{grad} f(\mathbf{r}) = (-1/r^3)\mathbf{r}$ und $|\text{grad} f(\mathbf{r})| = 1/r^2$.

Divergenz. Zur koordinatenunabhängigen Definition der Divergenz eines Vektorfelds $\mathbf{F}$ in einem Raumpunkt $\mathbf{r}$ wird ein Gebiet G mit dem Punkt $\mathbf{r}$ betrachtet, dessen Rand aus einer geschlossenen, einfachen, stückweise glatten Fläche $Rd(G)$ besteht. Die Divergenz des Vektorfelds $\mathbf{F}$ im Raumpunkt $\mathbf{r}$ ist definiert durch

$$\lim_{V \to 0} \frac{\oiint \mathbf{F}(\mathbf{r}) \, d\mathbf{S}}{V} = \text{div} \mathbf{F}(\mathbf{r}),$$

wobei $\oiint \mathbf{F}(\mathbf{r}) \, d\mathbf{S}$ den Fluß des Vektorfelds $\mathbf{F}$ durch die Fläche $Rd(G)$ darstellt und V das Volumen des von der Fläche $Rd(G)$ eingeschlossenen Gebiets G ist. Beim Grenzübergang schrumpft die geschlossene Fläche $\mathbf{F}$ auf den Punkt $\mathbf{r}$ zusammen. In kartesischen Koordinaten lautet die Divergenz des Vektorfelds

$$\mathbf{F}(\mathbf{r}) = F_x(\mathbf{r})\mathbf{e}_1 + F_y(\mathbf{r})\mathbf{e}_2 + F_z(\mathbf{r})\mathbf{e}_3,$$
$$\text{div} \mathbf{F}(\mathbf{r}) = \frac{\partial F_x}{\partial x}(\mathbf{r}) + \frac{\partial F_y}{\partial y}(\mathbf{r}) + \frac{\partial F_z}{\partial z}(\mathbf{r}).$$

Rotation. Die Rotation $\text{rot} \mathbf{F}$ eines Vektorfelds $\mathbf{F}$ ist ein Vektorfeld. Zur koordinatenunabhängigen Definition von $\text{rot} \mathbf{F}(\mathbf{r})$ in einem Raumpunkt $\mathbf{r}$ wird durch einen normierten Vektor $\mathbf{n}$ eine beliebige Richtung im Raum vorgegeben. In einer zu $\mathbf{n}$ senkrechten Ebene (**Bild 20**) mit dem Punkt $\mathbf{r}$ ist dieser von einer einfachen, stückweise glatten Kurve k umschlossen, deren Innenfläche den Inhalt S hat. Die Orientierungen der Kurve k und des Richtungsvektors $\mathbf{n}$ bilden ein Rechtssystem. Gebildet wird der Grenzwert des Quotienten aus der Zirkulation des Vektorfelds $\mathbf{F}$ längs k und dem Flächeninhalt S, wobei die Kurve k auf den Punkt $\mathbf{r}$ zusammenschrumpft. Dieser Grenzwert liefert die Projektion des Vektors $\text{rot} \mathbf{F}(\mathbf{r})$ auf die Richtung $\mathbf{n}$.

$$\text{rot} \mathbf{F}(\mathbf{r}) \cdot \mathbf{n} = \lim_{S \to 0} \frac{\oint \mathbf{F}(\mathbf{r}) \, d\mathbf{r}}{S}.$$

In kartesischen Koordinaten lautet die Rotation des Vektorfelds

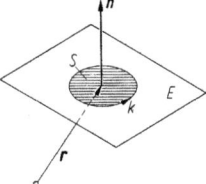

Bild 20. Orientierung zur Rotation eines Vektorfelds

$$F(r) = F_x(r)e_1 + F_y(r)e_2 + F_z(r)e_3,$$

$$\text{rot}F(r) = \left(\frac{\partial F_z}{\partial y} - \frac{\partial F_y}{\partial z}\right)e_1 + \left(\frac{\partial F_x}{\partial z} - \frac{\partial F_z}{\partial x}\right)e_2$$

$$+ \left(\frac{\partial F_y}{\partial x} - \frac{\partial F_x}{\partial y}\right)e_3 = \begin{vmatrix} e_1 & \frac{\partial}{\partial x} & F_x \\ e_2 & \frac{\partial}{\partial y} & F_y \\ e_3 & \frac{\partial}{\partial z} & F_z \end{vmatrix}.$$

7.4.2 Der ∇-(Nabla-)Operator

Als ∇-Operator ist der symbolische Vektor

$$\nabla = e_1\frac{\partial}{\partial x} + e_2\frac{\partial}{\partial y} + e_3\frac{\partial}{\partial z} = \left(\frac{\partial}{\partial x}, \frac{\partial}{\partial y}, \frac{\partial}{\partial z}\right)$$

definiert. Mit ihm lassen sich Gradient, Divergenz und Rotation auch $\text{grad} f = \nabla f$, $\text{div} F = \nabla \cdot F$, $\text{rot} F = \nabla \times F$ schreiben. In Verbindung mit dem ∇-Operator werden noch weitere Differentialoperatoren eingeführt:

Ableitung nach einer Richtung $l = \cos\alpha e_1 + \cos\beta e_2 + \cos\gamma e_3$ mit $\cos^2\alpha + \cos^2\beta + \cos^2\gamma = 1$.

$$\frac{\partial}{\partial l} = l \cdot \nabla = \cos\alpha\frac{\partial}{\partial x} + \cos\beta\frac{\partial}{\partial y} + \cos\gamma\frac{\partial}{\partial z}$$

So ist die Ableitung des Skalarfelds f nach der Richtung l

$$\frac{\partial f}{\partial l} = (l \cdot \nabla)f = \left(\cos\alpha\frac{\partial}{\partial x} + \cos\beta\frac{\partial}{\partial y} + \cos\gamma\frac{\partial}{\partial z}\right)f$$

$$= \cos\alpha\frac{\partial f}{\partial x} + \cos\beta\frac{\partial f}{\partial y} + \cos\gamma\frac{\partial f}{\partial z} = l \cdot \nabla f = l \cdot \text{grad} f.$$

Ableitung nach einem Vektorfeld $v = v_x e_1 + v_y e_2 + v_z e_3$.

$$\frac{d}{dv} = v \cdot \nabla = v_x\frac{\partial}{\partial x} + v_y\frac{\partial}{\partial y} + v_z\frac{\partial}{\partial z}.$$

So ist die Ableitung des Vektorfelds $F = F_x e_1 + F_y e_2 + F_z e_3$ nach dem Vektorfeld v

$$\frac{dF}{dv} = (v \cdot \nabla)F = (v \cdot \nabla F_x)e_1 + (v \cdot \nabla F_y)e_2 + (v \cdot \nabla F_z)e_3$$

$$= (v \cdot \text{grad} F_x)e_1 + (v \cdot \text{grad} F_y)e_2 + (v \cdot \text{grad} F_z)e_3.$$

Laplace-Operator $\Delta = \nabla \cdot \nabla = \nabla^2 = \frac{\partial^2}{\partial x^2} + \frac{\partial^2}{\partial y^2} + \frac{\partial^2}{\partial z^2}$.

7.4.3 Integralsätze

Satz von Stokes. Ist $F = F(r)$ ein Vektorfeld mit stetigen partiellen Ableitungen 1. Ordnung und ist A eine stückweise glatte Fläche mit stückweise glattem Rand, wobei die Orientierung der Randkurve Rd(A) und der Fläche ein Rechtssystem bilden, dann gilt (s. auch **A 7.4.1**)

$$\oint_{\text{Rd}(A)} F(r) \, dr = \iint_A \text{rot}F(r) \, dS.$$

Beispiel: Gegeben sind das Vektorfeld $F = F(r) = (z-y, x-z, y-x)$ nach **Bild 21** und die Kurve k, die aus dem Rand eines Dreiecks mit den Eckpunkten $A = (a, 0, 0)$, $B = (0, a, 0)$ und $C = (0, 0, a)$ besteht. Es soll die Zirkulation längs k mit Hilfe des Satzes von Stokes berechnet werden. — Die Rotation des Vektorfelds F in r ist $\text{rot}F(r) = (2, 2, 2)$, s. **A 7.4.1**. Die Dreiecksfläche ist bestimmt durch $r = r(x, y) = (x, y, a-x-y)$ für $0 \leq x \leq a$ und $0 \leq y \leq a-x$. Ihr Normalenvektor n^0 muß entsprechend der Kurvenorientierung so orientiert sein, daß er vom Ursprung O aus zur Fläche weist, d.h., daß seine Projektion auf die z-Achse positiv ist. Wegen $\partial r/\partial x = (1, 0, -1)$ und $\partial r/\partial y = (0, 1, -1)$ gilt für das orientierte Flächenelement $dS = \left(\frac{\partial r}{\partial x} \times \frac{\partial r}{\partial y}\right) dx dy = (1, 1, 1) dx dy$. Nach dem Satz von Stokes ist

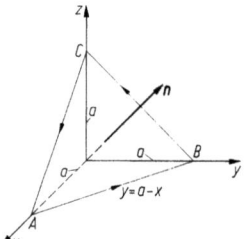

Bild 21. Beispiel zum Satz von Stokes

dann

$$\oint F(r) \, dr = \iint \text{rot}F(r) \, dS = \iint 6 \, dx \, dy$$

$$= 6 \int_0^a dx \int_0^{a-x} dy = 6 \int_0^a (a-x) \, dx = 3a^2.$$

Satz von Gauß. Ist $F = F(r)$ ein Vektorfeld mit stetigen partiellen Ableitungen 1. Ordnung und ist G das Innengebiet einer geschlossenen, stückweise glatten Fläche Rd(G) mit nach außen orientiertem Normalenvektor, dann gilt

$$\oint_{\text{Rd}(G)} F(r) \, dS = \iiint_G \text{div}F(r) \, dV.$$

Beispiel: Der Fluß des Vektorfelds $F = F(r) = x^3 e_1 + y^3 e_2 + z^3 e_3$ durch die Kugeloberfläche Rd(K), $x^2 + y^2 + z^2 = R^2$, soll berechnet werden. $-F$ hat in r die Divergenz $\text{div}F(r) = 3x^2 + 3y^2 + 3z^2$. Die Anwendung des Satzes von Gauß ergibt

$$\oint_{\text{Rd}(K)} F(r) \, dS = 3 \iiint_K (x^2 + y^2 + z^2) \, dV.$$

Die Einführung von Kugelkoordinaten

$$x = r\cos\vartheta \cdot \cos\varphi, \quad y = r\cos\vartheta \cdot \sin\varphi, \quad z = r\sin\vartheta$$

mit $dV = \frac{\partial(x,y,z)}{\partial(r,\varphi,\vartheta)} dr \, d\varphi \, d\vartheta = r^2\cos\vartheta \cdot dr \, d\varphi \, d\vartheta$ führt auf das Ergebnis

$$\oint_{\text{Rd}(K)} F(r) \, dS = 3 \int_0^R r^4 \, dr \int_{-\pi/2}^{\pi/2} \cos\vartheta \, d\vartheta \int_0^{2\pi} d\varphi = (12/5)\pi R^5.$$

Greensche Formeln. Sie ergeben sich, wenn im Satz von Gauß das Vektorfeld F durch $\varphi \, \text{grad} \psi$ bzw. $\psi \, \text{grad} \varphi$ ersetzt wird.

$$\oint_{\text{Rd}(G)} \varphi \, \text{grad} \psi \, dS = \iiint_G (\text{grad}\varphi \cdot \text{grad}\psi + \varphi \Delta\psi) \, dV,$$

$$\oint_{\text{Rd}(G)} (\varphi \, \text{grad}\psi - \psi \, \text{grad}\varphi) \, dS = \iiint_G (\varphi \Delta\psi - \psi \Delta\varphi) \, dV,$$

$$\oint_{\text{Rd}(G)} \text{grad}\psi \, dS = \iiint_G \Delta\psi \, dV.$$

Weitere Integralformeln. Mit Hilfe des Satzes von Gauß lassen sich die weiteren Integralformeln nachweisen:

$$\oint_{\text{Rd}(G)} f(r) \, dS = \iiint_G \text{grad} f \, dV,$$

$$\oint_{\text{Rd}(G)} F \times dS = \iint_{\text{Rd}(G)} (F \times n^0) \, dS = -\iiint_V \text{rot}F \, dV.$$

8 Differentialgleichungen

U. Jarecki, Berlin

8.1 Gewöhnliche Differentialgleichungen

8.1.1 Grundbegriffe

Eine gewöhnliche Differentialgleichung (Dgl.) n-ter Ordnung hat die Form

$$F(x,y,y',y'',\ldots,y^{(n)}) = 0, \quad (1)$$

wobei y eine unbekannte Funktion einer Variablen x ist und $y^{(n)}$ die höchste in F auftretende Ableitung bedeutet. Ist die Gleichung nach $y^{(n)}$ auflösbar, so heißt

$$y^{(n)} = f(x,y,y',y'',\ldots,y^{(n-1)}) \quad (2)$$

Normal- oder explizite Form. Eine Funktion $y = g(x)$, welche die Dgl. identisch erfüllt, heißt partikuläre (spezielle) Lösung, Integral oder Integralkurve der Dgl.
Bei Anfangswert-Aufgaben oder -Problemen sind noch Anfangsbedingungen zu erfüllen, bei denen für einen festen Wert x_0 die Werte der Funktion y nebst ihren Ableitungen bis zur $(n-1)$-ten Ordnung vorgegeben sind.

$$y(x_0) = a_1, \ y'(x_0) = a_2, \ y''(x_0) = a_3,\ldots,y^{(n-1)}(x_0) = a_n. \quad (3)$$

Existenz und Eindeutigkeit von Lösungen. Ist die Funktion $f(x,y,y',y'',\ldots,y^{(n-1)})$ in einer Umgebung des Punkts $(x_0,a_1,a_2,\ldots,a_n) \in \mathbb{R}^{(n+1)}$ stetig und besitzt sie dort stetige partielle Ableitungen 1. Ordnung nach $y,y',y'',\ldots,y^{(n-1)}$, dann hat die Dgl. $y^{(n)} = f(x,y,y',y'',\ldots,y^{(n-1)})$ in einer hinreichend kleinen Umgebung dieses Punkts genau eine Lösung $y = g(x)$ mit $g(x_0) = a_1, g'(x_0) = a_2,\ldots,g^{(n-1)}(x_0) = a_n$.
Da die n Anfangswerte $a_1,a_2,\ldots,a_n$ beliebige Konstanten (Parameter) sind, stellt die Funktion g eine (n-parametrische) Schar von Lösungen dar.
Allgemeine Lösung. Sie lautet für die Dgl. (2) mit n beliebigen Konstanten $C_1, C_2, \ldots, C_n$

$$y = g(x, C_1, C_2, \ldots, C_n), \quad (4)$$

wenn es für jede durch den Existenz- und Eindeutigkeitssatz gesicherte Anfangsbedingung Zahlenwerte für die Konstanten $C_1, C_2, \ldots, C_n$ gibt, so daß die Funktion g diese Anfangsbedingung erfüllt.
Partikuläre Lösung. Ist $y = g(x, C_1, C_2, \ldots, C_n)$ eine allgemeine Lösung der Dgl. (2), so kann hieraus eine partikuläre Lösung gewonnen werden, welche die Anfangsbedingung (3) erfüllt. Hierzu folgen die Konstanten $C_1, C_2, \ldots, C_n$ aus dem Gleichungssystem

$$g(x_0, C_1, C_2, \ldots, C_n) = a_1,$$
$$g'(x_0, C_1, C_2, \ldots, C_n) = a_2,$$
$$\ldots\ldots\ldots\ldots\ldots\ldots\ldots\ldots\ldots\ldots$$
$$g^{(n-1)}(x_0, C_1, C_1, \ldots, C_n) = a_n.$$

8.1.2 Differentialgleichung 1. Ordnung

Normalform $y' = f(x,y)$

Geometrische Deutung. Durch $y' = f(x,y)$ wird jedem Punkt (x, y) von f eine Steigung $m = y' = f(x,y)$ zugeordnet, die durch eine kurze Strecke, das Richtungselement, gekennzeichnet wird. Ihre Gesamtheit heißt Richtungsfeld.

Integralkurven. Sie bilden Lösungen der Dgl., wenn sie auf das Richtungsfeld passen. Sind in einem gewissen Gebiet G die Voraussetzungen nach **A 8.1.1** erfüllt, dann verläuft durch jeden Punkt dieses Gebiets genau eine Integralkurve.

Isoklinenschar. Wird y' durch einen Konstante C ersetzt, so stellt $C = f(x, y)$ eine einparametrische Kurvenschar dar, in deren Punkten die Richtungselemente gleichgerichtet sind $(y' = C)$.

Differentialgleichungen mit getrennten Variablen

$$y' = f(x)g(y) \quad (5)$$

f und g seien stetig für $x \in (a, b)$ und $y \in (c, d)$. Ist $g(y) \neq 0$ für $y \in (c, d)$, dann folgt durch Trennen der Variablen $dy/g(y) = f(x) dx$. Quadratur liefert eine Lösung mit der beliebigen Konstanten C: $\int dy/g(y) = \int f(x) dx + C$. Ist $g(y_0) = 0$ für ein $y_0 \in (c,d)$, dann ist außerdem noch $y = y_0$ eine partikuläre Lösung.

Beispiel: $y' = y^2; f(x) \equiv 1$ und $g(y) = y^2$, $(x, y) \in \mathbb{R}^2$. – Für $y \neq 0$ folgt, wenn C beliebig ist, $\int dy/y^2 = \int dx + C$, also ist $-1/y = x + C$ oder $y = -1/(x+C)$. Wegen $g(y) = y^2 = 0$ ist noch die partikuläre Lösung $y = 0$. Durch jeden Punkt (x, y) der Ebene geht genau eine Integralkurve. Mit der Anfangsbedingung $y(1) = -1$ ergibt sich $C = 0$ aus $-1 = -1/(1+C)$, und die Integralkurve durch $(1, -1)$ hat die Gleichung $y = -1/x$.

Homogene oder gleichgradige Dgl. $y' = g(y/x)$. (6)

Eine Dgl. $y' = f(x, y)$ heißt homogen, wenn $f(x, y)$ eine homogene Funktion 0-ten Grads ist, d.h., wenn $f(tx, ty) = f(x, y)$ ist. $f(x, y)$ läßt sich dann in der Form $g(y/x)$ darstellen. Zur Lösung von Gl. (6) wird die neue Funktion $z(x)$ gemäß $z(x) = y(x)/x$ eingeführt. Mit $y' = z + xz'$ ergibt sich die Dgl. mit getrennten Variablen, $z' = [g(z) - z]/x$, wie Gl. (5).
Beispiel: $y' = (y-x)/x = (y/x) - 1 = g(y/x)$. – Die Substitution $y = xz$ mit $y' = xz' + z$ führt auf $xz' + z = z - 1$ oder $z' = -1/x$, deren Integration die Lösung $z = y/x = -\ln|x| + C$ oder $y = x(-\ln|x| + C)$ ergibt.

Lineare Differentialgleichung $y' + p(x)y = q(x)$. (7)

Die Funktionen p und q seien in einem Intervall (a, b) stetig. Für $q(x) \equiv 0$ heißt die Dgl. linear homogen, sonst linear inhomogen. Ist $y_H(x)$ die allgemeine Lösung der homogenen und $y_P(x)$ eine partikuläre Lösung der inhomogenen Dgl., dann ist die allgemeine Lösung der inhomogenen Dgl.

$$y(x) = y_H(x) + y_P(x).$$

Die allgemeine Lösung der homogenen Dgl. $y' + p(x)y = 0$ kann durch Trennen der Variablen bestimmt werden. Sie lautet

$$y_H(x) = C \exp(-\int p(x) dx).$$

Variation der Konstanten. Sie dient dazu, eine partikuläre Lösung der inhomogenen Dgl. zu gewinnen. Hier wird $y_P(x) = C(x) \exp(-\int p(x) dx)$ in die inhomogene Dgl. eingesetzt und die unbekannte Funktion $C(x)$ so bestimmt, daß $y_P(x)$ eine ihrer Lösungen ist. Dann ist

$$C(x) = \int q(x) \exp(\int p(x) dx) dx \quad \text{und}$$
$$y_P(x) = \exp(-\int p(x) dx) \cdot \int q(x) \exp(\int p(x) dx) dx.$$

Allgemeine Lösung der inhomogenen Dgl. $y' + p(x)y = q(x)$. Sie lautet

$$y(x) = y_H(x) + y_P(x)$$
$$= \exp(-\int p(x)\,dx)\{C + \int q(x)\exp(\int p(x)\,dx)\,dx\},$$

wobei C eine beliebige Konstante ist.

Beispiel: $y' - 2xy = x$. – Allgemeine Lösung der homogenen Dgl. $y' - 2xy = 0$ ist $y_H(x) = C\exp(x^2)$ mit $C \in \mathbb{R}$. Mit dem Ansatz zur partikulären Lösung, $y_P(x) = C(x)\exp(x^2)$, folgt nach Einsetzen in die inhomogene Dgl. (7)

$$C'(x)\exp(x^2) + 2xC(x)\exp(x^2) - 2xC(x)\exp(x^2) = x \quad \text{oder}$$
$$C'(x) = x\exp(-x^2), \text{ soda } C(x) = -(1/2)\exp(-x^2) \text{ und}$$
$$y_P(x) = -(1/2)\exp(-x^2)\exp(x^2) = -1/2.$$

die allgemeine Lösung der inhomogenen Dgl. lautet damit

$$y(x) = y_H(x) + y_P(x) = C\exp(x^2) - 1/2,\ C \in \mathbb{R}.$$

Bernoullische Differentialgleichung

$$y' + P(x)y = Q(x)y^n. \tag{8}$$

Sie ist eine Verallgemeinerung einer linearen Dgl., da sie für $n=0$ oder $n=1$ linear wird. Es sei daher $n \neq 0$; 1. Division beider Seiten der Gleichung durch y^n ergibt $y^{-n}y' + P(x)y^{1-n} = Q(x)$. Die Substitution $z(x) = y^{1-n}(x)$ führt auf eine lineare Dgl. für z, $z' + p(x)z = q(x)$ mit $p(x) = (1-n)P(x)$ und $q(x) = (1-n)Q(x)$, die wie Dgl. (7) behandelt wird.

Riccatische Differentialgleichung

$$y' + p(x)y + q(x)y^2 + r(x) = 0. \tag{9}$$

Ihre Integration läßt sich allgemein nicht mit Quadraturen durchführen. Ist jedoch eine partikuläre Lösung $y_P = u(x)$ bekannt, führt die Substitution $y(x) = u(x) + 1/z(x)$ auf die lineare Dgl. $z' - [p(x) + 2u(x)q(x)]z = q(x)$ für z, die wie Dgl. (7) integriert wird.

Exakte Differentialgleichung

Jede Dgl. 1. Ordnung in der Normalform $y' = f(x,y)$ läßt sich als Gleichung mit Differentialen $dy = f(x,y)\,dx$ oder allgemeiner schreiben.

$$P(x,y)\,dx + Q(x,y)\,dy = 0. \tag{10}$$

Integrabilitätsbedingung. Die Dgl. (10) heißt exakt oder total, wenn ihre linke Seite das vollständige Differential einer Funktion $F(x,y)$ ist, wenn also die Integrabilitätsbedingung $\partial P(x,y)/\partial y = \partial Q(x,y)/\partial x$ gilt.

Allgemeine Lösung. Sie ist dann $F(x,y) = C$, wobei $\partial F(x,y)/\partial x = P(x,y)$ und $\partial F(x,y)/\partial y = Q(x,y)$, oder ausführlicher

$$\int P(x,y)\,dx + \int \left[Q(x,y) - \int \frac{\partial P(x,y)}{\partial y}\,dx\right] dy = C$$

oder

$$\int Q(x,y)\,dy + \int \left[P(x,y) - \int \frac{\partial Q(x,y)}{\partial x}\,dy\right] dx = C.$$

Beispiel: $4xy\,dx + (2x^2 - 3y^2)\,dy = 0$. – Es sei $P(x,y) = 4xy$, $Q(x,y) = 2x^2 - 3y^2$, $\partial P/\partial y = \partial Q/\partial x = 4x$, d.h., die Integrabilitätsbedingung ist erfüllt. Aus $\partial F/\partial x = P(x,y) = 4xy$ folgt $F(x,y) = 2x^2y + f(y)$. Wegen $\partial F/\partial y = Q(x,y)$ gilt $2x^2 + f'(y) = 2x^2 - 3y^2$ oder $f'(y) = -3y^2$, woraus $f(y) = -y^3 + C_1$ folgt, so daß die allgemeine Lösung $F(x,y) = 2x^2y - y^3 = C$ lautet.

Integrierender Faktor. Ist $\partial P/\partial y \neq \partial Q/\partial x$, so gibt es unter gewissen, sehr allgemeinen Voraussetzungen eine Funktion $\mu(x,y)$, den integrierenden Faktor, so daß die Dgl. $\mu(x,y)P(x,y)\,dx + \mu(x,y)Q(x,y)\,dy = 0$ exakt ist. Einfache Sonderfälle sind:

Ist $\dfrac{\frac{\partial P}{\partial y} - \frac{\partial Q}{\partial x}}{Q} = p(x)$, so ist $\mu(x) = \exp(\int p(x)\,dx)$;

ist $\dfrac{\frac{\partial Q}{\partial x} - \frac{\partial P}{\partial y}}{P} = q(y)$, so ist $\mu(y) = \exp(\int q(y)\,dy)$.

Beispiel: Die lineare Dgl. $y' - 2xy = x$ (s. Beispiel unter lineare Dgl.) läßt sich auch schreiben $(-2xy - x)\,dx + dy = 0$ mit $P(x,y) = -2xy - x$ und $Q(x,y) = 1$. – Wegen $\partial P/\partial y = -2x$ und $\partial Q/\partial x = 0$ ist sie nicht exakt. Da $(P_y - Q_x)/Q = -2x$, ist $\mu(x) = \exp(-\int 2x\,dx) = \exp(-x^2)$ ein integrierender Faktor und die Dgl. $(-2xy - x) \cdot \exp(-x^2)\,dx + \exp(-x^2)\,dy = 0$ exakt.

Implizite Differentialgleichung

$$F(x, y, y') = 0 \tag{11}$$

Besitzt sie in einem ebenen Gebiet m verschiedene reelle Wurzeln $y' = f_i(x, y)$, $i = 1, 2, \ldots, m$, so stellt jede eine explizite Dgl. der bereits behandelten Art dar; ihre Lösung besteht i. allg. aus m verschiedenen einparametrischen Kurvenscharen.

Beispiel: Die implizite Dgl. $F(x, y, y') = y'^2 - 2xy' = 0$ besitzt die beiden Wurzeln $y' = 0$ und $y' = 2x$, also die beiden einparametrigen Kurvenscharen $y = C_1$ und $y = x^2 + C_2$ als Lösung. Durch jeden Punkte der Ebene verlaufen genau zwei Integralkurven.

Integration durch Differentiation. In der speziellen impliziten Form $y = f(x, y')$ wird $y' = p$ gesetzt und die Dgl. nach x differenziert. Es ist dann $y = f(x, p)$ und $p = \partial f(x, p)/\partial x + [\partial f(x, p)/\partial p]p'$. Die letzte Gleichung läßt sich als explizite Dgl. für die Funktion $p(x)$ darstellen. Hat sie die allgemeine Lösung $p = g(x, C)$, dann ist $y = f(x, g(x, C))$ eine allgemeine Lösung von $y = f(x, y')$.

Beispiel: Clairautsche Dgl. $y = xy' + h(y')$. – $y' = p$ gesetzt und Differentiation liefern $y = xp + h(p)$ und $p = p + xp' + h'(p)p'$. Für die funktion p gilt $p'[x + h'(p)] = 0$. Aus $p' = 0$ folgt $p = C$. Somit ist die allgemeine Lösung $y = Cx + h(C)$. Sie stellt geometrisch eine Geradenschar dar.

Singuläre Lösungen. *Explizite Dgl.* $y' = f(x, y)$. Singulär heißt eine Integralkurve $v = g(x)$ der Dgl. $y' = f(x, y)$, wenn durch jeden ihrer Punkte $(x, g(x))$ noch eine andere Integralkurve der Dgl. verläuft. In keinem Punkt einer singulären Lösung sind also die Bedingungen für die Eindeutigkeit erfüllt. Singuläre Lösungen müssen daher aus solchen Punkten der Ebene bestehen, in denen die Voraussetzungen des Existenz- und Eindeutigkeitssatzes nicht erfüllt sind.

Beispiel: $y' = \sqrt[3]{y^2} = f(x, y)$. – Die Funktion $f(x, y) = \sqrt[3]{y^2}$ ist für alle Punkte (x, y) der Ebene erklärt und dort stetig. Ihre partielle Ableitung $f_y(x, y)$ dagegen existiert nur für alle Punkte (x, y), für die $y \neq 0$, und ist dort unbeschränkt. Eine allgemeine Lösung ist die einparametrische Schar von kubischen Parabeln $y = (x/3 + C)^3$. Außerdem ist $y = 0$ eine partikuläre Lösung. Sie ist singulär, da durch jeden Punkt auf der x-Achse zwei Integralkurven der Dgl. verlaufen.

Implizite Dgl. $F(x, y, y') = 0$. Falls eine singuläre Lösung existiert, so ergibt sie sich durch Elimination $p = y'$ aus $F(x, y, p) = 0$ und $\partial F(x, y, p)/\partial p = 0$ oder, wenn $G(x, y, C) = 0$ eine allgemeine Lösung der Dgl. ist, durch Elimination von C aus $G(x, y, C) = 0$ und $\partial G(x, y, C)/\partial C = 0$. Geometrisch bedeutet die singuläre Lösung die Enveloppe (Einhüllende) einer Schar von Integralkurven.

Beispiel: $F(x, y, y') = y'^2 - y = 0$. – Elimination von p aus den Gleichungen $F(x, y, p) = p^2 - y = 0$ und $\partial F(x, y, p)/\partial p = 2p = 0$ liefert $y = 0$, eine singuläre Lösung. Die allgemeine Lösung lautet $y = (x/2 + C)^2$, die eine einparametrische Schar von Parabeln darstellt, deren Scheitelpunkte auf der x-Achse liegen. Die x-Achse ist Enveloppe dieser Schar.

Orthogonale Trajektorien. $F(x, y, C) = 0$ sei eine einparametrische Kurvenschar und $y' = f(x, y)$ ihre Dgl. Dann heißen die Kurven der Schar $G(x, y, B) = 0$ mit dem Parameter B, die Lösungen der Dgl. $y' = -1/f(x, y)$ sind, orthogonale Trajektorien der Schar $F(x, y, C) = 0$, da die Kurven der beiden Scharen einander unter einem rechten Winkel schneiden.

Beispiel: Durch die Gleichung $y = Cx^2$ mit dem Parameter C wird eine Schar von Parabeln beschrieben, deren Scheitelpunkte im Ursprung des Koordinatensystems liegen. – Durch Elimination des Parameters C aus den beiden Gleichungen $y = Cx^2$ und $y' = 2Cx$ ergibt sich die Dgl. der Schar $y = Cx^2$ zu $y' = 2y/x$. Die Dgl. der orthogonalen Trajektorien lautet dann $y' = -x/(2y)$ mit der allgemeinen Lösung $y^2 + (x^2/2) = B$, die eine Schar von Ellipsen darstellt.

8.1.3 Differentialgleichungen n-ter Ordnung

Spezielle Differentialgleichungen n-ter Ordnung

$$y^{(n)} = f(x). \tag{12}$$

Sie wird durch wiederholte Quadraturen gelöst. Für das Anfangswertproblem mit

$$y(x_0) = y'(x_0) = y''(x_0) = \ldots = y^{(n-1)}(x_0) = 0$$

gilt nach Cauchy

$$y(x) = (1/(n-1)!) \int_{x_0}^{x} (x-t)^{n-1} f(t) \, dt.$$

Addition des Polynoms

$$P_{n-1}(x) = y_0 + y'_0(x - x_0)$$
$$+ \frac{y''_0}{2!}(x - x_0)^2 + \ldots + \frac{y_0^{(n-1)}}{(n-1)!}(x - x_0)^{n-1}$$

auf der rechten Seite der Formel von Cauchy liefert die Lösung mit den allgemeinen Anfangsbedingungen

$$y(x_0) = y_0, \quad y'(x_0) = y'_0,$$
$$y''(x_0) = y''_0, \ldots, \quad y^{(n-1)}(x_0) = y_0^{(n-1)}. \tag{13}$$

$$F(x, y^{(n)}, y^{(n-1)}) = 0.$$

Die Gleichung sei nach $y^{(n)}$ auflösbar. $y^{(n)} = f(x, y^{(n-1)})$. Die Substitution $z = y^{(n-1)}$ führt auf $z' = f(x, z)$. Ist $z = g(x, C_1)$ ihre allgemeine Lösung, so läßt sich hieraus y durch wiederholte Quadraturen bestimmen.

$$F(y^{(n-2)}, y^{(n)}) = 0. \tag{14}$$

Die Dgl. sei nach $y^{(n)}$ auflösbar; $y^{(n)} = f(y^{(n-2)})$. Durch die Substitution $z = y^{(n-2)}$ wird sie auf eine Dgl. 2. Ordnung für z zurückgeführt: $z'' = f(z)$. Multiplikation dieser Gleichung mit $dz = z' \, dx$ führt auf $z'' z' \, dx = f(z) z' \, dx$ oder $z' \, dz' = f(z) \, dz$. Integration ergibt die Dgl. 1. Ordnung für z, $z'^2 = 2 \int f(z) \, dz + C_1) = g(z) + C_1$, aus der dann $z = y^{(n-2)}$ als Funktion von x mit zwei beliebigen Konstanten C_1 und C_2 bestimmt wird.

8.1.4 Lineare Differentialgleichungen

Grundbegriffe

Linearer Differentialausdruck. Er hat für die Ordnung n die Form

$$L[y] = y^{(n)} + p_{n-1}(x) y^{(n-1)}$$
$$+ p_{n-2}(x) y^{(n-2)} + \ldots + p_1(x) y' + p_0(x) y.$$

L heißt dabei linearer Differentialoperator und hat die Eigenschaften der Additivität und Homogenität.

$$L[y_1 + y_2] = L[y_1] + L[y_2]; L[\alpha y] = \alpha L[y], \quad \alpha \in \mathbb{R}. \tag{15}$$

Eine lineare Differentialgleichung hat die Form

$$L[y] = y^{(n)} + p_{n-1}(x) y^{(n-1)}$$
$$+ p_{n-2}(x) y^{(n-2)} + \ldots + p_0(x) y = f(x). \tag{16}$$

Ist die Störungsfunktion $f(x) \equiv 0$, so heißt sie homogen, sonst inhomogen. Sind die Funktionen $p_0, p_1, \ldots, p_{n-1}$ und f auf $(a, b) \subset \mathbb{R}$ stetig, dann gibt es zu jedem $x_0 \in (a, b)$ und für n beliebige Zahlen $a_1, a_2, \ldots, a_n$ genau eine Lösung $y = y(x)$ der Dgl., die die Anfangsbedingung erfüllt:

$$y(x_0) = a_1, y'(x_0) = a_2, y''(x_0) = a_3, \ldots, y^{(n-1)}(x_0) = a_n.$$

Lineare Abhängigkeit. Die auf einem Intervall $(a, b) \subset \mathbb{R}$ definierten Funktionen $f_1(x), f_2(x), \ldots, f_k(x)$ heißen linear abhängig, wenn es k Zahlen $\alpha_1, \alpha_2, \ldots \alpha_k$ mit $\alpha_1^2 + \alpha_2^2 + \alpha_3^2 + \ldots + \alpha_k^2 > 0$ gibt, so daß $\alpha_1 f_1(x) + \alpha_2 f_2(x) + \alpha_3 f_3(x) + \ldots + \alpha_k f_k(x) = 0$ für alle $x \in (a, b)$. Anderenfalls heißen sie linear unabhängig. So sind die drei auf $\mathbb{R}$ definierten Funktionen $f_1(x) = 1$, $f_2(x) = \cos 2x$, $f_3(x) = \sin^2 x$ wegen $\cos 2x + 2 \sin^2 x + (-1) = 0$ mit $x \in \mathbb{R}$ linear abhängig.

Wronski-Determinante. Sie ist für k Funktionen $f_1, f_2, \ldots, f_k$ definiert durch

$$W(x) = W(f_1, f_2, \ldots, f_k)(x)$$
$$= \begin{vmatrix} f_1(x) & f_2(x) & \ldots f_k(x) \\ f'_1(x) & f'_2(x) & \ldots f'_k(x) \\ \ldots \\ f_1^{(k-1)}(x) & f_2^{(k-1)}(x) & \ldots f_k^{(k-1)}(x) \end{vmatrix} \tag{17}$$

Sind die auf (a, b) definierten Funktionen $f_1, f_2, \ldots, f_k$ linear abhängig und besitzen sie dort stetige Ableitungen bis zur Ordnung $(k-1)$, dann ist $W(x) = 0$ für alle $x \in (a, b)$.

Homogene lineare Differentialgleichung

Sie wird im folgenden kurz mit $L[y] = 0$ bezeichnet. Sind $y_1(x), y_2(x), \ldots, y_k(x)$ Lösungen von $L[y] = 0$, dann ist es auch ihre Linearkombination $C_1 y_1(x) + C_2 y_2(x) + \ldots + C_k y_k(x)$. Zu jeder homogenen linearen Dgl. n-ter Ordnung gibt es ein Fundamentalsystem von n linear unabhängigen Lösungen. Bilden $y_1(x), y_2(x), \ldots, y_n(x)$ ein Fundamentalsystem, dann ist $W(y_1, y_2, \ldots, y_n)(x) \neq 0$, und die allgemeine Lösung der Dgl. $L[y] = 0$ lautet $y(x) = C_1 y_1(x) + C_2 y_2(x) + \ldots + C_n y_n(x)$ mit den willkürlichen Konstanten $C_1, C_2, \ldots, C_n$.

Beispiel: $y'' - \frac{x}{x-1} y' + \frac{1}{x-1} y = 0$ für $x \in (1, \infty)$. – $y_1(x) = x$ und $y_2(x) = \exp x$ sind für $x \in (1, \infty)$ partikuläre Lösungen mit der Wronski-Determinante $W(x) = \begin{vmatrix} x & \exp x \\ 1 & \exp x \end{vmatrix} = (x-1) \exp x \neq 0$. Sie bilden somit ein Fundamentalsystem, und die allgemeine Lösung lautet $y(x) = C_1 x + C_2 \exp x$.

Inhomogene lineare Differentialgleichung

Bilden die Funktionen $y_1(x), y_2(x), \ldots, y_n(x)$ ein Fundamentalsystem von $L[y] = 0$ und ist $y_P(x)$ eine partikuläre Lösung der inhomogenen linearen Dgl. $L[y] = f(x)$, dann ist ihre allgemeine Lösung $y(x) = C_1 y_1(x) + C_2 y_2(x) + \ldots + C_n y_n(x) + y_P(x)$ mit beliebigen $C_1, C_2, \ldots, C_n$.

Variation der Konstanten. Durch sie kann mit Hilfe der Fundamentallösungen $y_1(x), y_2(x), \ldots, y_n(x)$ von $L[y] = 0$ eine partikuläre Lösung von $L[y] = f(x)$ gewonnen werden. Hierzu werden in der allgemeinen Lösung der homogenen Dgl. $L[y] = 0, y_H(x) = C_1 y_1(x) + C_2 y_2(x) + \ldots + C_n y_n(x)$, die Konstanten durch Funktionen $C_1(x), C_2(x), \ldots, C_n(x)$ ersetzt, die so bestimmt werden, daß $y_P(x) = C_1(x)y_1(x) + C_2(x)y_2(x) + \ldots + C_n(x)y_n(x)$ eine partikuläre Lösung der inhomogenen Dgl. $L[y] = f(x)$ ist. Dies ist dann der Fall, wenn die Funktionen $C_1(x), C_2(x), \ldots, C_n(x)$ das Gleichungssystem

$$\begin{aligned} C_1'(x)y_1(x) + C_2'(x)y_2(x) + \ldots + C_n'(x)y_n(x) &= 0, \\ C_1'(x)y_1'(x) + C_2'(x)y_2'(x) + \ldots + C_n'(x)y_n'(x) &= 0, \\ &\ldots \\ C_1'(x)y_1^{(n-1)}(x) + C_2'(x)y_2^{(n-1)}(x) + \ldots + C_n'(x)y_n^{(n-1)}(x) &= f(x) \end{aligned}$$

erfüllen. Da die Determinante dieses Gleichungssystems die von Null verschiedene Wronski-Determinante der Fundamentallösungen ist, lassen sich hieraus $C_1'(x), C_2'(x), \ldots, C_n'(x)$ und damit $C_1(x), C_2(x), \ldots, C_n(x)$ durch Quadraturen bestimmen.

Beispiel: $L[y] = y'' - y = 4\exp x$. — Es bilden $y_1(x) = \exp x$ und $y_2(x) = \exp(-x)$ auf $\mathbb{R}$ ein Fundamentalsystem von $L[y] = 0$ mit

$$W(x) = \begin{vmatrix} \exp x & \exp(-x) \\ \exp x & -\exp(-x) \end{vmatrix} = -2 \neq 0.$$ Die allgemeine Lösung von $L[y] = 0$ lautet daher $y_H(x) = C_1 \exp x + C_2 \exp(-x)$. Der Ansatz $y_P(x) = C_1(x)\exp x + C_2(x)\exp(-x)$ führt auf das Gleichungssystem

$$\begin{aligned} C_1'(x)\exp x + C_2'(x)\exp(-x) &= 0, \\ C_1'(x)\exp x - C_2'(x)\exp(-x) &= 4\exp x. \end{aligned}$$

Aus ihm folgt $C_1'(x) = 2, C_2'(x) = -2\exp(2x)$ und integriert $C_1(x) = \ldots$ Damit lautet eine partikuläre Lösung der inhomogenen Dgl. $L[y] = 4\exp x$

$$y_P(x) = C_1(x)\exp x + C_2(x)\exp(-x) = (2x-1)\exp x.$$

Mit ihr ergibt sich die allgemeine Lösung

$$\begin{aligned} y(x) &= y_H(x) + y_P(x) \\ &= C_1\exp x + C_2 \exp(-x) + (2x-1)\exp x, \quad C_1, C_2 \in \mathbb{R}. \end{aligned}$$

Superpositionsprinzip. Sind $y_{P1}(x)$ und $y_{P2}(x)$ partikuläre Lösungen der inhomogenen Dgln. $L[y] = f_1(x)$ und $L[y] = f_2(x)$, dann ist $y_{P1}(x) + y_{P2}(x)$ eine partikuläre Lösung der inhomogenen Dgl. $L[y] = f_1(x) + f_2(x)$.

8.1.5 Lineare Differentialgleichungen mit konstanten Koeffizienten

Bei ihnen treten an die Stelle der Funktionen $p_0(x), p_1(x), \ldots, p_{n-1}(x)$ aus Gl. (16) die Konstanten $a_0, a_1, a_2, \ldots, a_{n-1} \in \mathbb{R}$, so daß

$$L[y] = y^{(n)} + a_{n-1}y^{(n-1)} + a_{n-2}y^{(n-2)} + \ldots + a_1 y' + a_0 y = f(x). \tag{18}$$

Homogene Differentialgleichung

Charakteristische Gleichung und Fundamentalsystem. Durch Einsetzen von $y(x) = \exp(\lambda x)$ in die homogene Dgl. $L[y] = 0$ ergibt sich die charakteristische Gleichung zu

$$P_n(\lambda) = \lambda^n + a_{n-1}\lambda^{n-1} + a_{n-2}\lambda^{n-2} + \ldots + a_1 \lambda + a_0 = 0. \tag{19}$$

Die linke Seite ist ein Polynom n-ten Grads (s. **A2.3.2**). Die n Zahlen $\lambda_1, \lambda_2, \lambda_3, \ldots, \lambda_n$ mögen ein vollständiges System von Nullstellen des Polynoms P_n bzw. von Wurzeln der charakteristischen Gleichung bilden. Es sind zu unterscheiden:

Verschiedene Wurzeln. Alle $\lambda_1, \lambda_2, \lambda_3, \ldots, \lambda_n$ sind voneinander verschieden. Ein Fundamentalsystem der homogenen Dgl. (18) besteht dann aus den Funktionen $y_1(x) = \exp(\lambda_1 x), y_2(x) = \exp(\lambda_2 x), \ldots, y_n(x) = \exp(\lambda_n x)$.

Mehrfache Wurzeln. Unter den $\lambda_1, \lambda_2, \lambda_3, \ldots, \lambda_n$ treten einige mehrfache auf. Ist λ_i in dem vollständigen System der Wurzeln k-mal enthalten (k-fache Wurzel), so treten für diese Wurzel λ_i im Fundamentalsystem die k Funktionen $y_1(x) = \exp(\lambda_i x), y_2(x) = x\exp(\lambda_i x), \ldots, y_k(x) = x^{k-1}\exp(\lambda_i x)$ auf. Sind einige der Wurzeln des vollständigen Systems komplex,

z.B. $\lambda_j = \alpha + i\beta$, dann treten auch die konjugiert komplexen $\bar{\lambda}_j = \lambda_k = \alpha - i\beta$ mit der gleichen Vielfachheit auf. Die Funktionen

$$\exp(\lambda_j x) = \exp(\alpha + i\beta)x \quad \text{und} \quad \exp(\bar{\lambda}_j x) = \exp(\alpha - i\beta)x$$

können aufgrund der Euler-Formel $\exp(i\varphi) = \cos\varphi + i\sin\varphi$ durch $\exp(\alpha x)\cos(\beta x)$ und $\exp(\alpha x)\sin(\beta x)$ ersetzt werden, so daß das Fundamentalsystem nur reellwertige Funktionen enthält.

Beispiel: $L[y] = y'' + 2ay' + by = 0$. Charakteristische Gleichung $\lambda^2 + 2a\lambda + b = 0$ mit der Diskriminanten $D = a^2 - b$.

$D > 0$. Es existieren zwei verschiedene reelle Wurzeln $\lambda_1 = -a + \sqrt{D}$ oder $\lambda_2 = -a - \sqrt{D}$. Das Fundamentalsystem besteht aus

$$y_1(x) = \exp(-ax)\exp(\sqrt{D}x), \quad y_2(x) = \exp(-ax)\exp(-\sqrt{D}x).$$

Die allgemeine Lösung ist

$$y(x) = \exp(-ax)[C_1\exp(\sqrt{D}x) + C_2\exp(-\sqrt{D}x)].$$

$D = 0$. Es existiert eine doppelte reelle Wurzel $\lambda_1 = \lambda_2 = -a$. Das Fundamentalsystem besteht aus $y_1(x) = \exp(-ax)$, $y_2(x) = x\exp(-ax)$. Die allgemeine Lösung ist $y(x) = \exp(-ax)(C_1 + C_2 x)$.

$D < 0$. Es existieren zwei konjugiert komplexe Wurzeln

$$\lambda_1 = -a + i\sqrt{-D} \quad \text{oder} \quad \lambda_2 = -a - i\sqrt{-D}.$$

Das Fundamentalsystem besteht aus

$$y_1(x) = \exp(-ax)\exp(i\sqrt{-D}x), \quad y_2(x) = \exp(-ax)\exp(-i\sqrt{-D}x)$$

oder

$$y_1(x) = \exp(-ax)\cos\sqrt{-D}x, \quad y_2(x) = \exp(-ax)\sin\sqrt{-D}x.$$

Die allgemeine Lösung lautet in komplexer bzw. reeller Darstellung

$$\begin{aligned} y(x) &= \exp(-ax)(C_1\exp(i\sqrt{-D}x) + C_2\exp(-i\sqrt{-D}x)), \\ y(x) &= \exp(-ax)(C_1\cos\sqrt{-D}x + C_2\sin\sqrt{-D}x). \end{aligned}$$

Inhomogene Differentialgleichung

Sie lautet $L[y] = f(x)$. Ist ein Fundamentalsystem der homogenen Dgl. $L[y] = 0$ bekannt, so kann durch Variation der Konstanten stets eine partikuläre Lösung von $L[y] = f(x)$ bestimmt werden (s. **A 8.1.4**).

Störfunktion. In den meisten Anwendungsfällen lautet sie

$$f(x) = (P_n^{(1)}(x)\cos bx + P_m^{(2)}(x)\sin bx)\exp(ax); \tag{20}$$

a und b sind reelle Zahlen, die auch Null sein können. $P_n^{(1)}$ und $P_m^{(2)}$ sind Polynome mit dem Grad n bzw. m, wobei auch ein Polynom identisch Null sein kann. Für diese Störfunktion f ergibt sich eine partikuläre Lösung von $L[y] = f(x)$ einfacher durch den Ansatz

$$y_P(x) = x^r(Q_M^{(1)}(x)\cos bx + Q_M^{(2)}(x)\sin bx)\exp(ax). \tag{21}$$

$Q_M^{(1)}$ und $Q_M^{(2)}$ sind zwei Polynome mit dem Grad $M = \max(m, n)$, und $r \geq 0$ gibt die Vielfachheit von $a \pm ib$ als Wurzel der charakteristischen Gleichung (19) an. $r = 0$ bedeutet, $a \pm ib$ keine Wurzel ist. Die in diesem Ansatz auftretenden unbestimmten Koeffizienten der Polynome $Q_M^{(1)}$ und $Q_M^{(2)}$ werden nach Einsetzen von $y_P(x)$ in die Dgl. durch Koeffizientenvergleich bestimmt. Im Ersatz der Funktionen $\cos bx$ und $\sin bx$ in Gl. (20) nach der Euler-Formel mit

$$\cos bx = (1/2)[\exp(ibx) + \exp(-ibx)] \quad \text{und}$$
$$\sin bx = \frac{1}{2i}[\exp(ibx) - \exp(-ibx)]$$

bringt oft Vereinfachungen der Gl. (21).

Beispiel: $L[y] = y'' + y = x\sin x$. — Es gilt $a = 0$ und $b = 1$, d.h. $a \pm ib = \pm i$. Aus der charakteristischen Gleichung $\lambda^2 + 1 = 0$ folgt

$\lambda = \pm i$, so daß $a \pm ib$ einfache Wurzeln der charakteristischen Gleichung sind, also $r=1$. Da außerdem $M=1$ ist, lautet der Ansatz für eine partikuläre Lösung

$$y_P(x) = x[(A_0 + A_1 x)\cos x + (B_0 + B_1 x)\sin x].$$

Einsetzen von $y_P(x)$ in die Dgl. führt auf

$$L[y_P] = (2B_0 + 2A_1)\cos x + 4B_1 x \cos x + (-2A_0 + 2B_1)\sin x$$
$$- 4A_1 x \sin x = x \sin x.$$

Koeffizientenvergleich ergibt $2B_0 + 2A_1 = 0$, $4B_1 = 0$, $-2A_0 + 2B_1 = 0$, $-4A_1 = 1$, so daß $A_0 = B_1 = 0$, $A_1 = -1/4$, $B_0 = 1/4$. Damit lautet eine partikuläre Lösung $y_P(x) = -(1/4)x^2 \cos x + (1/4)x \sin x$.

Stabilitätskriterium von Hurwitz

Viele physikalischen System werden durch lineare Dgln. mit konstanten Koeffizienten beschrieben. Soll das System stabil sein, so muß die Lösung der homogenen Dgl. mit wachsendem Argument gegen Null abklingen. Diese Lösung ist aber eine Summe von Funktionen der Form

$$x^r[P(x)\cos \beta x + Q(x)\sin \beta x]\exp(\alpha x),$$

wobei P und Q Polynome sind, $r \geqq 0$ ganzzahlig ist und $\alpha \pm i\beta$ Wurzeln der charakteristischen Gleichung sind. Diese Funktionen nehmen mit wachsendem Argument x genau dann gegen Null ab, wenn der Realteil der Wurzeln negativ ist. Die Wurzeln der Gleichung $a_0 \lambda^n + a_1 \lambda^{n-1} + a_2 \lambda^{n-2} + a_3 \lambda^{n-3} + \ldots + a_{n-1}\lambda + a_n = 0$ $(a_0 > 0, a_i \in \mathbb{R})$ besitzen genau dann negative Realteile, wenn die Determinanten positiv sind:

$$D_1 = a_1, \quad D_2 = \begin{vmatrix} a_1 & a_0 \\ a_3 & a_2 \end{vmatrix},$$

$$D_3 = \begin{vmatrix} a_1 & a_0 & 0 \\ a_3 & a_2 & a_1 \\ a_5 & a_4 & a_3 \end{vmatrix}, \quad D_4 = \begin{vmatrix} a_1 & a_0 & 0 & 0 \\ a_3 & a_2 & a_1 & a_0 \\ a_5 & a_4 & a_3 & a_2 \\ a_7 & a_6 & a_5 & a_4 \end{vmatrix}$$

$$D_n = \begin{vmatrix} a_1 & a_0 & 0 & 0 & 0 \ldots 0 \\ a_3 & a_2 & a_1 & a_0 & 0 \ldots 0 \\ a_5 & a_4 & a_3 & a_2 & a_1 & a_0 \ldots 0 \\ \ldots \\ a_{2n-1} & a_{2n-2} & a_{2n-3} & & & a_n \end{vmatrix}$$

($a_k = 0$ für $k > n$).

Beispiel: $y''' + 3y'' + 4y' + 2y = 0$. – Charakteristische Gleichung $\lambda^3 + 3\lambda^2 + 4\lambda + 2 = 0$, $a_0 = 1 > 0$. Es gilt $D_1 = 3 > 0$, $D_2 = \begin{vmatrix} 3 & 1 \\ 2 & 4 \end{vmatrix} = 10 > 0$, $D_3 = \begin{vmatrix} 3 & 1 & 0 \\ 2 & 4 & 3 \\ 0 & 0 & 2 \end{vmatrix} = 20 > 0$, d.h., alle Wurzeln haben negative Realteile und lauten $\lambda_1 = -1 + i, \lambda_2 = -1 - i, \lambda_3 = -1$.

8.1.6 Systeme von linearen Differentialgleichungen mit konstanten Koeffizienten

Solche Systeme lassen sich auf ein Normalsystem von linearen Dgln. 1. Ordnung mit konstanten Koeffizienten zurückführen.

$$\begin{aligned} y_1' &= a_{11}y_1 + a_{12}y_2 + a_{13}y_3 + \ldots + a_{1n}y_n + f_1(x) \\ y_2' &= a_{21}y_1 + a_{22}y_2 + a_{23}y_3 + \ldots + a_{2n}y_n + f_2(x) \\ &\ldots \\ y_n' &= a_{n1}y_1 + a_{n2}y_2 + a_{n3}y_3 + \ldots + a_{nn}y_n + f_n(x) \end{aligned} \quad (22)$$

$a_{ik} \in \mathbb{R}$ $(i,k = 1,2,3,\ldots,n)$
oder $y' = Ay + f(x)$.

Die Dgl. für die Vektorfunktion y heißt homogen, wenn $f(x) \upsilon 0$, sonst inhomogen.

Homogene Differentialgleichung

Sie lautet

$$y' = Ay. \quad (23)$$

Fundamentalsystem. Bilden die Vektorfunktionen

$$y_1(x) = \begin{pmatrix} y_{11}(x) \\ y_{21}(x) \\ \vdots \\ y_{n1}(x) \end{pmatrix},$$

$$y_2(x) = \begin{pmatrix} y_{12}(x) \\ y_{22}(x) \\ \vdots \\ y_{n2}(x) \end{pmatrix}, \ldots, y_n(x) = \begin{pmatrix} y_{1n}(x) \\ y_{2n}(x) \\ \vdots \\ y_{nn}(x) \end{pmatrix} \quad (24)$$

ein System von n Lösungen der Dgl. (23) und ist für alle $x \in \mathbb{R}$ die Determinante

$$W(x) = D(y_1(x), y_2(x), \ldots, y_n(x))$$
$$= \begin{vmatrix} y_{11}(x) & y_{12}(x) & y_{13}(x) \ldots y_{1n}(x) \\ y_{21}(x) & y_{22}(x) & y_{23}(x) \ldots y_{2n}(x) \\ \ldots \\ y_{n1}(x) & y_{n2}(x) & y_{n3}(x) \ldots y_{nn}(x) \end{vmatrix} \neq 0,$$

dann heißt dieses System ein Fundamentalsystem von Lösungen.

Allgemeine Lösung. Sie lautet mit Gl. (24)

$$y(x) = C_1 y_1(x) + C_2 y_2(x) + C_3 y_3(x) + \ldots + C_n y_n(x).$$

Für jede Anfangsbedingung $y(x_0) = b$ mit $x_0 \in \mathbb{R}$ und $b \in \mathbb{R}^n$ können dann die Konstanten $C_1, C_2, \ldots, C_n$ aus der allgemeinen Lösung eindeutig bestimmt werden. Zur Ermittlung eines Fundamentalsystems wird $y(x) = c \exp(\lambda x)$ mit $c = \begin{pmatrix} c_1 \\ c_2 \\ \vdots \\ c_n \end{pmatrix}$

angesetzt, wobei $c_1, c_2, \ldots, c_n$ und λ unbestimmte Konstanten sind. Einsetzen in Gl. (23) führt auf die Vektorgleichung $Ac = \lambda c$ oder $(A - \lambda E)c = 0$ mit E als Einheitsmatrix. Sie stellt ein lineares homogenes Gleichungssystem mit n Gleichungen und n Unbekannten $c_1, c_2, \ldots, c_n$ dar und hat nur dann vom Nullvektor verschiedene Lösungsvektoren c, wenn die Determinante der Matrix $A - \lambda E$ Null ist (s. Gl. (25)).

Charakteristische Gleichung. Für die Dgl. $y' = Ay$ bzw. die Matrix A lautet sie

$$\text{Det}(A - \lambda E) = |A - \lambda E|$$
$$= \begin{vmatrix} a_{11} - \lambda & a_{12} & a_{13} & a_{14} \ldots a_{1n} \\ a_{21} & a_{22} - \lambda & a_{23} & a_{24} \ldots a_{2n} \\ \ldots \\ a_{n1} & a_{n2} & a_{n3} & a_{n4} \ldots a_{nn} - \lambda \end{vmatrix} = 0. \quad (25)$$

Sie ist eine algebraische Gleichung n-ten Grads in λ. Bilden $\lambda_1, \lambda_2, \lambda_3, \ldots, \lambda_n$ ein vollständiges System von Wurzeln dieser Gleichung, so sind zwei Fälle zu unterscheiden:

Verschiedene Wurzeln. $\lambda_1, \lambda_2, \ldots, \lambda_n$ unterscheiden sich voneinander. Für jedes λ_i $(i = 1,2,3,\ldots,n)$ liefert die Gleichung $(A - \lambda_i E)c = 0$ einen Lösungsvektor c_i. Die Lösungsvektoren $c_1, c_2, \ldots, c_n$ sind voneinander linear unabhängig, und die Vektorfunktionen $y_1(x) = c_1 \exp(\lambda_1 x)$, $y_2(x) = c_2 \exp(\lambda_2 x)$, $\ldots$, $y_n(x) = c_n \exp(\lambda_n x)$ bilden ein Fundamentalsystem, so daß die allgemeine Lösung

$$y(x) = C_1 c_1 \exp(\lambda_1 x) + C_2 c_2 \exp(\lambda_2 x) + \ldots + C_n c_n \exp(\lambda_n x)$$

lautet.
Tritt in dem vollständigen System der Wurzeln eine komplexe Wurzel auf, z.B. $\lambda_1 = \alpha + i\beta$, dann ist in dem System auch die konjugiert komplexe Wurzel, z.B. $\lambda_2 = \bar{\lambda}_1 = \alpha - i\beta$, enthalten. Mit $y_1 = c_1 \exp(\lambda_1 x)$ ist dann auch die konjugiert komplexe Vektorfunktion $\bar{y}_1(x) = y_2(x)$ eine Lösung bezüglich der Wurzel $\alpha - i\beta$. Diese beiden komplexen Lösungen können durch die beiden reellen Lösungsvektoren

$$\text{Re}(y_1(x)) = \frac{y_1(x) + y_2(x)}{2} \quad \text{und}$$

$$\text{Im}(y_1(x)) = \frac{y_1(x) - y_2(x)}{2i}$$

ersetzt werden, die dem Real- und Imaginärteil von $y_1(x)$ entsprechen.

Beispiel: $\begin{matrix} y_1' = y_1 + y_2 \\ y_2' = -2y_1 - y_2 \end{matrix}$ oder $y' = Ay$ mit $A = \begin{pmatrix} 1 & 1 \\ -2 & -1 \end{pmatrix}$. – Die charakteristische Gleichung lautet $|A - \lambda E| = \begin{vmatrix} 1-\lambda & 1 \\ -2 & -1-\lambda \end{vmatrix} = \lambda^2 + 1$

und hat die Wurzeln $\lambda_{1,2} = \pm i$. Die Vektoren c ergeben sich aus $(A - iE)c = 0$ bzw. $(A + iE)c = 0$ oder ausführlicher

$\begin{matrix}(1-i)c_1 + c_2 = 0, \\ -2c_1 + (-1-i)c_2 = 0,\end{matrix}$ bzw. $\begin{matrix}(1+i)c_1 + c_2 = 0, \\ -2c_1 + (-1+i)c_2 = 0.\end{matrix}$

Bei beiden Gleichungssystemen folgt jeweils eine Gleichung aus der anderen, so daß eine der Größen c_1 und c_2 beliebig wählbar ist. Mit $c_1 = 1$ ergeben sich dann $c_1 = \begin{pmatrix} 1 \\ -1+i \end{pmatrix}$ und $c_2 = \begin{pmatrix} 1 \\ -1-i \end{pmatrix}$ und damit $y_1(x) = \begin{pmatrix} 1 \\ -1+i \end{pmatrix} \exp(ix)$ und $y_2(x) = \begin{pmatrix} 1 \\ -1-i \end{pmatrix} \exp(-ix)$.

Die Lösungsvektoren $y_1(x)$ und $y_2(x)$ bilden ein Fundamentalsystem. Die Lösung $y_2(x)$ kann auch direkt aus $y_1(x)$ durch Ersetzen von i durch $-i$ gewonnen werden. Aus den beiden Lösungen lassen sich die beiden reellen Darstellungen herleiten.

$$\tilde{y}_1(x) = \text{Re}(y_1(x)) = \begin{pmatrix} 1 \\ -1 \end{pmatrix} \cos x - \begin{pmatrix} 0 \\ 1 \end{pmatrix} \sin x = \begin{pmatrix} \cos x \\ -\cos x - \sin x \end{pmatrix},$$

$$\tilde{y}_2(x) = \text{Im}(y_1(x)) = \begin{pmatrix} 1 \\ -1 \end{pmatrix} \sin x + \begin{pmatrix} 0 \\ 1 \end{pmatrix} \cos x = \begin{pmatrix} \sin x \\ -\sin x + \cos x \end{pmatrix}.$$

Für die Determinante aus beiden Lösungen gilt

$$\text{Det}(\tilde{y}_1(x), \tilde{y}_2(x)) = \begin{vmatrix} \cos x & \sin x \\ -\cos x - \sin x & -\sin x + \cos x \end{vmatrix} = 1.$$

Die allgemeine Lösung der Dgl. lautet

$$y(x) = C_1 \begin{pmatrix} \cos x \\ -\cos x - \sin x \end{pmatrix} + C_2 \begin{pmatrix} \sin x \\ -\sin x + \cos x \end{pmatrix}.$$

Mehrfache Wurzeln. Die Wurzel λ_i tritt r-mal auf. Die Lösungen, der der r-fachen Wurzel λ_i im Fundamentalsystem entsprechen, folgen aus dem Ansatz

$$y(x) = (c_0 + c_1 x + c_2 x^2 + \ldots + c_{r-1} x^{r-1}) \exp(\lambda_i x),$$

wobei $c_0, c_1, \ldots, c_{r-1}$ unbestimmte Vektoren sind. Wird die Funktion $y(x)$ in Dgl. (23) eingesetzt, so ergibt sich ein algebraisches System von linearen Gleichungen für die Vektorkoordinaten, von denen r entsprechend der Vielfachheit der Wurzel λ_i beliebig wählbar sind.

Beispiel: $\begin{matrix} y_1' = y_2 \\ y_2' = y_3 \\ y_3' = -y_2 + 2y_3 \end{matrix}$ oder $y' = \begin{pmatrix} 0 & 1 & 0 \\ 0 & 0 & 1 \\ 0 & -1 & 2 \end{pmatrix} y$. – Die charakteristische Gleichung lautet $|A - \lambda E| = \begin{vmatrix} -\lambda & 1 & 0 \\ 0 & -\lambda & 1 \\ 0 & -1 & 2-\lambda \end{vmatrix} = -\lambda(\lambda-1)^2 = 0$

und hat das vollständige System der Wurzeln $\lambda_1 = 0, \lambda_{2,3} = 1$ mit 1 als Doppelwurzel.

Der einfachen Wurzel 0 entspricht der Lösungsansatz $y_1(x) = c = \begin{pmatrix} c_1 \\ c_2 \\ c_3 \end{pmatrix}$ mit der Gleichung $Ac = \begin{pmatrix} 0 & 1 & 0 \\ 0 & 0 & 1 \\ 0 & -1 & 2 \end{pmatrix} \begin{pmatrix} c_1 \\ c_2 \\ c_3 \end{pmatrix} = \begin{pmatrix} 0 \\ 0 \\ 0 \end{pmatrix}$. Hieraus folgt $c_2 = 0, c_3 = 0$) und c_1 beliebig, so daß $c = \begin{pmatrix} c_1 \\ 0 \\ 0 \end{pmatrix} = c_1 \begin{pmatrix} 1 \\ 0 \\ 0 \end{pmatrix}$ mit beliebigem c_1. Für $c_1 = 1$ ergibt sich damit die partikuläre Lösung

$$y_1(x) = \begin{pmatrix} 1 \\ 0 \\ 0 \end{pmatrix}.$$

Für die Doppelwurzel wird der Ansatz gemacht

$$y(x) = (a + bx) \exp x = \begin{pmatrix} a_1 + b_1 x \\ a_2 + b_2 x \\ a_3 + b_3 x \end{pmatrix} \exp x.$$

Einsetzen in die Dgl. führt auf die Gleichung

$$\begin{pmatrix} b_1 \\ b_2 \\ b_3 \end{pmatrix} \exp x + \begin{pmatrix} a_1 + b_1 x \\ a_2 + b_2 x \\ a_3 + b_3 x \end{pmatrix} \exp x = \begin{pmatrix} 0 & 1 & 0 \\ 0 & 0 & 1 \\ 0 & -1 & 2 \end{pmatrix} \begin{pmatrix} a_1 + b_1 x \\ a_2 + b_2 x \\ a_3 + b_3 x \end{pmatrix} \exp x$$

oder

$$\begin{pmatrix} a_1 + b_1 \\ a_2 + b_2 \\ a_3 + b_3 \end{pmatrix} \exp x + \begin{pmatrix} b_1 \\ b_2 \\ b_3 \end{pmatrix} x \exp x$$

$$= \begin{pmatrix} a_2 \\ a_3 \\ -a_2 + 2a_3 \end{pmatrix} \exp x + \begin{pmatrix} b_2 \\ b_3 \\ -b_2 + 2b_3 \end{pmatrix} x \exp x.$$

Koeffizientenvergleich führt auf das algebraische lineare Gleichungssystem mit sechs Gleichungen und sechs Unbestimmten.

$$a_1 + b_1 = a_2, \quad a_2 + b_2 = a_3, \quad a_3 + b_3 = -a_2 + 2a_3,$$
$$b_1 = b_2, \quad b_2 = b_3, \quad b_3 = -b_2 + 2b_3.$$

Aus den letzten drei Gleichungen folgt $b_1 = b_2, b_3 = b_2$ mit beliebigem b_2, so daß $b = \begin{pmatrix} b_2 \\ b_2 \\ b_2 \end{pmatrix} = b_2 \begin{pmatrix} 1 \\ 1 \\ 1 \end{pmatrix}$ mit beliebigem b_2.

Die übrigen drei Gleichungen lauten damit $a_1 - a_2 + b_2 = 0$, $a_2 - a_3 + b_2 = 0$, $a_2 - a_3 + b_2 = 0$, woraus sich ergibt $a_1 = a_2 - b_2$, $a_3 = a_2 + b_2$ mit beliebigen a_2, b_2, so daß

$$a = \begin{pmatrix} a_1 \\ a_2 \\ a_3 \end{pmatrix} = \begin{pmatrix} a_2 - b_2 \\ a_2 \\ a_2 + b_2 \end{pmatrix} = a_2 \begin{pmatrix} 1 \\ 1 \\ 1 \end{pmatrix} + b_2 \begin{pmatrix} -1 \\ 0 \\ 1 \end{pmatrix}.$$

Damit ergibt sich für $y(x)$ die Darstellung

$$y(x) = (a + bx) \exp x = a_2 \begin{pmatrix} 1 \\ 1 \\ 1 \end{pmatrix} \exp x + b_2 \begin{pmatrix} -1+x \\ x \\ 1+x \end{pmatrix} \exp x.$$

Die Fundamentallösungen zur Doppelwurzel 1 lauten damit

$$y_2(x) = \begin{pmatrix} 1 \\ 1 \\ 1 \end{pmatrix} \exp x, \quad y_3(x) = \begin{pmatrix} -1+x \\ x \\ 1+x \end{pmatrix} \exp x.$$

Zusammen mit $y_1(x)$ bilden sie ein Fundamentalsystem, und die allgemeine Lösung der Dgl. ist

$$y(x) = C_1 \begin{pmatrix} 1 \\ 0 \\ 0 \end{pmatrix} + C_2 \begin{pmatrix} 1 \\ 1 \\ 1 \end{pmatrix} \exp x + C_3 \begin{pmatrix} -1+x \\ x \\ 1+x \end{pmatrix} \exp x.$$

Inhomogene Differentialgleichung

Sie lautet

$$y' = Ay + f(x). \qquad (26)$$

Ist $y_H(x)$ die allgemeine Lösung der homogenen Dgl. $y' = Ay$ und $y_P(x)$ eine partikuläre Lösung der inhomogenen Dgl. $y' = Ay + f(x)$, dann ist $y(x) = y_H(x) + y_P(x)$ eine allgemeine Lösung der inhomogenen Dgl. Bilden die Funktionen $y_1(x), y_2(x), \ldots, y_n(x)$ ein Fundamentalsystem von Lösungen der homogenen Dgl., so lautet $y_P(x) = C_1(x)y_1(x) + C_2(x)y_2(x) + \ldots + C_n(x)y_n(x)$, wobei die Funktionen $C_1(x), C_2(x), \ldots, C_n(x)$ gemäß der Variation der Konstanten durch die Gleichung

$$C_1'(x)y_1(x) + C_2'(x)y_2(x) + C_3'(x)y_3(x) + \ldots + C_n'(x)y_n(x) = f(x)$$

bestimmt sind.

Beispiel: $\begin{matrix} y_1' = y_2 + 2 \\ y_2' = y_1 + 2\exp x \end{matrix}$ oder $y' = \begin{pmatrix} 0 & 1 \\ 1 & 0 \end{pmatrix} y + \begin{pmatrix} 2 \\ 2\exp x \end{pmatrix}$. –

$y_1(x) = \begin{pmatrix} 1 \\ 1 \end{pmatrix} \exp x$ und $y_2(x) = \begin{pmatrix} 1 \\ -1 \end{pmatrix} \exp(-x)$

bilden ein Fundamentalsystem von Lösungen der homogenen Dgl. Die Funktionen $C_1(x)$ und $C_2(x)$ bestimmen sich aus der Gleichung

$C_1'(x) \begin{pmatrix} 1 \\ 1 \end{pmatrix} \exp x + C_2'(x) \begin{pmatrix} 1 \\ -1 \end{pmatrix} \exp(-x) = \begin{pmatrix} 2 \\ 2\exp x \end{pmatrix}$ oder

$C_1'(x) \exp x + C_2'(x) \exp(-x) = 2$ und
$C_1'(x) \exp x - C_2'(x) \exp(-x) = 2\exp x$.

Hieraus folgen

$C_1'(x) = \exp(-x) + 1, \ C_2'(x) = \exp x - \exp 2x,$
$C_1(x) = x - \exp(-x), \ C_2(x) = \exp x - (1/2)\exp 2x.$

Damit lautet eine partikuläre Lösung der inhomogenen Dgl.

$$y_P(x) = [x - \exp(-x)]\exp x \begin{pmatrix} 1 \\ 1 \end{pmatrix}$$
$$+ [\exp x - (1/2)\exp 2x]\exp(-x) \begin{pmatrix} 1 \\ -1 \end{pmatrix}$$
$$= \begin{pmatrix} x\exp x - (1/2)\exp x \\ x\exp x + (1/2)\exp x - 2 \end{pmatrix}.$$

8.1.7 Randwertaufgabe

Sie besteht darin, Lösungen $y(x)$ für eine Dgl. der Ordnung n zu bestimmen, die mit ihren Ableiten $y^{(i)}(x), 1 \leq i \leq n-1$, in zwei Randstellen $x = a$ und $x = b$ oder auch mehr, n voneinander unabhängige Randbedingungen erfüllen. Sie kann keine oder genau eine Lösung oder mehrere (sogar unendlich viele) Lösungen haben.

Beispiel: Die Dgl. $y'' + y = 0$ hat für die Randbedingungen
$y(0) = 0$ und $y(\pi) = 1$ keine Lösung,
$y(0) = 0$ und $y(\pi/2) = 1$ genau eine Lösung $y(x) = \sin x$,
$y(0) = 0$ und $y(\pi) = 0$ unendlich viele Lösungen $y = C \sin x$.

Lineare Randwertaufgabe. Bei ihr sind die Dgl. sowie die Randbedingungen linear in y und deren Ableitungen. Eine besonders häufige Aufgabe für eine Dgl. 2. Ordnung lautet $L[y] = y'' + p(x)y' + q(x)y = f(x)$ mit den Randbedingungen $R_1[y_a] = a_1y(a) + a_2y'(a) = A$, $R_2[y_b] = b_1y(b) + b_2y'(b) = B$, wobei p, q und f stetige Funktionen auf $[a, b]$ und a_1, a_2, b_1, b_2, A, B Konstanten sind. Die Randwertaufgabe heißt homogen, falls $A = B = 0$ und $f(x) = 0$, sonst inhomogen. Die Funktionen $y_1(x)$ und $y_2(x)$ sollen ein Fundamentalsystem von Lösungen der homogenen Dgl. $L[y] = 0$ bilden, deren allgemeine Lösung $y_H(x) = C_1y_1(x) + C_2y_2(x)$ ist, wobei C_1, C_2 beliebige Konstanten sind.

Homogene Randwertaufgabe

$$L[y] = 0, \ R_1[y_a] = R_2[y_b] = 0.$$

Einsetzen der allgemeinen Lösung

$$y_H(x) = C_1y_1(x) + C_2y_2(x)$$

von $L[y] = 0$ in die Randbedingungen führt auf das Gleichungssystem

$$C_1R_1[y_1(a)] + C_2R_1[y_2(a)] = 0,$$
$$C_1R_2[y_1(b)] + C_2R_2[y_2(b)] = 0$$

mit der Systemdeterminante

$$D = \begin{vmatrix} R_1[y_1(a)] & R_1[y_2(a)] \\ R_2[y_1(b)] & R_2[y_2(b)] \end{vmatrix}.$$

Es hat stets die Lösungen $C_1 = C_2 = 0$, so daß $y(x) \equiv 0$ stets eine triviale Lösung der homogenen Randwertaufgabe ist. Nichttriviale Lösungen gibt es genau dann, wenn $D = 0$ ist.

Beispiel: $L[y] = y'' + y = 0, R_1[y(0)] = y(0) = 0, R_2[y(\pi)] = y(\pi) = 0$. – Die Funktionen $y_1(x) = \cos x$ und $y_2(x) = \sin x$ bilden ein Fundamentalsystem, so daß die allgemeine Lösung $y(x) = C_1 \cos x +$ lautet. Einsetzen in die Randbedingungen R_1 und R_2 führt auf die Gleichungen $R_1[y(0)] = y(0) = C_1 \cdot 1 + C_2 \cdot 0 = 0, R_2[y(\pi)] = y(\pi) = C_1(-1) +$ woraus $C_1 = 0$ folgt, so daß $y(x) = C_2 \sin x$ für beliebiges C_2 eine Lösung ist.

Inhomogene Randwertaufgabe. $L[y] = f(x), R_1[y_a] = A$, $R_2[y_b] = B$. Es sei $y_P(x)$ eine partikuläre Lösung der inhomogenen Dgl. $L[y] = f(x)$, so daß deren allgemeine Lösung $y(x) = C_1y_1(x) + C_2y_2(x) + y_P(x)$ für beliebige C_1, C_2 ist. Einsetzen von $y(x)$ in die Randbedingungen führt auf das Gleichungssystem

$$C_1R_1[y_1(a)] + C_2R_1[y_2(a)] = A - y_P(a),$$
$$C_1R_2[y_1(b)] + C_2R_2[y_2(b)] = B - y_P(b)$$

mit der Systemdeterminante

$$D = \begin{vmatrix} R_1[y_1(a)] & R_1[y_2(a)] \\ R_2[y_1(b)] & R_2[y_2(b)] \end{vmatrix}.$$

Ist $D \neq 0$, so gibt es ein Lösungspaar (C_1, C_2), und die inhomogene Randwertaufgabe hat genau eine Lösung. Für $D = 0$ existieren nur in Sonderfällen Lösungen.

8.1.8 Eigenwertaufgabe

Eine homogene Randwertaufgabe heißt Eigenwertaufgabe, wenn die Dgl. oder die Randbedingungen noch einen Parameter λ enthalten. Parameterwerte, für die nichttriviale Lösungen existieren, heißen Eigenwerte und die entsprechenden Lösungen Eigenfunktionen.

Beispiel: $L[y] = y'' + \lambda y = 0, R_1[y(0)] = y(0) = 0, R_2[y(\pi)] = y(\pi) = 0$. Fallunterscheidung:

$\lambda > 0$. Fundamentalsystem $y_1(x) = \cos\sqrt{\lambda}x, y_2(x) = \sin\sqrt{\lambda}x$. Allgemeine Lösung $y(x) = C_1 \cos\sqrt{\lambda}x + C_2 \sin\sqrt{\lambda}x$. Randbedingungen liefern $y(0) = C_1 = 0, \ y(\pi) = C_1 \cos\sqrt{\lambda}\pi + C_2 \sin\sqrt{\lambda}\pi = 0$, woraus $C_2 \sin\sqrt{\lambda}\pi = 0$ folgt. Damit die Eigenwertaufgabe nichttriviale Lösungen besitzt, muß $C_2 \neq 0$ und $\sin\sqrt{\lambda}\pi = 0$ oder $\sqrt{\lambda}\pi = n\pi$ sein, d.h. $\lambda_n = n^2 (n = 1, 2, 3, \ldots)$. Sie hat also für $\lambda > 0$ die Eigenwerte $\lambda_n = n^2$ und die Eigenfunktionen $y_n(x) = C_n \sin nx$.

$\lambda = 0$ und damit $L[y] = y'' = 0$. Fundamentalsystem $y_1(x) = 1$, $y_2(x) = x$. Allgemeine Lösung der Dgl. $y(x) = C_1 + C_2x$. Randbedingungen liefern $y(0) = C_1 = 0, \ y(\pi) = C_1 + C_2\pi = 0$. Hieraus folgt $C_1 = 0$ und $C_2 = 0$, d.h. es existiert nur die triviale Lösung.

$\lambda < 0$. Fundamentalsystem

$$y_1(x) = \exp(\sqrt{-\lambda}x), y_2(x) = \exp(-\sqrt{-\lambda}x).$$

Allgemeine Lösung der Dgl.

$$y(x) = C_1 \exp(\sqrt{-\lambda}x) + C_2 \exp(-\sqrt{-\lambda}x).$$

Randbedingungen liefern

$$y(0) = C_1 + C_2 = 0, y(\pi) = C_1 \exp(\sqrt{-\lambda}\pi) + C_2 \exp(-\sqrt{-\lambda}\pi) = 0.$$

Dieses Gleichungssystem hat wegen $D \neq 0$ nur die Lösungen $C_1 = 0$ und $C_2 = 0$ d.h. für $\lambda < 0$ existiert nur die triviale Lösung. Die Eigenwertaufgabe besitzt also nichttriviale Lösungen nur für $\lambda > 0$

8.2 Partielle Differentialgleichungen

8.2.1 Lineare partielle Differentialgleichungen 2. Ordnung

Allgemeine Form
Sie lautet für eine Funktion u mit den beiden Argumenten x und y

$$L[u] = A(x,y)\frac{\partial^2 u}{\partial x^2} + 2B(x,y)\frac{\partial^2 u}{\partial x \partial y} + C(x,y)\frac{\partial^2 u}{\partial y^2}$$
$$+ D(x,y)\frac{\partial u}{\partial x} + E(x,y)\frac{\partial u}{\partial y} + F(x,y)u \quad (27)$$
$$= f(x,y).$$

Sie heißt homogen, wenn $f(x,y) \equiv 0$, sonst inhomogen.

Diskriminante. Sie lautet für Gl. (27)

$$\Delta = \begin{vmatrix} A(x,y) & B(x,y) \\ B(x,y) & C(x,y) \end{vmatrix} = A(x,y)C(x,y) - B^2(x,y).$$

Charakteristische Dgl. So heißt die der partiellen Dgl. (27) zugeordnete gewöhnliche Dgl.

$$A(x,y)y'^2 - 2B(x,y)y' + C(x,y) = 0. \quad (28)$$

Sie läßt sich in zwei lineare Dgln. 1. Ordnung zerlegen und besitzt zwei einparametrische Lösungen, die Charakteristiken $\varphi(x,y) = C_1$ und $\psi(x,y) = C_2$ mit den Parametern C_1 und C_2.

Elliptischer Typus $\Delta > 0$. Die Charakteristiken sind konjugiert komplex. Durch die Transformation $\varphi(x,y) = \xi + i\eta$ und $\psi(x,y) = \xi - i\eta$ wird die Dgl. (27) in die Normalform übergeführt

$$\frac{\partial^2 u}{\partial \xi^2} + \frac{\partial^2 u}{\partial \eta^2} + a(\xi,\eta)\frac{\partial u}{\partial \xi} + b(\xi,\eta)\frac{\partial u}{\partial \eta} + c(\xi,\eta)u = g(\xi,\eta).$$

Parabolischer Typus $\Delta = 0$. Die beiden Charakteristiken stimmen überein. Durch die Transformation mit

$$\xi = \varphi(x,y) = \psi(x,y) \quad \text{und} \quad \eta = \eta(x,y),$$

und

$$\frac{\partial(\varphi,\eta)}{\partial(x,y)} = \begin{vmatrix} \varphi_x & \eta_x \\ \varphi_y & \eta_y \end{vmatrix} \neq 0,$$

wobei η eine beliebige Funktion ist, wird die Dgl. (27) in die Normalform übergeführt,

$$\frac{\partial^2 u}{\partial \eta^2} + a(\xi,\eta)\frac{\partial u}{\partial \xi} + b(\xi,\eta)\frac{\partial u}{\partial \eta} + c(\xi,\eta)u = g(\xi,\eta).$$

Hyperbolischer Typus $\Delta < 0$. Die Charakteristiken sind reell und verschieden. Durch die Transformation

$$\xi = \varphi(x,y) \quad \text{und} \quad \eta = \psi(x,y) \quad \text{bzw.}$$
$$\xi = \varphi(x,y) + \psi(x,y) \quad \text{und} \quad \eta = \varphi(x,y) - \psi(x,y)$$

wird die partielle Dgl. (27) in die Normalform übergeführt.

$$\frac{\partial^2 u}{\partial \xi \partial \eta} + a(\xi,\eta)\frac{\partial u}{\partial \xi} + b(\xi,\eta)\frac{\partial u}{\partial \eta} + c(\xi,\eta)u = g(\xi,\eta) \quad \text{bzw.}$$
$$\frac{\partial^2 u}{\partial \xi^2} - \frac{\partial^2 u}{\partial \eta^2} + a(\xi,\eta)\frac{\partial u}{\partial \xi} + b(\xi,\eta)\frac{\partial u}{\partial \eta} + c(\xi,\eta)u = g(\xi,\eta).$$

Gleichung 2. Ordnung mit konstanten Koeffizienten
Normalform. Sie lautet für die lineare Dgl. (27) mit konstanten Koeffizienten

$$A\frac{\partial^2 u}{\partial x^2} + 2B\frac{\partial^2 u}{\partial x \partial y} + C\frac{\partial^2 u}{\partial y^2} + E\frac{\partial u}{\partial x} + D\frac{\partial u}{\partial y} + Fu = f(x,y),$$

wobei A, B, C, D, E, F Konstanten sind.

Charakteristiken. Es sind in diesem Fall die Geraden

$$y = \frac{B + \sqrt{B^2 - AC}}{A}x + C_1 \quad \text{und}$$
$$y = \frac{B - \sqrt{B^2 + AC}}{A}x + C_2.$$

Durch entsprechende Transformation der Koordinaten kann die Dgl. in die Normalform übergeführt werden. Dabei sind die Koeffizienten a, b und c Konstanten. Wird gemäß der Gleichung

$$u(\xi,\eta) = v(\xi,\eta)\exp(\alpha\xi + \beta\eta)$$

die neue Funktion v eingeführt, so können nach Einsetzen von u in die Dgl. die Größen α und β so bestimmt werden, daß zwei Koeffizienten (z.B. die der partielle Ableitungen 1. Ordnung) für v verschwinden. Damit ergeben sich für eine lineare partielle Dgl. 2. Ordnung mit konstanten Koeffizienten in den ursprünglichen Bezeichnungen die Normalformen

elliptischer Typus $\quad \dfrac{\partial^2 u}{\partial x^2} + \dfrac{\partial^2 u}{\partial y^2} + au = f(x,y);$

hyperbolischer Typus $\quad \dfrac{\partial^2 u}{\partial x \partial y} + au = f(x,y),$

$\dfrac{\partial^2 u}{\partial x^2} - \dfrac{\partial^2 u}{\partial y^2} + au = f(x,y);$

parabolischer Typus $\quad \dfrac{\partial^2 u}{\partial x^2} + a\dfrac{\partial u}{\partial y} = f(x,y).$

8.2.2 Trennung der Veränderlichen

Eine homogene lineare partielle Dgl. für eine Funktion $u(x_1, x_2, \ldots, x_n)$ kann oft nach dem Fourierschen Verfahren der Trennung der Veränderlichen mit dem Produktsatz $u(x_1, x_2, \ldots, x_n) = U_1(x_1)U_2(x_2)\ldots U_n(x_n)$ auf gewöhnliche Dgln. zurückgeführt werden. Durch Einsetzen der Funktion u in die Dgl. und Division durch u wird die Dgl. auf die Form

$$F_1(x_1, U_1, U_1', U_1'')$$
$$+ F(x_2, x_3, \ldots, x_n, U_2, U_2', U_2'', U_3, U_3', U_3'', \ldots) = 0$$

gebracht, wobei genau eine der Variablen $x_1, x_2, \ldots, x_n$, z.B. x_1, nur unter F_1 und nicht unter F vorkommt. Damit gilt

$$F_1(x_1, U_1, U_1', U_1'')$$
$$= -F(x_2, x_3, \ldots, x_n, U_2, U_2', U_2'', \ldots) = \lambda_1 = \text{const}.$$

Dann ist $F_1(x_1, U_1, U_1', U_1'') = \lambda_1$ eine gewöhnliche Dgl. für die Funktion U_1. Für die 2. Gleichung

$$F(x_2, x_3, \ldots, x_n, U_2, U_2', U_2'', \ldots) = -\lambda_1$$

wird eine entsprechende Zerlegung gesucht, usw. Auf diese Weise wird eine Lösung mit $n-1$ beliebigen Separationskonstanten $\lambda_1, \lambda_2, \ldots, \lambda_{n-1}$ gewonnen.

8.2.3 Anfangs- und Randbedingungen

Zur vollständigen Beschreibung eines physikalischen Vorgangs sind neben der Dgl. noch der Anfangszustand und der Zustand am Rand des räumlichen Gebietes, in dem der Vorgang stattfindet, zu berücksichtigen. Dies geschieht durch Vorgabe von Anfangs- und Randbedingungen.

Beispiel 1: Freie Schwingung einer begrenzten und beidseitig eingespannten Saite. – Für die Auslenkung u lautet die Dgl.

$$\frac{\partial^2 u}{\partial t^2} = a^2 \frac{\partial^2 u}{\partial x^2} \quad \text{(hyperbolischer Typus).} \tag{29}$$

Randbedingung: $u(0, t) = u(l, t) = 0$ (feste Einspannung an den Enden $x=0$ und $x=l$). Anfangsbedingung: $u(x, 0) = f(x)$ und $\frac{\partial u}{\partial t}(x,0) = g(x)$ (Auslenkung und Geschwindigkeit für $t=0$). Produktansatz zur Lösung der Dgl.: $u(x, t) = X(x)T(t)$.
Einsetzen in die Dgl. (29) führt auf $T''(t)X(x) = a^2 X''(x)T(t)$ oder $T''/(a^2 T) = X''/X = -\lambda$ mit λ als Separationskonstante. Hieraus ergeben sich $T'' + a^2 \lambda T = 0$ und $X'' + \lambda X = 0$.
Berücksichtigung der Randbedingungen: $u(0, t) = u(l, t) = 0$ oder $X(0)T(t)=0$ und $X(l)T(t)=0$ ergibt wegen $T(t) \neq 0$ die Randbedingung $X(0)=X(l)=0$, so daß für die Funktion X die Eigenwertaufgabe (s. A 8.1.7) vorliegt; $X'' + \lambda X = 0$ mit $X(0)=X(l)=0$. Diese besitzt nur für die positiven Eigenwerte $\lambda_n = (n\pi/l)^2$ nichttriviale Eigenfunktionen; $X_n(x) = \sin \frac{n\pi}{l} x$ $(n=1,2,3,\ldots,n)$.
Für jeden dieser Eigenwerte ergibt sich dann eine Dgl. für die Funktion T; $T'' + (n\pi a/l)^2 T = 0$ mit der allgemeinen Lösung $T_n(t) = A_n \cos\frac{n\pi a}{l} t + B_n \sin\frac{n\pi a}{l} t$.
Die unendlichen vielen Funktionen

$$u_n(x,t) = \left(A_n \cos\frac{n\pi a}{l} t + B_n \sin\frac{n\pi a}{l} t\right) \sin\frac{n\pi}{l} x, \quad n=1,2,3,\ldots,n$$

sind dann Lösungen der Dgl. (29) und erfüllen die Randbedingungen. Aufgrund der Linearität und Homogenität der partiellen Dgl. sowie der Randbedingungen gilt dies auch unter gewissen Voraussetzungen für die unendliche Funktionenreihe

$$u(x,t) = \sum_{n=1}^{\infty} \left(A_n \cos\frac{n\pi a}{l} t + B_n \sin\frac{n\pi a}{l} t\right) \sin\frac{n\pi}{l} x. \tag{30}$$

Die Anfangsbedingungen führen auf die Gleichungen

$$f(x) = u(x,0) = \sum_{n=1}^{\infty} A_n \sin\frac{n\pi}{l} x,$$

$$g(x) = \frac{\partial u}{\partial t}(x,0) = \sum_{n=1}^{\infty} \frac{n\pi a}{l} B_n \sin\frac{n\pi}{l} x.$$

Werden beide Seiten dieser Gleichungen mit $\sin\frac{m\pi}{l} x$ multipliziert und über x von 0 bis l integriert, so ergeben sich wegen

$$\int_0^l \sin\frac{n\pi}{l} x \sin\frac{m\pi}{l} x \, dx = \begin{cases} 0 & \text{für } m \neq n \\ l/2 & \text{für } m = n \end{cases}$$

die Gleichungen für die Koeffizienten A_n und B_n.

$$A_n = (2/l) \int_0^l f(x) \sin\frac{n\pi}{l} x \, dx \quad \text{und} \quad B_n = \frac{2}{n\pi a} \int_0^l g(x) \sin\frac{n\pi}{l} x \, dx.$$

Mit diesen Koeffizienten ist dann die Funktion u gemäß Gl. (30) die Lösung der Aufgabe.

Beispiel 2: Wärmeleitung in einem Stab von endlicher Länge. – Die Wärmeleitung in einem Stab wird beschrieben durch eine partielle Dgl. der Form

$$L[u] = \frac{\partial u}{\partial t} - a^2 \frac{\partial^2 u}{\partial x^2} = 0 \quad \text{(parabolischer Typus).} \tag{31}$$

An den Enden des Stabs $x=0$ und $x=l$ seien die konstanten Temperaturen U_1 und U_2 vorgegeben, so daß die Randbedingung $u(0,t) = U_1$ und $u(l,t) = U_2$ lautet.
Die Temperaturverteilung längs des Stabs zum Zeitpunkt $t=0$ sei durch die Anfangsbedingung $u(x, 0) = f(x)$ bestimmt.
Zur Lösung wird $u(x, t) = v(x) + w(x, t)$ angesetzt, wobei für die Funktion v die Bedingungen $L[v] = v'' = 0$, $v(0) = U_1$, $v(l) = U_2$ und für die Funktion w die Bedingungen $L[w] = \frac{\partial w}{\partial t} - a^2 \frac{\partial^2 w}{\partial x^2} = 0$, $w(0, t) = w(l, t) = 0$, $w(x, 0) = f(x) - v(x)$ bestehen. Für die Funktion $u(x, t) = v(x) + w(x, t)$ gelten dann die Bedingungen der Aufgabe.
Die Lösung der Randwertaufgabe für v lautet

$$v(x) = \frac{U_2 - U_1}{l} x + U_1.$$

Zur Lösung der Randwert- und Anfangswertaufgabe für die Funktion w wird der Produktansatz $w(x, t) = X(x)T(t)$ gemacht. Er führt auf die Gleichung mit getrennten Variablen $\frac{T'(t)}{a^2 T(t)} = \frac{X''(x)}{X(x)} = -\lambda$ mit λ als Separationskonstante, so daß sich die beiden gewöhnlichen Dgln. $X''(x) + \lambda X(x) = 0$ und $T'(t) + \lambda a^2 T(t) = 0$ ergeben.
Die Eigenwertaufgabe für die Funktion X führt wie im Beispiel 1 auf die Eigenwerte $\lambda_n = (n\pi/l)^2$ und auf die nichttrivialen Eigenfunktionen $X_n(x) = \sin\frac{n\pi}{l} x$ für $n=1, 2, \ldots$. Dementsprechend ergibt sich für jedes $n=1, 2, 3, \ldots$ die Dgl. $T' + (n\pi a/l)^2 T = 0$ mit der allgemeinen Lösung $T_n(t) = A_n \exp[-(n\pi a/l)^2 t]$, so daß die unendlich vielen Funktionen

$$w_n(x,t) = T_n(t) X_n(x) = A_n \sin\frac{n\pi}{l} x \exp\left[-\left(\frac{n\pi a}{l}\right)^2 t\right]$$

Lösungen der Dgl. $L[w] = 0$ sind, die der Randbedingung $w(0, t) = w(l, t) = 0$ genügen. Dies gilt unter gewissen Voraussetzungen auch für die Funktionenreihe

$$w(x,t) = \sum_{n=1}^{\infty} w_n(x,t) = \sum_{n=1}^{\infty} A_n \sin\frac{n\pi}{l} x \exp\left[-\left(\frac{n\pi a}{l}\right)^2 t\right]. \tag{32}$$

Aufgrund der Anfangsbedingung gilt

$$w(x, 0) = \sum_{n=1}^{\infty} A_n \sin\frac{n\pi}{l} x = f(x) - v(x)$$

$$= f(x) - \left(\frac{U_2 - U_1}{l} x + U_1\right) = F(x),$$

woraus entsprechend Beispiel 1

$$A_n = \frac{2}{l} \int_0^l F(x) \sin\frac{n\pi}{l} x \, dx$$

$$= \frac{2}{l} \int_0^l \left[f(x) - \left(\frac{U_2 - U_1}{l} x + U_1\right)\right] \sin\frac{n\pi}{l} x \, dx$$

folgt. Damit lautet die Lösung der Anfangswert- und Randwertaufgabe

$$u(x,t) = v(x) + w(x,t)$$

$$= \frac{U_2 - U_1}{l} x + U_1 + \sum_{n=1}^{\infty} A_n \sin\frac{n\pi}{l} x \exp[-(n\pi a/l)^2 t].$$

9 Auswertung von Beobachtungen und Messungen

H.-J. Schulz, Berlin

9.1 Kombinatorik

Die Kombinatorik untersucht die Möglichkeiten zur Anordnung von beliebig gegebenen, endlich vielen Elementen einer Menge. Als Symbole für die Elemente dienen Buchstaben und Ziffern.

Komplexionen. So heißen die Zusammenstellungen der Elemente: Permutation, Variation und Kombination. Hierbei wird unterschieden a) nach der Zahl der Elemente, b) nach den Elementen bei gleicher Zahl, c) nach der Anordnung bei gleichen Elementen und d) nach der Zulässigkeit der Wiederholung von Elementen. Die Vorschriften zur Unterscheidung der Komplexionen sind mit der technischen Aufgabenstellung festgelegt.

Beispiel: Wieviel Schraubentypen können mit vier Farben (z.B. rot, grün, blau, weiß) gekennzeichnet werden? Alle nach a) vereinbarten Positionen sollen besetzt sein. – **Tab. 1**.

9.1.1 Permutationen

Permutation. Die Komplexion, die aus allen n Elementen ($n \in \mathbb{N}$) einer endlichen Menge M in irgendeiner Anordnung gebildet werden kann, heißt Permutation der n Elemente. Zwei Permutationen sind genau dann gleich, wenn sie in der Reihenfolge der Elemente übereinstimmen. Ihre Anzahl bei n untereinander verschiedenen Elementen ist

$$P_n = 1 \cdot 2 \cdot 3 \cdot \ldots \cdot (n-1) \cdot n = n!. \tag{1}$$

Die Darstellung der verschiedenen Permutationen erfolgt nach der natürlichen Reihenfolge der Elemente (1, 2, 3... oder a, b, c...) in einer lexikographischen Anordnung.

Inversion. Stehen in einer Permutation zwei Elemente in ihrer natürlichen Reihenfolge vertauscht, so bilden sie eine Inversion. Ist die Zahl der Inversionen gerade (ungerade), so bezeichnet man die Permutation als gerade (ungerade). Der Vertauschungsvorgang zwischen zwei Elementen heißt *Transposition*.
Tritt in der Permutation ein Element n_1-mal auf, so reduziert sich die Anzahl um das $1/n_1!$-fache.
Die verschiedenen Permutationen für n Elemente mit m verschiedenen Arten und den Wiederholungszahlen $n_1, n_2, \ldots, n_m$ für jede Art sind

$$P_n^{(n_1, n_2, \ldots, n_m)} = \frac{n!}{n_1! n_2! \ldots n_m!}. \tag{2}$$

Beispiel 1: $n=2; M=\{1, 2\}. - P_2 = 1 \cdot 2 = 2$; Permutationen; 12, 21.

Beispiel 2: $n=3; M=\{1, 2, 3\}$. – Jedes der drei Elemente kann an der ersten Stelle stehen, dahinter folgen die Permutationen der restlichen zwei Elemente. Also ergibt sich durch vollständige Induktion, dem Schluß von n auf $n+1$ nach Prüfen des Anfangswerts, $P_3 = 3 \cdot P_2 = 1 \cdot 2 \cdot 3 = 3! = 6$.

Beispiel 3: $M = \{r, g, b\} = \{b, g, r\}$. – Lexikographische Anordnung der Permutation zu drei Elementen: bgr, brg; gbr, grb; rbg, rgb . In der letzten Permutation stehen r vor g und b sowie g vor b. Sie enthält also drei Inversionen und ist ungerade.

Beispiel 4: $M = \{a, b, c, c\}; m=3; n_1 = n_2 = 1, n_3 = 2$. – $P_4^{(1,1,2)} = 4!/(1! \, 1! \, 2!) = 12$.

9.1.2 Variationen

Eine Zusammenstellung von k verschiedenen Elementen aus einer Menge mit n verschiedenen Elementen, bei der es auf die Anordnung ankommt, heißt *Variation* von n Elementen zur k-ten Klasse oder Ordnung ohne Wiederholung. Ihre Anzahl ist

$$V_n^{(k)} = \frac{n!}{(n-k)!} \quad \text{mit} \quad k \leq n. \tag{3}$$

Kann jedes Element bis zu k-mal wiederholt auftreten, ist die Anzahl

$$Vw_n^{(k)} = n^k \quad \text{mit} \quad k \leq n \quad \text{oder} \quad k > n. \tag{4}$$

Beispiel 1: Aus den zehn Ziffern $0, 1, 2 \ldots 9$ kann man $V_{10}^{(4)} = 10!/6! = 5040$ vierstellige Zahlen bilden, in denen jede Ziffer nur einmal vorkommt.

Beispiel 2: Beim Fußballtoto gibt es $n=3$ verschiedene Elemente (0, 1, 2), die auf $k=11$ verschiedenen Positionen mit Wiederholungen in richtiger Reihenfolge angegeben werden müssen. – Es gibt $Vw_3^{(11)} = 3^{11} = 177\,147$ Möglichkeiten.

9.1.3 Kombinationen

Komplexionen von k verschiedenen Elementen aus einer Menge von n verschiedenen Elementen ohne Berücksichtigung der Anordnung heißen Kombinationen von n Elementen zur k-ten Klasse ohne Wiederholung. Ihre Anzahl ist

$$\begin{aligned}C_n^{(k)} &= \binom{n}{k} = \frac{n!}{k!(n-k)!} \\ &= \frac{(n-1)(n-2)\ldots(n-k+2)(n-k+1)}{1 \cdot 2 \cdot 3 \cdot \ldots \cdot (k-1) \cdot k}.\end{aligned} \tag{5}$$

Kann jedes Element bis zu k-mal wiederholt auftreten, ist die Zahl

$$Cw_n^{(k)} = \binom{n+k-1}{k}. \tag{6}$$

Tabelle 1. Komplexionen von vier Farben (r rot, g grün, b blau, w weiß)

Fall	Unterscheidung nach	Mögliche Komplexionen	Anzahl	Bezeichnung der Komplexionen
1	a) 2 Farben b) nach den Farben	rg, rb, rw, gb, gw, bw	6	Kombinationen o.W.
2	a), b), d) mit Wiederholung	wie 1 und rr, bb, gg, ww	10	Kombinationen m.W.
3	a), b), c) mit Anordnung	wie 1 und gr, br, wr, bg, wg, wb	12	Variationen o.W.
4	a), b) c) d)	wie 3 und rr, bb, gg, ww	16	Variationen m.W.
5	a) 4 Farben, b), c)	rgbw, rgwb, rbgw, rbwg, rwgb, rwbg grbw, grwb, gbrw, gbwr, gwrb, gwbr, brgw, brwg, bgrw, bgwr, bwrg, bwgr wrgb, wrbg, wgrb, wgbr, wbrg, wbgr	24	Permutationen

o.W. bzw. m.W. ohne bzw. mit Wiederholung

Beispiel 1: Beim Zahlenlotto 6 aus 49 gibt es

$$C_{49}^{(6)} = \binom{49}{6} = \frac{49 \cdot 48 \cdot 47 \cdot 46 \cdot 45 \cdot 44}{1 \cdot 2 \cdot 3 \cdot 4 \cdot 5 \cdot 6} = 13\,983\,816 \text{ Kombinationen}$$

Beispiel 2: Die Zahl der Abstimmungskombinationen eines vierköpfigen Gremiums ($k=4$) mit drei Stimmöglichkeiten (ja, nein, enthalten; $n=3$) ist $Cw_3^{(4)} = \binom{6}{4} = 15$.

9.2 Fehlerrechnung

9.2.1 Fehlerarten

Jedes Meßergebnis ist durch Fehler verfälscht (s. DIN 1319 Bl. 3).

Vermeidbare Fehler, durch Irrtum oder Wahl eines ungeeigneten Verfahrens entstanden, werden von der Fehlerrechnung nicht behandelt und müssen mittels geeigneter Kontrollen vermieden werden.

Systematische Fehler, durch Unvollkommenheiten der Meßgeräte und Umwelteinflüsse entstanden, sind nicht immer vermeidbar, jedoch regelmäßig bei wiederholten Messungen. Sofern sie in Vergleichen mit anderen Verfahren erfaßbar sind, müssen sie rechnerisch korrigiert werden.

Zufällige Fehler, verursacht durch nicht erkennbare und nicht beeinflußbare Änderungen des Meßgeräts oder -gegenstands wie Abnutzung, Reibung oder Rauschen, sind unvermeidbar. Sie schwanken bei wiederholten Messungen unter gleichen Bedingungen unregelmäßig in ihrer Größe und im Vorzeichen.

Meßunsicherheit. Hiermit werden die systematischen und zufälligen Fehler zusammengefaßt, deren Größe aber mit den Methoden der Ausgleichsrechnung (s. **A 9.3**) und der Statistik (s. **A 9.5**) desto zuverlässiger abgeschätzt werden kann, je größer die Zahl der wiederholten Messungen ist.

Wahrer Fehler. Er ist die Differenz aus Meßwert x_M und wahrem Wert x_W der zu messenden Größe;

$$\varepsilon = x_M - x_W \tag{7}$$

Da er nicht bekannt ist, wird ersatzweise der geschätzte Fehlerwert Δx aus erfaßbaren systematischen Fehlern und statistischen Schwankungen der Meßwerte bestimmt. Der wahre Wert liegt dann mit großer Wahrscheinlichkeit im Intervall $x_M - |\Delta x| < x_W < x_M + |\Delta x|$ und wird in der Form $x_W = x_M \pm \Delta x$ angegeben.

Absoluter und relativer Fehler. Zum Vergleich der Genauigkeit von Meßverfahren dient nicht der absolute Fehler $|\Delta x|$, sondern der relative Fehler

$$\varepsilon/x_W \approx \Delta x/x_M = (\Delta x/x_M) \cdot 100\%. \tag{8}$$

Weitere Fehler. Sie ergeben sich aus den statistischen Bildungsgesetzen (s. **A 9.3** und **A 9.5**). Die Begriffe „Beobachtungswert, -fehler" werden in der Literatur mit derselben Bedeutung wie „Meßwert, -fehler" benutzt. Die Anzahl der Stellen bei Zahlenwerten von Fehlern muß so beschaffen sein, daß Rundungsfehler kleiner als die Meßunsicherheit ausfallen, ohne daß eine falsche Genauigkeit vorgetäuscht wird.

9.2.2 Fehlerfortpflanzung bei systematischen Fehlern

Für eine Größe y, die von n unabhängigen Meßgrößen $x_1, x_2, \ldots, x_n$ mit systematischen Fehlern $\Delta x_1, \Delta x_2, \ldots, \Delta x_n$ gemäß $y = f(x_1, x_2, \ldots, x_n)$ abhängt, ergibt sich der Fehler Δy an der Stelle der Meßwerte mit dem totalen Differential

$$dy = \sum_{i=1}^{n} f_{xi} \, dx_i \quad \text{zu} \quad \Delta y = \sum_{i=1}^{n} f_{xi} \cdot \Delta x_i. \tag{9}$$

Tabelle 2. Sonderfälle für die Funktion $y = f(x_1, x_2)$

		y	Δy_{max}	$\Delta y_{max}/y$
1	Summe Differenz	$x_1 \pm x_2$	$|\Delta x_1| + |\Delta x_2|$	$\dfrac{|\Delta x_1| + |\Delta x_2|}{|x_1 \pm x_2|}$
2	Produkt	$x_1 x_2$	$|x_2 \cdot \Delta x_1| + |x_1 \cdot \Delta x_2|$	$\left|\dfrac{\Delta x_1}{x_1}\right| + \left|\dfrac{\Delta x_2}{x_2}\right|$
3	Quotient	x_1/x_2	$\dfrac{|x_2 \cdot \Delta x_1| + |x_1 \cdot \Delta x_2|}{|x_2^2|}$	$\left|\dfrac{\Delta x_1}{x_1}\right| + \left|\dfrac{\Delta x_2}{x_2}\right|$
4	Potenz	x_1^n	$n x_1^{n-1} \cdot \Delta x_1$	$n \left|\dfrac{\Delta x_1}{x_1}\right|$

Die Differentiale und die wahren Größenwerte werden durch die hinreichend kleinen Fehler und die gemessenen Werte ersetzt. Sind die Vorzeichen der Δx_i nicht bekannt, gilt der absolute Maximalfehler $\Delta y_{max} = \sum_{i=1}^{n} |f_{xi} \cdot \Delta x_i|$ als ungünstigster Fall (s. **Tab. 2**).

Umgekehrt läßt sich aus der Vorgabe eines zulässigen Fehlers Δy mit Gl. (9) abschätzen, welche Meßfehler Δx_i einzuhalten sind, um danach die Meßgeräte und das Meßverfahren auszuwählen. Gleichung (9) ist auch für die Abschätzung des Einflusses von Rundungsfehlern beim Zahlenrechnen geeignet, da durch die gerundete Stelle ein systematischer Fehler für die einzelnen Zahlen eingeführt wird.

Beispiel: In einem Dreieck werden die Seite $a \approx 120$ mm sowie die Winkel $\alpha \approx 40°$ und $\beta \approx 70°$ gemessen, um die Seite b nach dem Sinussatz zu berechnen. Wie genau müssen die Größen gemessen werden, damit der relative Maximalfehler $|\Delta b_{max}/b| \leq 3 \cdot 10^{-3}$ wird? – Es gilt $b = a \sin\beta/\sin\alpha$. Logarithmisches Differenzieren ergibt $\ln b = \ln a + \ln \sin\beta - \ln \sin\alpha$; $\Delta b/b = \Delta a/a + \Delta \sin\beta/\sin\beta - \Delta \sin\alpha/\sin\alpha$, $\Delta \sin\beta = \Delta\beta \cos\beta$; $|\Delta b_{max}/b| = |\Delta a/a + \Delta\beta \cdot \cot\beta| + |\Delta\alpha \cdot \cot\alpha| \leq 3 \cdot 10^{-3}$. Diese Gleichung genügt nicht zur Bestimmung der höchsten zulässigen Meßfehler. Sie zeigt aber, daß bei kleinen Winkeln Fehler mit großen Werten aus der cot-Funktion multipliziert werden. Im Bereich der mittleren Winkel ist der relative Fehler gleichmäßig auf alle drei Terme zu verteilen. Man erhält $\Delta a < 120$ m $\cdot 10^{-3} = 0,12$ m. $\Delta\beta < 10^{-3}/\cot 70° = 2,7 \cdot 10^{-3} = 9,5'$ und $\Delta\alpha < 10^{-3}/\cot 40° = 8,4 \cdot 10^{-4} = 2,9'$ also relativ leicht unterschreitbare Meßfehlergrenzen.

9.3 Ausgleichsrechnung nach der Methode der kleinsten Quadrate

9.3.1 Grundlagen

Wahrscheinlichkeitsdichte. Jeder Meßwert ist eine Zufallsgröße X, die durch die Gaußsche Wahrscheinlichkeitsdichtefunktion oder zugehörige Gauß-Verteilungsfunktion charakterisiert wird. Die Dichte dafür, daß der Meßwert x_M gemessen wird, ist (s. **A 9.4.4**)

$$f(x_M) = \frac{1}{\sqrt{2\pi\sigma^2}} \cdot \exp\left(-\frac{(x_M - x)^2}{2\sigma^2}\right), \tag{10}$$

wobei σ^2 die Varianz und x der Erwartungswert der „sehr großen" Grundgesamtheit bedeuten und nicht bekannt sind.

Methode der kleinsten Quadrate. Bei n Messungen unter gleichen Bedingungen (Stichprobe vom Umfang n) ist die Dichte für das Auftreten der Meßwerte $x_{M1}, x_{M2}, \ldots, x_{Mn}$ nach dem Multiplikationssatz, Gl. (29), mit

$$f(x_{M1} - x, x_{M2} - x, \ldots, x_{Mn} - x)$$
$$= \frac{1}{(\sqrt{2\pi\sigma^2})^n} \cdot \exp\left(-\frac{1}{2\sigma^2} \sum_{i=1}^{n} (x_{Mi} - x)^2\right) \tag{11}$$

gegeben. Für den unbekannten Erwartungswert x wird aus den x_{Mi} der wahrscheinlichste Schätzwert $\bar{x}$ berechnet, für den die Dichte f in Gl. (11) maximal ist, also für

$$\sum_{i=1}^{n}(x_{Mi}-\bar{x})^2 = \text{Minimum}. \tag{12}$$

Dies wird als Gaußsche Methode der kleinsten Quadrate bezeichnet. Sie findet auch vielfältige Anwendung in der Approximationstheorie.

9.3.2 Ausgleich direkter Messungen gleicher Genauigkeit

Dies ist der mit Gl. (11) beschriebene Fall von n direkten Messungen unter gleichen Meßbedingungen.
Mittelwert und Fehler. Aus Gl. (12) folgt durch Differenzieren nach x_{Mi} und Nullsetzen

$$\bar{x} = \frac{1}{n}\sum_{i=1}^{n}x_{Mi}. \tag{13}$$

Der arithmetische Mittelwert $\bar{x}$ (s. **A 2.1.4**) ist der wahrscheinlichste Wert für die wahre Größe x. Die Differenz $x_{Mi} - \bar{x} = v_i$ heißt wahrscheinlicher Fehler. Als Rechenprobe für richtige Mittelwertbildung ist $\sum v_i = 0$ geeignet. Zur Kennzeichnung der Genauigkeit des Mittelwerts $\bar{x}$ ist der Mittelwert $\bar{v} = 0$ der wahrscheinlichen Fehler ungeeignet. Die Summe der wahren Fehler $\sum \varepsilon_i = \sum (x_{Mi}-x) = n(\bar{x}-x)$ ist nicht bekannt, jedoch ist auch ihr Erwartungswert (s. Gl. (36)) $E(\sum \varepsilon_i) = 0$, weil $E\bar{x} = x$ ist.

Varianz der Stichprobe. Aus dem Erwartungswert für die Summe der Fehlerquadrate folgt $E(\sum v_i^2) = (n-1)\sigma^2$. An die Stelle der unbekannten Varianz σ^2 der Grundgesamtheit tritt als Schätzwert die Varianz s^2 der Stichprobe:

$$s^2 = \frac{1}{n-1}\sum_{i=1}^{n}v_i^2 = \frac{1}{n-1}\sum_{i=1}^{n}(x_{Mi}-\bar{x})^2$$
$$= \frac{1}{n-1}(\sum x_{Mi}^2 - \bar{x}\sum x_{Mi}). \tag{14}$$

Standardabweichung. Sie wird zur Kennzeichnung der Genauigkeit herangezogen und lautet mit Gl. (14)

$$s = \sqrt{\frac{1}{n-1}\left(\sum x_{Mi}^2 - \bar{x}\sum x_{Mi}\right)}. \tag{15}$$

Sie nähert sich σ für große Werte von n. Ist σ für eine Gauß-Verteilung bekannt, so gilt: Von 1000 Einzelmessungen fallen im Mittel k Werte außerhalb des Bereichs entsprechend **Tab. 3**.
Vertrauensbereich. Die Anwendung der Fehlerfortpflanzung für zufällige Fehler (s. **A 9.3.3**) auf die Folge der n Einzelmessungen ergibt als Vertrauensbereich für den arithmetischen Mittelwert $\bar{x}$

$$m_{\bar{x}} = \pm \alpha_P \sigma / \sqrt{n}, \tag{16}$$

wobei α_P der zur gewählten statistischen Sicherheit P gehörende Faktor von σ des zugehörigen Bereichs ist. Ist σ nicht bekannt, so wird $\alpha_P \sigma$ durch ts ersetzt, wobei der Korrekturfaktor t von n und P nach **Tab. 4** abhängt, also

$$m_{\bar{x}} = \pm \frac{ts}{\sqrt{n}} = \pm t \sqrt{\frac{\sum_{i=1}^{n}(x_{Mi}-\bar{x})^2}{n(n-1)}} \tag{17}$$

ist. Wenn $\bar{x}_E$ der nach Gl. (9) von systematischen Meßfehlern befreite Mittelwert ist, lautet das Ergebnis der n Einzelmessungen $x = \bar{x}_E \pm m_{\bar{x}}$ für die statistische Sicherheit P (s. **Tab. 4**).

Tabelle 3. Statistische Sicherheit P

k Werte	Außerhalb des Bereichs	Sicherheit P
317	$\bar{x} \pm 1\sigma$	$P = 68{,}3\,\%$
50	$\bar{x} \pm 1{,}96\sigma$	$P = 95\,\%$
46	$\bar{x} \pm 2\sigma$	$P = 95{,}4\,\%$
10	$\bar{x} \pm 2{,}58\sigma$	$P = 99\,\%$
3	$\bar{x} \pm 3\sigma$	$P = 99{,}7\,\%$

Tabelle 4. Korrekturfaktor t (t-Verteilung nach Student; s. **Tab. 9**); f Freiheitsgrad, n Anzahl der Messungen, m Anzahl der Meßgrößen, $f = n - m$

f	$P = 68{,}3\,\%$	$95\,\%$	$99\,\%$	$99{,}73\,\%$
4	1,15	2,8	4,6	6,6
10	1,06	2,3	3,2	4,1
20	1,03	2,1	2,9	3,4
50	1,01	2,0	2,7	3,1
100	1,00	1,97	2,6	3,04
200	1,00	1,96	2,58	3,0

Eine Steigerung der Zahl n wirkt proportional zu $1/\sqrt{n}$ auf den Vertrauensbereich ein, d.h., mit der Steigerung von n auf große Werte (>10) wird die Verbesserung des Vertrauensbereichs immer geringer. Daher ist mindestens $n = 10$ zu wählen.
Weitere Bezeichnungen. In der Literatur sind noch häufig zu finden:
für *Standardabweichung:* mittlerer Fehler der Einzelmessung, mittlerer quadratischer Fehler, mittlere quadratische Abweichung, Streuung;
für *Vertrauensbereich* $\alpha_P = 1$: mittlerer Fehler des Mittelwerts;
für *Varianz:* Streuungsquadrat und

für $\sum_{i=1}^{n} x_i = [x]$ *Gaußsche Summenkonvention.*

Beispiel: Die Periodendauer eines Schwingungsvorgangs wurde gemessen (**Tab. 5**). Hierbei gilt $T_i \triangleq x$ und $v = x - x_i$. Die Standardabweichung ist nach Gl. (14) $s = \sqrt{2{,}9935\,s^2/(5-1)} = 0{,}86\,s$. Der Vertrauensbereich ist mit $t = 1{,}15$ für $f = 5-1 = 4$, die statistische Sicherheit $P = 68{,}3\,\%$ (**Tab. 4**) und mit Gl. (17) $m_{\bar{x}} = 1{,}15 \cdot 0{,}86\,s/\sqrt{5} = 0{,}44\,s$. Das Meßergebnis soll keine weiteren systematischen Fehler haben und lautet $T = (\bar{T} + m_{\bar{x}}) = (26{,}04 \pm 0{,}44)\,s = 26{,}04\,s \pm 1{,}7\,\%$.

9.3.3 Fehlerfortpflanzung bei zufälligen Fehlergrößen

Für eine von zwei voneinander unabhängigen Meßgrößen x, y abhängige Größe $z = f(x, y)$ wird zur Berechnung von s_z als Schätzwert für die Standardabweichung das totale Differential gebildet und quadriert. Für praktische Zwecke sind für die Variablen die Meßwerte x_{Mi}, y_{Mi}, $i = 1, 2, \ldots, n$, und für

Tabelle 5. Meßwerte, Fehler und Fehlerquadrate eines Schwingungsvorgangs

i	T_i s	v s	v^2 s^2
1	26,0	−0,04	0,0016
2	27,4	1,36	1,8511
3	25,4	−0,64	0,4096
4	25,2	−0,84	0,7056
5	26,2	0,16	0,0256
	26,04		2,9935

dx, dy, dz die kleinen wahrscheinlichen Fehler v_{xi}, v_{yi}, v_{zi} einzusetzen und zu summieren.

$$\sum_{i=1}^{n} v_{zi}^2 = \sum_{i=1}^{n} \left(\frac{\partial f}{\partial x}\right)^2 v_{xi}^2 + \sum_{i=1}^{n} \left(\frac{\partial f}{\partial y}\right)^2 v_{yi}^2 \quad (18\text{a})$$

mit $\sum_{i=1}^{n} \frac{\partial f}{\partial x} \cdot \frac{\partial f}{\partial y} v_{xi} v_{yi} = 0$,

weil v_{xi} und v_{yi} gleich wahrscheinlich positiv und negativ sind. Division durch $(n-1)$ und Wurzelziehen ergeben einen Schätzwert

$$s_z = \sqrt{\left(\frac{\partial f}{\partial x}\right)^2 s_x^2 + \left(\frac{\partial f}{\partial y}\right)^2 s_y^2} \quad (18\text{b})$$

für die Standardabweichung. Dies ist das Gaußsche Gesetz der *Fehlerfortpflanzung bei zufälligen Fehlergrößen*, das auf mehr als zwei Variable sinngemäß erweitert werden kann.

Beispiel: Bei der Messung der Fallbeschleunigung $g = 4\pi^2 l/T^2$ mit dem Fadenpendel wurde für die Pendellänge $\bar{l} = 84{,}93$ cm mit $s_l = 2{,}8 \cdot 10^{-3}$ cm die Schwingungsdauer $\bar{T} = 1{,}849$ s mit $s_T = 3 \cdot 10^{-4}$ s ermittelt. Mit Gl. (18b) sowie $\partial g/\partial l = 4\pi^2/T^2$ und $\partial g/\partial T = -8\pi^2 l/T^3$ wird dann

$$s_g = \sqrt{(4\pi^2/\bar{T}^2)^2 s_l^2 + (8\pi^2 \bar{l}/\bar{T}^3)^2 s_T^2}$$
$$= \sqrt{(4\pi^2 \cdot 2{,}8 \cdot 10^{-3} \text{ cm}/1{,}849^2 \cdot \text{s}^2)^2 + (8\pi^2 \cdot 84{,}93 \text{ cm} \cdot 3 \cdot 10^{-4} \text{ s}/1{,}849^3 \text{s}^3)^2} = 0{,}32 \text{ cm/s}^2.$$

9.3.4 Ausgleich direkter Messungen ungleicher Genauigkeit

Soll der Mittelwert einer Meßgröße x aus Messungen nach verschiedenen Methoden gewonnen oder aus Mittelwerten von Meßreihen gleicher Genauigkeit mit unterschiedlichen Stichprobenumfängen errechnet werden, so haben die x_{Mi} oder $\bar{x}_i$ verschiedenes Gewicht.

Gewichtsfaktor. Hierzu dient die Dichte nach Gl. (11), in der mit jedem Meßwert x_{Mi} die zum Meßverfahren gehörende Standardabweichung σ_i einzusetzen ist. Die Methode der kleinsten Quadrate, Gl. (12), und die Gewichtsfaktoren lauten

$$\sum_{i=1}^{n} (x_{Mi} - \bar{x})/\sigma_i^2 = \text{Minimum und} \quad (19)$$
$$p_i = \sigma^2/\sigma_i^2 \approx s^2/s_i^2.$$

Gewichtsfaktoren gelten für beliebiges σ^2 und sind als Varianzverhältnisse so definiert, daß dem Meßergebnis mit der größten Genauigkeit, also mit der kleinsten Standardabweichung s_i, das größte Gewicht zukommt. Dabei wird s^2 so gewählt, daß ein $p_i = 1$ wird.

Gewogener Mittelwert. Er ergibt sich aus der Minimumforderung als wahrscheinlichster Wert

$$\bar{x} = \sum_{i=1}^{n} p_i x_{Mi} \Big/ \sum_{i=1}^{n} p_i. \quad (20)l$$

Ausgeglichene Standardabweichung. Sie beträgt mit dem Mittelwert

$$s = \sqrt{\frac{1}{n-1} \sum_{i=1}^{n} p_i (x_{Mi} - \bar{x})^2} = \sqrt{\frac{1}{n-1} \sum_{i=1}^{n} p_i v_i^2}. \quad (21)$$

Vertrauensbereich. Für den gewogenen Mittelwert gilt

$$m_{\bar{x}} = ts \Big/ \sqrt{\sum_{i=1}^{n} p_i}. \quad (22)$$

Tabelle 6. Ausgleich der Messung von Dreieckflächen ungleicher Genauigkeit

p_i	$x_{Mi} = A_i$ cm²	$p_i x_{Mi}$ cm²	$v_i = \bar{A}_i - A_i$ cm²	$p_i v_i$ cm²	$p_i v_i^2$ cm⁴
1,0	238,0	238,0	$-1{,}2$	$-1{,}2$	1,44
0,4	240,5	96,2	1,3	0,5	0,65
2,0	239,5	479,0	0,3	0,6	0,18
3,4	–	813,2	–	$-0{,}1 \approx 0$	2,27

Beispiel: Die Fläche eines Dreiecks wurde nach verschiedenen Verfahren mehrfach gemessen, so daß folgende Mittelwerte und Standardabweichungen vorliegen: $A_1 = 238{,}0 \text{ cm}^2$, $s_1 = 2{,}1 \text{ cm}^2$, $A_2 = 240{,}5 \text{ cm}^2$, $s_2 = 3{,}2 \text{ cm}^2$, $A_3 = 239{,}5 \text{ cm}^2$, $s_3 = 1{,}5 \text{ cm}^2$. Man berechne $\bar{A}$ und $m_{\bar{A}}$. – Für $p_1 = 1$ folgt mit Gl. (19)

$$p_2/p_1 = (s_1^2/s_2^2)/(s_1^2/s_1^2) = s_1^2/s_2^2 \approx 0{,}4; \quad p_3 = 2{,}1^2/1{,}5^2 \approx 2{,}0$$

(s. **Tab. 6**).

$\bar{A} = 813{,}2 \text{ cm}^2/3{,}4 = 239{,}2 \text{ cm}^2$ nach Gl. (20), $s = \sqrt{2{,}27/2} \text{ cm}^2 = 1{,}1 \text{ cm}^2$ mit Gl. (21), $m_{\bar{A}} = 1{,}32 s/\sqrt{3{,}4} = 0{,}8 \text{ cm}^2$ aus Gl. (22) mit $t = 1{,}32$ für $n = 3$, $P = 68{,}3\%$. Das gewogene Meßergebnis lautet $A = (239{,}2 \pm 0{,}8) \text{ cm}^2$ für $P = 68{,}3\%$.

9.4 Wahrscheinlichkeitsrechnung

Die Wahrscheinlichkeitsrechnung dient zur Aufdeckung von Gesetzmäßigkeiten zufälliger Ereignisse (mit großen Buchstaben bezeichnet). *Zufällig* ist das Ergebnis eines Versuchs, das – bei festgelegten Bedingungen – eintreten kann, aber nicht muß. Zur empirischen Überprüfung der Gesetzmäßigkeiten ist die Analyse einer großen Zahl von Versuchen unter gleichen Bedingungen erforderlich (s. A 9.5).

9.4.1 Definitionen und Rechengesetze der Wahrscheinlichkeit

Klassische Definition (P.S. de Laplace). Die Wahrscheinlichkeit P für das Eintreten des Ereignisses A ist das Verhältnis aus der Zahl g der günstigen Fälle zur Zahl m der möglichen Fälle unter der Annahme, daß alle Fälle gleich wahrscheinlich sind.

$$P(A) = g/m. \quad (23)$$

Die Berechnung erfolgt durch Abzählen mit Hilfe der Kombinatorik oder Simulieren des Experiments mittels Zufallszahlen.

Statistische Definition (R. v. Mises). Bezeichnet n die Anzahl der Versuche eines unter gleichen Bedingungen ausgeführten Experiments und tritt dabei m-mal das Ereignis A auf, so ist $h(A) = m/n$ *relative Häufigkeit* des Ereignisses A. Der Grenzwert

$$\lim_{n \to \infty} h(A) = \lim_{n \to \infty} (m/n) = P(A) \quad (24)$$

ist die (statistische) Wahrscheinlichkeit von A (Gesetz der großen Zahl). Offenbar folgt aus beiden Definitionen $0 \leq P(A) \leq 1$. Für das *sichere* Ereignis S gilt $P(S) = 1$. Für das *unmögliche* Ereignis Φ gilt $P(\Phi) = 0$.

Beispiel 1: Aus einem gut gemischten Skatspiel wird zufällig eine Karte gezogen. Wie groß ist die Wahrscheinlichkeit dafür, daß dabei a) der Kreuz-Bube, b) ein Bube, c) eine Kreuzkarte gezogen wird? – **Tab. 7**.

Beispiel 2: Für den Versuch des Ziehens einer Skatkarte a) 100mal, b) 500mal, c) 1000mal wurden a) 4mal, b) 14mal, c) 31mal der Kreuzbube gezogen. – Die relativen Häufigkeiten sind a) $h(A) = 0{,}0400$, b) $h(A) = 0{,}0280$ und c) $h(A) = 0{,}0310$. Sie nähern sich mit wachsendem n dem Wert $P(A) = 0{,}03125 = 1/32$.

Tabelle 7. Wahrscheinlichkeiten beim Ziehen von Karten

		a)	b)	c)
Zahl der günstigen Fälle	g	1	4	8
Zahl der möglichen Fälle	m	32	32	32
Wahrscheinlichkeit	P	1/32	1/8	1/4

Der Grenzwert $P(A)$ muß unabhängig von der Auswahl der einzelnen Versuchsreihen gleich sein, wenn nur n genügend groß gewählt wird. Da er sich analytisch nicht beweisen läßt, wird die Wahrscheinlichkeit axiomatisch definiert.

Axiomatische Definition (A.N. Kolmogorow). Zugrunde gelegt wird der Ergebnisraum M, bestehend aus allen möglichen elementaren Ergebnissen des Experiments als Elementarereignissen. M ist in ein System B von Teilmengen zerlegbar. Die Elemente dieses Borelschen Mengenkörpers B sind die zufälligen Ereignisse $E_1, E_2, \ldots$, und es gilt (s. **A 1.1** bis **1.3**)

$$M \in B,\ \Phi \in B,\ E_1 \in B \wedge E_2 \in B \Rightarrow (E_1 \cup E_2) \in B,$$
$$E_1 \in B \Rightarrow \neg E_1 \in B. \qquad (25)$$

Beispiel 1: Beim idealen Würfel sind die Elementarereignisse durch das Auftreten der Zahlen 1 bis 6 gekennzeichnet; $M = \{1, 2, 3, 4, 5, 6\}$. – Für die Ereignisse $E_1 = \{1\}$, d.h. „Zahl 1", und $E_2 = \{2,4\}$, d.h. „Zahl 2 oder Zahl 4", ergeben sich als Elemente von B (damit die Eigenschaften nach Gl. (25) erfüllbar sind) $E_0 = \Phi$, $E_1 = \{1\}$, $E_2 = \{2, 4\}$, $E_3 = E_1 \cup E_2 = \{1,2,4\}$, $E_4 = \neg E_1 = \{2,3,4,5,6\}$, $E_5 = \neg E_2 = \{1,3,5,6\}$, $E_6 = \neg E_3 = \{3,5,6\}$, $E_7 = M = \{1,2,3,4,5,6\}$.

Zwei Ereignisse heißen unvereinbar (disjunkt), wenn ihr Durchschnitt leer ist; z.B. $E_1 \cap E_2 = \Phi$. Das zu E entgegengesetzte (komplementäre) Ereignis ist $\neg E = M \backslash E$ (z.B. zu E_1 ist entgegengesetzt $\neg E_1 = E_4$). Das *unmögliche* Ereignis ist die leere Menge Φ (z.B.: Eine andere Zahl als 1, 2, 3, 4 oder 6 kann nicht auftreten). Das *sichere* Ereignis ist die vollständige Menge M der Elementarereignisse (z.B.: Eine der Zahlen 1 bis 6 tritt gewiß auf).

Die abzählbar vielen Ereignisse $E_1, E_2, \ldots, E_n, \ldots$ bilden dann ein *vollständiges* System, wenn sie paarweise disjunkt sind, $E_i \cap E_j = \Phi$ für $i \neq j$, und wenn ihre Vereinigungsmenge (Summe) $E_1 \cup E_2 \cup \ldots E_n \cup \ldots = M$ das sichere Ereignis ist. So bilden E_1, E_2, E_6 ein vollständige System. Für die elemente des Borelschen Mengenkörpers (auch Borelsches Ereignisfeld oder Boolescher σ-Körper genannt) definierte Kolmogorow ein Wahrscheinlichkeitsmaß P mit Hilfe der drei Axiome. *Nichtnegativität* $P(E) \geq 0$, *Normierung* $P(M) = 1$ ist sicheres Ereignis und *Additivität* $E_1 \cap E_2 = \Phi \Rightarrow P(E_1 \cup E_2) = P(E_1) + P(E_2)$, d.h., für paarweise unvereinbare Ereignisse $E_1, E_2 \in B$ addieren sich die Wahrscheinlichkeiten für das Auftreten von E_1 oder E_2.

Beispiel 2: „Wappen" und „Zahl" beim Werfen einer Münze sind unvereinbar, ihre Wahrscheinlichkeiten P(Wappen) $= P$(Zahl) $= 1/2$. – Das Auftreten des Ereignisses „Wappen oder Zahl", P(Wappen oder Zahl) $= P(WZ) = 1/2 + 1/2 = 1$ nach dem Additivitätsaxiom, ist das sichere Ereignis.

Rechengesetze für Wahrscheinlichkeiten

Entgegengesetzte Ereignisse. Für $E \in M$ ist

$$\neg E = M \backslash E \text{ und}$$
$$P(M) = P(E \cup \neg E) = P(E) + P(\neg E) = 1, \qquad (26)$$

d.h., die Summe der Wahrscheinlichkeiten entgegengesetzter Ereignisse ist gleich eins (z.B. Münzwurfexperiment). Speziell für $E = M$ folgt $P(\Phi) = 0$, wie es sich für das unmögliche Ereignis ergeben muß. Gilt für zwei Ereignisse $E_1 \subseteq E_2$, so folgt $P(E_1) \leq P(E_2)$ (Monotonie); ist $E_2 = M$, folgt $0 \leq P(E_1) \leq 1$.

Beispiel: Im Borelschen Mengenkörper für das Würfeln ist $E_6 \subset E_5$. – Die Wahrscheinlichkeit für das Auftreten von 3 oder 5 oder 6 ist also $P(E_6) = P(3 \cup 5 \cup 6) = P(3) + P(5) + P(6) = 3/6$. Für das Auftreten von 1 oder 3 oder 5 oder 6 ist $P(E_5) = 4/6 > P(E_6)$.

Vereinbare Ereignisse. Sind $E_1, E_2 \in B$ beliebige, miteinander vereinbare Ereignisse, so berechnet sich die Wahrscheinlichkeit $P(E_1 \cup E_2)$ für das Auftreten wenigstens eines der Ereignisse vermöge einer Zerlegung in unvereinbare Ereignisse. Es gilt $E_1 \cup E_2 = E_1 \cup (\neg E_1 \cap E_2)$ mit $E_1 \cap (\neg E_1 \cap E_2) = \Phi$ und $E_2 = (E_1 \cap E_2) \cup (\neg E_1 \cap E_2)$ mit $(E_1 \cap E_2) \cap (\neg E_1 \cap E_2) = \Phi$. Zweimaliges Anwenden des Additivitätsaxioms und Subtrahieren liefern

$$P(E_1 \cup E_2) = P(E_1) + P(E_2) - P(E_1 \cap E_2). \qquad (27)$$

Beispiel: Beim Ziehen einer Skatkarte sei E_1 das Ziehen einer Kreuzkarte mit $P(E_1) = 8/32$ und E_2 das Ziehen eines Buben mit $P(E_2) = 4/32$. Wie groß ist die Wahrscheinlichkeit $P(E_1 \cup E_2)$ dafür, daß die gezogene Karte eine Kreuzkarte oder ein Bube ist? Die Ereignisse E_1, E_2 sind miteinander vereinbar. Das Ereignis $E_1 \cap E_2$ ist das Ziehen des Kreuzbuben mit $P(E_1 \cap E_2) = 1/32$. Also folgt aus Gl. (27) $P(E_1 \cup E_2) = 8/32 + 4/32 - 1/32 = 11/32 = 0{,}34375$.

Bedingte Wahrscheinlichkeit. Sind E_1, $E_2 \in B$ mit $P(E_1) > 0$, so ist $P(E_2 | E_1)$ die Wahrscheinlichkeit dafür, daß E_2 unter der Bedingung E_1 auftritt. Es gilt

$$P(E_2 | E_1) = P(E_2 \cap E_1) / P(E_1). \qquad (28)$$

Die bedingte Wahrscheinlichkeit erfüllt die drei Axiome.

Beispiel: Zwei Betriebe I und II produzieren 45 000 und 30 000 Stück eines Getriebes, die in einem anderen Betrieb weiterverarbeitet werden. Dabei werden von I 4000 und von II 6000 Stück mit leichten Mängeln geliefert. Wie groß ist die Wahrscheinlichkeit $P(E_2 | E_1)$ dafür, daß ein Getriebe aus der Gesamtlieferung von I und II aus dem Betrieb I stammt unter der Bedingung, daß es leichte Mängel hat? – E_1 Getriebe hat leichte Mängel, E_2 Getriebe stammt aus Betrieb I. $P(E_1) = (4000 + 6000)/(45 000 + 30 000) = 2/15$, $P(E_2) = 45 000/75 000 = 9/15$. Das Ereignis $E_1 \cap E_2$ heißt, daß das Getriebe sowohl aus Betrieb I stammt als auch leichte Mängel hat. Es ist daher $P(E_1 \cap E_2) = 4000/75 000 = 4/75$. Das Ergebnis lautet $P(E_2 | E_1) = 4 \cdot 15/(75 \cdot 2) = 2/5 = 0{,}4$.

Unabhängige Ereignisse. Aus Gl. (28) folgt der *Multiplikationssatz* für die Wahrscheinlichkeit des Eintretens sowohl von E_1 als *auch* von E_2.

$$P(E_1 \cap E_2) = P(E_1) \cdot P(E_2 | E_1). \qquad (29)$$

Zwei Ereignisse E_1 und E_2 heißen *unabhängig* voneinander, wenn $P(E_2 | E_1) = P(E_2)$ und $P(E_1 | E_2) = P(E_1)$ ist, d.h., wenn das Eintreten des einen Ereignisses von dem anderen nicht beeinflußt wird. Für unabhängige Ereignisse E_1, E_2 geht der Multiplikationssatz über in

$$P(E_1 \cap E_2) = P(E_1) \cdot P(E_2). \qquad (30)$$

Totale Wahrscheinlichkeit. Die Ereignisse $E_1, E_2, \ldots, E_n$ und A seien Elemente von B, und die E_i sollen ein vollständiges Ereignissystem bilden. Wegen $A = A \cap M = A \cap (E_1 \cup E_2 \cup \ldots) = (A \cap E_1) \cup (A \cap E_2) \cup \ldots$ gilt

$$P(A) = \sum_{i=1}^{n} P(A \cap E_i) = \sum_{i=1}^{n} P(E_i) P(A | E_i). \qquad (31)$$

$P(A)$ ist die Wahrscheinlichkeit für das Ereignis A, unabhängig davon, mit welchem Ereignis E_i es zusammentrifft.

Bayessche Formel. Für die umgekehrte Fragestellung, nämlich nach der Wahrscheinlichkeit für das Eintreten von E_i aus einem vollständigen System unter der Bedingung, daß das Ereignis A eingetreten ist, gilt

$$P(E_i|A) = \frac{P(E_i)P(A|E_i)}{P(A)} = \frac{P(E_i)P(A|E_i)}{\sum_{j=1}^{n} P(E_j)P(A|E_j)}; \quad (32)$$

$i = 1, 2, \ldots n.$

Beispiel: Es stehen zwei Urnen zum Ziehen einer Kugel bereit. In Urne *I* sind drei weiße und zwei schwarze Kugeln, in Urne *II* drei weiße und fünf schwarze Kugeln. Wie groß ist die Wahrscheinlichkeit dafür, daß aus einer beliebig gewählten Urne eine schwarze Kugel entnommen wird? – Ereignis *A* Entnehmen der schwarzen Kugel, Ereignis E_1 Entnehmen der Kugel aus Urne *I*, Ereignis E_2 Entnehmen der Kugel aus Urne *II*. Die unbedingten Wahrscheinlichkeiten sind $P(E_1) = P(E_2) = 1/2$. Die bedingten Wahrscheinlichkeiten sind $P(A|E_1) = 2/5$, $P(A|E_2) = 5/8$. Mit Gl. (31) folgt $P(A) = P(E_1) \cdot P(A|E_1) + P(E_2) \cdot P(A|E_2) = (1/2)(2/5) + (1/2)(5/8) = 41/80$. Wie groß ist die Wahrscheinlichkeit dafür, daß eine Kugel aus der Urne *I* (oder *II*) genommen wird, unter der Bedingung, daß es eine schwarze Kugel ist? – Mit Gl. (32) ergibt sich

für Urne *I*

$$P(E_1|A) = \frac{P(E_1) \cdot P(A|E_1)}{P(A)} = (1/2)(2/5)(80/41) = 16/41,$$

für Urne *II*

$$P(E_2|A) = \frac{P(E_2) \cdot P(A|E_2)}{P(A)} = (1/2)(5/8)(80/41) = 25/41.$$

Bernoullische Formel. Ein Bernoulli-Experiment ist durch den Borelschen Mengenkörper $B = \{\Phi, E, \neg E, M\}$ gekennzeichnet, d.h., nur die beiden zueinander komplementären Ereignisse E und $\neg E$ sind interessant.

Beispiel: Beim Entnehmen eines Stückes aus der Massenproduktion tritt entweder das Ereignis E = das Stück ist in Ordnung = Treffer oder das Ereignis $\neg E$ = das Stück ist Ausschuß = Niete ein.

Ist die Wahrscheinlichkeit $P(E) = p$, so ist nach Gl. (26) $P(\neg E) = 1 - p$. Für die n-fache Wiederholung voneinander unabhängiger Bernoulli-Experimente ist die Wahrscheinlichkeit für das k-malige Eintreffen des Ereignisses E gegeben durch die Bernoullische Formel

$$P(E, n, k) = \binom{n}{k} p^k (1-p)^{n-k}, \quad (33)$$

da man $\binom{n}{k}$ Möglichkeiten hat, die k Treffer auf n Plätzen anzuordnen (s. **A 9.1.3**) und sich die Wahrscheinlichkeiten der unabhängigen Ereignisse multiplizieren (s. Gl. (30)). Für die praktische Anwendung gibt es Tabellen.

Beispiel: Die Ausschußwahrscheinlichkeit einer Massenproduktion sei $p = 0,05 = 5\%$. Welches Ereignis ist wahrscheinlicher: E_1 = unter zehn zufällig herausgegriffenen Stücken ist kein defektes, E_2 = unter 20 zufällig herausgegriffenen Stücken ist genau ein defektes, E_3 = unter 20 zufällig herausgegriffenen Stücken ist mindestens ein defektes? –

$$P(E_1, 10, 0) = \binom{10}{0} \cdot (5 \cdot 10^{-2})^0 \cdot (1 - 5 \cdot 10^{-2})^{10}$$
$$= 1 \cdot 1 \cdot 0,95^{10} = 0,599;$$

$$P(E_2, 20, 1) = \binom{20}{1} \cdot (5 \cdot 10^{-2})^1 \cdot (1 - 5 \cdot 10^{-2})^{19}$$
$$= 20 \cdot 0,05 \cdot 0,95^{19} = 0,377;$$

$$P(E_3) = 1 - P(E, 20, 0) = 1 - \binom{20}{0} \cdot (5 \cdot 10^{-2})^0 \cdot 0,95^{20} = 0,642.$$

9.4.2 Zufallsvariable und Verteilungsfunktion

Eine eindeutige Abbildung der zufälligen Ereignisse E_i in die Menge der reellen Zahlen $x \in \mathbb{R}$ definiert eine Zufallsgröße X. Sie wird mit einem großen, ihr Zahlenwert mit einem kleinen Buchstaben bezeichnet. Eine *diskrete* Zufallsgröße kann endlich oder abzählbar unendlich viele Werte $x_1, x_2, \ldots, x_n, \ldots$ annehmen. Eine *stetige* Zufallsgröße X kann alle Werte eines gegebenen, endlichen oder unendlichen Intervalls der reellen Zahlen annehmen.

Beispiel 1: Beim Würfeln kann die diskrete Zufallsvariable die Zahlen 1 oder 2 oder ...6 annehmen. – $X : \{E_i\} \mapsto \{X | X \in \{1, 2, 3, 4, 5, 6\}\}$.

Beispiel 2: Beim Messen der Länge von Abstandshülsen eines Typs kann die Länge l alle Werte des Toleranzbereichs $((l_0 - \varepsilon), (l_0 + \varepsilon))$ annehmen. – Bezeichnet E das zufällige Ereignis, daß die Länge l gemessen wird, so kann die stetige Zufallsvariable durch $X : \{E\} \mapsto \{X | X \in (l_0 - \varepsilon, l_0 + \varepsilon)\}$ charakterisiert werden.

Die Menge der möglichen Ereignisse bilden Definitions- und diejenige der reellen Zahlen den Wertebereich der Zufallsgröße definierenden Abbildung. Es gilt $F(x) = P(X < x)$, d.h., der Wert der Verteilungsfunktion $F(x)$ gibt die Wahrscheinlichkeit dafür an, daß der Wert der Zufallsgröße kleiner als die reelle Zahl x ist. Hieraus folgen die *Eigenschaften der Verteilungsfunktion*: Für $x_2 > x_1$ gilt $P(x_1 \leq X < x_2) = F(x_2) - F(x_1)$. Für $x_2 \geq x_1$ gilt $F(x_2) \geq F(x_1)$, also ist $F(x)$ monoton nichtfallend. Für beliebige x gilt $0 \leq F(x) \leq 1$. Es ist $\lim_{x \to -\infty} F(x) = 0$ für das unmögliche Ereignis (Φ) und $\lim_{x \to \infty} F(x) = 1$ für das sichere Ereignis (S).

Die Verteilungsfunktion einer diskreten Zufallsvariablen ist

$$F(x) = \sum_{x_i < x} P(X = x_i) = \sum_{i=1}^{n} p_i \quad \text{mit } p_i = P(X = x_i), \quad (34)$$

und die einer kontinuierlichen Zufallsvariablen ist

$$F(x) = \int_{-\infty}^{x} p(t) \, dt \quad \text{mit } p(x) \, dx = P(x < X < x + dx), \quad (35)$$

wobei $p(x)$ *Wahrscheinlichkeitsdichte* heißt.

Beispiel: Beim Spielen mit zwei unabhängigen Würfeln (**Bild 1**) sind als Elementarereignisse die Augensummenzahlen $2, 3, \ldots, 12$ möglich, die durch verschiedene Augenkombinationen gebildet werden können. – Elementarereignis E_i = Auftreten der Augensumme $i \in \{2, \ldots, 12\}$ (s. **Tab. 8**).

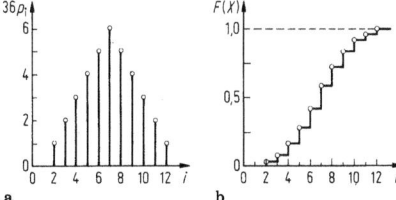

Bild 1. Zwei-Würfelspiel. **a** Wahrscheinlichkeitsdiagramm; **b** Verteilungsfunktion der diskreten Zufallsvariablen X

Tabelle 8. Verteilungsfunktion nach Gl. (34)

Zufallsvariable $X = i$	2	3	4	5	6	7	8	9	10	11	12
Zahl der Möglichkeiten	1	2	3	4	5	6	5	4	3	2	1
Wahrscheinlichkeiten $P(X = i) = p_i$	$\frac{1}{36}$	$\frac{2}{36}$	$\frac{3}{36}$	$\frac{4}{36}$	$\frac{5}{36}$	$\frac{6}{36}$	$\frac{5}{36}$	$\frac{4}{36}$	$\frac{3}{36}$	$\frac{2}{36}$	$\frac{1}{36}$
Verteilungsfkt. $F(x) = P(X \leq i)$	$\frac{1}{36}$	$\frac{3}{36}$	$\frac{6}{36}$	$\frac{10}{36}$	$\frac{15}{36}$	$\frac{21}{36}$	$\frac{26}{36}$	$\frac{30}{36}$	$\frac{33}{36}$	$\frac{35}{36}$	$\frac{36}{36}$

9.4.3 Parameter der Verteilungsfunktion

Parameter sind charakteristische Meßzahlen, von denen häufig einige zur Beurteilung der Wahrscheinlichkeitsverteilung genügen (s. **Tab. 9**, S. A 98).

Erwartungswert. Er lautet, wenn die Summe und das Integral absolut konvergieren,

$$EX = \mu = \sum_{i=1}^{n} x_i p_i, \quad EX = \mu = \int_{-\infty}^{\infty} xp(x)\,dx. \quad (36)$$

Varianz (Dispersion oder Streuung). Ihre Wurzel ist die Standardabweichung σ.

$$\begin{aligned}
D^2 X = \sigma^2 &= E(X - EX)^2 \\
&= \sum_{i=1}^{n}(x_i - \mu)^2 p_i = \sum_{i=1}^{n} x_i^2 p_i - \mu^2, \\
&= \int_{-\infty}^{\infty}(x-\mu)^2 p(x)\,dx = \int_{-\infty}^{\infty} x^2 p(x)\,dx - \mu^2.
\end{aligned} \quad (37)$$

Beispiel: Für das Zwei-Würfelspiel mit der **Tab. 8** folgt nach Gl. (36) als Erwartungswert $EX = \mu = \sum_{i=2}^{12} x_i p_i = 7{,}00$; d.h., bei sehr vielen Versuchen ergibt sich die mittlere Augensumme 7 pro Wurf. Die Varianz ist nach Gl. (37) $D^2 X = \sigma^2 = \sum_{i=2}^{12} x_i^2 p_i - \mu^2 = 54{,}8\bar{3}\ldots - 49 = 5{,}8\bar{3}\ldots$ und damit die Standardabweichung $\sigma = 2{,}42$. Aus der ersten Eigenschaft der Verteilungsfunktion folgt so, daß mit der Wahrscheinlichkeit $F(10) - F(4) = 75\%$ die Augenzahl im Intervall $\mu \pm \sigma = 7 \pm 2{,}4$ liegen wird.

Moment r-ter Ordnung. Es ist $m_r = EX^r = \int_{-\infty}^{\infty} x^r p(x)\,dx$, $r = 0, 1, 2, \ldots$. Das Moment nullter Ordnung existiert für jede Zufallsvariable und ist gleich 1; das ist die Normierung für die Wahrscheinlichkeit des sicheren Ereignisses. Für $r=1$ ist das Moment $m_1 = \mu$ mit dem Erwartungswert identisch. Das *zentrale* Moment r-ter Ordnung ist $\mu_r = E(X - EX)^r$. Es ist gleich der Varianz für $r=2$.

Quantil p-ter Ordnung. Es ist der Wert x_p der Zufallsvariablen X, für den $P(X \leq x_p) \geq p$ und $P(X \geq x_p) \geq 1 - p$ gilt. Der Median oder Zentralwert gilt für $p = 0{,}5$. für die Tabellierung der Wahrscheinlichkeitsdichte und der Verteilungsfunktion wird die normierte Variable

$$Y = (X - \mu)/\sigma \quad (38)$$

verwendet. Dafür wird $EY = \mu = 0$ und $D^2 Y = \sigma^2 = 1$ (Beispiele s. **A 9.5.2**).

Spannweite. So heißt die Differenz der Zufallsvariablen zwischen dem größten und dem kleinsten Wert von x.

Beispiel: Für die beiden Zufallsgrößen X und Y

X	2	4	8	Y	3	6	9
$P(X=x_i)=p_i$	2/10	5/10	3/10	$P(Y=y_i)=p_i$	6/10	2/10	2/10

mit den Erwartungswerten $EX = EY = 4{,}8$ ergeben sich die Varianten $D^2 X = 28{,}00$ und $D^2 y = 36{,}00$; also die Standabweichungen $\sigma_x = 5{,}29$ und $\sigma_y = 6{,}00$.

9.4.4 Einige spezielle Verteilungsfunktionen

Die wichtigsten Funktionen sind in **Tab. 9** zusammengefaßt und mit den folgenden Beispielen erläutert (s. auch **Tab. 10**).

Beispiel 1: Eine Münze wird $n = 100$mal unabhängig geworfen. Das beobachtete Ereignis ist $E =$ Zahl oben. Es ist $p = 0{,}5$; mithin ist der Erwartungswert für das i-malige Obenliegen der Zahl $EX = \mu = 50$, und die Standardabweichung ist $\sigma = 5$. Die Wahrscheinlichkeit $P(45 \leq X < 55)$ ist nach der ersten Eigenschaft der Verteilungsfunktion (s. **A 9.4.2**) gegeben durch $P(45 \leq X \leq 55) = F(55) - F(45) = 0{,}8444 - 0{,}1841 = 0{,}6603$. Die Wahrscheinlichkeit dafür, daß höchstens 50mal die Zahl oben liegt, ist $P(X \leq 50) = F(50) = 0{,}5398$ (**Tab. 11**).

Beispiel 2: Wie groß ist die Wahrscheinlichkeit dafür, daß für eine normalverteilte Zufallsgröße X mit dem Erwartungswert $\mu = 20{,}00$ mm und der Standardabweichung $\sigma = 0{,}02$ mm ein Wert a) im Intervall [19,99 mm; 20,01 mm], b) oberhalb 20,03 mm, c) unterhalb 19,95 mm gemessen wird? – Für alle Größen in mm gilt mit **Tab. 10**.

a) $p(|X - 20{,}00|/0{,}02 < 1/2) = \Phi(0{,}5) - \Phi(-0{,}5) = 2\Phi(0{,}5) - 1$
   $= 2 \cdot 0{,}6915 - 1 = 0{,}383 = 38{,}3\%$.
b) $P(20{,}03 < X < \infty) = 1 - \Phi[(20{,}03 - 20{,}00)/0{,}02] = 1 - \Phi(1{,}5)$
   $= 1 - 0{,}9332 = 0{,}0668 = 6{,}7\%$.
c) $P(X < 19{,}95) = \Phi[(19{,}95 - 20{,}00)/0{,}02] = \Phi(-2{,}5)$
   $= 1 - 0{,}9938 = 0{,}6\%$.

Beispiel 3: Für die fünf Messungen der Schwingungsdauer im Beispiel von **A 9.3.2** ergab sich die Standardabweichung $s = 0{,}86$s. Für $P = 95\%$ liegt σ der Grundgesamtheit im Bereich $s/\lambda_o \leq \sigma \leq s/\lambda_u$; mit **Tab. 12** für $m = 4$ folgt $0{,}86$s/$1{,}17 \leq \sigma \leq 0{,}86$s/$0{,}35$; also $0{,}74$s $\leq \sigma \leq 2{,}46$s.

9.5 Statistik

Die wichtigsten Anwendungsbereiche sind die statistische Qualitätskontrolle (s. DIN 55302 Blatt 1), die Ermittlung von medizinischen, ökonomischen oder politischen Merkmalen der Bevölkerung sowie die Fehlerrechnung (s. **A 9.2**).

Grundgesamtheit (Population). So heißt die Menge aller möglichen Ereignisse mit der in einer statistischen Untersuchung (Messung, Beobachtung) erfaßten Eigenschaft.

Stichprobe. Für den Umfang n stellt sie die n-fache Realisierung mittels der Beobachtungswerte $x_1, x_2, \ldots, x_n$ für die durch die Zufallsvariable X zu beschreibende Grundgesamtheit dar.

Urliste. Sie ist die Liste der ursprünglichen Werte x_i. Aufgabe der Statistik ist es, aus den Eigenschaften der Stichprobe auf die Verteilungsfunktion der Grundgesamtheit zu schließen.

9.5.1 Häufigkeitsverteilung

Klasseneinteilung. Zur Analyse der in einer Urliste erfaßten Werte x_i, $i = 1, 2, \ldots, n$ ist für $n > 50$ eine Einteilung des Wertebereichs x_{min} bis x_{max} in k vorzugsweise gleich breite, abgeschlossene Klassen vorzunehmen. Dabei ist etwa $k \geq 10$ für $n \leq 100$ und $k \leq 20$ für $n \leq 10^5$ zu wählen. Die Klassenmitten x_j, $j = 1, 2, \ldots, k$, sind die arithmetischen Mittelwerte der Klassengrenzen. Die Besetzungszahlen n_j geben an, wieviel Werte der Urliste in die j-te Klasse fallen (absolute Häufigkeit).

Relative Häufigkeit. Für das Auftreten des Werts x_j (meist mit Rundungsfehlern) gilt

$$h_j = n_j/n \quad \text{mit} \quad \sum_{j=1}^{k} n_j = n \quad \text{und} \quad \sum_{j=1}^{k} h_j = 1. \quad (39)$$

Histogramm. So heißt die Darstellung der relativen Häufigkeit als Funktion der Klassenmitten durch eine Treppenkurve (**Bild 2 a**) der Häufigkeitsdichte der Stichprobe. Sie stellt eine Näherung für die Wahrscheinlichkeitsdichte der Grundgesamtheit dar. Aus den Teilsummen $G_j = \sum_{i=1}^{j} n_i$ werden die Häufigkeitssummen $H_j = G_j/n = \sum_{i=1}^{j} h_i$ ermittelt, die – aufgetragen zwischen den Klassengrenzen – ein Bild der Häufigkeitsverteilung als Näherung für die Verteilungsfunktion ergeben (**Bild 2 b** und **Tab. 13**).

9.5 Statistik A 101

Tabelle 10. Normierte Wahrscheinlichkeitsdichte $\phi(t)$ und normierte Verteilungsfunktion $\Phi(t)$ der Normalverteilung

t	0	2	4	6	8	t	0	2	4	6	8
0,0	0,3989	3989	3986	3982	3977	0,0	0,5000	5080	5160	5239	5319
0,1	3970	3961	3951	3939	3925	0,1	5398	5478	5557	5636	5714
0,2	3910	3894	3976	3857	3836	0,2	5793	5871	5948	6026	6103
0,3	3814	3790	3765	3739	3712	0,3	6179	6255	6331	6406	6480
0,4	3683	3653	3621	3589	3555	0,4	6554	6628	6700	6772	6844
0,5	3521	3485	3448	3410	3372	0,5	6915	6985	7054	7123	7190
0,4	3332	3292	3251	3209	3166	0,6	7257	7324	7389	7454	7517
0,7	3123	3079	3034	2989	2943	0,7	7580	7642	7703	7764	7823
0,8	2897	2850	2803	2756	2709	0,8	7881	7939	7995	8051	8106
0,9	2661	2613	2565	2516	2468	0,9	8159	8212	8264	8315	8365
1,0	0,2420	2371	2323	2275	2227	1,0	0,8413	8461	8508	8554	8599
1,1	2179	2131	2083	2036	1989	1,1	8643	8686	8729	8770	8810
1,2	1942	1895	1849	1804	1758	1,2	8849	8888	8925	8962	8997
1,3	1714	1669	1626	1582	1539	1,3	9032	9066	9099	9131	9162
1,4	1497	1456	1415	1374	1334	1,4	9192	9222	9251	9279	9306
1,5	1295	1257	1219	1182	1145	1,5	9332	9357	9382	9406	9429
1,6	1109	1074	1040	1006	0973	1,6	9452	9474	9495	9515	9535
1,7	0940	0909	0878	0848	0818	1,7	9554	9573	9591	9608	9625
1,8	0790	0761	0734	0707	0681	1,8	9641	9656	9671	9686	9699
1,9	0656	0632	0608	0584	0562	1,9	9713	9726	9738	9750	9761
2,0	0,0540	0519	0498	0478	0459	2,0	0,9772	9783	9793	9803	9812
2,1	0440	0422	0404	0387	0371	2,1	9821	9830	9838	9846	9854
2,2	0355	0339	0325	0310	0297	2,2	9861	9868	9875	9881	9887
2,3	0283	0270	0258	0246	0235	2,3	9893	9898	9904	9909	9913
2,4	0224	0213	0203	0194	0184	2,4	9918	9922	9927	9931	9934
2,5	0175	0167	0158	0151	0143	2,5	9938	9941	9945	9948	9951
2,6	0136	0129	0122	0116	0110	2,6	9953	9956	9959	9961	9963
2,7	0104	0099	0093	0088	0084	2,7	9965	9967	9969	9971	9973
2,8	0079	0075	0071	0067	0063	2,8	9974	9976	9977	9979	9980
2,9	0060	0056	0053	0050	0047	2,9	9981	9982	9984	9985	9986
3,0	0,0044	0042	0039	0037	0035	3,0	0,9987	9987	9988	9989	9990
3,1	0033	0031	0029	0027	0025	3,1	9990	9991	9992	9992	9993
3,2	0024	0022	0021	0020	0018	3,2	9993	9994	9994	9994	9995
3,3	0017	0016	0015	0014	0013	3,3	9995	9996	9996	9996	9996
3,4	0012	0012	0011	0010	0009						
3,5	0009	0008	0008	0007	0007						
3,6	0006	0006	0005	0005	0005						
3,7	0004	0004	0004	0003	0003						
3,8	0003	0003	0003	0002	0002						
3,9	0002	0002	0002	0002	0001						

Einige besonders häufig benötigte Werte:
$\Phi(1,282) = 0,9000$ $\Phi(2,326) = 0,9900$
$\Phi(1,645) = 0,9500$ $\Phi(2,576) = 0,9950$
$\Phi(1,960) = 0,9750$ $\Phi(3,090) = 0,9990$
$\Phi(3,291) = 0,9995$

Tabelle 11. Binomialverteilung $F(x)$ zur Dichte

i	p = 0,1	0,25	0,5
5	0,0576	0,0000	
10	0,5832	0,0001	
15	0,9601	0,0111	
25	1,0000	0,5535	
30		0,8962	0,0000
35		0,9906	0,0018
40		0,9997	0,0284
45		1,0000	0,1841
50			0,5398
55			0,8644
60			0,9824
65			0,9991
70			1,0000

Tabelle 12. Fraktilen für die Standardabweichung aus der χ^2-Verteilung; Freiheitsgrad m

m	P = 95%		P = 99%	
	λ_u	λ_o	λ_u	λ_o
4	0,35	1,17	0,23	1,93
10	0,57	1,43	0,46	1,59
20	0,69	1,31	0,61	1,41
50	0,80	1,20	0,75	1,26
∞	1,00	1,00	1,00	1,00

Tabelle 13. Klasseneinteilung und Häufigkeiten aus einer Urliste von $n = 90$ Längenmessungen

j	x_u bis unter x_o mm		x_j mm	n_j	h_j	H_j
1	44 bis unter 45		44,50	2	0,022	0,022
2	45 „ „	46	45,50	1	0,011	0,033
3	46 „ „	47	46,50	6	0,067	0,10
4	47 „ „	48	47,50	15	0,167	0,267
5	48 „ „	49	48,50	22	0,244	0,511
6	49 „ „	50	49,50	20	0,222	0,733
7	50 „ „	51	50,50	13	0,144	0,877
8	51 „ „	52	51,50	7	0,078	0,955
9	52 „ „	53	52,50	2	0,022	0,977
k = 10	53 „ „	54	53,50	2	0,022	0,999
				90	0,999	

Tabelle 9. Einige spezielle Wahrscheinlichkeitsverteilungen

Name der Verteilung Anwendungsgebiet	Variable und Parameter	Wahrscheinlichkeitsdichte $f(x)$ bzw. p_i bei diskretem X Verteilungsfunktion $F(x) = \int_{-\infty}^{x} f(t)\,dt$	Erwartungswert Varianz
1. Binomialverteilung Wahrscheinlichkeit für das i-malige Eintreten von E bei n-maliger Ausführung mit $\mathbf{B} = \{\Phi, E, -E, M\}$	$i = 0, 1, 2, \ldots, n$ $0 < p < 1$	$p_i = P(X=i) = \binom{n}{i} p^i (1-p)^{n-i}$ $F(x) = \sum_{i<x} P(X=i) = \begin{cases} 0 & \text{für } x \leq 0 \\ \sum_{j=0}^{i} \binom{n}{j} p^j (1-p)^{n-j} & \text{für } 0 < x \leq n \\ 1 & \text{für } x > n \end{cases}$	$EX = \mu = np$ $D^2 X = \sigma^2 = np(1-p)$
2. Poisson-Verteilung Wie 1. für $n \to \infty$, Radioaktiver Zerfall, Verkehrsunfälle, Gesprächszahl bei Telefonzentrale	$i = 0, 1, 2, \ldots$ $\mu = np = \text{const}$ $p \ll 1$ $\mu > 0$	$p_i = P(E, n \to \infty, i) \approx \mu^i e^{-\mu}/i!$ $F(x) = \sum_{i<x} P(X=i) = e^{-\mu} \sum_{j=0}^{i} \mu^j/j!$	$EX = \mu = np$ $D^2 X = \sigma^2 = np = \mu$
3. Normal- oder Gauß-Verteilung Meßfehleranalyse, Verteilung von Eigenschaften auf Populationen	$x \in \mathbb{R}$ $\mu, \sigma \in \mathbb{R}$ $\sigma > 0$	$f(x) = \frac{1}{\sqrt{2\pi}\,\sigma} \exp\left(-\frac{1}{2}\left(\frac{x-\mu}{\sigma}\right)^2\right) = \varphi(x, \mu, \sigma)$ $F(x) = \frac{1}{\sqrt{2\pi}\,\sigma} \int_{-\infty}^{x} \exp\left(-\frac{1}{2}\left(\frac{t-\mu}{\sigma}\right)^2\right) dt$ normiert für $\mu = 0$; $\sigma^2 = 1$	$EX = \mu$ $D^2 X = \sigma^2$

Tabelle 9. (Fortsetzung)

4. Student- oder t-Verteilung	$t \in \mathbb{R}$	$f(t,n) = \dfrac{1}{\sqrt{(n-1)\pi}} \cdot \dfrac{\Gamma\left(\frac{n}{2}\right)}{\Gamma\left(\frac{n-1}{2}\right)} \left(1 + \dfrac{t^2}{n-1}\right)^{n/2}$ ᵃ⁾	für $n \leq 2$ ET existiert nicht für $n > 2$ $ET = 0$
Vertrauensgrenzen für den Erwartungswert μ	$n \in \mathbb{N}$		
$(n-1)$ Freiheitsgrade für Stichproben vom Umfang n einer normalverteilten Grundgesamtheit	$t = \dfrac{\bar{x} - \mu}{s}\sqrt{n}$ $s = \sqrt{\sum(x_i - \bar{x})^2/(n-1)}$	$F(t,n) = \dfrac{1}{\sqrt{(n-1)\pi}} \dfrac{\Gamma\left(\frac{n}{2}\right)}{\Gamma\left(\frac{n-1}{2}\right)} \int_{-\infty}^{t} \dfrac{d\tau}{\left(1 + \dfrac{\tau^2}{n-1}\right)^{n/2}}$	für $n \geq 3$ D^2T existiert nicht für $n > 3$ $D^2T = \sigma_t^2 = \dfrac{n-1}{n-3}$
5. χ^2-Verteilung	$\chi^2 = \dfrac{(n-1)s^2}{\sigma^2}$	$f(\chi^2, m) = \dfrac{1}{2^{m/2}\,\Gamma\left(\frac{m}{2}\right)} (\chi^2)^{(m-2)/2} \exp(-\chi^2/2)$ ᵃ⁾	$E\chi^2 = m = n-1$
Vertrauensgrenzen für Varianz s^2 einer Stichprobe mit Freiheitsgrad m einer normalverteilten Gesamtheit mit σ, μ	$m = n-1$ $\chi^2 \geq 0$	$F(\chi^2, m) = \dfrac{1}{2^{m/2}\,\Gamma\left(\frac{m}{2}\right)} \int_{0}^{\chi^2} \tau^{(m-2)/2} \exp(-\tau/2)\,d\tau$	$D^2\chi^2 = 2m$
6. Weibull-Verteilung Lebensdaueranalyse	T charakt. Lebensdauer b Ausfallsteilheit t_0 Ausgangszeit $t - t_0 \geq 0$ $T - t_0 \geq 0$ $b > 0$	$f(t, T, t_0, b) = \dfrac{b}{(T-t_0)^b}(t-t_0)^{b-1}\exp\left(\left(\dfrac{t-t_0}{T-t_0}\right)^b\right)$ $t' = \dfrac{t-t_0}{T-t_0}$ $F(t, T, t_0, b) = 1 - \exp\left(-\left(\dfrac{t-t_0}{T-t_0}\right)^b\right)$	$E(t-t_0) = (T-t_0)\Gamma\left(\dfrac{b+1}{b}\right)$ ᵃ⁾ $D^2(t-t_0) = (T-t_0)^2\left[\Gamma\left(\dfrac{b+2}{b}\right) - \Gamma^2\left(\dfrac{b+1}{b}\right)\right]$ 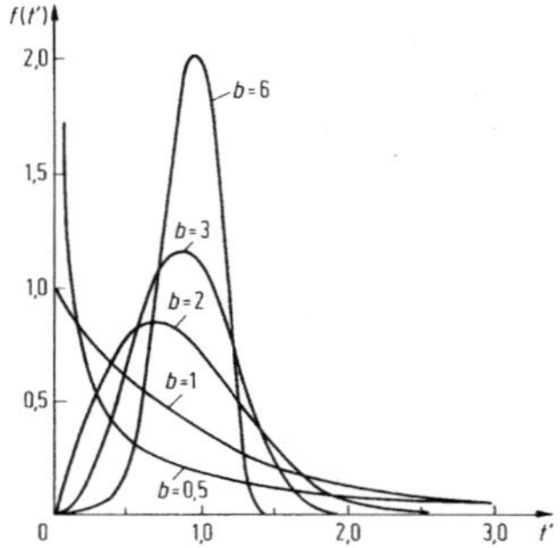

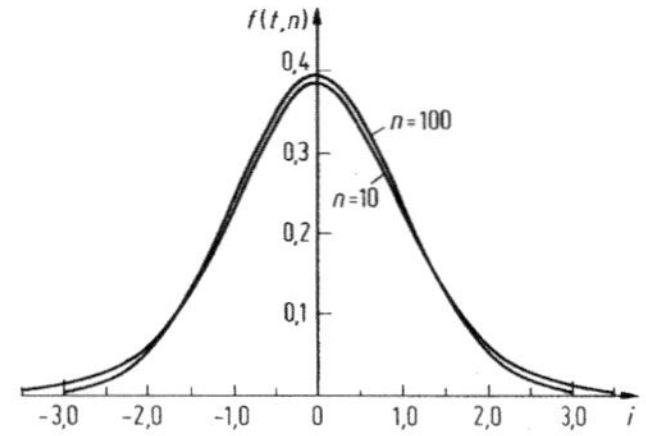

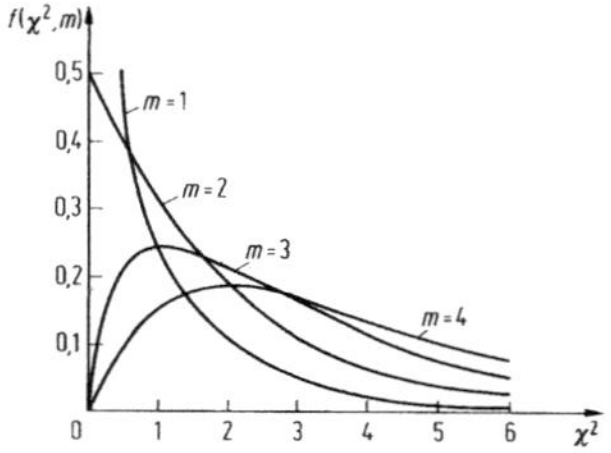

ᵃ⁾ Gammafunktion

$\Gamma(x) = \int_0^{\infty} e^{-t} t^{x-1}\, dt \quad$ für $x \in \mathbb{R}^+$

$\Gamma(n+1) = n\,\Gamma(n) = n!\quad \Gamma(1) = 1\quad$ für $n \in \mathbb{N}$

Nach Abramowitz, M.; Stegun, I.A. (s. Allg. Literatur zu A10).

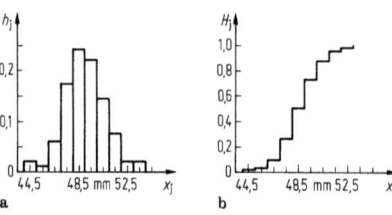

Bild 2. a relative Häufigkeitsdichte; **b** Summenhäufigkeit für eine in zehn Klassen unterteilte Stichprobe vom Umfang $n = 90$

9.5.2 Arithmetischer Mittelwert, Varianz und Standardabweichung

Der arithmetische Mittelwert $\bar{x}$ der Stichprobe ist ein erwartungstreuer Schätzwert für den Erwartungswert μ der Verteilung (s. **A 9.3.1** u. **A 9.3.2**). Analoges gilt von der Varianz s^2 der Stichprobe für die Varianz σ^2 der $N(\mu, \sigma)$-normalverteilten Grundgesamtheit.

Standardabweichung. Sie ist die Wurzel aus der Varianz s^2. Zur Berechnung aus den Einzelwerten der Urliste dienen die Gln. (13) und (14). Vereinfacht gilt für einen runden Hilfswert $x_0 \approx \bar{x}$ mit $d_i = x_i - x_0$ bzw. mit Gl. (14)

$$\bar{x} = x_0 + \frac{1}{n}\sum_{i=1}^{n}(x_i - x_0) = x_0 + \bar{d}. \tag{40}$$

Durch Einsetzen in die Varianzdefinition und Umformen folgt

$$s^2 = \frac{1}{n-1}\sum_{i=1}^{n}(x_i - \bar{x})^2 = \frac{1}{n-1}\left[\sum_{i=1}^{n}d_i^2 - n\bar{d}^2\right]. \tag{41}$$

Beispiel: Für die Messung von Wirkungsgraden η von acht Dampfkesseln ergab sich aus der Urliste (**Tab. 14**). Mit $n_0 = 86\%$ folgt aus Gl. (40) $\bar{\eta} = (86{,}0 + 25{,}8/8)\% = 89{,}2\%$. Für die Varianz ergibt sich ohne Angabe der Einheit nach Gl. (41) $s^2 = [92{,}28 - 8(89{,}23 - 86{,}0)^2]/7 = 1{,}26$.

Häufigkeitstabelle. Bei gleich breiten Klassen werden zur Auswertung die Klassenmitten x_j mit ihren Häufigkeiten als Gewichtsfaktoren multipliziert. Damit folgen

$$\text{Mittelwert } \bar{x} = \frac{1}{n}\sum_{j=1}^{k}n_j x_j = \sum_{j=1}^{k}h_j x_j, \tag{42}$$

$$\text{Varianz } s^2 = \frac{1}{n-1}\sum_{j=1}^{k}n_j(x_j - \bar{x})^2. \tag{43}$$

Tabelle 14. Urliste von Dampfkessel-Wirkungsgraden

	η %	d_i %	d_i^2 %^{2}
1	89,3	3,3	10,89
2	90,6	4,6	21,16
3	89,9	3,9	15,21
4	89,4	3,4	11,56
5	89,3	3,3	10,89
6	90,0	4,0	16,00
7	86,9	0,9	0,81
8	88,4	2,4	5,76
		25,8	92,28

Mit den Hilfsgrößen x_0 und $d_j = x_j - x_0$ ergeben sich

$$\bar{x} = \frac{1}{n}\sum_{j=1}^{k}n_j(x_j - x_0) = x_0 + \bar{d}, \tag{44}$$

$$s^2 = \frac{1}{n-1}\left[\sum_{j=1}^{k}n_j d_j^2 - n\bar{d}^2\right]. \tag{45}$$

Variationskoeffizient. So heißt die relative Standardabweichung $v_r = s/\bar{x}$.

Beispiel: Aus **Tab. 13** ergeben sich

$$\bar{x} = \left(\sum_{j=1}^{10}n_j x_j\right)\Big/90 = 4412{,}00\,\text{mm}/90 = 49{,}02\,\text{mm}$$

als Mittelwert und

$$s^2 = \left[\sum_{j=1}^{10}n_j(x_j - 49{,}02)^2\right]\Big/89 = 272{,}46\,\text{mm}^2/89 = 3{,}06\,\text{mm}^2$$

für die Varianz aus den Gl. (42) und (43). Die Anwendung der Hilfsgröße $x_0 = 44{,}5$ mm liefert **Tab. 15**. Damit folgen nach Gl. (44)

$$\bar{x} = (44{,}5 + 407{,}0/90)\,\text{mm} = (44{,}5 + 4{,}52)\,\text{mm} = 49{,}02\,\text{mm}$$

und nach Gl. (45)

$$s^2 = [(2113{,}0 - 90 \cdot 407{,}0^2/90^2)/89]\,\text{mm}^2 = 3{,}06\,\text{mm}^2$$

sowie $s = 1{,}75$ mm. Die relativen Häufigkeitssummen sind in **Bild 3** (s. **Tab. 9**) dargestellt. Man entnimmt die Werte $\bar{x} = 48{,}6$ mm und

Tabelle 15. Rechenschema für den Mittelwert und die Standardabweichung

j	x_j mm	n_j	$x_j - x_0$ mm	$n_j(x_j - x_0)^2$ mm^2
1	44,5	2	0,0	0,0
2	45,5	1	1,0	1,0
3	46,5	6	2,0	24,0
4	47,5	15	3,0	135,0
5	48,5	22	4,0	352,0
6	49,5	20	5,0	500,0
7	50,5	13	6,0	468,0
8	51,5	7	7,0	343,0
9	52,5	2	8,0	128,0
10	53,5	2	9,0	162,0
		90	407,0	2113,0

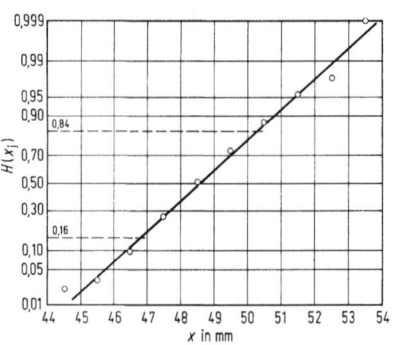

Bild 3. Darstellung der Summenhäufigkeit im Wahrscheinlichkeitsnetz

$s = (50{,}3 - 46{,}8)\,\text{mm}/2 = 1{,}75\,\text{mm}$. Die graphische Lösung macht die Ausreißer an den Rändern des Meßbereichs – im Gegensatz zur Rechnung – erkennbar.

Die Abweichungen der Meßpunkte von der Geraden sind für eine Urliste abhängig von der Wahl der Klassenbreiten und ihrer Anzahl k sowie von der Lage der Klassenmitten. Die Übereinstimmung wächst mit dem Stichprobenumfang n.

9.5.3 Regression und Korrelation

Regression. Aufgabe der Regressionsrechnung ist die Ermittlung des funktionalen Zusammenhangs $y = f(x)$ zwischen einer unabhängigen (X) und einer abhängigen (Y) Zufallsvariablen aus den Wertepaaren (x_i, y_i), $i = 1, 2, \ldots, n$, einer Stichprobe vom Umfang n. Dabei wird verlangt, daß die Meßwerte (x_i, y_i) jeweils am gleichen i-ten Element der zu untersuchenden Objekte bestimmt worden sind und daß die Zufallsvariable Y normalverteilt ist mit dem Erwartungswert $EY = f(x)$ und der Varianz σ^2. Als Ansatz für die theoretische Regressionsfunktion $f(x)$ wird meist ein Polynom k-ten Grads gewählt, dessen Koeffizienten a_j, $j = 0, 1, \ldots, k$, zu bestimmen sind.

Im Fall eines linearen Zusammenhangs gibt die nach „Augenmaß" gezeichnete Ausgleichsgerade durch die im kartesischen Koordinatensystem dargestellten Punkte der (x_i, y_i)-Werte oft eine brauchbare Näherung (**Bild 4**). Die Berechnung der Koeffizienten a_j als Schätzwerte für die theoretischen a_j erfolgt nach der Gaußschen Methode der kleinsten Quadrate (s. A 9.3.1).

$$\sum_{i=1}^{n}(y_i - f(x_i))^2 = \sum_{i=1}^{n}\left(y_i - \sum_{j=0}^{k} a_j x_i^j\right)^2 \quad (46)$$
$$= g(a_0, a_1, \ldots, a_k) = \text{Minimum}.$$

Aus den partiellen Ableitungen $\partial g/\partial a_j = 0$ ergeben sich $(k+1)$ lineare Gleichungen für die $(k+1)$ unbekannten Koeffizienten des Polynoms, die mit den Methoden für lineare Gleichungssysteme gelöst werden können.

Regressionsgerade. Für den linearen Fall ($k=1$ und $y = a_0 + a_1 x$) folgen aus Gl. (46) mit den Mittelwerten die Regressionskoeffizienten für die Regressionsgerade.

$$\bar{x} = \frac{1}{n}\sum x_i, \quad \bar{y} = \frac{1}{n}\sum y_i, \quad a_0 = \bar{y} - a_1 \bar{x},$$
$$\text{oder}\quad y - \bar{y} = a_1(x - \bar{x}); \quad (47)$$
$$a_1 = \left(\sum x_i y_i - n\bar{x}\bar{y}\right)/\left(\sum x_i^2 - n\bar{x}^2\right).$$

Varianzen. Sie betragen

$$s_x^2 = \frac{1}{n-1}\left[\sum x_i^2 - \left(\sum x_i\right)^2/n\right], \quad (48)$$

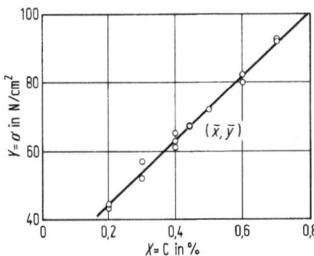

Bild 4. Zur linearen Regression

$$s_y^2 = \frac{1}{n-1}\left[\sum y_i^2 - \left(\sum y_i\right)^2/n\right], \quad (49)$$

Kovarianz. Es gilt

$$s_{xy} = \frac{1}{n-1}\sum(x_i - \bar{x})(y_i - \bar{y}) = \frac{1}{n-1}\left(\sum x_i y_i - n\bar{x}\bar{y}\right). \quad (50)$$

Hiermit wird dann mit den Gln. (46), (49) und (50)

$$a_1 = s_{xy}/s_x^2. \quad (51)$$

Wenn alle Meßpunkte auf der Regressionsgeraden liegen, gilt

$$s_{xy}^2 = s_x^2 s_y^2. \quad (52)$$

Die Koeffizienten a_0, a_1 sind Schätzwerte für die Koeffizienten der theoretischen Geraden $Y = a_0 + a_1 X$ der Zufallsvariablen X, Y. Unter der Voraussetzung der $N(Y(X), \sigma)$-Normalverteilung läßt sich der Vertrauensbereich für a_0, a_1 zu einer vorgegebenen statistischen Sicherheit bestimmen.

Korrelation. Gibt es keine erkennbaren Gründe für eine funktionale Abhängigkeit der Zufallsvariablen Y von der als unabhängig angenommenen Variablen X, so dient die Korrelationsrechnung (Korrelation = Wechselbeziehung) zur Prüfung der Güte eines unterstellten funktionalen Zusammenhangs.

Korrelationskoeffizient. Als Maß für eine lineare Abhängigkeit dient der Koeffizient r_{xy} aus den Gln. (49) bis (51) für den Wertebereich $-1 \leq r_{xy} \leq 1$ und die Geraden

$$r_{xy} = s_{xy}/s_x s_y, \quad (53)$$
$$Y = a_0 + a_1 X \quad \text{und} \quad X = b_0 + b_1 Y \quad (54)$$

mit $a_1 = s_{xy}/s_x^2$ und $b_1 = s_{xy}/s_y^2$. Die Geraden beschreiben die Stichprobenwerte x_i, y_i, $i = 1, 2, \ldots, n$, und sind identisch für $a_1 b_1 = 1 = r_{xy}^2$. Alle Punkte liegen dann auf $Y = a_0 + a_1 X$. Für $r_{xy} = 0$ gelten X, Y als unabhängige Zufallsvariablen. $r_{xy} < 0$ ist die negative (ungleichsinnige) Korrelation, weil zu großen Werten von X kleine Werte von Y gehören und umgekehrt. Bei $|r_{xy}| < 1$ schneiden die beiden Geraden einander im Schwerpunkt $S = (\bar{x}, \bar{y})$ des Punkthaufens. Die Größe $B = r_{xy}^2$ heißt *Bestimmtheitsmaß*.

Beispiel: Regression und Korrelation der Zugfestigkeit als Funktion des Kohlenstoffgehalts von Stahlstäben. Y stellt die Zugfestigkeit in N/cm^2 und X den Kohlenstoffgehalt in % dar. – **Tab. 16**. $\bar{x} = 0{,}442$, $\bar{y} = 67{,}075$. – Aus den Gln. (49) folgen (ohne Angabe der Einheiten) die Varianzen

$$s_x^2 = (2{,}69 - 5{,}30^2/12)/11 = 0{,}032,$$
$$s_y^2 = (57172{,}09 - 804{,}9^2/12)/11 = 289{,}40$$

und aus Gl. (50) die Kovarianz

$$s_{xy} = (388{,}69 - 12 \cdot 0{,}442 \cdot 67{,}075)/11 = 2{,}99.$$

Damit wird der Regressionskoeffizient nach Gl. (51) $a_1 = 2{,}993/0{,}032 = 94{,}29$ und nach Gl. (47) $a_0 = 67{,}075 - 94{,}29 \cdot 0{,}442 = 25{,}40$, die Regressionsgerade also $y = 25{,}40 + 94{,}29 x$ mit $y = \sigma$ und $x = c$ im Definitionsbereich $0{,}20 \leq x \leq 0{,}70$ (**Bild 4**). Der Korrelationskoeffizient nach Gl. (53)

$$r_{xy} = 2{,}993/\sqrt{0{,}032 \cdot 289{,}4} = 0{,}98;$$

er zeigt eine stark korrelierende lineare Abhängigkeit der Zugfestigkeit des Stahls vom Kohlenstoffgehalt an.

Tabelle 16. Zur Berechnung der Regression der Zugfestigkeit von Stahlstäben

i	x_i	y_i	$x_i y_i$	x_i^2	y_i^2
1	0,20	43,4	8,68	0,04	1 853,56
2	0,20	44,5	8,90	0,04	1 980,25
3	0,30	52,2	15,66	0,09	2 724,84
4	0,30	56,8	17,04	0,09	3 226,24
5	0,40	61,0	24,40	0,16	3 721,00
6	0,40	62,5	25,00	0,16	3 906,25
7	0,40	65,0	26,00	0,16	4 225,00
8	0,50	72,1	36,05	0,25	5 198,41
9	0,60	80,0	48,00	0,36	6 400,00
10	0,60	82,2	49,32	0,36	6 756,84
11	0,70	92,9	65,03	0,49	8 630,41
12	0,70	92,3	64,61	0,49	8 519,29
	5,30	804,9	388,69	2,69	57 172,09

10 Praktische Mathematik

H.-J. Schulz, Berlin

10.1 Graphische Darstellung von Funktionen

Funktionen werden anschaulich durch Zuordnung zu geometrischen Bildern dargestellt. Sie dienen
- zur übersichtlichen Darstellung und Beurteilung funktionaler Zusammenhänge besonders von Rechenergebnissen,
- als Hilfsmittel für numerische Rechnungen von begrenzter Genauigkeit wie die Nomographie (s. A 10.2).

Hierbei beschränken sich **A 10.1.1** bis **A 10.1.3** auf die Darstellung von reellen Funktionen in ebenen Vorlagen.

10.1.1 Graph einer Funktion

Der Graph einer Funktion, die verbal formuliert oder als Wertetabelle gegeben ist, entsteht durch Aufzeichnen der Elemente des Definitions- und Wertebereichs sowie durch die Zuordnung mit Pfeilen. So erhalten alle Schablonen (**Bild 1 a**) eines gegebenen Satzes mit genau einer geraden Seite die Codenummer 2, alle anderen die Nummer 1.

10.1.2 Funktionsskalen

Für analytisch gegebene Funktionen $f = \{x, y) | x \in X, x \in Y$, $x \mapsto y = f(x)\}$ entsteht eine eindimensionale graphische Darstellung durch Abtragen von Skalenstrichen für ausgewählte x-Werte entlang eines Skalenträgers. Die Abstände der Striche sind der Differenz der zugehörigen Funktionswerte proportional zu wählen (**Bild 1 b**).

Skalenträger. Am häufigsten sind die Gerade und der Kreis (z.B. Lineal, Winkelmesser). Die Länge L einer Skala ist für das gegebene Intervall des Definitionsbereichs für $x \in [a, b]$

$$L = m(\max f(x) - \min f(x)) \text{ bzw. } L = m |f(a) - f(b)| \quad (1)$$

für streng monotone Funktionen.

Maßstabfaktor. Er heißt auch Modul m; seine Einheit ist $[m] = [L]/[f(x)]$, wenn $f(x)$ eine physikalische Größe ist. Für den Abstand l eines Funktionswerts $f(x)$ vom Skalenanfang gilt mit $x \in [a, b]$

$$l = m(f(x) - \min f(x)). \quad (2)$$

Beispiel: Geradlinige Skale mit $L = 50$ mm für die Funktion $y = \lg(x)$ im Intervall $[1, 10]$ (**Bild 1 c**). – min $\lg(x) = \lg(1) = 0$, max $\lg(x) = \lg(10) = 1 \Rightarrow m = 50 \text{ mm}/(1-0) = 50 \text{ mm}$.

Werden auf der einen Seite des Skalenträgers das Intervall des Definitionsbereichs $[a, b]$ und auf der anderen Seite – mit gleichem Modul und gleichem Anfangspunkt – der zugehörige Wertebereich einer Funktion f abgetragen, so ergibt sich eine Doppelskale (Funktionsleiter) mit den Werten der Funktion zu beliebigen Argumenten als graphisches Analogon zur Wertetabelle. Bei Vertauschen der Bedeutung von Wertebereich und Definitionsbereich ist für streng monotone Funktionen auch die Umkehrfunktion dargestellt (**Bild 1 c**).

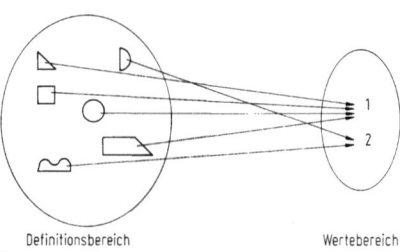

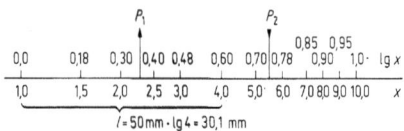

Bild 1. Graph. **a** verbal formulierte Funktion; **b** Funktionsskale für $y = x^2$, $m = 5$ mm, $|P_0 P_1| \approx 1^2 - 0^2 = 1$, $|P_0 P_2| \approx 2^2 - 0^2 = 4$; **c** Doppelskale für $y = \lg x$, $x \in [1, 10]$, $m = 50$ mm, lg-Funktion lg 2,3 = 0,36 (s. Punkt P_1), Umkehrfunktion $10^{0,74} = 5,5$ (s. Punkt P_2).

10.1.3 Funktionskurven in ebenen, rechtwinkligen Koordinatensystemen (Diagramme)

Koordinatenachsen (s. **A 5.1**) sind Funktionsskalen. Zur graphischen Darstellung der Funktion $y=f(x)$ dient je eine Funktionsskale für den Definitions- und Wertebereich, die als Koordinatensystem in der Ebene senkrecht zueinander angeordnet sind. Diejenigen Punkte $P(x,y)$, deren Koordinaten die Gleichung $y=f(x)$ erfüllen, stellen die der Funktion f zugeordnete Kurve dar (s. **Tab. 1**). Umgekehrt bietet eine Kurve die Möglichkeit, eine Funktion zu definieren. Die Konstruktion der Kurve erfolgt durch Berechnung der Funktionswerte für eine geeignete Auswahl von Elementen – den Stützstellen x_i, $i \in \mathbb{N}$ – mit einer Wertetabelle und durch punktweises Zeichnen. Das Diagramm besteht aus Koordinatensystem, Funktionskurve und Beschriftung. Die Darstellung wird in kartesischen oder Polarkoordinaten bzw. in Parameterform vorgenommen (s. **A 5.1**).

Beispiel 1: Gegeben ist die Spirale $f = \{(r,\varphi)|r \in \mathbb{R}^+, \varphi \in [0, 2\pi], \varphi \mapsto r = \varphi/2\}$ (**Bild 2**).

Beispiel 2: Die arcsin-Funktion muß in ihrem Wertebereich aus Gründen der Eindeutigkeit auf die Hauptwerte beschränkt werden: $\arcsin = \{x,y)|x \in [-1,1], y \in [-\pi/2, \pi/2], x \mapsto y = \arcsin(x)\}$. – Durch die Parameterform ist die Kurve C als Skalenträger für t, für beliebige y-Werte eindeutig beschreibbar. $C = \{(x,y)|x,y,t \in \mathbb{R}, t \mapsto x = \sin t, t \mapsto y = t\}$ (**Bild 3**).

10.2 Einführung in die Nomographie

Ein Nomogramm ist ein graphisches Rechenhilfsmittel mit einfacher Handhabung, häufiger Anwendbarkeit für ähnliche Probleme und der Verringerung von Fehlermöglichkeiten. Hierzu zählen auch die Bilder im Abschn. **A 10.1**.

10.2.1 Nomogramme für zwei Veränderliche

Die einer Wertetabelle analoge graphische Darstellung einer Funktion $y=f(x)$ ist die in **A 10.1.2** beschriebene Funktionsskale (Funktionsleiter). Zum Rechnen werden die nicht durch Skalenstriche angegebenen Werte nach Augenmaß linear interpoliert.

10.2.2 Nomogramme für drei Veränderliche

Eine für jeden Zusammenhang der Form $f(x,y,z)=0$ geeignete Einteilung der Skalen ist für eine ebene Darstellung nicht bekannt. Daher besteht eine Sammlung von Nomogrammtypen, die für spezielle Formen – die Schlüsselgleichungen – besonders geeignet sind. Hieraus folgen die Bestimmungsgleichungen für die meist rechtwinkligen Koordinaten X, Y der Funktion $f(x,y,z)$. Die Werte ihrer Variablen x, y, z stellen in den Nomogrammen entweder Linien oder Punkte dar.

Netznomogramme oder Netztafeln

Drei einander schneidende Kurvenscharen einer Funktion $f(x,y,z)=0$ mit $x \in [x_0, x_1]$, $y \in [y_0, y_m]$, $z \in [z_0, z_n]$ heißen Netznomogramme (**Bild 4a**). Jede Schar repräsentiert eine der Variablen durch die Kurven $x = x_i$, $i \in [0, l]$ bzw. $y = y_j$, $j \in [0, m]$ bzw. $z = z_k$, $k \in [0, n]$. Anwendung finden Netze, bei denen jeweils zwei der Variablen (x,y) oder (x,z) oder (y,z) die Geradenscharen der rechtwinkligen Koordinaten bilden, es gilt also $X = g_1(x)$, $Y = g_2(y)$ oder $X = g_1(x)$, $Y = g_2(z)$ oder $X = g_1(y)$, $Y = g_2(z)$. Die dritte Schar wird dann jeweils durch $f(x, z_k) = 0$ oder $f(x, z, y_j) = 0$ oder $f(y, z, x_i) = 0$ beschrieben. X, Y haben die Bedeutung von l, der Skalenlänge für den Wert x in Gl. (2).

Tabelle 1. Möglichkeiten zur Anpassung der Koordinatenskalen an die Funktionskurve

Maßnahme	Funktionstyp/Beispiel	Diagramm
Nullpunktunterdrückung bei der Abszisse, gleiche Moduln, lineare Skalen	$y = f(x+a)$ $y = 2(x-100)$ $x \in [95, 110]$	
Nullpunktunterdrückung bei der Ordinate, gleiche Moduln, lineare Skalen	$y = f(x)+a$ $y = 2x-100$ $x \in [-5, 10]$	
Wahl verschiedener Moduln, lineare Skalen	$y = af(x)$ $m_x = am_y$ $y = 100x$ $x \in [-5, 10]$ $m_x = 0,5$ mm $m_y = 0,005$ mm	
Wahl verschiedener Skalenteilungen, gleiche Moduln. Die Anpassung der Zahlenbereiche gelingt durch Skalieren der x-Achse mit der gegebenen Funktion oder der y-Achse mit der Umkehrfunktion	$x_{max} - x_{min} \gg y_{max} - y_{min}$ oder $y_{max} - y_{min} \gg x_{max} - x_{min}$ $y = 10^x$, $x \in [-5, 10]$ $m_x = m_y = 0,5$ mm $l_x = m_x[x-(-5)]$ $l_y = m_y(\lg y - \lg y_{min})$	

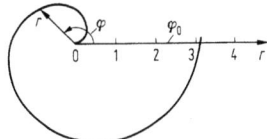

Bild 2. Archimedische Spirale $r = \varphi/2$ im Polarkoordinatensystem

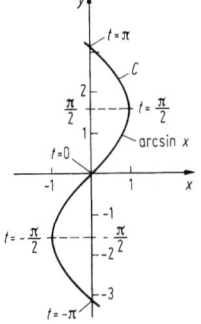

Bild 3. arcsin-Funktion und ihre Fortsetzung in Parameterform

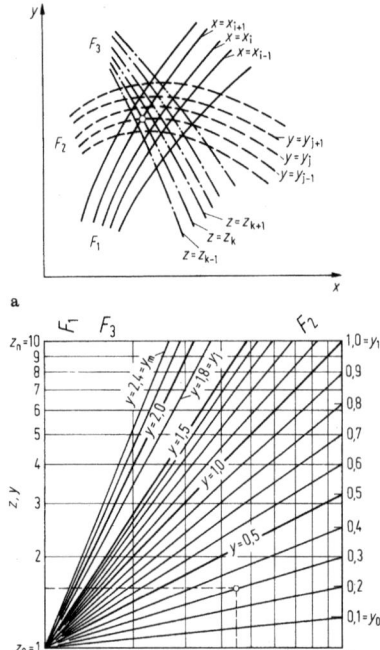

Bild 4. Netznomogramm. a Schema; b $z = x^y$

Beispiel: Gesucht sei das Nomogramm der Funktion $z = x^y$ (**Bild 4 b**) in den Intervallen $x \in [1, 10]$, $y \in [0, (0, 1), 1]$. Durch Logarithmieren wird $\lg z = y \lg x$. Dieses Netznomogramm ist durch drei Geradenscharen darstellbar, indem man mit $X = \lg x$ und $Y = \lg z$ die Koordinaten logarithmisch skaliert. Die dritte Geradenschar ist durch $Y = y_j X$ gegeben. Sie geht durch den Punkt für $x = 1$ $X = 0$ und $z = 1$ $Y = 0$, da $1^y = 1$, $y \in \mathbb{R}^+$ ist. Im doppeltlogarithmischen oder Potenzpapier sind diese Koordinatenscharen bereits vorhanden. Wegen $Y = y_j \lg x$ wird auf der Geraden für $x = 10$ eine zweite gleichförmige (lineare) Skale für y_j mit $\Delta y = 0,1$ so aufgetragen, daß $y_{10} = 1$ für den Punkt $Y = 1 \cdot (m_z \lg 10) = 46{,}0 \text{ mm} \cdot \lg 10 = 46{,}0 \text{ mm}$ erreicht wird, denn es ist $10^1 = 10 = Z_{max}$. Ablesebeispiel am Punkt 0: $x = 4{,}5$; $y = 0{,}3$; $z = 4{,}5^{0{,}3} = 1{,}58$; mit Rechenmaschine $4{,}5^{0{,}3} = 1{,}570$.

Schlüsselgleichung. Unter Verwendung der Koordinaten X, Y lassen sich die Kurvenscharen in **Bild 4 a** durch das Gleichungssystem

$$F_1 = (X, Y, x) = 0, \quad F_2 = (X, Y, y) = 0 \text{ und} \\ F_3 = (X, Y, z) = 0 \tag{3}$$

beschreiben. Für den wichtigen Spezialfall, daß alle F_i linear in den Argumenten X, Y sind, folgen Nomogramme, in denen die Kurvenscharen Geraden sind. Damit lassen sich die Gln. (3) als homogenes lineares Gleichungssystem für $(X, Y, 1)$ darstellen.

$$\begin{aligned} g_{11}(x)X + g_{12}(x)Y + g_{13}(x) \cdot 1 &= 0, \\ g_{21}(y)X + g_{22}(y)Y + g_{23}(y) \cdot 1 &= 0, \\ g_{31}(z)X + g_{32}(z)Y + g_{33}(z) \cdot 1 &= 0. \end{aligned} \tag{4}$$

Es ist lösbar, wenn die Koeffizientendeterminante

$$\Delta = \begin{vmatrix} g_{11}(x) & g_{12}(x) & g_{13}(x) \\ g_{21}(y) & g_{22}(y) & g_{23}(y) \\ g_{31}(z) & g_{32}(z) & g_{33}(z) \end{vmatrix} = 0 \tag{5}$$

ist. Dies ist die allgemeine Schlüsselgleichung für geradlinige Netze.

Fluchtliniennomogramme

Sie heißen auch Skalennomogramme oder Fluchtlinientafeln. Hier erscheinen die Werte der Variablen x, y, z als Punkte auf den Fluchtlinien mit meist krummlinigen Funktionsskalen. Auf den Fluchtlinien (**Bild 5**) liegen je drei Werte x_i, y_i, z_i, für die $f(x_i, y_i, z_i) = 0$ ist, auf einer Geraden.

Soreausche Determinante. Die Skalenlinien für x, y, z werden in der Parameterform für die Koordinaten X, Y dargestellt durch die Skalen für

$$\begin{aligned} x: \quad & X = g_{11}(x), \quad Y = g_{12}(x), \\ y: \quad & X = g_{21}(y), \quad Y = g_{22}(y), \\ z: \quad & X = g_{31}(z), \quad Y = g_{32}(z). \end{aligned} \tag{6}$$

$$\begin{vmatrix} g_{11}(x) & g_{12}(x) & 1 \\ g_{21}(y) & g_{22}(y) & 1 \\ g_{31}(z) & g_{32}(z) & 1 \end{vmatrix} = 0. \tag{7}$$

Diese Determinante besagt, daß das Dreieck $P_1 P_2 P_3$ (**Bild 5**) die Fläche Null hat, also die drei Punkte auf der Fluchtgeraden liegen oder $X_1(Y_2 - Y_3) + X_2(Y_3 - Y_1) + X_3(Y_1 - Y_2) = 0$ ist. Sie ist die Schlüsselgleichung für ein aus drei krummlinigen Skalen bestehendes Fluchtliniendiagramm. Die Funktion $f(x, y, z) = 0$ ist nomographierbar, wenn es eine, aber auch gleich unendlich viele solche Determinanten gibt. Wenn zu gegebenen x-, y-Werten der z-Wert der Fluchtlinientafel entnommen werden soll, wird zur Erhöhung der Ablesegenauigkeit die z-Skale zwischen die beiden anderen gelegt. Die Typen der Nomogramme werden nach der Zahl der krummlinigen Skalen in Gattungen geteilt:

Nomogramme nullter Gattung. *Paralleltafel.* Bei drei geraden parallelen Skalen (**Bild 6 a**) folgt ihre Schlüsselgleichung aus Gl. (7) zu

$$\begin{vmatrix} 0 & g_{12}(x) & 1 \\ (a+b) & g_{22}(y) & 1 \\ a & g_{32}(z) & 1 \end{vmatrix} \\ = -b g_{12}(x) + (a+b) g_{32}(z) - a g_{22}(y) = 0, \text{ d.h.,} \\ f_3(z) = f_1(x) + f_2(y) \tag{8}$$

sind die mit diesem Typ nomographierbaren Funktionen, die oft erst durch Logarithmieren hierauf umzuformen sind. Bei geeigneter freier Wahl der Moduln m_x, m_y ergibt sich nach **Bild 6 a** $\quad m_x/m_z = (a+b)/b, \quad m_y/m_z = (a+b)/a \quad$ und

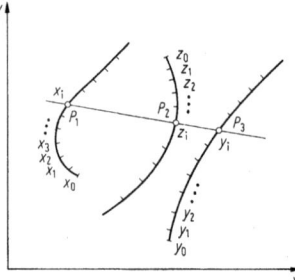

Bild 5. Schema eines Fluchtliniennomogramms

10.2 Einführung in die Nomographie   A 109

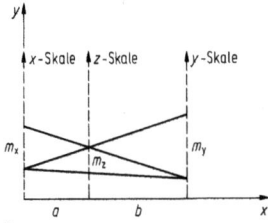

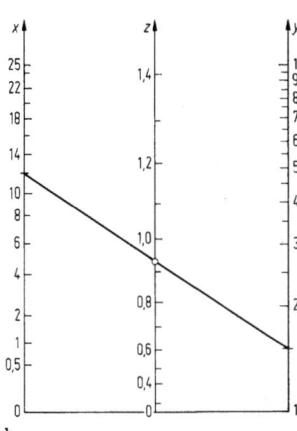

Bild 6. Paralleltafel. **a** Schema; **b** $z = 0,2 \cdot x + \lg y$

$m_x/m_y = a/b$; mithin für den Modul der z-Skale $m_z = m_x m_y/(m_x + m_y)$.

Beispiel: Gegebene Funktion (**Bild 6 b**) $z = \sqrt{0,2\sqrt{x} + \lg y}$ mit $x \in [0,25]$, $X_{max} \approx 51$ mm, $y \in [1, 10]$; $Y_{max} = 51$ mm. – Mit $m_x = m_y = 51,0$ mm folgt $m_z = 25,5$ mm und $Z_{max} = m_z \cdot m_z \cdot 2 = 51,0$ mm, $a/b = 1$. Für $a = b = 1$ gibt es die Skalen in Parameterform für x: $X = 0$, $Y = 51,0$ mm $\cdot 0,2\sqrt{x}$, für y: $X = 40$ mm, $Y = 51,0$ mm $\cdot \lg y$ und für z: $X = 20$ mm, $Y = 25,5$ mm $\cdot z^2$. Ablesebeispiel: $\sqrt{0,2 \cdot \sqrt{12} + \lg 1,5} = z = 0,93$; Rechnerwert $z = 0,932$.

N- oder Z-Tafel. Wenn eine gerade Skale (z.B. für Z) die anderen zwei parallelen Skalen mit der Steigung m schneidet, folgt aus Gl. (7)

$$\begin{vmatrix} 0 & g_{12}(x) & 1 \\ a & g_{22}(y) & 1 \\ g_{31}(z) & mg_{31}(z) & 1 \end{vmatrix}$$
$$= -g_{12}(x)[a - g_{31}(z)] + g_{31}(z)[am - g_{22}(y)] = 0$$

bzw. die nomographierbaren Gleichungen

$$f_1(x) = f_2(y) \cdot f_3(z) \quad \text{oder} \quad f_3(z) = f_1(x) : f_2(y). \tag{9}$$

Beispiel: Das ideale Gasgesetz für ein Kilomol lautet $pV = RT$ mit $p = 1,0133$ bar, $V = 22,4$ m^3 = 1 kmol, $R = 8309$ Pa $\cdot$ m$^3/K$, $T = 273,2$ K für den Normalzustand. – Hieraus folgt die Zahlenwertgleichung $pV = 8309 \cdot T$ mit p in Pa, V in m^3 und T in K. Mit den Zahlenwertgleichungen $f_1(x) = 8309 \cdot T$, $f_2(y) = V$ und $f_3(z) = p$ mit T in K, V in kmol und p in Pa folgt das Nomogramm **Bild 7**. Die Konstruktion der p-Skale erfolgt am besten geometrisch durch projektive Teilung der Verbindungslinie von $T = 0$ nach $V = 0$ nach der Wahl der V- und T-Skalen.

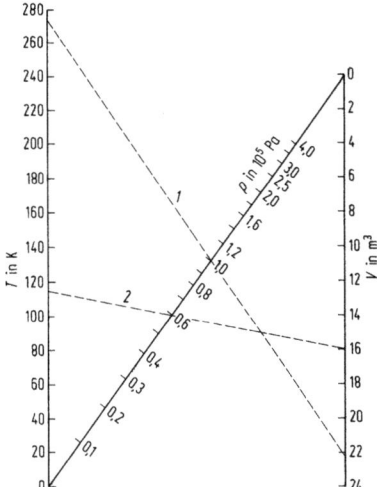

Bild 7. N-Tafel für das ideale Gasgesetz; Ablesebeispiel 1 ($T = 273,2$ K, $V = 22,4$ m^3 und $p = 1,0 \cdot 10^5$ Pa) und 2 ($T = 115$ K, $p = 0,6 \cdot 10^5$ Pa und $V = 16,0$ m^3)

Strahlentafel. Hier schneiden alle drei Skalen einander in einem Punkt. Die Schlüsselgleichung ist

$$1/f_3 = 1/f_1 + 1/f_2. \tag{10}$$

Beispiel: Für die Abbildung mit einer dünnen Linse gilt $1/s' = 1/f + 1/s$, wobei f Brennweite der Linse, s Objektabstand und s' Bildabstand von der Linse ($s \leqq 0$, wenn von der Linse zum Objekt gegen die Lichtrichtung gemessen wird). Mit $f_3 = s'$, $f_1 = f$, $f_2 = s$ ergibt sich **Bild 8**.

Nomogramme 1. Gattung. Häufigste Anwendung findet die Paralleltafel mit einer krummlinigen Skale in der Mitte. Aus Gl. (5) und **Bild 9 a** folgt die Schlüsselgleichung

$$\begin{vmatrix} 0 & m_x f_1(x) & 1 \\ g_1(z) & g_2(z) & 1 \\ a & m_y f_2(y) & 1 \end{vmatrix} = 0 \quad \text{bzw.} \tag{11}$$

$$f_4(z) = f_1(x) + f_2(y) \cdot f_3(z).$$

Durch Umformen ergibt sich für die Parameterdarstellung der z-Skale $X = g_1(z) = m_x a f_3(z)/[m_y + m_x f_3(z)]$, $Y = g_2(z) = m_x m_y f_4(z)/[m_y + m_x f_3(z)]$.

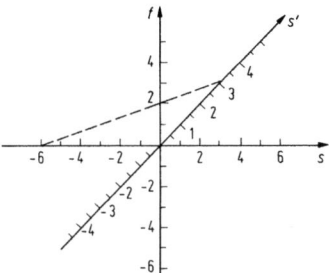

Bild 8. Strahlentafel für dünne Linsen; Ablesebeispiel $1/3 = 1/2 - 1/6$, also $f = 2$, $s = -6$, $s' = 3$

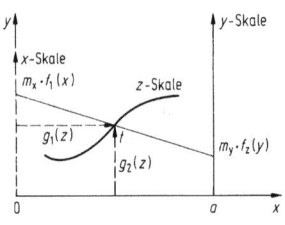

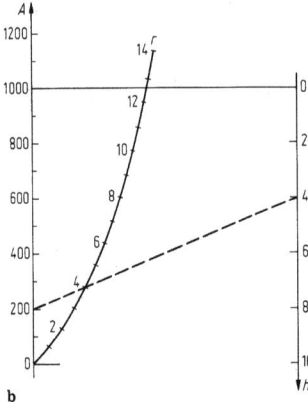

Bild 9. Nomogramme 1. Gattung. **a** Schema; **b** Zylinderoberfläche

Beispiel: Für die Zylinderoberfläche gilt $A = 2\pi r^2 + 2\pi rh$, also umgeformt $2\pi r^2 = A - 2\pi rh$. Mit $f_1(A) = A$, $f_2(h) = h$, $f_3(r) = 2\pi r$, $f_4(r) = 2\pi r^2$ ergibt sich für $r \in [0, 10]$, $h \in [0, 10]$ **Bild 9 b**, das nur die physikalisch sinnvollen, positiven Wurzeln liefert. Ablesebeispiel: $h = 4$, $A = 200$ ergibt $r = 4$; Rechnerwert $r = 3,99$ (gemessen in beliebigen aber gleichen Längeneinheiten).

10.2.3 Nomogramme für mehr als drei Veränderliche

Bei n Variablen ($n > 3$) wird die Aufgabe mit ($n-2$) Nomogrammen für je drei Variablen gelöst, indem sie über ($n-3$) Hilfsvariablen $t_3, t_4, \ldots, t_{n-1}$ gekoppelt werden. Für $F(x_1, x_2, \ldots, x_n) = 0$ oder die Gleichungen $f_1(x_1, x_2, t_3) = 0$, $F_2(t_3, x_3, t_4) = 0$, $f_3(t_4, x_4, t_5) = 0, \ldots, f_{n-2}(t_{n-1}, x_{n-1}, x_n) = 0$ wird je ein Netz- oder Fluchtliniennomogramm angefertigt. Die Netze bzw. Skalen für die Hilfsvariablen – Zapfenlinien genannt – gestatten die schrittweise Berechnung der gewünschten Funktion von n Variablen. So geht man mit dem Wert für t_3 aus dem f_1-Diagramm in das f_2-Diagramm und bestimmt dort mit dem gegebenen Wert für x_3 die neue Zwischengröße t_4 usw.

10.3 Numerische Berechnung von Wurzeln nichtlinearer Gleichungen

Die Lösung x einer transzendenten oder einer algebraischen Gleichung $f(x) = 0$ von mehr als 4. Grad – Wurzel der Gleichung genannt – ist meist nicht explizit angebbar. Daher sind schrittweise bestimmte Näherungswerte x_i der Wurzel mit der Genauigkeit ε numerisch so zu berechnen, daß $\lim_{i \to \infty} |x_i - x| < \varepsilon$.

Wichtig sind hierbei die geeigneten Anfangswerte $x_0, x_1, \ldots$, die schnelle Konvergenz des Verfahrens (s. **A 10.3.1** bis **10.3.4**) und die erreichbare Genauigkeit ε (s. **A 10.3.5**). Die Lösung von $f(x) = 0$ ist äquivalent zur Nullstelle z von $f = f\{x, y) | x \in [a, b] \subseteq \mathbb{R}, y \in \mathbb{R}, x \mapsto y = f(x)\}$, wobei $f(z) = 0$ für $x = z \in [a, b]$ gilt. Es werden nur reelle Funktionen einer Variablen, die im Intervall $[a, b]$ stetig differenzierbar sind und mindestens eine einfache Nullstelle haben, betrachtet.

Ein geeigneter Anfangswert x_0 ergibt sich häufig aus der Abszisse des Schnittpunkts der Kurve mit der x-Achse, welche oft durch die Umformung $f(x) = 0 \Leftrightarrow g_1(x) = g_2(x)$ leichter zu finden ist. Für Rechenanlagen ist es vorteilhaft, daß zu beiden Seiten der Nullstelle mit $a_0 < z < b_0$ ein Vorzeichenwechsel zwischen $f(a_0)$ und $f(b_0)$ auftritt, also $f(a_0) \cdot f(b_0) < 0$ gilt. Besteht an den äquidistanten Stützstellen x_j und x_{j+1} des Intervalls $[a, b]$ der Vorzeichenwechsel gemäß $f(x_j) \cdot f(x_{j+1}) < 0$, so liegt die Nullstelle im Teilintervall $[x_j, x_{j+1}]$, dessen Grenzen zwei meist geeignete Anfangswerte sind; sonst ist die Schrittweite $h = x_{j+1} - x_j$ zu verkleinern.

10.3.1 Methode der schrittweisen Näherung (Iterationsverfahren)

Die gegebene Gleichung $f(x) = 0$ wird umgeformt in $x = g(x)$. Für einen Anfangswert x_0 und $i = 1, 2, 3, \ldots$ ergeben sich die x_i aus

$$x_{i+1} = g(x_i). \tag{12}$$

Diese Folge konvergiert gegen die Nullstelle z, d.h., $\lim_{i \to \infty} x_i = z$, wenn für alle x_i die hinreichende Konvergenzbedingung

$$|g'(x_i)| \leq m < 1 \tag{13}$$

erfüllt ist. Geometrisch bedeutet dies, den Schnittpunkt der Geraden $y = x$ mit der Kurve $y = g(x)$ entlang eines treppenbzw. spiralförmigen Polygonzugs zwischen beiden zu bestimmen (**Bild 10**).

Die Konvergenzbedingung stellt sicher, daß beim Übergang von der Kurve zur Geraden die Abszissendifferenz $|x_{i+1} - x_i|$

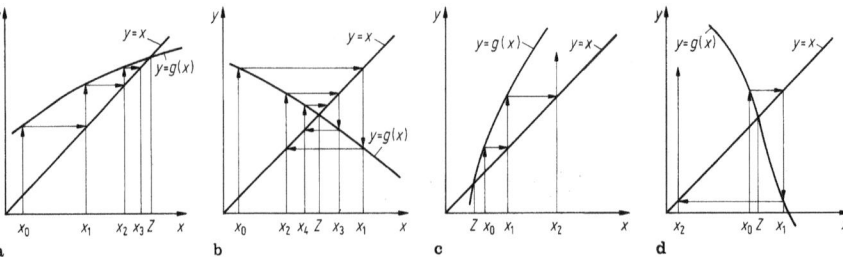

Bild 10. Verfahren der schrittweisen Näherung. **a** und **b** konvergente, **c** und **d** divergente Umformungen $x = g(x)$

Tabelle 2. Vergleich der Iterationsverfahren zur Nullstellenbestimmung am Beispiel $f(x) = \exp x + \sin x = 0$ im Intervall $[-1, -0,5]$. $z = -0,588532744 \pm 5 \cdot 10^{-10}, |x_i - x_{i-1}| < 10^{-3}$

i	x_i	Iterations- verfahren Gl. (12)	Newtonsches Verfahren Gl. (14)	Regula falsi Gl. (16)
0	−0,6			
1		−0,58094	−0,58848	−0,5
2		−0,59363	−0,58853	−0,58892
3		−0,58515		−0,58855
4		−0,59080		
5		−0,58702		
6		−0,58954		
7		−0,58786		
8		−0,58898		
9		−0,58823		

größer als die Ordinatendifferenz $|g(x_{i+1}) - x_i|$ ist (vgl. **Bild 10 a, b** mit **Bild 10 c, d**). Ist die Konvergenzbedingung verletzt, so hilft für Funktionen g, die in der Umgebung von z streng monoton sind, die Umkehrfunktion $g^{(-1)}$ weiter, da durch Spiegelung der Funktion g an der Geraden $y = x$ die Ableitung der Umkehrfunktion $|(g^{(-1)})'| < 1$ wird, der Schnittpunkt jedoch erhalten bleibt. Die konvergierende Funktion $g(x)$ heißt Einpunkt-Iterationsfunktion, da nur Informationen eines Punkts genutzt werden.

Beispiel: Gegeben ist $\exp x + \sin x = 0$. Eine grobe Handskizze der Kurven $y = \exp x$ und $y = -\sin x$ liefert einen Näherungswert $x_0 = -0,6$ für die betragkleinste Nullstelle, die hier genügt, so daß $f(x) = \exp x + \sin x = 0$ im Intervall $[-1, -0,5]$ untersucht werden kann. Eine Umformung nach Gl. (12) ist $x = \ln(-\sin x)$ mit $g(x) = \ln(-\sin x)$ im ausgewählten Intervall, $g'(x) = \cot x$ von Gl. (13) liefert $|\cot(-0,6)| = 1,46 > 1$, also keine Konvergenz. Die Umkehrfunktion $g^{(-1)}(x) = \arcsin(-\exp x)$ hat die Ableitung $(g^{(-1)})' = -\exp x/\sqrt{1 - \exp(2x)}$ mit $(g^{(-1)})'(0,6) = 0,657 < 1$; sie konvergiert mit $x_{i+1} = \arcsin(-\exp x_i)$ von $x_0 = -0,6$ an. $g^{(-1)}(x)$ ist die zweite Möglichkeit zum Umformen nach Gl. (12); s. **Tab. 2**, Spalte 3.

10.3.2 Newtonsches Näherungsverfahren

Hierbei wird in der Nähe der Nullstelle z der gegebenen Funktion f die Kurve durch ihre Tangente im Näherungswert x_0 ersetzt und deren Schnittpunkt mit der x-Achse als verbesserter Näherungswert x_1 bestimmt (**Bild 11 a**). Damit folgt die Newtonsche Näherungsformel

$$x_{i+1} = x_i - f(x_i)/f'(x_i). \qquad (14)$$

Wird hier die rechte Seite als Iterationsfunktion $g(x_i)$ bezeichnet, so zeigt Gl. (12), daß das Newton-Verfahren eine schrittweise Näherung für die spezielle Einpunkt-Iterationsfunktion

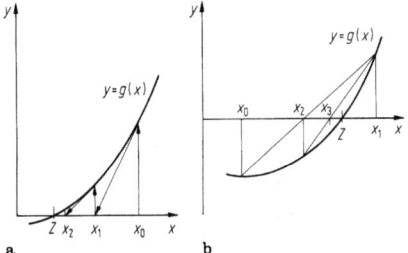

Bild 11. Näherungsverfahren. **a** nach Newton; **b** Regula falsi

$g(x_i) = x_i - f(x_i)/f'(x_i)$ ist mit $f'(x_i) \neq 0$. Die Konvergenzbedingung ist mit Gl. (13)

$$|g'(x_i)| = |f(x_i) f''(x_i)/f'^2(x_i)| \leq m < 1. \qquad (15)$$

Beispiel: Für $\exp x + \sin x = 0$ mit dem Anfangswert $x_0 = -0,6$ und dem Intervall $[-1, -0,5]$ ergibt sich nach Gl. (15) $f(x) = e^x + \sin x$, $f'(x) = e^x + \cos 0x$, $f''(x) = e^x - \sin x$. $|g'(-0,6)| = 0,0093 < 1$, also Konvergenz (s. **Tab. 2**, Spalte 4)

10.3.3 Sekantenverfahren und Regula falsi

Anstelle der Funktionskurve wird eine Sekante durch zwei in der Nähe der Nullstelle gelegene Punkte $(x_0, f(x_0))$ und $(x_1, f(x_1))$ gelegt. Ihr Schnittpunkt mit der x-Achse liefert einen neuen Näherungswert x_3 für die Nullstelle (**Bild 11 b**). Hier wurde also die 1. Ableitung in Gl. (14) – Newton-Verfahren – durch den Differenzenquotienten ersetzt. Mithin gilt

$$x_{i+1} = x_i - f(x_i)(x_i - x_{i-1})/[f(x_i) - f(x_{i-1})], \qquad (16)$$

beginnend mit bekannten Werten x_0, x_1. Die rechte Seite stellt die Einpunkt-Iterationsfunktion $g(x_i, x_{i-1})$ „mit Gedächtnis" dar, welche die Information des vorherigen Punkts wiederverwendet. Liegt das Intervall $[x_{i-1}, x_i]$ so, daß den Vorzeichenwechsel von f enthält, also $f(x_i) \cdot f(x_{i-1}) < 0$ gilt, so ist Gl. (16) die *Regula falsi* und die Interpolationsgerade eine Sekante. Für x_0, x_1 wird dies durch den in der Einleitung von **A 10.3** beschriebenen Suchalgorithmus gegeben. Für die weiteren Iterationen ist immer zu erreichen, daß die Nullstelle zwischen den beiden Näherungswerten liegt, da entweder $f(x_0) \cdot f(x_2) < 0$ oder $f(x_2) \cdot f(x_1) < 0$ gilt. Die Regula falsi konvergiert immer für die als stetig vorausgesetzten Funktionen. Als Beispiel s. **Tab. 2**, Spalte 5, mit den Werten des Beispiels in **A 10.3.1**.

10.3.4 Konvergenzordnung

Der Aufwand zur Ermittlung der Nullstelle mit vorgegebener Genauigkeit ist für die Verfahren sehr verschieden (s. **Tab. 2**). Neben ihm ist vor allem die Zahl der Schritte ausschlaggebend. Sie ist um so kleiner, je größer die Konvergenzordnung p ist.

$$\lim_{i \to \infty} |x_{i+1} - z|/|x_i - z|^p = c \quad \text{mit} \begin{cases} |c| < 1 & \text{für } p = 1 \\ |c| < \infty & \text{für } p > 1. \end{cases} \qquad (17)$$

Dabei ist c die asymptotische Fehlerkonstante. Mit Hilfe der Taylorentwicklung an der Nullstelle z folgt für eine gegen z konvergierende Einpunkt-Iterationsfunktion: Ist $g(x)$ p-mal stetig differenzierbar und gilt $z = g(z)$ sowie $|g'(z)| < 1$, falls $p = 1$, bzw. $g'(z) = g''(z) = \ldots g^{(p-1)}(z) = 0$ und $g^{(p)}(z) \neq 0$, so hat dann das durch $x_{i+1} = g(x_i)$ definierte Iterationsverfahren die Konvergenzordnung p.

Einfache Iteration. Nach Gl. (12) ist hierbei $g(x) = x - f(x)$, also folgt aus $|g'(x)| = |1 - f'(x)| < 1$ die Konvergenzanordnung $p = 1$.

Newton-Verfahren. Hier ist $g(x) = x - f(x)/f'(x)$; bei Konvergenz nach Gl. (15) also $g'(z) = f(z) f''(z)/f'^2(z) = 0$ und $g''(z)$, das meist unbekannt ist. Hier ist also $p \geq 2$.

Sekanten-Verfahren und Regula falsi. Sie sind Einpunkt-Iterationsfunktionen „mit Gedächtnis", für die $p \approx 1,62$ bzw. 1 ist.

10.3.5 Probleme der Genauigkeit

Abbruchfehler ε_a. Er entsteht durch Abbruch der Berechnung weiterer Folgeelemente vor Erreichen des Grenzwerts z, selbst wenn unendlich viele Stellen für die Zahlendarstellung benutzbar wären.

Rundungsfehler ε_r. Er ergibt sich selbst bei unendlich vielen Folgeelementen durch die begrenzte Stellenzahl.

Fehlerabschätzung. Für die einfache Wurzel z der Gleichung $f(x) = 0$ gilt methodenunabhängig nach dem i-ten Näherungswert x_i: Aus dem Mittelwertsatz der Differentialrechnung ergibt sich

$$f(x_i) = (x_i - z) \cdot f'(\xi); \quad \xi \in [x_i, z], \text{ also} \quad |x_i - z| \leq f(x_i)/M \text{ mit } M = \min f'(x), \, x \in [x_i, z]. \quad (18)$$

Bezeichnet $\bar{f}(x_i)$ den mit Rundungsfehlern behafteten Funktionswert $f(x_i)$ mit $|\bar{f}(x_i)| \leq f(x_i) + \delta$, so ist der beste erreichbare Wert für x_i so beschaffen, daß $\bar{f}(x_i) = 0$ gilt. Dann ist $|f(x_i)| \leq \delta$, und mit Gl. (18) folgt

$$|x_i - z| \leq \delta/M \approx \delta/|f'(z)| = \varepsilon_g \quad (19)$$

für die Grenzgenauigkeit, die durch die Funktion f und die Stellenzahl der Rechenanlage bestimmt ist. Innerhalb des Intervalls ist $\bar{f}(x_i) = 0$, und die neuen Iterationswerte sind mit schwankenden Rundungsfehlern behaftet. Um diese Genauigkeit, die meist vorher nicht bekannt ist, auszunutzen, wird eine relativ grobe Schranke ε vorgegeben und als Abbruchkriterium gefordert, daß

$$|x_{i+1} - x_i| \geq |x_i - x_{i-1}| \text{ und } |x_i - x_{i-1}| < \varepsilon \quad (20)$$

ist, um x_i als Wurzel anzuerkennen.

Beispiel: $f(x) = e^x + 1/(10x) = 0$; die Nullstelle mit neun Dezimalen ist $z = -3{,}577152064$. Für eine sechsstellige Gleitkommaarithmetik ist $\delta = 5 \cdot 10^{-7}$, $f'(z) = 0{,}020$, also nach Gl. (19) $\varepsilon_g \approx \delta/f'(z) = 2{,}5 \cdot 10^{-5}$, d.h., für alle $x_i \in [-3{,}57717, -3{,}57713]$ ist $\bar{f}(x_i) = 0$. Eine größere Genauigkeit $\varepsilon < \varepsilon_g$ ist sinnlos.

x_i	$f(x_i)$	$\bar{f}(x_i)$
$-3{,}57718$	$-5{,}6 \cdot 10^{-7} > \delta$	< 0
$-3{,}57717$	$-3{,}6 \cdot 10^{-7} < \delta$	$= 0$
$\vdots$	$\vdots$	$\vdots$
$-3{,}57713$	$4{,}4 \cdot 10^{-7} < \delta$	$= 0$
$-3{,}57712$	$6{,}5 \cdot 10^{-7} > \delta$	> 0

10.4 Interpolationsverfahren

Die Darstellung beschränkt sich auf reelle Funktionen einer unabhängigen Variablen in einem abgeschlossenen Intervall.

10.4.1 Aufgabenstellung, Existenz und Eindeutigkeit der Lösung

Die Aufgabe, für eine Anzahl von Meßwerten $y_0, y_1, \ldots, y_n$ zu bekannten, paarweise verschiedenen Argumentwerten $\{x_0, x_1, \ldots, x_n\} \subset [a,b] \in \mathbb{R}$, den Stützstellen, einen funktionalen Zusammenhang zu formulieren, und die Ermittlung von Zwischenwerten in Tafeln angegebener Funktionen werden vorzugsweise durch Interpolationspolynome gelöst. Dabei soll das gesuchte Polynom n-ten Grades $P_n(x) = \sum_{i=0}^{n} a_i x^i$ an allen $(n+1)$ Stützstellen $x_j, j = 0, 1, 2, \ldots, n$, genau die Funktionswerte y_j annehmen, also $P_n(x_j) = y_j$ sein. Durch Einsetzen aller Zahlenpaare (x_j, y_j) in den *direkten Ansatz* für $P_n(x)$ folgt das inhomogene, lineare Gleichungssystem für die gesuchten Koeffizienten a_i.

$$\begin{aligned} a_0 + a_1 x_0 + a_2 x_0^2 + a_3 x_0^3 + \ldots + a_n x_0^n &= y_0, \\ a_0 + a_1 x_1 + a_2 x_1^2 + a_3 x_1^3 + \ldots + a_n x_1^n &= y_1, \\ &\vdots \\ a_0 + a_1 x_n + a_2 x_n^2 + a_3 x_n^3 + \ldots + a_n x_n^n &= y_n. \end{aligned} \quad (21)$$

Die Koeffizienten- bzw. Vandermonde-Determinante hat, da alle x_i paarweise verschieden sind, den Wert

$$|x_j^i| = \prod_{\substack{j=0 \\ i>j}}^{n}(x_i - x_j) \neq 0. \quad (22)$$

10.4.2 Ansatz nach Lagrange

Hier wird das Interpolationspolynom als Linearkombination solcher Polynome $L_j(x)$ aufgebaut, die an den Stellen x_j den Wert 1 und an allen anderen Stellen den Wert 0 annehmen. Die Funktionswerte y_j sind dann die zugehörigen Koeffizienten der Polynome. Es gilt also

$$L_j(x_k) = \delta_{jk} = \begin{cases} 1 & \text{für } j = k \\ 0 & \text{für } j \neq k \end{cases} \text{ und}$$
$$P_n(x) = \sum_{j=0}^{n} y_j L_j(x). \quad (23)$$

Einsetzen bestätigt, daß $L_j(x)$ in Gl. (24) diese Eigenschaften hat.

$$L_j(x) = \prod_{\substack{k=0 \\ k \neq j}}^{n}(x - x_k) \Big/ \prod_{\substack{k=0 \\ k \neq j}}^{n}(x_j - x_k). \quad (24)$$

Beispiel: Berechnung eines Interpolationspolynoms 3. Grads nach Lagrange. Gegeben: s. **Tab. 3**.

Tabelle 3. Wertepaare für Interpolationspolynom

j		0	1	2	3
Stützstellen	x_j	-2	0	1	4
Funktionswerte	y_j	-26	-4	-2	40

$$\begin{aligned} L_0(x) &= (x - x_1)(x - x_2)(x - x_3)/[(x_0 - x_1)(x_0 - x_2)(x_0 - x_3)] \\ &= (x - 0)(x - 1)(x - 4)/[(-2 - 0)(-2 - 1)(-2 - 4)] \\ &= (x^3 - 5x^2 + 4x)/(-36), \\ L_1(x) &= (x - x_0)(x - x_2)(x - x_3)/[(x_1 - x_0)(x_1 - x_2)(x_1 - x_3)] \\ &= (x + 2)(x - 1)(x - 4)/[(0 + 2)(0 - 1)(0 - 4)] \\ &= (x^3 - 3x^2 - 6x + 8)/8, \\ L_2(x) &= (x - x_0)(x - x_1)(x - x_3)/[(x_2 - x_0)(x_2 - x_1)(x_2 - x_3)] \\ &= (x + 2)(x - 0)(x - 4)/[(1 + 2)(1 - 0)(1 - 4)] \\ &= (x^3 - 2x^2 - 8x)/(-9), \\ L_3(x) &= (x - x_0)(x - x_1)(x - x_2)/[(x_3 - x_0)(x_3 - x_1)(x_3 - x_2)] \\ &= (x + 2)(x - 0)(x - 1)/[(4 + 2)(4 - 0)(4 - 1)] \\ &= (x^3 + x^2 - 2x)/72. \\ P_3(x) &= y_0 L_0(x) + y_1 L_1(x) + y_2 L_2(x) + y_3 L_3(x) \\ &= [-26(-2x^3 + 10x^2 - 8x) - 4(9x^3 - 27x^2 - 54x + 72) \\ &\quad - 2(-8x^3 + 16x^2 + 64x) + 40(x^3 + x^2 - 2x)]/72 \\ &= x^3 - 2x^2 + 3x - 4. \end{aligned}$$

10.4.3 Ansatz nach Newton

Bei diesem Ansatz für das Interpolationspolynom

$$P_n(x) = c_0 + \sum_{i=1}^{n} c_i \prod_{j=0}^{i-1}(x - x_j) \quad (25)$$

hat das inhomogene lineare Gleichungssystem für die Koeffizienten c_i Dreiecksgestalt und kann schrittweise aufgelöst werden. Nach Einsetzen der Wertepaare (x_j, y_j) folgt

$$\begin{aligned} c_0 &= y_0, \\ c_0 + c_1(x_1 - x_0) &= y_1, \\ c_0 + c_1(x_2 - x_0) + c_2(x_2 - x_0)(x_2 - x_1) &= y_2, \\ &\vdots \\ c_0 + c_1(x_n - x_0) + \ldots + c_n \prod_{j=0}^{n-1}(x_n - x_j) &= y_n. \end{aligned} \quad (26)$$

10.4 Interpolationsverfahren   A 113

| x_i | y_i | \multicolumn{4}{c}{Gesuchte Differenzenquotienten der Ordnung} |
		1	2	3	4
x_0	$y_0 = c_0$				
		$f[x_0, x_1] = c_1$			
x_1	y_1		$f[x_0, x_1, x_2] = c_2$		
		$f[x_1, x_2]$		$f[x_0, x_1, x_2, x_3] = c_3$	
x_2	y_2		$f[x_1, x_2, x_3]$		$f[x_0, x_1, x_2, x_3, x_4] = c_4$
		$f[x_2, x_3]$		$f[x_1, x_2, x_3, x_4]$	
x_3	y_3		$\vdots$		
$\vdots$		$\vdots$	$f[x_{i-2}, x_{i-1}, x_i]$	$\vdots$	
		$f[x_{i-1}, x_i]$			
x_i	y_i				

Die Koeffizienten $c_0, c_1, c_2, \ldots, c_n$ behalten ihren Wert, wenn der Grad des Polynoms vergrößert wird. Der Wert der Koeffizientendeterminante, gegeben durch das Produkt der Hauptdiagonalelemente, stimmt mit Gl. (22) überein. Schrittweises Auflösen ergibt eine Rekursionsformel für die c_i, die mit dem Differenzenquotienten i-ter Ordnung übereinstimmt und „dividierte Differenz" heißt (s. **A 10.6.3**).

$$c_0 = y_0,$$
$$c_1 = \frac{y_1 - y_0}{x_1 - x_0} = \frac{y_0 - y_1}{x_0 - x_1} = f[x_0, x_1],$$
$$c_2 = \frac{\left[y_2 - y_0 - \frac{y_1 - y_0}{x_1 - x_0}(x_2 - x_0)\right]}{(x_2 - x_0)(x_2 - x_1)}$$
$$= \frac{\frac{y_2 - y_1}{x_2 - x_1} - \frac{y_1 - y_0}{x_1 - x_0} \cdot \frac{x_2 - x_0}{x_2 - x_1} + \frac{y_1 - y_0}{x_2 - x_1}}{(x_2 - x_0)}$$
$$= \frac{f[x_0, x_1] - f[x_1, x_2]}{(x_0 - x_2)} = f[x_0, x_1, x_2],$$
$$\vdots$$
$$c_i = \frac{f[x_0, x_1, \ldots x_{i-1}] - f[x_1, x_2, \ldots x_i]}{x_0 - x_i}. \quad (27)$$

Die Richtigkeit der Rekursionsformel ist durch vollständige Induktion zu zeigen.

Berechnungsschema. Für die Ermittlung der Polynomkoeffizienten als Differenzenquotienten i-ter Ordnung hat sich das unten dargestellte Schema bewährt. Den Zähler der Differenzenquotienten bildet jeweils die Differenz der Nachbarelemente der vorstehenden Spalte. Den Nenner bilden die an den linken Enden der zugehörigen Diagonalen befindlichen Werte x_j und x_{j+k}. Die unterstrichenen Differenzenquotienten ergeben nach Gl. (27) die Koeffizienten c_i des Newtonschen Interpolationspolynoms $P_n(x)$.

Beispiel: Berechnung eines Polynoms nach Newton aus **Tab. 3**. Nach Gl. (27) sind die Differenzenquotienten der i-ten Ordnung

x_i	y_i	1.	2.	3.
-2	$\underline{-26}$			
		$\underline{11}$		
0	-4		$\underline{-3}$	
		2		$\underline{1}$
1	-2		$+3$	
		14		
4	40			

und damit folgen $y_1 = -26$ und $c_1 = \frac{y_1 - y_0}{x_1 - x_0} = \frac{-4 - (-26)}{0 - (-2)} = 11$. Mit $f[x_0, x_1] = c_1$ und $f[x_1, x_2] = \frac{y_2 - y_1}{x_2 - x_1} = \frac{-2 + 4}{1} = 2$ wird $c_2 = \frac{f[x_0, x_1] - f[x_1, x_2]}{x_0 - x_2} = \frac{11 - 2}{-2 - 1} = -3$ und $c_3 = \frac{-3 - 3}{-2 - 4} = 1$.

Die Konstanten sind in der vorstehenden Tabelle unterstrichen. Mit Gl. (25) ergibt sich $P_n(x) = -26 + 11(x+2) - 3(x+2)(x-0) + 1(x+2)(x-0)(x-1) = x^3 - 2x^2 + 3x - 4$ (s. auch die Lösung nach Lagrange des Beispiels in **A 10.4.2**).

Abbruchfehler. Bei der Interpolation nach Newton folgt der Fehler $R_n(x)$ aus dem Vergleich der beiden Interpolationspolynome $P_{n+1}(x) = P_n(x) + R_n(x)$ für die Funktion $f(x)$ im Intervall $[a, b]$. Als Restglied ergibt sich

$$R_n(x) = f^{(n+1)}(z)(x - x_0)(x - x_1) \ldots (x - x_n)/(n+1)!, \quad (28)$$
$$z \in [a, b].$$

Beispiel: Die Entladungskurve eines Kondensators ist durch ein Polynom 2. Grads im Intervall $[0, 2T]$ zu interpolieren ($T = RC$ Zeitkonstante). Wie genau muß die Spannung bei $t_j = jT$, $j = 0, 1, 2$, gemessen werden, damit der Meßfehler von der Größenordnung des Abbruchfehlers wird? – Die Entladungskurve wird beschrieben durch $u = u_0 \cdot \exp(-t/T)$. Das Restglied ist nach Gl. (28) $R_2(t) = -u_0/(3!T^3) \cdot \exp(-z/T)(t - 0)(t - T)(t - 2T), z \in [0, 2T]$. Es wird nach oben abgeschätzt durch

$$|R_2(t)| \leq u_0/(3!T^3) \cdot \max[\exp(-\bar{t}/T)] \cdot \max[t(t-T)(t-2T)],$$

dabei wird

$$\max[\exp(-\bar{t}/T)] = 1 \text{ für } \bar{t} = 0 \text{ und}$$
$$\max[t(t-T)(t-2T)] = 0{,}38T^3 \text{ für } t = (t \pm 1/\sqrt{3})T$$

nach **A 6.1.8**, also $|R_2(t)| \leq 0{,}38 u_0/6 \approx 0{,}06 u_0$. Die Spannung muß mit mindestens 6% der Ausgangsspannung u_0 gemessen werden mit einem Meßgerät der Güteklasse 5.

10.4.4 Polynomberechnung nach dem Horner-Schema

Die Newtonsche Polynomdarstellung

$$P_n(x) = \sum_{j=0}^{n} c_i \prod_{j=0}^{i=1}(x - x_j)$$

und die Normalform $P_n = \sum_{i=0}^{n} a_i x^i$ lassen sich für die Berechnung verbessern. Aus Gl. (25) folgt

$$P_n(x) = c_0 + (x - x_0)(c_1 + (x - x_1)(c_2 + (x - x_2)$$
$$\cdot (c_3 + \ldots (x - x_{n-1})c_n) \ldots))$$
$$= a_0 + x(a_1 + x(a_2 + x(a_3 + \ldots + x(a_{n-1} + x a_n) \ldots))). \quad (29)$$

Für ein numerisch gegebenes $\bar{x}$ sind die Klammern von innen heraus mit der folgenden Rekursionsformel berechenbar. Für $i = 0, 1, 2, \ldots, n$ gilt in beiden Fällen

$$b_n = c_n, \quad b_{n-i} = (\bar{x} - x_{n-i}) b_{n-i+1} + c_{n-i} \quad \text{bzw.}$$
$$b_n = a_n, \quad b_{n-i} = \bar{x} b_{n-i+1} + a_{n-i} \quad \text{und} \quad P_n(\bar{x}) = b_0. \quad (30)$$

Horner-Schema. Es wird für diese leicht programmierbaren Formeln wie folgt angewendet.

a_n	a_{n-1}	a_{n-2}	$\ldots a_2$	a_1	a_0
$\bar{x}$	$b_n \bar{x}$	$b_{n-1} \bar{x}$	$\ldots b_3 \bar{x}$		
b_n	b_{n-1}	b_{n-2}	$\ldots b_2$	b_1	$b_0 = P_n(\bar{x})$

Die Pfeile deuten den Fortgang der Rechnung an. Beginnend mit $b_n = a_n$ werden die Produkte $b_{n-1}\bar{x}$ in die benachbarte Spalte geschrieben und die darüber stehenden Koeffizienten addiert. Die Fortsetzung des Horner-Schemas mit den gerade gewonnenen b_{n-1} als Koeffizienten des Polynoms $P_{n-1}(\bar{x})$ liefert die erste Ableitung des Polynoms $P_n(\bar{x})$. Für weitere Fortsetzungen gilt $P_{n-i}(\bar{x}) = P^{(i)}(\bar{x})/i!$.

Beispiel: Gegeben ist das Polynom $P_4(x) = 2x^4 + 5x^2 - 7$. Das vollständige Horner-Schema lautet für $x = 8$

Nr.	$P_4(x)$	x	a_4	a_3	a_2	a_1	a_0
			2	0	5	0	-7
1		8		16	128	1064	8512
			2	16	133	1064	$8505 = b_0 = P_4(8)$
2		8		16	256	3112	
			2	32	389	$4176 =$	$P'_4(8)/1!$
		8		16	384		
3			2	48	$773 =$	$P''_4(8)/2!$	
		8		16			
4			2	$64 =$	$P'''_4(8)/3!$		
5			$2 = P_4^{(4)}(8)/4!$				

Es ist $P'_4(x) = 8x^3 + 10x$, $P''_4(x) = 24x^2 + 10$ und $P'''_4(x) = 48x$, also $P_4(8) = 8505$, $P'_4(8) = 4175$, $P''_4(8) = 773 \cdot 2!$ und $P'''_4(8) = 384 = 64 \cdot 3!$.

10.5 Auflösung linearer Gleichungen

Die Lösung linearer Gleichungen (s. **A 3.2.5**) ist eine der häufigsten Aufgaben der praktischen Mathematik. Für allgemeine, inhomogene lineare Gleichungssysteme $\boldsymbol{Ax} = \boldsymbol{b}$ mit einer $(n \cdot n)$-Matrix $\boldsymbol{A}$ (s. **A 3.2.4**) ohne besondere Eigenschaften ist das Gaußsche Eliminationsverfahren allen anderen überlegen. Darüber hinaus ermöglicht es die Berechnung der Inversen $\boldsymbol{A}^{-1}$, der Determinanten $|\boldsymbol{A}|$, des Rangs $r(\boldsymbol{A})$ und von Lösungen zu „beliebig vielen" rechten Seiten $\boldsymbol{b}$. Praktisch anwendbar ist es bis $n \approx 100$.

10.5.1 Gaußsches Eliminationsverfahren

Das Gaußsche Eliminationsverfahren wird hier für lineare inhomogene Gleichungssysteme mit reellen Koeffizienten dargestellt. Dabei wird durch sukzessives Eliminieren der Unbekannten ein gestaffeltes Gleichungssystem erzeugt, aus dem die Unbekannten rekursiv ermittelt werden.

$$\begin{aligned} a_{11}^{(0)} x_1 + a_{12}^{(0)} x_2 + \ldots + a_{1n}^{(0)} x_n &= b_1^{(0)} \\ a_{21}^{(0)} x_1 + a_{22}^{(0)} x_2 + \ldots + a_{2n}^{(0)} x_n &= b_2^{(0)} \\ &\vdots \\ a_{n1}^{(0)} x_1 + a_{n2}^{(0)} x_2 + \ldots + a_{nn}^{(0)} x_n &= b_n^{(0)} \end{aligned} \quad \text{bzw.} \quad \boldsymbol{A}^{(0)} \cdot \boldsymbol{x} = \boldsymbol{b}^{(0)} \quad (31)$$

Ist die Matrix $\boldsymbol{A}^{(0)} = (a_{ij}^{(0)})$ nichtsingulär, so existiert für beliebige $b_i^{(0)}$, die nicht alle gleichzeitig verschwinden, eine nichttriviale Lösung. Ist $a_{11}^{(0)} \neq 0$, läßt sich die Unbekannte x_1 aus den letzten $(n-1)$ Gleichungen eliminieren, indem von der i-ten Gleichung das m_{i1}-fache der ersten Gleichung subtrahiert wird. Dabei ist

$$m_{i1} = a_{i1}^{(0)} / a_{11}^{(0)}, \quad i = 2, 3, \ldots, n, \quad (32)$$

und von der 2. bis zur n-ten Zeile entsteht ein neues Gleichungssystem mit $(n-1)$ Unbekannten und den Koeffizienten der Matrix

$$\begin{aligned} \boldsymbol{A}^{(1)} &= (a_{ij}^{(1)}), \quad i = 2,3 \ldots n, \; j = 2,3 \ldots n; \\ a_{ij}^{(1)} &= a_{ij}^{(0)} - (a_{i1}^{(0)}/a_{11}^{(0)}) \cdot a_{1j}^{(0)} \end{aligned} \quad (33\,\text{a})$$

sowie den rechten Seiten

$$b_i^{(1)} = b_i^{(0)} - b_1^{(0)} a_{i1}^{(0)} / a_{11}^{(0)}. \quad (33\,\text{b})$$

Ist das neue Element $a_{22}^{(1)} \neq 0$, kann diese Operation – Gln. (32) bis (33 b) – für $i, j = 3, 4, \ldots$ wiederholt und ein neues System mit $(n-2)$ Unbekannten gebildet werden. Bei $(n-1)$-maliger Anwendung entsteht das gestaffelte Gleichungssystem

$$\begin{aligned} a_{11}^{(0)} x_1 + a_{12}^{(0)} x_2 + a_{13}^{(0)} x_3 + \ldots + a_{1n}^{(0)} x_n &= b_1^{(0)} \\ a_{22}^{(1)} x_2 + a_{23}^{(1)} x_3 + \ldots + a_{2n}^{(1)} x_n &= b_2^{(1)} \\ a_{33}^{(2)} x_3 + \ldots + a_{3n}^{(2)} x_n &= b_3^{(2)} \\ &\vdots \\ a_{nn}^{(n-1)} x_n &= b_n^{(n-1)}. \end{aligned} \quad (34)$$

Es ist zu dem gegebenen algebraisch äquivalent. Die $x_n, x_{n-1}, \ldots, x_1$ werden damit durch „Rückwärts-Auflösen" für $i = 0, 1, 2, \ldots, (n-1)$ berechnet.

$$x_{n-i} = \left(b_{n-i}^{(n-1-i)} - \sum_{j=0}^{i} a_{n-i,n-j}^{(n-1-i)} x_{n-j} \right) \Big/ a_{n-i,n-i}^{(n-1-i)}, \quad (35)$$
$$i = 0, 1, 2, \ldots, (n-1).$$

Die bisherige Voraussetzung, daß die Pivotelemente $a_{i,i}^{(i-1)} \neq 0$ sind, ist kein Hindernis. Da die Lösungen nicht von der Reihenfolge der Gleichungen abhängen, kann ein $a_{ki}^{(i-1)} \neq 0$ gefunden werden, denn die Matrix $\boldsymbol{A}^{(0)}$ ist nichtsingulär. Durch Vertauschen der Zeilen i und k wird das ursprüngliche $a_{ki}^{(i-1)}$ zum $a_{ii}^{(i-1)}$ erklärt. Ist für ein $l \leq n$ kein $a_{ll}^{(i-1)} \neq 0$ zu finden, sind also $a_{ll}^{(l-1)} = a_{l,l+1}^{(l-1)} = \ldots = a_{ln}^{(l-1)} = 0$, dient dieses Verfahren zur Bestimmung des Ranges $r(\boldsymbol{A}) = l - 1$ der Matrix $\boldsymbol{A}^{(0)}$. Diese nur bei Nullelementen erforderliche Umsortierung ist wichtig für die Minimierung von Rundungsfehlern.

Ist $a_{11}^{(0)} = \varepsilon \ll 1$, so ist bei gegebener Stellenzahl der relative Rundungsfehler von $a_{11}^{(0)}$ groß, und alle Koeffizienten, die nach Gl. (32) mit $1/a_{11}^{(0)}$ multipliziert werden, sind verfälscht. Daher gilt für das Pivotelement des k-ten Schrittes:

Teilweise Pivotierung

$$a_{kk}^{(k-1)} = \max |a_{ik}^{(k-1)}|, \quad k \leq i \leq n. \quad (36)$$

Das betragsgrößte Element der k-ten Spalte liegt in der i-ten Zeile; die Zeilen i und k werden vertauscht.

Vollständige Pivotierung

$$a_{kk}^{(k-1)} = \max |a_{ij}^{(k-1)}|, \quad k \leq i \leq n, \; k \leq j \leq n. \quad (37)$$

Das betragsgrößte Element der noch zu bearbeitenden Matrix $\boldsymbol{A}^{(k-1)}$ liegt in der i-ten Zeile und j-ten Spalte. Die i-te Zeile ist mit der k-ten sowie die j-te Spalte mit der k-ten zu vertauschen. Damit ändert man die Reihenfolge der Unbekannten x_j und x_k (darüber ist eine zusätzliche Buchführung nötig, damit

Tabelle 4. Beispiel für das Gaußsche Eliminationsverfahren

										s_i
1	a^0_{11}	a^0_{12}	a^0_{13}	a^0_{14}	b^0_1	1,0000	2,0000	3,0000	5,0000	7,0000	18,0000
2	a^0_{21}	a^0_{22}	a^0_{23}	a^0_{24}	b^0_2	11,000	13,000	17,000	19,000	23,000	83,0000
3	a^0_{31}	a^0_{32}	a^0_{33}	a^0_{34}	b^0_3	29,000	31,000	37,000	41,000	43,000	181,0000
4	a^0_{41}	a^0_{42}	a^0_{43}	a^0_{44}	b^0_4	<u>47,000</u>	53,000	59,000	61,000	67,000	287,0000
1'	a^0_{11}	a^0_{12}	a^0_{13}	a^0_{14}	b^0_1	47,000	53,000	59,000	61,000	67,000	287,0000
2'	m_{21}	a^1_{22}	a^1_{23}	a^1_{24}	b^1_2	0,23404	0,59574	3,1915	4,7234	7,3191	15,8298
3'	m_{31}	a^1_{32}	a^1_{33}	a^1_{34}	b^1_3	0,61702	−1,7021	0,59574	3,3617	1,6596	3,9149
4'	m_{41}	a^1_{42}	a^1_{43}	a^1_{44}	b^1_4	0,02127$_7$	<u>0,87234</u>	1,7447	3,7021	5,5745	11,8936
2''		a^1_{22}	a^1_{23}	a^1_{24}	b^1_2		−1,7021	0,59574	3,3617	1,6596	3,9149
3''		m_{32}	a^2_{33}	a^2_{34}	b^2_3		−0,35000	<u>3,4000</u>	5,9000	7,9000	17,2000
4''		m_{42}	a^2_{43}	a^2_{44}	b^2_4		−0,51251	2,0500	5,4250	6,4251	13,9000
3'''			a^2_{33}	a^2_{34}	b^2_3			3,4000	5,9000	7,9000	17,2000
4'''			m_{43}	a^3_{44}	b^3_4			0,60294	1,8676	1,6619	3,5294

nach dem „Rückwärts-Auflösen" die ursprüngliche Reihenfolge wieder hergestellt werden kann). Das Umsortieren bewirkt, daß die Rechenoperation immer mit dem Pivotelement ausgeführt wird, das mit dem relativ kleinsten Rundungsfehler behaftet ist.

Beispiel: Für die $(4 \cdot 4)$-Matrix $A^{(0)}x = b$ wird das Gaußsche Eliminationsverfahren mit teilweiser Pivotierung auf fünf Stellen gerundet dargestellt (s. **Tab. 4**).
Dabei sind links vom Doppelstrich die Zahlen in der in den Formeln benutzten allgemeinen Form mit Indizierung angeführt und rechts vom Doppelstrich an entsprechender Stelle im Schema die Zahlen des Beispiels. So ist $a^0_{22} = 13$ und $b^0_4 = 67$. Die betraggrößten Elemente der zu untersuchenden Spalten sind unterstrichen. Durch Vertauschen der zugehörigen Zeile mit der jeweiligen ersten Zeile werden sie zu Pivotelementen. Ergänzt man die Matrix rechts um die Spalte s_i, in der die Summe aller Zeilenelemente steht, und behandelt die Elemente s_i genauso wie die anderen Matrixelemente, so muß auch in den transformierten Matrizen bis auf Rundungsfehler wieder die Zeilensumme stehen (Zeilensummenkontrolle für die Rechnung „von Hand"). „Rückwärts-Auflösen" ergibt die Lösungen nach Gl. (35) und **Tab. 4**:

aus Zeile 4''' $x_4 = 1,6619/1,8676 = 0,8898$;
aus Zeile 3''' $x_3 = (7,9000 − 5,9000 \cdot 0,88982)/3,4000 = 0,7794$;
aus Zeile 2'' $x_2 = (1,6596 − 3,3617 \cdot 0,88982$
$− 0,59574 \cdot 0,77943)/(−1,7021) = 1,0552$;
aus Zeile 1' $x_1 = (67,000 − 61,000 \cdot 0,88982 − 59,000 \cdot 0,77943$
$− 53,000 \cdot 1,0552)/47,000 = −1,8977$.

10.6 Integrationsverfahren

Die Aufgabe, ein bestimmtes Integral $\int_a^b f(x)\,dx$ numerisch auszuwerten, stellt sich hauptsächlich, wenn durch das Integral eine neue Funktion $F(b)$ definiert wird, die analytisch nicht anders darstellbar ist, oder der Integrand $f(x)$ nur an bestimmten Stützstellen x_i, $i = 0, 1, 2 \ldots n$, (z.B. aus Messungen) bekannt ist. Der Grundgedanke ist die Approximation des Integranden durch eine einfachere Funktion, die dann ersatzweise integriert wird.

Integrationsformeln. Sie heißen auch Quadraturformeln und werden in zwei Gruppen aufgeteilt:

Newton-Cotes-Formeln. Hier ist die Lage der Stützstellen äquidistant.

Gauß- und Tschebyscheff-Formeln. Die Stützstellen sind ungleichmäßig verteilt. Hierbei ist es immer möglich, die Formel für das ganze, endliche Integrationsintervall $[a, b]$ anzugeben oder es in Teilintervalle aufzuteilen, für die die Formel wiederholt angewendet wird.

10.6.1 Newton-Cotes-Formeln

Die Stützstellen x_i, $i = 0, 1, 2, \ldots, n$, sind äquidistant; es gilt $x_i = a + ih$ mit $h = (b-a)/n$ als Schrittweite. Die Funktionswerte des Integranden werden mit $y_i = f(x_i)$ bezeichnet. Durch die $(n+1)$ Punkte (x_i, y_i) ist ein Interpolationspolynom n-ten Grads bestimmt nach den Gln. (23) und (24).

$$P_n(x) = y_0 L_0(x) + y_1 L_1(x) + y_2 L_2(x) + \ldots + y_n L_n(x). \quad (38)$$

Anstatt über $f(x)$ wird nun das Integral über $P_n(x)$ als Näherungswert berechnet. Er stimmt exakt für Integranden aus Polynomen bis zum Grad n.

$$\int_a^b f(x)\,dx \approx \int_a^b P_n(x)\,dx$$
$$= \sum_{i=0}^n y_i \int_a^b L_i(x)\,dx = \sum_{i=0}^n y_i w_i. \quad (39)$$

Dabei sind die Gewichtsfaktoren w_i bestimmt durch die Integration des i-ten Lagrange-Polynoms, das zum Ansatz für P_n gehört.

$$w_i = \int_a^b L_i(x)\,dx \quad \text{für} \quad i = 0, 1, 2, \ldots, n. \quad (40)$$

Formeln 1. Ordnung. Für $n = 1$ ist

$$L_0(x) = (x-b)/(a-b), \quad L_1(x) = (x-a)/(b-a),$$

mit Gl. (39) sind

$$w_0 = \int_a^b (x-b)/(a-b)\,dx = (a-b)(-1/2) = h/2 \quad \text{und}$$
$$w_1 = \int_a^b (x-a)/(b-a)\,dx = (b-a)(1/2) = h/2.$$

Trapezformel. Sie ergibt sich mit Gl. (39) zu

$$\int_a^b f(x)\,dx = h(y_0 + y_1)/2 - h^3 f''(z)/12; \quad z \in (a,b). \quad (41)$$

Das letzte Glied ist der Fehlerterm, der die Trapezformel zu einer exakten Gleichung ergänzt. Ihr Name rührt von der geometrischen Deutung des Integrals her. Durch das Interpolationspolynom vom Grad $n=1$ – einer Geraden – wird die krummlinig von $f(x)$ begrenzte Fläche ersetzt durch das Trapez mit der Verbindungsgeraden durch die Punkte (a,y_0) und (b,y_1).

Formeln 2. Ordnung. Für $n=2$ ergeben sich mit $b-a=2h$, $x_0=a$, $x_1=a+h$, $x_2=a+2h=b$ die Lagrange-Polynome

$$L_0(x) = [x-(a+h)][x-(a+2h)]/\{[a-(a+h)][a-(a+2h)]\},$$
$$L_1(x) = (x-a)[x-(a+2h)]/\{(a+h-a)[a+h-(a+2h)]\},$$
$$L_2(x) = (x-a)[x-(a+h)]/\{(a+2h-a)[a+2h-(a+h)]\}.$$

Durch die Transformation $x = z(b-a) + a = 2zh + a$, die das Intervall $[a,b]$ für x auf das Intervall $[0,1]$ für z abbildet, vereinfacht sich die Integration der Gewichtsfaktoren zu

$$w_0 = \int_a^b L_0(x)\,dx$$
$$= 2h \int_0^1 (2hz - h)(2hz - h)/(2h^2)\,dz = h/3,$$

$$w_1 = \int_a^b L_1(x)\,dx$$
$$= 2h \int_0^1 [2hz(2hz-2h)]/(-h^2)\,dz = 4h/3,$$

$$w_2 = \int_a^b L_2(x)\,dx$$
$$= 2h \int_0^1 2hz(2hz-h)/(2h^2)\,dz = h/3.$$

Simpsonsche Formel. Sie heißt auch Keplersche Faßregel und folgt durch Einsetzen dieser Werte in Gl. (39). Mit Fehlerterm lautet sie

$$\int_a^b f(x)\,dx = h(y_0 + 4y_1 + y_2)/3 - h^5 f^{(4)}(z)/90; \quad (42)$$
$$z \in (a,b).$$

Formeln höherer Ordnung. Für $n>2$ wird der Näherungswert nur unwesentlich verbessert. Deswegen ist die Simpsonsche Formel (42) auch die am häufigsten verwendete. Eine höhere Genauigkeit ergibt sich durch Einteilen des Intervalls $[a,b]$ in m gleich breite Streifen. Auf jeden Streifen wird Gl. (41) oder (42) angewendet. Es gilt dann $h=(b-a)/(mn)$, $x_k = a + kh$, $k = 0,1,2,\ldots,(mn)$; mit Gl. (39) für $a_j = a + j(b-a)/m$ folgt dann

$$\int_a^b f(x)\,dx = \sum_{j=0}^{m-1} \sum_{i=0}^n w_i f(a_j + ih) = \sum_{k=0}^{mn} \bar w_k y_k. \quad (43)$$

Trapezregel. Sie ergibt sich wegen $n=1$ zu

$$\int_a^b f(x)\,dx \approx h(y_0 + 2y_1 + 2y_2 + \ldots + 2y_{m-1} + y_m)/2. \quad (44)$$

Zusammengesetzte Simpson-Formel. Aus Gl. (42) folgt mit $n=2$, also für m Streifen der Breite $2h$,

$$\int_a^b f(x)\,dx \approx h(y_0 + 4y_1 + 2y_2 + 4y_3 + \ldots \qquad (45)$$
$$+ 2y_{2m-2} + 4y_{2m-1} + y_{2m})/3.$$

Fehlerterme. Sie gelten bei den Gln. (44) und (45) jetzt für jeden der m Streifen. Der Gesamtfehler ist ihre Summe, wobei die Zwischenstelle z in den jeweiligen Streifen zu legen ist. Mit

$$\sum_{j=1}^m f''(z_j) = m f''(z),$$
$$z_j \in (a + j(b-a)/m, \ a + (j+1)(b-a)/m)$$

und $z \in (a,b)$ gilt für die Trapezregel und die zusammengesetzte Simpson-Formel mit $2mh = b - a$

$$F_T = -mh^3 f''(z)/12 = -(b-a)h^2 f''(z)/12, \quad (46)$$
$$F_S = -h^5 m f^{(4)}(z)/90 = -h^4 (b-a) f^{(4)}(z)/180. \quad (47)$$

Eine beliebige Vergrößerung der Streifenanzahl m ist ebenfalls nicht möglich, da damit die Zahl der Rechenoperationen zunimmt und Rundungsfehler dem Genauigkeitsgewinn entgegenwirken.

Beispiel: Man berechne $\int_0^1 x\,e^x\,dx = 1$ näherungsweise nach der Trapez- und Simpson-Formel für $m=1, 2, 4$. – Vorbetrachtung: Die Fehlerterme nach Gl. (46) sind $f_T = -h^2(b-a)f''(z)/12$ und $F_S = -h^4(b-a)f^{(4)}(z)/180$; sie werden nach oben abgeschätzt. Es ist $f(x) = xe^x + 2e^x$ und $f^{(4)}(x) = xe^x + 4e^x$, die ihre Maximalwerte M für $x=1$ annehmen. Es ist $M_2 = 3e \approx 8{,}2$ und $M_4 = 5e \approx 13{,}6$. Für die kleinste Schrittweite $h_{mn} = (b-a)/2 \cdot 0{,}125$ ist also $|F_T| \le 0{,}125^2 \cdot 1 \cdot 8{,}2/12 = 0{,}0107$ sowie $|F_S| \le (0{,}125)^4 \cdot 13{,}6/180 = 1{,}8 \cdot 10^{-5}$ und für die größte Schrittweite $h_{max} = 0{,}5$ ist $|F_T| \le (0{,}5)^2 \cdot 8{,}2/12 = 0{,}171$ und $|F_S| \le (0{,}5)^4 \cdot 13{,}6/180 = 0{,}0047$. Für die Trapezregel (44) ist das Rechnen mit drei Stellen, für die Simpson-Formel (45) mit sechs Stellen nach dem Komma ausreichend, um Rundungsfehler kleiner als die Verfahrensfehler F_T bzw. F_S zu halten.

i	x_i	$f(x_i)$	m	Trapez-Formel mit drei Stellen	Simpson-Formel mit sechs Stellen
0	0,0	0,0000000			
1	0,125	0,1416436			
2	0,25	0,3210064	1	1,092	1,002621
3	0,375	0,5456218	2	1,023	1,000169
4	0,5	0,8243606	4	1,006	1,000011
5	0,625	1,1676537			
6	0,75	1,5877500			
7	0,875	2,0990159			
8	1,000	2,7182818			

Richardson-Extrapolation. Ergibt die Trapezregel für die Schrittweite h die Näherung $T(h)$, so gilt mit den Gln. (41) und (46) sowie $z \in [a,b]$ $J = \int_a^b f(x)\,dx = h(f_0 + 2f_1 + 2f_2 + \ldots + 2f_{m-1} + f_m)/2 - (b-a)h^2 f''(z)/12 = T(h) + a_1 h^2$, also $T(h) = J - a_1 h^2$ doppelte Schrittweite $T(2h) = J - 4a_2 h^2$, wobei für die Näherungsformel $a_1 \approx a_2 = a$ gesetzt wird. Subtraktion und Auflösen nach ah^2 liefern $ah^2 = [T(h) - T(2h)]/3$ und damit eine Verbesserung der Trapezformel.

$$J = T^*(h) = T(h) + [T(h) - T(2h)]/3. \quad (48)$$

Da bei der Berechnung von $T(h)$ alle für $T(2h)$ erforderlichen Werte bekannt sind, ist die Verbesserung einfach. Dieses Verfahren heißt Richardson-Extrapolation, seine wiederholte Anwendung auf die Trapezregel unter Verwendung weiterer Potenzen von h für den Fehlerterm wird Romberg-Integrationsverfahren genannt.

Für $\int_0^1 x e^x \, dx$ gilt nach dem letzten Beispiel

		$[T(h)-T(2h)]/3$	$T^*(h)$
für $m=4$:	$T(h)\ =1{,}006$		
$m=2$:	$T(2h)=1{,}023$	$-0{,}006$	$1{,}000$
$m=1$:	$T(4h)=1{,}092$	$-0{,}023$	$1{,}000$

Da beide Werte in der letzten Spalte übereinstimmen, ergibt sich schon nach einem Schritt das im Rahmen der erwünschten Rechengenauigkeit liegende Ergebnis.

10.6.2 Graphisches Integrationsverfahren

Für orientierende Untersuchungen von Kurven, die zu Integralen mit veränderlicher oberer Grenze gehören, also zu $F(x) = \int_a^x f(z) \, dz$, genügt oft eine graphische Lösung. Das Konstruktionsverfahren ist dabei die geometrische Darstellung der Rechteckformel (Newton-Cotes-Formel für $n=0$), bei der die Funktionskurve ersetzt wird durch einen Treppenzug mit zur Abszisse parallelen Stufen. Die Stützstellen werden dabei so gewählt, daß die im Bild 12 zu beiden Seiten der Kurve $f(x)$ liegenden, schraffierten Zipfel einer Stufe flächengleich werden. Die Ordinatenwerte der Stufenpunkte $A_1, A_2, \ldots, A_5$ werden auf die y-Achse übertragen und die so gewonnenen Punkte $B_1, B_2, \ldots, B_5$ mit dem Pol $P = (-1;0)$ verbunden. Diese Verbindungsgeraden stellen die Steigungen der Tangenten an die gesuchte Funktion $F(x)$ dar, deren Ableitung der Integrand $f(x)$ ist. Die Parallelen zu den Verbindungslinien PB_i, beginnend mit PB_1 durch den Punkt C_1, PB_2 durch C_2 usw., ergeben einen Polygonzug von Tangenten an die Integralkurve mit den Berührungspunkten $D_1, D_2, \ldots, D_5$.

10.6.3 Differenzenoperatoren

Differenzenbildungen sind bei der numerischen Integration, Differentiation und Lösung von Differentialgleichungen hilfreich. Hierzu dient eine Reihe von Differenzenoperatoren, die

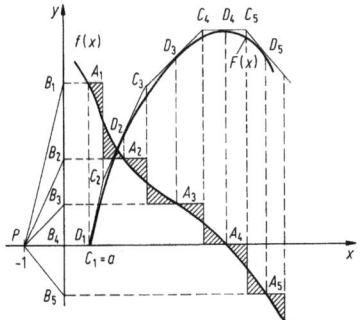

Bild 12. Graphische Integration

auf Zahlenfolgen oder Funktionen anwendbar sind. Für die Operatoren gelten die Rechenregeln der Algebra. Die Funktionen seien im Reellen unendlich oft differenzierbar, $f \in \mathbb{C}^\infty(\mathbb{R})$.

Definition. Es gibt Operatoren für

$$\left.\begin{aligned}
\text{Verschiebung} \quad & Ef = f(x+h), \\
\text{Vorwärtsdifferenz} \quad & \Delta f = f(x+h) - f(x), \\
\text{Rückwärts-} \\
\text{differenz} \quad & \nabla f = f(x) - f(x-h), \\
\text{zentrale Differenz} \quad & \delta f = f(x+h/2) - f(x-h/2), \\
\text{Differentiation} \quad & Df = f'(x), \\
\text{Mittelwert} \quad & \mu f = [f(x+h/2) + f(x-h/2)]/2.
\end{aligned}\right\} \quad (49)$$

Diese Operatoren sind linear, da für beliebige Konstanten a, $b \in \mathbb{R}$ und Funktionen f, g gilt:

$$P(af + bg) = a \cdot Pf + b \cdot Pg.$$

Für zwei beliebige lineare Operatoren P, Q sind die Summe, das Produkt und die Potenz erklärt:

$$\begin{aligned}
(P+Q)f &= Pf + Qf; \\
(P-Q)f &= Pf - Qf; \\
(PQ)f &= P(Qf); \\
(aP)f &= a(Pf), \quad a \in \mathbb{R}; \\
P^n f &= (P \cdot P \cdot \ldots \cdot P)f \quad \text{mit } n \text{ Faktoren}.
\end{aligned} \quad (50)$$

Zwei Operatoren P, Q sind gleich, also $P = Q$, wenn $Pf = Qf$ für alle Funktionen f gilt. Für die linearen Operatoren gelten die kommutativen und assoziativen Gesetze der Addition und Multiplikation.

Es ergeben sich z.B. folgende Anwendungen:

Taylor-Reihe. Aus der üblichen Form

$$f(x+h) = f(x) + hf'(x) + h^2 f''(x)/2! + h^3 f'''(x)/3! + \ldots$$

folgt mit Operatoren

$$Ef(x) = [1 + hD + (hD)^2/2! + (hD)^3/3! + \ldots]f(x). \quad (51)$$

Exponential-Funktion. Aus dem Klammerausdruck in Gl. (51) folgt die Reihenentwicklung für die Exponentialfunktion. $E = \exp(hD)$. Die Identität $f(x+h) = f(x+h) - f(x) + f(x)$ ergibt die Beziehung $Ef(x) = \Delta f(x) + f(x) \Rightarrow E = \Delta + 1 = \exp(hD)$.

Binomial-Satz. Die 2. Potenz des Vorwärtsdifferenzoperators von

$$\Delta^2 f(x) = \Delta(\Delta f(x)) = \Delta(f(x+h) - f(x))$$
$$= [f(x+2h) - f(x+h)] - [f(x+h) - f(x)],$$

also

$$\Delta^2 f(x) = f(x+2h) - 2f(x+h) + f(x),$$

erinnert an den Binomialsatz. Mit $E = \Delta + 1$ folgt $\Delta^2 = (E-1)^2$ und für beliebige Potenzen $\Delta^k = (E-1)^k$.

Newtonsche Interpolationsformel. Für die dividierten Differenzen $f[x_0, x_1] = (y_0 - y_1)/(x_0 - x_1)$ nach Gl. (27) folgt mit den äquidistanten Stützstellen $x_i = x_0 + ih$, $y_i = f(x_i)$ durch vollständige Induktion

$$f[x_i, x_{i+1}, \ldots, x_{i+j}] = \Delta^j f(x_i)/(h^j j!). \quad (52)$$

Die Newtonsche Interpolationsformel lautet dann für $0 \leq p \leq n$

$$\begin{aligned}
P_n(x) &= f(x_0 + ph) \\
&= f(x_0) + \sum_{i=1}^{n}\left[\Delta^i f(x_0) \cdot \prod_{j=0}^{i-1}(p-j)\right]/i!.
\end{aligned} \quad (53)$$

Rechenschema. Zur Berechnung der Vorwärts- bzw. Rückwärtsdifferenzen empfiehlt sich die Verwendung der folgenden Schemata. Bei dem Schema für den Vorwärtsdifferenz-Operator ergeben die Differenzen benachbarter Werte einer Spalte die nächsthöhere Potenz von Δ in der Spalte rechts daneben.

x	$f(x)$	$\Delta f(x)$	$\Delta^2 f(x)$	$\Delta^3 f(x)$	$\Delta^4 f(x)$
x_0	$f(x_0)$				
		$\Delta f(x_0)$			
x_0+h	$f(x_0+h)$		$\Delta^2 f(x_0)$		
		$\Delta f(x_0+h)$		$\Delta^3 f(x_0)$	
x_0+2h	$f(x_0+2h)$		$\Delta^2 f(x_0+h)$		$\Delta^4 f(x_0)$
		$\Delta f(x_0+2h)$		$\Delta^3 f(x_0+h)$	
x_0+3h	$f(x_0+3h)$		$\Delta^2 f(x_0+2h)$		
		$\Delta f(x_0+3h)$			
x_0+4h	$f(x_0+4h)$				

Durch Umnummerierung der Argumente gewinnt man mit demselben Schema die Rückwärtsdifferenzen.

x	$f(x)$	$\nabla f(x)$	$\nabla^2 f(x)$	$\nabla^3 f(x)$	$\nabla^4 f(x)$
x_0-4h	$f(x_0-4h)$				
		$\nabla f(x_0-3h)$			
x_0-3h	$f(x_0-3h)$		$\nabla^2 f(x_0-2h)$		
		$\nabla f(x_0-2h)$		$\nabla^3 f(x_0-h)$	
x_0-2h	$f(x_0-2h)$		$\nabla^2 f(x_0-h)$		$\nabla^4 f(x_0)$
		$\nabla f(x_0-h)$		$\nabla^3 f(x_0)$	
x_0-h	$f(x_0-h)$		$\nabla^2 f(x_0)$		
		$\nabla f(x_0)$			
x_0	$f(x_0)$				

Anwendung auf die Newtonsche Interpolationsformel (53) für äquidistante Stützstellen

x	$f(x)$	$\Delta f(x)$	$\Delta^2 f(x)$	$\Delta^3 f(x)$
1	0			
		2		
2	2		2	
		4		0
3	6		2	
		6		
4	12			

Mit Gl. (53) folgt für $n=3$

$$f(x_0+ph) = f(x_0) + p\Delta f(x_0) + p(p-1)\Delta^2 f(x_0)/2!$$
$$+ p(p-1)(p-2)\Delta^3 f(x_0)/3!.$$

Mit $x_0 = 1, h = 1, f(x_0) = 0, \Delta^1 f(x_0)\Delta^2 f(x_0) = 2, \Delta^3 f(x_0) = 0$ wird

$$f(1+p) = 0 + 2p/1! + 2(p-1)/2! + 0 \cdot p(p-1)(p-2)/3!$$
$$= 2p + p(p-1).$$

Mit der Substitution $1+p=x$ $p=x-1$ ergibt sich $f(x) = 2(x-1) + (x-1)(x-2) = (x-1) \cdot x$ als Interpolationspolynom.

10.7 Numerische Lösungsverfahren für Differentialgleichungen

Zahlreiche Probleme lassen sich durch Differentialgleichungen oder Systeme derselben beschreiben. Die meisten sind nicht analytisch lösbar. Da Differentialgleichungen höherer Ordnung auf Systeme von Gleichungen 1. Ordnung zurückgeführt werden können, die mit der Vektorschreibweise durch eine Gleichung darstellbar sind, werden hier nur die einfachsten Methoden zur Lösung von Anfangswertproblemen für Gleichungen 1. Ordnung vorgestellt.

10.7.1 Aufgabenstellung des Anfangswertproblems

Gegeben sei ein beschränktes, abgeschlossenes Intervall $I = [a,b]$ der reellen Zahlen und eine reelle Funktion $f(x,y)$ zweier Veränderlicher. Gesucht ist eine Lösung $y(x)$ der gewöhnlichen Differentialgleichung

$$y' = f(x,y), \quad x \in [a,b], \quad (x,y) \in I \times \mathbb{R}, \quad y_0 \in \mathbb{R} \quad (54)$$

mit der Anfangsbedingung $y(a) = y_0$. (Für ein System von n gewöhnlichen Differentialgleichungen 1. Ordnung sind die Größen y, f und y_0 als n-dimensionale Vektoren aufzufassen.) Die Funktion f erfülle die Lipschitz-Bedingung, so daß das Anfangswertproblem eine eindeutige Lösung hat. Besteht im Intervall ein Gitter von äquidistanten Stützstellen mit

$$x_i + a + ih, \quad h > 0, \quad i = 0, 1, 2, \ldots, n, \quad \text{und} \quad x_n \leqq b, \quad (55)$$

so sind für stetig differenzierbare Funktionen $y(x)$ die Differentialquotienten $y'(x_i)$ näherungsweise durch ihre Vorwärtsdifferenzenquotienten zu ersetzen. Integration der Differentialgleichung $y' = f(x,y)$ von x_i bis $x_i + h$ und Division durch h ergeben

$$(1/h)[y(x_i+h) - y(x_i)] = (1/h)\int_{x_i}^{x_i+h} f(t,y(t))\,dt,$$
$$y(x_0) = y_0. \quad (56)$$

Als Lösung der Anfangswertaufgabe an den Stützstellen x_i ist die Folge diskreter Anfangswertaufgaben erklärt,

$$y(x_0) = y_0, \quad (1/h)[y(x_i+h) - y(x_i)]$$
$$= f_h(x_i, y(x_i)) + r_h(x_i), \quad (57)$$

wobei die Verfahrensfunktionen f_h durch geeignete Näherungen für das Integral in Gl. (56) gewonnen werden. Der Fehlerterm $r_h(x_i)$ der Näherung ist nicht exakt angebbar, so daß anstelle der genaueren Stützwerte $y(x_i)$ nur die numerisch genäherten Werte $y_{h,i}$ bestimmt werden können, die von der Schrittweite h abhängen. In Gl. (57) eingesetzt, folgt für das gegebene Anfangswertproblem

$$y_{h,0} = y_0, \quad y_{h,i+1} = y_{h,i} + h f_h(x_i, y_{h,i}),$$
$$i = 0, 1, 2 \ldots (n-1). \quad (58)$$

Dieses „Einschrittverfahren" nutzt zur Berechnung an der Stelle x_{i+1} nur die Information des vorangegangenen Schrittes an der Stelle x_i.

10.7.2 Das Eulersche Streckenzugverfahren

Im einfachsten Fall ersetzt man in Gl. (58) die Verfahrensfunktion $f_h(x_i, y_{h,i})$ durch die Funktion $f(x,y)$ selbst. Dadurch entsteht die nach Euler benannte Rekursionsformel

$$y_{h,i+1} = y_{h,i} + h \cdot f(x_i, y_{h,i}); \quad y_{h,0} = y_0. \quad (59)$$

Diese anschauliche geometrische Lösung (**Bild 13**) zeigt die Forderungen an Näherungsverfahren. Aus $y' = f(x,y)$ folgt durch Einsetzen des Anfangspunkts (x_0, y_0) in die rechte Seite die Steigung der Tangente nach Gl. (59) an die Lösungskurve im Anfangspunkt. Durch Fortschreiten um h zur Stelle x_1 ergibt sich für den exakten Wert $x_1, y(x_1)$ eine Näherung $(x_1, y_{h,1})$, mit der das Verfahren wiederholt wird. Die richtige Lösungskurve $y(x)$ wird durch den Streckenzug durch die Punkte $(x_0, y_0), (x_1, y_{h,1}), (x_2, y_{h,2}), \ldots$ ersetzt. Hierbei treten ein lokaler und ein globaler Fehler (**Bild 13**) $e_i = h \cdot r_h(x_i)$ und $d_{h,i} = y_{h,i} - y(x_i)$ auf.

Das Eulersche Streckenzugverfahren ist stabil und konvergent, wenn die rechte Seite von $f(x,y)$ die Lipschitz-Bedingung erfüllt. Aus einer Taylor-Reihenentwicklung für

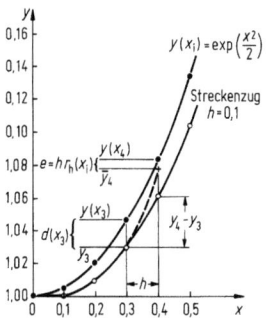

Bild 13. Lösung des Anfangswertproblems $y' = xy$

10.7.3 Runge-Kutta-Verfahren

Von großer praktischer Bedeutung sind Runge-Kutta-Verfahren und davon abgeleitete Varianten.

Verfahren 2. Ordnung. Für dieses nach Heun benannte Verfahren gelten

$$k_1 = h \cdot f(x_i, y_i), \quad k_2 = h \cdot f(x_{i+1}, y_i + k_1),$$
$$y_{i+1} = y_i + (k_1 + k_2)/2.$$
(60)

Weil der globale Fehler mit h^2 gegen Null strebt, heißt es Verfahren 2. Ordnung.

Verfahren 4. Ordnung. Für dieses bekannteste Verfahren gilt

$$k_1 = h \cdot f(x_i, y_i), \quad k_2 = h \cdot f(x_i + h/2, y_i + k_1/2),$$
$$k_3 = h \cdot f(x_i + h/2, y_i + k_2/2),$$
$$k_4 = h \cdot f(x_i + h, y_i + k_3),$$
$$y_{i+1} = y_i + (k_1 + 2k_2 + 2k_3 + k_4)/6.$$
(61)

Die Gleichungen ergeben, wenn f von y unabhängig ist und h durch $h/2$ ersetzt wird, die Simpson-Formel (45). Die Gln. (61) stellen ein Verfahren 4. Ordnung dar, weil der Fehler mit h^4 gegen Null strebt, mithin gute Konvergenz ergibt.

Rechenschema. Für die Berechnung „von Hand" empfiehlt sich **Tab. 5**, welche die Gln. (61) widerspiegelt, die auch für Rechenanlagen geeignet sind.

$y(x_i + h)$ folgt, daß der praktisch geringe globale Fehler des Euler-Verfahrens $d_h(x_i) \sim h$ ist.

Beispiel: Für $y' = xy, x \in [0, 0.5], y(0) = 1.0$ ist die Lösung nach dem Eulerschen Streckenzugverfahren (vgl. **Bild 13**) für Schrittweiten $h_1 = 0.1$ und $h_2 = 0.01$ an den Stellen $x = 0; 0.1; 0.2 : 0.3; 0.4$ und 0.5 zu ermitteln. – Die exakte Lösung ist $y = \exp(x^2/2)$. Die Ergebnisse der Rechnung sind

		exakt	$h = 0.1$		$h = 0.01$	
i	x_i	$y(x_i)$	y_i	$d(x_i)$	y_i	$d(x_i)$
0	0	1,0000	1,0000	0,0000	1,0000	0,0000
1	0,1	1,0050	1,0000	0,0050	1,0045	0,0005
2	0,2	1,0202	1,0100	0,0102	1,0192	0,0010
3	0,3	1,0460	1,0302	0,0158	1,0444	0,0016
4	0,4	1,0833	1,0611	0,0222	1,0810	0,0023
5	0,5	1,1331	1,1036	0,0295	1,1301	0,0030

Aus Gl. (59) folgt mit $f(x_i, y_{h,i}) = x_i y_i$

$$y_{i+1} = y_i + h x_i y_i = y_i (1 + h x_i).$$

Für $i = 3$ und $h = 0.1$ ist dann laut vorstehender Tabelle $y_4 = 1,032(1 + 0,1 \cdot 0,3) = 1,0611$. Für $h = 0.01$ sind keine Zwischenwerte angegeben.

Beispiel: Das Anfangswertproblem $y' = (x + y - 1)^2$ mit $y(0) = 1$ soll im Intervall $[0; 1, 2]$ nach dem Runge-Kutta-Verfahren gelöst und mit der exakten Lösung $y_{ex} = 1 - x + \tan x$ verglichen werden. – Nach den Gln. (61) ergibt sich für $h = 0,3$ (s. Schema unten).

Tabelle 5. Rechenschema für das Verfahren 4. Ordnung von Runge-Kutta

x	y	$f(x, y)$	$k = h \cdot f(x, y)$		q
x_i	y_i	$f(x_i, y_i)$	k_1	$(k_1 + k_4)/2$	
$x_i + h/2$	$y_i + k_1/2$	$f(x_i + h/2, y_i + k_1/2)$	k_2	$k_2 + k_3$	$k_2 - k_3$
$x_i + h/2$	$y_i + k_2/2$	$f(x_i + h/2, y_i + k_2/2)$	k_3		$k_1 - k_2$
$x_i + h$	$y_i + k_3$	$f(x_i + h, y_i + k_3)$	k_4	$\sum/3$	
x_{i+1}	y_{i+1}	...		...	...

i	x	y	$f(x,y) = (x + y - 1)^2$		$k = hf(x,y)$	$k_1 + k_4, k_2 + k_3$ $y_{i+1} - y_i$	y_{ex}
1	0,00	1,000000	0,000000	1	0,000000	0,014143	1,000000
	0,15	1,000000	0,022500	2	0,006750	0,013807	
	0,15	1,003375	0,023524	3	0,007057		
	0,30	1,007057	0,094284	4	0,028285	0,009317	
2	0,30	1,009317	0,095677	1	0,028703	0,084166	1,009336
	0,45	1,023668	0,224361	2	0,067308	0,140214	
	0,45	1,042971	0,243020	3	0,072906		
	0,60	1,082223	0,465428	4	0,139628	0,074793	
3	0,60	1,084110	0,468006	1	0,140402	0,307864	1,084137
	0,75	1,154311	0,817778	2	0,245333	0,519960	
	0,75	1,206777	0,915422	3	0,274627		
	0,90	1,358737	1,584418	4	0,475325	0,275941	
4	0,90	1,360051	1,587729	1	0,476319	1,214367	1,360158
	1,05	1,598211	2,716598	2	0,814979	1,806016	
	1,05	1,767541	3,303455	3	0,991037		
	1,20	2,351088	6,508049	4	1,952415	1,006794	
5	1,20	2,366845					2,372152

10.8 Lineare Optimierung

Zur optimalen Entscheidungsfindung bei wirtschaftlichen und technischen Problemen wird bei der linearen Optimierung das Maximum oder Minimum einer linearen Funktion mehrerer Variablen mit eingeschränkten Bereichen bestimmt. Die aus der Differentialrechnung bekannten Extremwertverfahren versagen hier, weil lineare Funktionen Extremwerte nur auf den Rändern der Definitionsbereiche annehmen können. Wegen der einfachen aber aufwendigen Lösungsverfahren ist oft die Verwendung von Rechenanlagen erforderlich. Die lineare Programmierung wird angewendet bei Transport-, Mischungs- und Zuschnittproblemen.

Verallgemeinerung der linearen Optimierung. Für n Entscheidungsvariablen x_j und n Konstanten c_j, $j = 1, 2, \ldots, n$, deren Wahl durch das Optimierungskriterium entschieden wird, ergibt die Zielfunktion

$$z = c_1 x_1 + c_2 x_2 + \ldots + c_n x_n = \sum_{j=1}^{n} c_j x_j \to \text{Optimum.} \quad (62)$$

Die Kennzahlen der Spalten 2 und 3 in **Tab. 6** seien mit a_{ij} und die mit der rechten Spalte dieser Tabelle korrespondierenden Gesamtmengen der zur Verfügung stehenden Einsatzgrößen, die im Normalfall ebenfalls nicht negativ sein müssen, seien mit $b_i \geq 0$ bezeichnet. Damit lauten im Normalfall die m Nebenbedingungen mit den Nichtnegativitätsbedingungen

$$x_1 \geq 0, x_2 \geq 0, \ldots, x_n \geq 0 \quad (63)$$

$$\begin{aligned}
&\text{für Max.} \quad \text{für Min.} \\
a_{11} x_1 + a_{12} x_2 + \ldots + a_{1n} x_n &\leq b_1 \quad \geq b_1 \\
a_{21} x_1 + a_{22} x_2 + \ldots + a_{2n} x_n &\leq b_2 \quad \geq b_2 \quad (64) \\
a_{m1} x_1 + a_{m2} x_2 + \ldots + a_{mn} x_n &\leq b_m \quad \geq b_m
\end{aligned}$$

In der Matrixschreibweise ergeben sich mit dem Zeilenvektor $\boldsymbol{c} = (c_1, c_2, \ldots, c_n)$, den Spaltenvektoren

$$\boldsymbol{x} = \begin{pmatrix} x_1 \\ x_2 \\ \vdots \\ x_n \end{pmatrix}, \quad \boldsymbol{b} = \begin{pmatrix} b_1 \\ b_2 \\ \vdots \\ b_m \end{pmatrix} \quad \text{und} \quad \boldsymbol{0} = \begin{pmatrix} 0 \\ 0 \\ \vdots \\ 0 \end{pmatrix}$$

sowie der Matrix $\boldsymbol{A}_{mn} = (a_{ij})$ im Normalfall für die Zielfunktion, die Neben- und Nichtnegativitätsbedingungen

$$z = \boldsymbol{c} \cdot \boldsymbol{x} \to \text{Optimum,}$$
$$\boldsymbol{A} \cdot \boldsymbol{x} \begin{cases} \leq \boldsymbol{b} & \text{für Maximum} \\ \geq \boldsymbol{b} & \text{für Minimum} \end{cases} \quad \text{mit } \boldsymbol{b} \geq \boldsymbol{0} \text{ und } \boldsymbol{x} \geq \boldsymbol{0}. \quad (65)$$

Hierbei gelten die Vektorungleichungen komponentenweise, und der Nullvektor $\boldsymbol{0}$ erhält jeweils gleich viele Komponenten.

10.8.1 Graphisches Verfahren für zwei Variablen

Der Sonderfall von m linearen Ungleichungen für nur zwei Variablen läßt sich in der Ebene graphisch darstellen und bildet die Grundlage zur anschaulichen Deutung des Lösungswegs beim n-dimensionalen Problem.
Die graphische Lösungsmethode veranschaulicht noch folgende Aussagen (**Bild 14 a–f**):

Begrenzende Geraden. Die den Bereich der zulässigen Lösungen begrenzenden Geraden können aus den Nebenbedingungen geschlossene und offene Polygone – mithin beschränkte und unbeschränkte Punktmengen – ergeben. Die optimale Lösung liegt immer auf dem Rand des Gebiets, meist auf einem Eckpunkt (s. **Bild 14 d**).

Überflüssige Forderungen. Sie werden von allen Lösungen erfüllt, ohne daß die ihnen zugeordnete Gerade zum Rand des Lösungsgebiets gehört. Entweder ist im **Bild 14 c** die Nebenbedingung zu g_1 überflüssig oder die zu g_3 falsch. Analoges gilt für g_2 und g_4.

Konvexe Polygone. Sie bilden nach außen gewölbte Punktmengen. Werden also zwei im Inneren oder auf dem Rand des Lösungsbereichs liegende Punkte gewählt, so gehören auch alle Punkte der Verbindungsgeraden zum Bereich.

Zielfunktionsgeraden. Sind diese parallel zu einer begrenzenden Geraden auf der der optimale Lösungspunkt liegt, so gibt es unendlich viele Varianten der optimalen Lösung mit dem gleichen Zielfunktionswert, die alle auf dieser Polygonkante liegen.

Abweichungen vom Normalfall. Sie ergeben sich, wenn z.B. beim Maximieren auch Größer-Gleich-Relationen bei den Nebenbedingungen auftreten. Dann kann die Lösungsmenge infolge einander widersprechender Nebenbedingungen leer sein.

Nebenbedingung mit Gleichheitszeichen. Ist dieses vorgeschrieben (z.B. g_2), so reduziert sich der Lösungsbereich auf die Punktmenge, dem in dem Polygon liegenden Teil der Geraden (g_2) zuzuordnen ist (s. **Bild 14 f**).

10.8.2 Simplexverfahren

Die im graphischen Verfahren für zwei Variablen gewonnenen Einsichten lassen sich zwar auf n-dimensionale Probleme

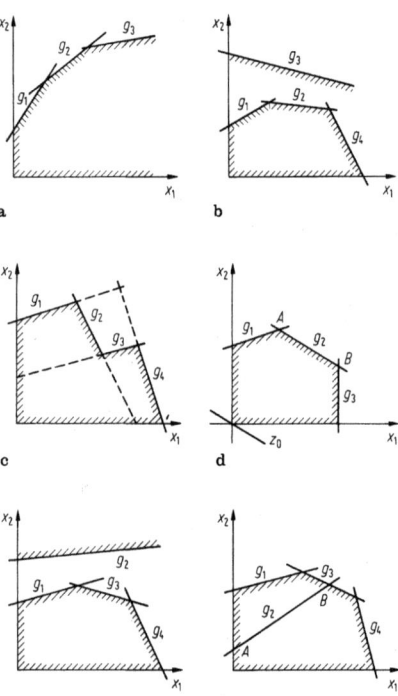

Bild 14. a–f Schematische Darstellung der aus der graphischen Lösungsmethode folgenden allgemeinen Aussagen

übertragen, praktischer sind jedoch analytische Lösungsverfahren. Dabei wird aus dem konvexen Polynom im $\mathbb{R}^2$ ein von Ebenen begrenztes konvexes Polyeder (Vielfach) im $\mathbb{R}^3$. Für $n \in \mathbb{N}$ verallgemeinert, heißt dies: Die Menge der zulässigen Lösungen des Problems Gln. (65) im $\mathbb{R}^n$ ist ein von Hyperebenen begrenztes konvexes Polyeder. Die lineare Zielfunktion der n Variablen nimmt ihr Optimum in mindestens einer Ecke des durch die Nebenbedingungen bestimmten konvexen Polyeders an (Eckenprinzip von Dantzig).

Während im graphischen Verfahren jede Nebenbedingung unabhängig von den anderen gezeichnet werden kann, muß im analytischen Lösungsverfahren das System der Ungleichungen geschlossen behandelt werden, indem es durch Hinzufügen von *Schlupfvariablen* in ein Gleichungssystem verwandelt wird.

Standard-Maximum-Problem

Zielfunktion. Sie lautet

$$z = c \cdot x \to \text{Maximum}, \quad A \cdot x \leq b, \quad b \geq 0, \quad x \geq 0. \quad (66)$$

Nebenbedingungen. Mit dem Differenzvektor $b - A \cdot x = y$ können die Nebenbedingungen in Form des unterbestimmten linearen, inhomogenen Gleichungssystems von m linear unabhängigen Gleichungen mit $(n+m)$ Variablen geschrieben werden;

$$A \cdot x + y = b \quad \text{mit } y \geq 0. \quad (67)$$

Die m Komponenten von y heißen Schlupfvariablen. Gleichung (67) lautet ausgeschrieben

$$\begin{aligned}
a_{11}x_1 + a_{12}x_2 + \ldots + a_{1n}x_n + y_1 &= b_1, \\
a_{21}x_1 + a_{22}x_2 + \ldots + a_{2n}x_n + y_2 &= b_2, \\
\vdots \quad \vdots \quad \vdots \quad \vdots & \\
a_{m1}x_1 + a_{m2}x_2 + \ldots + a_{mn}x_n + y_m &= b_m,
\end{aligned} \quad (68)$$

ergänzt um die Zielfunktion in der Form

$$c_1 x_1 + c_2 x_2 + \ldots + c_n x_n - z = 0.$$

Basislösung. Das System der ersten m Gleichungen hat unendlich viele Lösungen. Hierzu werden n beliebige Variablen (z.B. x_1 bis x_n) frei gewählt und die restlichen m Variablen als deren Linearkombinationen dargestellt.

$$y_i = -\sum_{j=1}^{n} a_{ij} x_j + b_i, \quad i = 1, 2, \ldots m. \quad (69)$$

Eine zulässige Lösung $X = (x_1, x_2, \ldots, x_n; y_1, \ldots, y_m)^T$ (s. **A 3.2.4**) heißt Basislösung, wenn die n frei gewählten Variablen alle den Wert Null haben und die daraus bestimmten m Variablen größer als Null sind. Die von Null verschiedenen m Elemente von X heißen Basisvariablen, die übrigen werden als Nichtbasisvariablen bezeichnet. Für jede Basislösung ist das n-Tupel der Entscheidungsvariablen $(x_1, x_2, \ldots, x_n)$ einer Ecke des konvexen Polyeders zuzuordnen, das den Bereich der zulässigen Lösungen begrenzt.

Simplex-Verfahren von Dantzig

Das nach dem konvexen Polyeder im $\mathbb{R}^n$ mit $(n+1)$ Eckpunkten (z.B. Dreieck im $\mathbb{R}^2$) benannte Verfahren findet den optimalen Lösungspunkt, indem es schrittweise von einer Ecke zu einer Basislösung zur nächsten mit verbessertem Zielfunktionswert fortschreitet. Dabei wird in jedem Schritt eine Basis- gegen eine Nichtbasisvariable ausgetauscht, die die Zielfunktion vergrößert. Zur Überwachung kommt die $(m+1)$-te Gleichung für die Zielfunktion in Gl.(68) hinzu, und z wird ständige Basisvariable des erweiterten Systems. Jeder Basistausch bedeutet eine Transformation der aus den Gln. (68) gebildeten Matrix

$$S = \begin{pmatrix} A & b \\ c & -z \end{pmatrix} = (s_{ij}).$$

Verfahrensschritte. Sie sind in der nachstehenden Reihenfolge auszuführen:

Wahl der Anfangslösung (1. Basislösung) wie in den Gln. (69) angegeben, also alle Schlupfvariablen y_i als Basisvariablen und alle Entscheidungsvariablen x_j als Nichtbasisvariablen mit dem Wert Null. Der Wert der Zielfunktion ist $z = 0$.

Prüfung der Zielfunktion auf Optimalität, die sich so lange vergrößern läßt, wie in der $(m+1)$-ten Zeile der Gln. (68) Elemente $s_{m+1,j} > 0$ (also $c_j > 0$ für die Anfangslösung) vorhanden sind. Damit ergibt sich als Abbruchkriterium $s_{m+1,j} \leq 0, j = 1, 2, \ldots, n$.

Bestimmung der auszutauschenden Nichtbasisvariablen aus der $(m+1)$-ten Zeile für die Zielfunktion, die durch das größte Element $s_{m+1,jp} = \max(s_{m+1,j}), j = 1, 2, \ldots, n$ (also c_{jp} für die Anfangslösung) am stärksten vergrößert wird; jp wird die das Pivotelement enthaltende Schlüsselspalte (Pivotspalte).

Wahl der auszutauschenden Basisvariablen aus der Schlüsselspalte jp. Aus allen Quotienten $q = s_{i,n+1}/s_{i,jp}$ (also $b_i/a_{i,jp}$ für die Anfangslösung) für $i = 1, 2, \ldots, m$ wird die durch das kleinste $q > 0$ gekennzeichnete Basisvariable mit Index ip zum Austausch gewählt, damit wieder eine Basislösung entsteht. Nach dem Basistausch müssen die nach Gl.(71) bzw. (75) transformierten Elemente $b'_i = b_i - (b_{ip} \cdot a_{i,jp})/a_{ip,jp} > 0$ sein. Ist also in einer Schlüsselspalte mit $s_{m+1,jp} > 0$ kein Pivotelement $s_{i,jp} > 0$ zu finden, so gibt es keine obere Schranke für die Zielfunktion und damit keine Lösung.

Austausch der Variablen bedeutet, daß in der durch ip bestimmten Schlüsselzeile die durch sie gegebene Gleichung nach der neuen Basisvariablen $y_{ip} \to x_{jp}$ aufgelöst wird und dieses Ergebnis in die anderen Gleichungen von (69) eingesetzt wird. Es ergibt sich für die Schlüsselzeile für die Anfangslösung

$$y_{ip} \to x_{jp} = \frac{1}{a_{ip,jp}} \left(-y_{ip} - \sum_{\substack{j=1 \\ j \neq jp}}^{n} a_{ip,j} x_j + b_{ip} \right) \quad (70)$$

und für die anderen Zeilen $i = 1, 2, \ldots m, m+1$ mit $i \neq ip$

$$\begin{aligned}
y_i = &-\sum_{\substack{j=1 \\ j \neq jp}}^{n} \left(a_{ij} - \frac{a_{i,jp}}{a_{ip,jp}} a_{ip,j} \right) x_j \\
&- \frac{a_{i,jp}}{-a_{ip,jp}} y_{ip} + \left(b_i - \frac{a_{i,jp}}{a_{ip,jp}} b_{ip} \right).
\end{aligned} \quad (71)$$

Daraus lassen sich die vier Regeln des Austauschverfahrens für die Transformation der Matrix S in der Matrix S' ableiten:

Regel I: Das Pivotelement geht in sein Reziprokes über entsprechend dem Faktor von y_{ip} in Gl.(70), das durch Tausch zum x_{jp} wird.

$$s'_{ip,jp} = 1/s_{ip,jp} \quad (72)$$

Regel II: Alle anderen Elemente der Pivotzeile ip werden durch das Pivotelement $s_{ip,jp}$ dividiert gemäß dem Faktor von x_j in Gl. (70).

$$s'_{ip,j} = s_{ip,j}/s_{ip,jp} \quad (73)$$

Regel III: Alle anderen Elemente der Pivotspalte jp werden durch das negative Pivotelement dividiert entsprechend dem Faktor von y_{ip} in Gl.(71), das durch den Tausch zum x_{jp} wird.

$$s'_{i,jp} = -s_{i,jp}/s_{ip,jp} \quad (74)$$

Regel IV: Alle anderen Matrixelemente werden transformiert nach den Klammerausdrücken in Gl. (71).

$$s'_{ij} = s_{ij} - \frac{s_{i,jp}}{s_{ip,jp}} \cdot s_{ip,j}; \qquad (75)$$
$$i = 1, 2, \ldots, m+1 \neq i_p; j = 1, 2, \ldots, n+1 \neq j_p.$$

Es ist noch zu zeigen, daß diese Formel auch für die $(m+1)$-te Zeile mit der Zielfunktion gilt. – Für die 1. Basislösung ist $\sum_{j=1}^{n} c_j x_j - z = 0$. Setzt man Gl. (70) ein und faßt zusammen, so folgt

$$\sum_{\substack{j=1 \\ j \neq jp}}^{n} \left(c_j - \frac{c_{jp}}{a_{ip,jp}} \cdot a_{ip,j} \right) x_j + \frac{c_{jp}}{-a_{ip,jp}} \cdot y_{ip} \qquad (76)$$
$$- \left(z - \frac{c_{jp}}{a_{ip,jp}} \cdot b_{ip} \right) = 0,$$

womit die Gleichartigkeit der Transformation auch für die Elemente der $(m+1)$-ten Zeile bewiesen ist.
Weiterverwendung der Basislösung. Die so gewonnene neue Basislösung mit vergrößerter Zielfunktion wird vom 2. Schritt an wieder genauso behandelt.
Simplextabelle. Sie ist ein Matrix-Schema für Rechnungen „von Hand". Dabei ist es nicht nötig, die Gln. (70) und (71) auszuschreiben.
Beispiel: Eine Fabrik plane die Herstellung zweier Produkte P_1 und P_2. Für einen Planungszeitraum gilt folgende Aufstellung:

Abteilung	Durchlaufzeit für		verfügbare Fertigungszeiten
	P_1	P_2	
1. Teilefertigung	2,0 h/St.	1,0 h/St.	600 h
2. Vormontage	1,0 h/St.	– h/St.	250 h
3. Endmontage	0,5 h/St.	1,0 h/St.	400 h
Reingewinn	DM 15,--	DM 10,--	pro Stück

Wie viele Exemplare jedes Produkts müssen hergestellt werden, damit der Reingewinn des Gesamtprogramms ein Maximum wird?
Mathematische Formulierung. Ziel der Optimierung ist nach **Tab. 6** ein Maximum des Reingewinns, der erkennbar linear von den gesuchten Stückzahlen x_1, x_2 für jedes Produkt, den Entscheidungsvariablen, abhängt. Für den Reingewinn gilt die Zielfunktion nach Gl. (62) $z = 15x_1 + 10x_2 \to$ Maximum.
Die Bereiche für die Entscheidungsvariablen sind durch die Fertigungskapazität begrenzt. Die Nebenbedingungen nach Gl. (64) sind mit den Zeilen 1 bis 3 der Aufstellung $2x_1 + x_2 \leq 600$, $x_1 \leq 250$, $0,5 \cdot x_1 + x_2 \leq 400$. Negative Werte für x_1, x_2 sind sinnlos, da verschwindende Produkteinheiten eine Gewinnsteigerung ausschließen (s. Nichtnegativitätsbedingung (63)).
Graphisches Verfahren. In dem Koordinatensystem x_1, x_2 (**Bild 15**) folgt die Gerade g_1 aus der ersten Nebenbedingung $2x_1 + x_2 \leq 600 \Rightarrow x_2 \leq -2x_1 + 600$. Die Lösungsmenge dieser Ungleichung ist dann durch die von der Geraden g_1 begrenzte (schraffierten) Halbebene gegeben. Wegen der Nichtnegativitätsbedingung ist sie auf den ersten Quadranten beschränkt und liegt auf der durch die Geraden $x_1 = 0$, $x_2 = 0$ und $x_2 = -2x_1 + 600$ begrenzten Fläche. Die weiteren Nebenbedingungen, die Geraden g_2 mit $x_1 = 250$ und g_3 mit $x_2 = -0,5 \cdot x_1 + 400$, schränken die zulässigen Lösungen auf das Polygon 0 $ABCD$ ein. Die Zielfunktion $z = 15x_1 + 10x_2$ oder $x_2 = -1,5 \cdot x_1 + z/10$ ist eine Schar paralleler Geraden der Steigung $m = -1,5$ mit z als Scharparameter.
Dabei ist die Zielfunktion z auf der x_2-Achse ablesbar. Im Bereich der zulässigen Lösungen liegt der kleinste Wert $z = 0$ auf der Geraden durch den Punkt 0 des Polygons. Alle Punkte (x_1, x_2) auf einer solchen Geraden für ein $z = z_1$, die innerhalb des Polygons liegen, repräsentieren zulässige Lösungen, die größte beim Schnittpunkt $B = (400/3, 1000/3)$ der zwei Geraden g_1 und g_3. Aus der Zeichnung folgt das

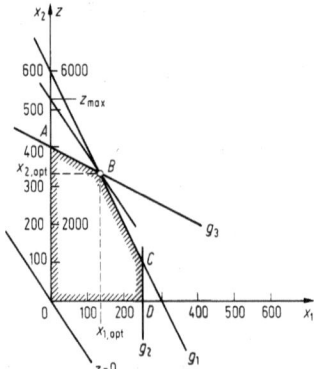

Bild 15. Graphische Lösung des Lineare-Optimierung-Problems für zwei Variablen

optimale Programm $x_1 = 400/3 = 133,3$; $x_2 = 1000/3 = 333,3$; $z_{max} = 16000/3 = 5333,3$.
Also bringen 133,3 Stück des Produkts P_1 und 333,3 Stück des Produkts P_2 im Planungszeitraum den maximalen Gewinn DM 5333,30. Die Abteilungen Teilefertigung und Endmontage sind voll ausgelastet, da der Lösungspunkt B auf den Geraden g_1 und g_3 liegt. Die Abteilung Vormontage (vertreten durch die Gerade g_2) ist mit $x_1 = 133,3 < 250$ nur zu 53,3% ihrer Kapazität ausgelastet.

Simplexverfahren. Die Matrix S ist für $m = 2, n = 3$ (s. **Tab. 6**)

$$S = \begin{pmatrix} 2 & 1 & 600 \\ 1 & 0 & 250 \\ 0,5 & 1 & 400 \\ 15 & 10 & 0 \end{pmatrix}$$

1. Schritt: Alle Schlupfvariablen y_i werden Basisvariablen, alle Entscheidungsvariablen x_i Nichtbasisvariablen. Damit ist

$$X_1 = \begin{pmatrix} x_1 \\ x_2 \\ y_1 \\ y_2 \\ y_3 \end{pmatrix} = \begin{pmatrix} 0 \\ 0 \\ 600 \\ 250 \\ 400 \end{pmatrix}$$

die erste Basislösung mit $-z = 0$. Ursprung in **Bild 15**.
2. Schritt: $z = 0$ ist nicht optimal, da in der $(m+1)$-ten, also vierten, Zeile der Matrix S noch Elemente größer Null sind.
3. Schritt: $s_{41} = 15$ ist größtes Element, $jp = 1$ wird Pivotspalte.
4. Schritt: $q_2 = 250$ ist kleinster Quotient größer Null. Also wird $ip = 2$ Pivotzeile. $s_{21} = 1 > 0$ wird Pivotelement.
5. Schritt: x_1 wird neue Basisvariable und tauscht mit y_2 den Platz. Die Matrix S wird transformiert zu S'.

Regel I: s'_{21}
Regel II: s'_{2j}
Regel III: s'_{i1}
Regel IV: s'_{ij}

Die neue Basislösung $X_2 = (x_1, x_2, y_1, y_2, y_3)^T = (250, 0, 100, 0, 275)^T$ entspricht dem Punkt D in **Bild 15** mit $-z = -3750$.
6. Schritt: Die Matrix S' wird vom 2. Schritt an genau so transformiert. s_{12} ist das Pivotelement, und die dritte Basislösung $X_3 = (x_1, x_2, y_1, y_2, y_3)^T = (250, 100, 0, 0, 175)^T$, repräsentiert durch den Punkt C in **Bild 15**, mit $-z = -4750$ für die Zielfunktion. Erst die vierte Basislösung $X_4 = (133, 33; 333, 33; 0; 116,67; 0)^T$ führt zum Endergebnis $-z = -5333,3$, weil alle Elemente der vierten Zeile negativ sind.
Die nicht verschwindende Schlupfvariable $y_2 = 116,67$ gibt wieder den Hinweis auf die nicht ausgeschöpfte Kapazität der durch die

Tabelle 6. Simplextabelle der Beispiele, für die gewöhnliche als auch für die parametrische Optimierung. Für die Erklärung der Zeilen z_u, z_v und $z(T)$ s. **A 10.8.3**

Basisvariablen		Nichtbasisvariablen		b_i	$q_i = \dfrac{b_i}{a_{i,jp}}$	
		x_1	x_2			
	i	$j=1$	2	3		
y_1	1	2	1	600	300	
y_2	2	⬜1	0	250	250	
y_3	3	0,5	1	400	800	
$-z=-z_u$	4	15	10	0	Ecke O	
$-z_v$	5	7,5	−4	0	Fall II:	

aus $-15-7,5\,t \leq 0$ folgt $t \geq 15/(-7,5) = -2$
aus $10-4t \leq 0$ folgt $t \geq 2,5$, also $t_u = 2,5$.

	i	y_2	x_2	b_i	q_i
y_1	1	−2	⬜1	100	100
x_1	2	1	0	250	−
y_3	3	−0,5	1	275	275
$-z=-z_u$	4	−15	10	−3750	Ecke D
$-z_v$	5	−7,5	−4	−1875	Fall I:
$-z(2,5)$		−33,75	0	−8437,5	

	i	y_2	y_1	b_i	q_i
x_2	1	−2	1	100	−50
x_1	2	1	0	250	250
y_3	3	⬜1,5	−1	175	116,6
$-z=-z_u$	4	5	−10	−4750	Ecke C
$-z_v$	5	−15,5	4	−1475	Fall I:

aus $5-15,5\,t \leq 0$ folgt $t_o = 0,3226$
aus $-10+4\,t \leq 0$ folgt $t_o = 2,5$.

| $-z(2,5)$ | | −33,75 | 0 | −8437,5 |
| $-z(0,32)$ | | 0 | −8,71 | −5225,8 |

	i	y_3	y_1	b_i	q_i	
x_2	1	1,33	0,33	333,3	250	1000
x_1	2	−0,67	⬜0,67*	133,3	−200	200*
y_2	3	0,67#	−0,67	116,6	175#	−175
$-z=-z_u$	4	−3,33	−6,67	−5333,3	Ecke B	
$-z_v$	5	10,33	−6,33	333,3	Fall I:	

aus $-3,33+10,33\,t \leq 0$ folgt $t_o = 0,3226$
aus $-6,67-6,33\,t \leq 0$ folgt $t_u = -1,0526$.

| $-z(0,32)$ | | 0# | −8,71 | −5225,8 |
| $-z(-1,05)$ | | −14,21 | 0* | −5684,2 |

	i	y_3	x_1	b_i	q_i
x_2	1	1,67	−0,5	266,7	
y_1	2	−1	1,5	200	
y_2	3	0	1	250	
$-z=-z_u$	4	−10	10	−4000	Ecke A
$-z_v$	5	4	9,5	1600	Fall I:

aus $-10+4\,t \leq2,5$
aus $10+9,5\,t \leq 0$ folgt $t_u \leq -1,0526$

| $-z(2,5)$ | | 0 | 33,75 | 0 | |
| $-z(-1,05)$ | | −14,2 | 0 | −5684,2 | |

zweite Zeile beschriebenen Nebenbedingung, hier direkt als „Schlupf" 116,67/250=0,47=47%, die nicht genutzt werden, sichtbar.

10.8.3 Parametrische lineare Optimierung

Beim allgemeinen parametrischen linearen Optimierungsproblem hängen die Koeffizienten des Standard-Maximum-Problems Gl. (68) noch von einem Parameter $t \in \mathbb{R}$ ab. Seine optimale Lösung x_{opt} und die Zielfunktion z_{opt} sind Funktionen des Parameters t, der oft die Zeit darstellen kann. Geschlossene Theorien für derart allgemein gehaltene parametrische Probleme stehen nicht zur Verfügung, so daß hier nur der praktische, exakt lösbare Fall der von t abhängigen Zielfunktion beschrieben wird.

Lineare Optimierung mit einparametrischer Zielfunktion, LOz(t). Nur die gegebenen Koeffizienten $c_i = c_i(t) = u_i + v_i t$ mit $i = 1,\ldots,n$ hängen linear von $t \in \mathbb{R}$ ab. Dieses LOz(t) hat als Standard-Maximum-Problem folgende Eigenschaften:

1. Existiert eine optimale Lösung $x_{opt} = x_{opt}(t)$ für einen Parameterwert t, so gibt es einen Stabilitätsbereich $t \in [t_k; t_{k+1}] \subset \mathbb{R}$, in dem diese Ecke optimal ist. Ferner existieren solche charakteristischen Stabilitätsbereiche für jede der $k = 0, 1, \ldots, \mu$ Ecken.
2. Die optimale Zielfunktion $z(t)$ ist stetig, von oben konkav und ist ein Polygonzug über dem Parameterintervall der Lösungen. Die Knickstellen sind die charakteristischen t_k-Werte.

Lösungsverfahren: Es basiert auf dem Simplexverfahren, indem für jede Ecke (BL$_k$) die Grenzen t_k, t_{k+1} des zugehörigen Stabilitätsbereichs bestimmt werden. Dazu wird die Zielfunktionszeile in ihre zwei Anteilzeilen aufgespalten, die erste enthält die konstanten Koeffizienten u_i und die zweite die Parameterkoeffizienten v_i. Beim Basistausch werden sie wie normale Zielfunktionszeilen behandelt. Damit schreibt sich Gl. (68) in Matrixform

$$S = \begin{pmatrix} A & b \\ u & -z_u \\ v & -z_v \end{pmatrix} = (s_{i,j}) \quad \text{mit } z(t) = z_u + z_v t.$$

Obere Grenze t_0 des Stabilitätsbereichs. Gesucht wird das Maximum für beliebig großes t, d.h. ausschlaggebend für die Wahl der Pivotspalte j_p sind die Elemente $v_j \neq 0$ der Steuerzeile und nur dort, wo die $v_j = 0$ sind werden die $u_j \neq 0$ berücksichtigt. Beim Ausführen der Simplexschritte können zwei Fälle auftreten:

Fall I: Es sind alle $v_j \leq 0$ und bei $v_j = 0$ gilt stets $u_j \leq 0$. Der Stabilitätsbereich dieser Ecke reicht bis $t_0 = \infty$. Im weiteren wird dann die „untere Grenze des Stabilitätsbereichs" ermittelt.

Fall II: Es sind nicht alle $v_j \leq 0$. Für diejenigen Spalten $k \in \{1, 2, \ldots, n\}$, für die alle Matrixelemente $a_{ik} \leq 0$ sind, wird aus den Ungleichungen $u_k + v_k t \leq 0$ das zugehörige größte $t_{\mu+1}$ bestimmt. Findet sich keines, so existiert kein Parameterwert, für den das LOz(t) eine optimale Lösung hat. Mit diesem $t_{\mu+1}$ wird die Steuerzeile $(u_i + v_i t_{\mu+1})$ berechnet und ein neues Simplextableau aufgestellt. Ergibt sich damit eine optimale Lösung, so stellt $t_{\mu+1}$ die obere Grenze des Stabilitätsbereichs dieser Ecke dar. Es ist mit der Bestimmung der unteren Grenze fortzufahren. Anderenfalls ist wieder der Fall II eingetreten und die Prozedur muß wiederholt werden, bis entweder die obere Grenze gefunden wird oder entschieden werden kann, daß die Aufgabe unlösbar ist.

Untere Grenze t_u des Stabilitätsbereichs. Bekannt ist die obere Grenze $t_{\mu+1} = t_0$ einer optimalen Basislösung (BL$_\mu$) und die zugehörige Simplextabelle. Der größte untere Parametergrenzwert t_u ergibt sich aus der Forderung, daß alle $(u_i + v_i t) \leq 0$ sein müssen. Gibt es kein $t_u \leq t_{\mu+1}$, so ist das LOz(t) nicht lösbar. Wiederholungen des Verfahrens für alle existierenden Ecken des Lösungsbereichs liefern alle charakteristischen Parameterwerte, für die das LOz(t) Lösungen hat.

Beispiel: Die Zielfunktion des Beispiels aus **A 10.8.2** soll zum Studium von Gewinnschwankungen, etwa durch Inflation, geändert werden in $z(t) = 15(1 + 0,5t)x_1 + 10(1 - 0,4t)x_2$, d.h. $t = 0$ reproduziert das vorhandene Beispiel. Zunächst sei der Stabilitätsbereich für t an der graphischen Lösung von **Bild 15** für die Ecke B dargestellt:

Aus $z_{opt} = 15x_1 + 10x_2 = 5333,33$ folgt die Gerade $x_2 = -1,5x_1 + 533,33$. Die Ecke wird aus $g_1: x_2 = -2x_1 + 600$ und $g_3: x_2 = -0,5x_1 + 400$ gebildet. Die parametrisierte Zielfunktion stellt sich als Gerade $g_t: x_2 = x_1(-15 + 7,5t)/(10 - 4t) + z(t)/(10 - 4t)$ dar. Die Ecke ist solange optimal, wie die Steigung von g_t kleiner als die von g_3 und größer als die von g_1 ist. Für die untere Grenze ergibt sich $t_u = -1,0526$ und für die obere Grenze $t_0 = 0,3226$. Für t-Werte außerhalb dieses Intervalls werden die Ecken A bzw. C optimal (s. **Tab. 6**).

Das Simplexverfahren wird wie in **A 10.8.2** abgewickelt, wobei die Wahl der Pivotelemente weiterhin durch die $(z = z_u)$-Zeile bestimmt wird:

1. Schritt: z_u, z_v sind Null bzw. es gilt der Fall II.

2. Schritt: Für großes t ist $z(t) > 0$, also optimal auch für $t \to \infty$. Folglich ist $t_{\mu+1} = \infty$ und, wie in **Tab. 6** vorgerechnet, $t_u = 2,5$. Dazu gehört $x_{opt} = (250; 0; 100; 0; 275)^T$ sowie $z(t) = 3750 + 1875t$ im Intervall $t \in [2,5; \infty]$, also $z(2,5) = 8437,5$ und $z(\infty) = \infty$, das mathematisch ein unendlichen Reingewinn für das Produkt P_1 zuläßt. Die weitere Vorgehensweise ist in **Tab. 6** zu verfolgen, bis sich als weitere Basislösung die Zielfunktion $z(t) = 5333,3 + 333,3t$ im Intervall $t \in [-1,0526; 0,3226]$ ergibt. Danach kann das Programm beendet werden, wenn die Regel in **A 10.8.2** für die z_u-Zeile angewendet wird. Zur Bestimmung des Pivotelements aus den $z(t)$-Zeilen läßt sich die jeweils die Null enthaltende Spalte verwenden. Das ergibt zwei q_1-Spalten, wie es hier zur einfacheren Darstellung der weiteren Basislösung dargestellt ist. Die mit # gekennzeichnete Version schlägt den Tausch von y_2 gegen y_3 vor, was die darüberstehende Lösung reproduziert. Die mit * angegebene zweite Möglichkeit findet die Ecke A mit einem Parameterintervall, das an die Ecke B anschließt und bis $t_u = -\infty$ reicht, was $z_{opt}(-\infty) = \infty$ für das Produkt P_2 bedeutet.

Die charakteristischen Parameterwerte $t_u = t_0, t_1, \ldots, t_{\mu+1} = t_0$ sind also $-\infty; -1,0526; 0,3226; 2,5; +\infty$ mit Zielfunktionswerten $z(t_k) = +\infty; 5684,2; 5225,8; 8437,5; +\infty$.

10.9 Nichtlineare Optimierung

10.9.1 Problemstellung

Ist auch nur eine der Gleichungen des Systems für das Standard-Maximum-Problem (68) nichtlinear, so liegt ein nichtlineares Optimierungsproblem vor. Die Vielfalt der denkbaren Aufgabentypen ist daher unübersehbar groß und eine allgemeine Behandlung z.Z. nicht verfügbar, so daß man auf die Behandlung bestimmter Aufgabentypen angewiesen ist. Charakteristisch dafür sind numerische Algorithmen, die Näherungen für das gesuchte Optimum liefern.

Allgemeine nichtlineare Optimierung im $\mathbb{R}^n$

$$\text{Zielfunktion}: z = f(x_1, x_2, \ldots, x_n) \to \text{Optimum}, \quad (77)$$
$$\text{Nebenbedingungen}: g_i(x_1, x_2, \ldots, x_n) \leq b_i,$$

$i = 1, 2, \ldots, m$, mindestens eine der reellen Funktionen g_i, f ist nicht linear.
Die Menge aller x, die die Nebenbedingungen erfüllen, heißt zulässiger Bereich $\blacksquare$.

Konvexe Optimierung. Sie liegt vor, wenn alle Funktionen der allgemeinen Aufgabe Gl. (77) konvex sind. Sie zieht ihre besondere Bedeutung aus dem Satz, daß ein lokales Minimum einer konvexen Funktion über einer konvexen Menge auch das globale Minimum ist, also das globale Minimum mit lo-

kalen Methoden gesucht werden kann. Die grundlegenden theoretischen Ergebnisse über Existenz und Eindeutigkeit der Lösungen werden durch die Sätze von Farkas und Kuhn-Tucker formuliert, die jedoch hier nicht dargestellt werden sollen.

Kombinatorische Optimierung. Sie geht aus der allgemeinen Optimierung hervor, durch die zusätzliche Forderung, daß der zulässige Bereich nur aus endlich vielen Punkten besteht. Eine praktisch bedeutende Klasse dieser Aufgaben bilden die ganzzahligen Optimierungsprobleme.

10.9.2 Einige spezielle Algorithmen

Näherungslösung durch stückweise Linearisierung. Häufig ist nur die Zielfunktion $z = f(x_1, \ldots, x_n)$ nichtlinear. Man kann sie in eine Taylor-Reihe entwickeln, die nach dem linearen Glied abgebrochen wird: $\tilde{f}(x) = f(x_0) + (x - x_0)^T f'(x_0)$. Nur in der Umgebung des Entwicklungspunktes $x_0 = (x_{01}, x_{02}, \ldots, x_{0n})^T$ ist eine vertretbare Übereinstimmung zwischen der Tangentialhyperebene $\tilde{f}$ und der Zielfunktion f zu erwarten. Man muß daher den zulässigen Bereich $\blacksquare$ durch eine endliche Anzahl von Teilbereichen $\blacksquare_1, \ldots, \blacksquare_r$ überdecken, für jeden Teilbereich die Taylor-Reihe um einen Punkt $x_{0j} \in \blacksquare_j$ bestimmen und die so erzeugten r linearen Optimierungsprobleme lösen. Das Optimum aus der Menge der Teillösungen ist eine brauchbare Näherung für das Ausgangsproblem.
Die Taylorentwicklung setzt die analytische Darstellung und die Differenzierbarkeit von $f(x)$ voraus. Ist $f(x)$ an $(n+1)$ diskreten Stützstellen $x_i \in \blacksquare_j$, $i = 1, 2, \ldots, (n+1)$ bekannt, so kann auch linear interpoliert werden: $f(x) = a_0 + a^T x$ mit dem linearen Gleichungssystem $a_0 + a^T x_i = f(x_i)$ zur Bestimmung der $(n+1)$-Koeffizienten

$$a_0, a^T = (a_1, a_2, \ldots, a_n).$$

Man erkennt, daß eine Steigerung der Genauigkeit durch feinere Unterteilung des zulässigen Bereichs $\blacksquare$ nur mit erhöhtem Rechenaufwand erkauft werden kann, so daß diesem Verfahren von daher Grenzen gesetzt sind.
Die Genauigkeit der Annäherung ist auch von der Wahl des jeweiligen Entwicklungspunkts x_0 abhängig. Bei praktischen Problemen hat man häufig keine Anhaltspunkte für einen sinnvollen Start. Man muß daher mehrere verschiedene Bereichsaufteilungen erproben und wenn die Zielfunktion analytisch bekannt ist, die Lösungsvorschläge einsetzen, um den Fehler der Taylorentwicklung zu berücksichtigen.

Anstiegsverfahren. Ihnen liegt die Idee zugrunde, daß man Funktionen von zwei Variablen als „Gebirge" darstellen kann. Von einem gegebenen Startpunkt gelangt man zum Gipfel, indem man in einer „brauchbaren" Richtung solange fortschreitet wie es „bergan" geht (Brauchbarkeitsgrenze). Dann muß eine neue „brauchbare" Richtung eingeschlagen werden. Führen in einem Punkt alle Richtungen „bergab", so ist das Maximum erreicht. (Für Minima ist entsprechend „bergab" zu schreiten.)

„Brauchbare" Richtung. Gegeben sei $f(x) \to$ Max. Der Vektor $r = (r_1, r_2, \ldots, r_n)^T$ heißt „brauchbare" Richtung im Punkt x_0, wenn für $\lambda_G > 0$ und alle $\lambda \in (0, \lambda_G]$ gilt: $F(x_0 + \lambda r) > F(x_0)$. Dabei ist λ_G der größte aller möglichen λ-Werte und heißt Brauchbarkeitsgrenze. Ihre Ausnutzung ist für die Konvergenz der Verfahren wichtig, jedoch ist ihre Bestimmung häufig sehr aufwendig, so daß oft sicherheitshalber mit kleineren Schrittweiten probiert wird.

Relaxation (Anstieg in Koordinatenrichtung). Die Richtungen jeder Koordinatenachse werden in zyklischer Reihenfolge auf Brauchbarkeit getestet und, wenn sie brauchbar sind, bis

Tabelle 7. Beispiel zum Gradientenverfahren

Anzahl d. Richtg.	x	y	z	$\dfrac{\partial f}{\partial x}$	$\dfrac{\partial f}{\partial y}$	λ	x	y	z	Anzahl d. Schritte
1	1,00	0,5	0,71	−0,35	−0,70	0,5	0,83	0,15	0,90	1
						1,0	0,65	−0,20	0,92	2
2	0,65	−0,20	0,92	−0,18	0,22	0,5	0,56	−0,09	0,96	1
						1,0	0,47	0,02	0,97	2
						1,5	0,38	0,13	0,97	3
3	0,38	0,13	0,97	−0,10	−0,14	1,0	0,28	−0,01	0,99	1
						2,0	0,18	−0,15	0,98	2
4	0,18	−0,15	0,98	−0,05	0,15	1,0	0,13	0,00	1,00	1
						2,0	0,08	0,15	0,99	2
5	0,08	0,15	0,99	−0,02	−0,15	1,0	0,06	0,00	1,00	1
						2,0	0,04	−0,15	0,99	2

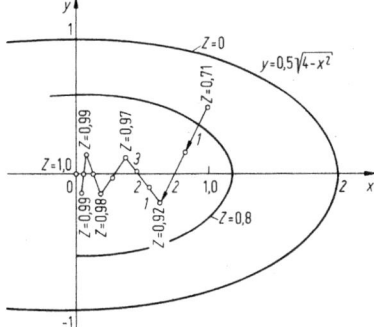

Bild 16. Gradientenverfahren am Beispiel des Rotationsellipsoids mit den eingezeichneten Höhenlinien $z=0$ und $z=0,8$. Schritte wie in **Tab. 7**.

zur Brauchbarkeitsgrenze benutzt. Sind keine brauchbaren Koordinatenrichtungen mehr zu finden, so ist das Maximum erreicht.

Gradientenverfahren (Methode des steilsten Anstiegs). Hierbei muß die Funktion $f(x)$ differenzierbar sein, da ihr Gradient g als brauchbare Richtung benutzt wird und somit der steilste Anstieg gegeben wird. Man bestimmt für den Startpunkt x_0 den Gradienten $g_0 = \operatorname{grad} f(x_0)$ und berechnet den neuen Punkt $x_1 = x_0 + \lambda_0 g_0$, der wieder als Startpunkt dient. Wenn möglich, wird $\lambda_0 = \lambda_G$ gewählt. Bei $g(x) = 0$ ist das Maximum erreicht. Dieses Verfahren konvergiert nahezu linear, doch treten in der Nähe des Maximums häufig numerische Instabilitäten auf, die eine genaue Bestimmung stören und ein geeignetes Abbruchkriterium erfordern.

Beispiel: Gegeben sei das Rotationsellipsoid mit der großen Halbachse $a=2$ in x-Richtung, der kleinen Halbachse $b=1$ in y-Richtung und dem Pol im Ursprung:

$$z = f(x,y) = 0{,}5\sqrt{4 - x^2 - 4y^2} \Rightarrow \text{Max}$$

und den Nebenbedingungen $x \leq 2$, $-x \leq 2$, $y \leq 0{,}5\sqrt{4-x^2}$, $-y \leq 0{,}5\sqrt{4-x^2}$. Startpunkt für das Gradientenverfahren sei $x_0 = (1;\, 0{,}5)$. Die Gradientenrichtung ist $\mathbf{g} = \left(\dfrac{\partial f}{\partial x}, \dfrac{\partial f}{\partial y}\right)^T$, also

$\dfrac{\partial f}{\partial x} = \dfrac{-x}{4z}$ und $\dfrac{\partial f}{\partial y} = \dfrac{-y}{z}$.

Der neue Punkt $x_1 = x_0 + \lambda \cdot g$ ist also aus $x_1 = x_0 + \lambda \dfrac{\partial f(x_0)}{\partial x}$, $y_1 = y_0 + \lambda \dfrac{\partial f(x_0)}{\partial y}$ zu berechnen.

Die Annäherung an die exakte Lösung $z_{\max} = f(0,0) = 1$ ist in **Bild 16** und **Tab. 7** zu verfolgen. Zur Veranschaulichung der Instabilität wurde nur zweistellig gerechnet und die Brauchbarkeitsgrenze für λ nicht strapaziert. Ferner wurde willkürlich abgebrochen, um das Bild nicht zu überlasten.

11 Anhang A: Diagramme und Tabellen

Anh. A 10 Tabelle 1 Primzahlen und Faktoren der Zahlen 1 bis 1000

	0	1	2	3	4	5	6	7	8	9
0					2^2		$2 \cdot 3$		2^3	3^2
1	$2 \cdot 5$		$2^2 \cdot 3$		$2 \cdot 7$	$3 \cdot 5$	2^4		$2 \cdot 3^2$	
2	$2^2 \cdot 5$	$3 \cdot 7$	$2 \cdot 11$		$2^3 \cdot 3$	5^2	$2 \cdot 13$	3^3	$2^2 \cdot 7$	
3	$2 \cdot 3 \cdot 5$		2^6	$3 \cdot 11$	$2 \cdot 17$	$5 \cdot 7$	$2^2 \cdot 3^2$		$2 \cdot 19$	$3 \cdot 13$
4	$2^3 \cdot 5$		$2 \cdot 3 \cdot 7$		$2^2 \cdot 11$	$3^2 \cdot 5$	$2 \cdot 23$		$2^4 \cdot 3$	7^2
5	$2 \cdot 5^2$	$3 \cdot 17$	$2^2 \cdot 13$		$2 \cdot 3^3$	$5 \cdot 11$	$2^3 \cdot 7$	$3 \cdot 19$	$2 \cdot 29$	
6	$2^2 \cdot 3 \cdot 5$		$2 \cdot 31$	$3^2 \cdot 7$	2^6	$5 \cdot 13$	$2 \cdot 3 \cdot 11$		$2^2 \cdot 17$	$3 \cdot 23$
7	$2 \cdot 5 \cdot 7$		$2^3 \cdot 3^2$		$2 \cdot 37$	$3 \cdot 5^2$	$2^2 \cdot 19$	$7 \cdot 11$	$2 \cdot 3 \cdot 13$	
8	$2^4 \cdot 5$	3^4	$2 \cdot 41$		$2^2 \cdot 3 \cdot 7$	$5 \cdot 17$	$2 \cdot 43$	$3 \cdot 29$	$2^3 \cdot 11$	
9	$2 \cdot 3^2 \cdot 5$	$7 \cdot 13$	$2^2 \cdot 23$	$3 \cdot 31$	$2 \cdot 47$	$5 \cdot 19$	$2^5 \cdot 3$		$2 \cdot 7^2$	$3^2 \cdot 11$
10	$2^2 \cdot 5^2$		$2 \cdot 3 \cdot 17$		$2^3 \cdot 13$	$3 \cdot 5 \cdot 7$	$2 \cdot 53$		$2^2 \cdot 3^3$	
11	$2 \cdot 5 \cdot 11$	$3 \cdot 37$	$2^4 \cdot 7$		$2 \cdot 3 \cdot 19$	$5 \cdot 23$	$2^2 \cdot 29$	$3^2 \cdot 13$	$2 \cdot 59$	$7 \cdot 17$
12	$2^2 \cdot 3 \cdot 5$	11^2	$2 \cdot 61$	$3 \cdot 41$	$2^2 \cdot 31$	5^3	$2 \cdot 3^2 \cdot 7$		2^7	$3 \cdot 43$
13	$2 \cdot 5 \cdot 13$		$2^2 \cdot 3 \cdot 11$	$7 \cdot 19$	$2 \cdot 67$	$3^3 \cdot 5$	$2^3 \cdot 17$		$2 \cdot 3 \cdot 23$	
14	$2^2 \cdot 5 \cdot 7$	$3 \cdot 47$	$2 \cdot 71$	$11 \cdot 13$	$2^4 \cdot 3^2$	$5 \cdot 29$	$2 \cdot 73$	$3 \cdot 7^2$	$2^2 \cdot 37$	
15	$2 \cdot 3 \cdot 5^2$		$2^3 \cdot 19$	$3^2 \cdot 17$	$2 \cdot 7 \cdot 11$	$5 \cdot 31$	$2^2 \cdot 3 \cdot 13$		$2 \cdot 79$	$3 \cdot 53$
16	$2^2 \cdot 5$	$7 \cdot 23$	$2 \cdot 3^4$		$2^2 \cdot 41$	$3 \cdot 5 \cdot 11$	$2 \cdot 83$		$2^3 \cdot 3 \cdot 7$	13^2
17	$2 \cdot 5 \cdot 17$	$3^2 \cdot 19$	$2^2 \cdot 43$		$2 \cdot 3 \cdot 29$	$5^2 \cdot 7$	$2^4 \cdot 11$	$3 \cdot 59$	$2 \cdot 89$	
18	$2^2 \cdot 3^2 \cdot 5$		$2 \cdot 7 \cdot 13$	$3 \cdot 61$	$2^3 \cdot 23$	$5 \cdot 37$	$2 \cdot 3 \cdot 31$	$11 \cdot 17$	$2^2 \cdot 47$	$3^3 \cdot 7$
19	$2 \cdot 5 \cdot 19$		$2^6 \cdot 3$		$2 \cdot 97$	$3 \cdot 5 \cdot 13$	$2^2 \cdot 7^2$		$2 \cdot 3^2 \cdot 11$	
20	$2^3 \cdot 5^2$	$3 \cdot 67$	$2 \cdot 101$	$7 \cdot 29$	$2^2 \cdot 3 \cdot 17$	$5 \cdot 41$	$2 \cdot 103$	$3^2 \cdot 23$	$2^4 \cdot 13$	$11 \cdot 19$
21	$2 \cdot 3 \cdot 5 \cdot 7$		$2^2 \cdot 53$	$3 \cdot 71$	$2 \cdot 107$	$5 \cdot 43$	$2^3 \cdot 3^3$	$7 \cdot 31$	$2 \cdot 109$	$3 \cdot 73$
22	$2^2 \cdot 5 \cdot 11$	$13 \cdot 17$	$2 \cdot 3 \cdot 37$		$2^6 \cdot 7$	$3^2 \cdot 5^2$	$2 \cdot 113$		$2^2 \cdot 3 \cdot 19$	
23	$2 \cdot 5 \cdot 23$	$3 \cdot 7 \cdot 11$	$2^3 \cdot 29$		$2 \cdot 3^2 \cdot 13$	$5 \cdot 47$	$2^2 \cdot 59$	$3 \cdot 79$	$2 \cdot 7 \cdot 17$	
24	$2^4 \cdot 3 \cdot 5$		$2 \cdot 11^2$	3^5	$2^2 \cdot 61$	$5 \cdot 7^2$	$2 \cdot 3 \cdot 41$	$13 \cdot 19$	$2^3 \cdot 31$	$3 \cdot 83$
25	$2 \cdot 5^3$		$2^2 \cdot 3^2 \cdot 7$	$11 \cdot 23$	$2 \cdot 127$	$3 \cdot 5 \cdot 17$	2^8		$2 \cdot 3 \cdot 43$	$7 \cdot 37$
26	$2^2 \cdot 5 \cdot 13$	$3^2 \cdot 29$	$2 \cdot 131$		$2^3 \cdot 3 \cdot 11$	$5 \cdot 53$	$2 \cdot 7 \cdot 19$	$3 \cdot 89$	$2^2 \cdot 67$	
27	$2 \cdot 3^3 \cdot 5$		$2^4 \cdot 17$	$3 \cdot 7 \cdot 13$	$2 \cdot 137$	$5^2 \cdot 11$	$2^2 \cdot 3 \cdot 23$		$2 \cdot 139$	$3^2 \cdot 31$
28	$2^3 \cdot 5 \cdot 7$		$2 \cdot 3 \cdot 47$		$2^2 \cdot 71$	$3 \cdot 5 \cdot 19$	$2 \cdot 11 \cdot 13$	$7 \cdot 41$	$2^5 \cdot 3^2$	17^2
29	$2 \cdot 5 \cdot 29$	$3 \cdot 97$	$2^3 \cdot 73$		$2 \cdot 3 \cdot 7^2$	$5 \cdot 59$	$2^2 \cdot 3 \cdot 37$	$3^3 \cdot 11$	$2 \cdot 149$	$13 \cdot 23$
30	$2^2 \cdot 3 \cdot 5^2$	$7 \cdot 43$	$2 \cdot 151$	$3 \cdot 101$	$2^4 \cdot 19$	$5 \cdot 61$	$2 \cdot 3^2 \cdot 17$		$2^2 \cdot 7 \cdot 11$	$3 \cdot 103$
31	$2 \cdot 5 \cdot 31$		$2^3 \cdot 3 \cdot 13$		$2 \cdot 157$	$3^2 \cdot 5 \cdot 7$	$2^2 \cdot 79$		$2 \cdot 3 \cdot 53$	$11 \cdot 29$
32	$2^6 \cdot 5$	$3 \cdot 107$	$2 \cdot 7 \cdot 23$	$17 \cdot 19$	$2^2 \cdot 3^4$	$5^2 \cdot 13$	$2 \cdot 163$	$3 \cdot 109$	$2^3 \cdot 41$	$7 \cdot 47$
33	$2 \cdot 3 \cdot 5 \cdot 11$		$2^2 \cdot 83$	$3^2 \cdot 37$	$2 \cdot 167$	$5 \cdot 67$	$2^4 \cdot 3 \cdot 7$		$2 \cdot 13^2$	$3 \cdot 113$
34	$2^2 \cdot 5 \cdot 17$	$11 \cdot 31$	$2 \cdot 3 \cdot 19$	7^3	$2^3 \cdot 43$	$3 \cdot 5 \cdot 23$	$2 \cdot 173$		$2^2 \cdot 3 \cdot 29$	
35	$2 \cdot 5^3 \cdot 7$	$3^3 \cdot 13$	$2^5 \cdot 11$		$2 \cdot 3 \cdot 59$	$5 \cdot 71$	$2^2 \cdot 89$	$3 \cdot 7 \cdot 17$	$2 \cdot 179$	
36	$2^3 \cdot 3^2 \cdot 5$	19^2	$2 \cdot 181$		$2^2 \cdot 7 \cdot 13$	$5 \cdot 73$	$2 \cdot 3 \cdot 61$		$2^4 \cdot 23$	$3^2 \cdot 41$
37	$2 \cdot 5 \cdot 37$	$7 \cdot 53$	$2^2 \cdot 3 \cdot 31$		$2 \cdot 11 \cdot 17$	$3 \cdot 5^3$	$2^3 \cdot 47$	$13 \cdot 29$	$2 \cdot 3^3 \cdot 7$	
38	$2^2 \cdot 5 \cdot 19$	$3 \cdot 127$	$2 \cdot 191$		$2^7 \cdot 3$	$5 \cdot 7 \cdot 11$	$2 \cdot 193$	$3^2 \cdot 43$	$2^2 \cdot 97$	
39	$2 \cdot 3 \cdot 5 \cdot 13$	$17 \cdot 23$	$2^3 \cdot 7^2$	$3 \cdot 131$	$2 \cdot 197$	$5 \cdot 79$	$2^2 \cdot 3^2 \cdot 11$		$2 \cdot 199$	$3 \cdot 7 \cdot 19$
40	$2^4 \cdot 5^2$		$2 \cdot 3 \cdot 67$	$13 \cdot 31$	$2^2 \cdot 101$	$3^4 \cdot 5$	$2 \cdot 7 \cdot 29$	$11 \cdot 37$	$2^3 \cdot 3 \cdot 17$	
41	$2 \cdot 5 \cdot 41$	$3 \cdot 137$	$2^2 \cdot 103$	$7 \cdot 59$	$2 \cdot 3^2 \cdot 23$	$5 \cdot 83$	$2^5 \cdot 13$	$3 \cdot 139$	$2 \cdot 11 \cdot 19$	
42	$2^3 \cdot 3 \cdot 5 \cdot 7$		$2 \cdot 211$	$3^2 \cdot 47$	$2^3 \cdot 53$	$5^2 \cdot 17$	$2 \cdot 3 \cdot 71$	$7 \cdot 61$	$2^2 \cdot 107$	$3 \cdot 11 \cdot 13$
43	$2 \cdot 5 \cdot 43$		$2^4 \cdot 3^3$		$2 \cdot 7 \cdot 31$	$3 \cdot 5 \cdot 29$	$2^2 \cdot 109$	$19 \cdot 23$	$2 \cdot 3 \cdot 73$	
44	$2^2 \cdot 5 \cdot 11$	$3^2 \cdot 7^2$	$2 \cdot 13 \cdot 17$		$2^2 \cdot 3 \cdot 37$	$5 \cdot 89$	$2 \cdot 223$	$3 \cdot 149$	$2^6 \cdot 7$	
45	$2 \cdot 3^2 \cdot 5^2$	$11 \cdot 41$	$2^2 \cdot 113$	$3 \cdot 151$	$2 \cdot 227$	$5 \cdot 7 \cdot 13$	$2^3 \cdot 3 \cdot 19$		$2 \cdot 229$	$3^3 \cdot 17$
46	$2^2 \cdot 5 \cdot 23$		$2 \cdot 3 \cdot 7 \cdot 11$		$2^4 \cdot 29$	$3 \cdot 5 \cdot 31$	$2 \cdot 233$		$2^2 \cdot 3^2 \cdot 13$	$7 \cdot 67$
47	$2 \cdot 5 \cdot 47$	$3 \cdot 157$	$2^3 \cdot 59$		$2 \cdot 3 \cdot 79$	$5^2 \cdot 19$	$2^2 \cdot 7 \cdot 17$	$3^2 \cdot 53$	$2 \cdot 239$	
48	$2^5 \cdot 3 \cdot 5$	$13 \cdot 37$	$2 \cdot 241$	$3 \cdot 7 \cdot 23$	$2^2 \cdot 11^2$	$5 \cdot 97$	$2 \cdot 3^5$		$2^3 \cdot 61$	$3 \cdot 163$
49	$2 \cdot 5 \cdot 7^2$		$2^2 \cdot 3 \cdot 41$	$17 \cdot 29$	$2 \cdot 13 \cdot 19$	$3^2 \cdot 5 \cdot 11$	$2^4 \cdot 31$	$7 \cdot 71$	$2 \cdot 3 \cdot 83$	
50	$2^2 \cdot 5^3$	$3 \cdot 167$	$2 \cdot 251$		$2^3 \cdot 3^2 \cdot 7$	$5 \cdot 101$	$2 \cdot 11 \cdot 23$	$3 \cdot 13^3$	$2^2 \cdot 127$	
51	$2 \cdot 3 \cdot 5 \cdot 17$	$7 \cdot 73$	2^9	$3^3 \cdot 19$	$2 \cdot 257$	$5 \cdot 103$	$2^2 \cdot 3 \cdot 43$	$11 \cdot 47$	$2 \cdot 7 \cdot 37$	$3 \cdot 173$
52	$2^3 \cdot 5 \cdot 13$		$2^2 \cdot 131$	$3 \cdot 5^2 \cdot 29$	$2 \cdot 263$		$2^2 \cdot 263$	$17 \cdot 31$	$2^4 \cdot 3 \cdot 11$	23^2
53	$2 \cdot 5 \cdot 53$	$3^2 \cdot 59$	$2^2 \cdot 7 \cdot 19$	$13 \cdot 41$	$2 \cdot 3 \cdot 89$	$5 \cdot 107$	$2^3 \cdot 67$	$3 \cdot 179$	$2 \cdot 269$	$7^1 \cdot 11$
54	$2^2 \cdot 3^3 \cdot 5$		$2 \cdot 271$	$3 \cdot 181$	$2^5 \cdot 17$	$5 \cdot 109$	$2 \cdot 3 \cdot 7 \cdot 13$		$2^3 \cdot 137$	$3^2 \cdot 61$
55	$2 \cdot 5^2 \cdot 11$	$19 \cdot 29$	$2^3 \cdot 3 \cdot 23$	$7 \cdot 79$	$2 \cdot 277$	$3 \cdot 5 \cdot 37$	$2^2 \cdot 139$		$2 \cdot 3^2 \cdot 31$	$13 \cdot 43$
56	$2^4 \cdot 5 \cdot 7$	$3 \cdot 11 \cdot 17$	$2 \cdot 281$		$2^2 \cdot 3 \cdot 47$	$5 \cdot 113$	$2 \cdot 283$	$3^4 \cdot 7$	$2^3 \cdot 71$	
57	$2 \cdot 3 \cdot 5 \cdot 19$		$2^2 \cdot 11 \cdot 13$	$3 \cdot 191$	$2 \cdot 7 \cdot 41$	$5^2 \cdot 23$	$2^6 \cdot 3^2$		$2 \cdot 17^2$	$3 \cdot 193$
58	$2^2 \cdot 5 \cdot 29$	$7 \cdot 83$	$2 \cdot 3 \cdot 97$	$11 \cdot 53$	$2^3 \cdot 73$	$3^2 \cdot 5 \cdot 13$	$2 \cdot 293$		$2^2 \cdot 3 \cdot 7^2$	$19 \cdot 31$
59	$2 \cdot 5 \cdot 59$	$3 \cdot 197$	$2^4 \cdot 37$		$2 \cdot 3^3 \cdot 11$	$5 \cdot 7 \cdot 17$	$2^2 \cdot 149$	$3 \cdot 199$	$2 \cdot 13 \cdot 23$	

10.9 Nichtlineare Optimierung   A 127

Anh. A 10 Tabelle 1 (Fortsetzung)

	0	1	2	3	4	5	6	7	8	9
60	$2^3·3·5^2$		$2·7·43$	$3^2·67$	$2^2·151$	$5·11^2$	$2·3·101$		$2^5·19$	$3·7·29$
61	$2·5·61$	$13·47$	$2^2·3^2·17$		$2·307$	$3·5·41$	$2^3·7·11$		$2·3·103$	
62	$2^2·5·31$	$3^3·23$	$2·311$	$7·89$	$2^4·3·13$	5^4	$2·313$	$3·11·19$	$2^2·157$	$17·37$
63	$2·3^2·5·7$		$2^3·79$	$3·211$	$2·317$	$5·127$	$2^2·3·53$	$7^2·13$	$2·11·29$	$3^2·71$
64	$2^7·5$		$2·3·107$		$2^2·7·23$	$3·5·43$	$2·17·19$		$2^4·3^4$	$11·59$
65	$2·5^2·13$	$3·7·31$	$2^2·163$		$2·3·109$	$5·131$	$2^4·41$	$3^2·73$	$2·7·47$	
66	$2^2·3·5·11$		$2·331$	$3·13·17$	$2^2·83$	$5·7·19$	$2·3^2·37$	$23·29$	$2^2·167$	$3·223$
67	$2·5·67$	$11·61$	$2^5·3·7$		$2·337$	$3^3·5^2$	$2^2·13^2$	$3·229$	$2·3·113$	$7·97$
68	$2^3·5·17$	$3·227$	$2·11·31$		$2^2·3^2·19$	$5·137$	$2·7^3$	$17·41$	$2^4·43$	
69	$2·3·5·23$		$2^2·173$	$3^2·7·11$	$2·347$	$5·139$	$2^3·3·29$		$2·349$	$3·233$
70	$2^2·5^2·7$		$2·3^3·13$	$19·37$	$2^6·11$	$3·5·47$	$2·353$	$7·101$	$2^2·3·59$	
71	$2·5·71$	$3^2·79$	$2^3·89$	$23·31$	$2·3·7·17$	$5·11·13$	$2^2·179$	$3·239$	$2·359$	
72	$2^4·3^2·5$	$7·103$	$2·19^2$	$3·241$	$2^2·181$	$5^2·29$	$2·3·11^2$	$11·67$	$2^3·7·13$	3^6
73	$2·5·73$	$17·43$	$2^2·3·61$		$2·367$	$3·5·7^2$	$2^5·23$		$2·3^2·41$	
74	$2^2·5·37$	$3·13·19$	$2·7·53$		$2^3·3·31$	$5·149$	$2·373$	$3^2·83$	$2^2·11·17$	$7·107$
75	$2·3·5^3$		$2^4·47$	$3·251$	$2·13·29$	$5·151$	$2^2·3^3·7$		$2·379$	$3·11·23$
76	$2^3·5·19$		$2·3·127$	$7·109$	$2^2·191$	$3^2·5·17$	$2·383$	$13·59$	$2^8·3$	
77	$2·5·7·11$	$3·257$	$2^2·193$		$2·3^2·43$	$5^2·31$	$2^3·97$	$3·7·37$	$2·389$	$19·41$
78	$2^2·3·5·13$	$11·71$	$2·17·23$	$3^3·29$	$2^4·7^2$	$5·157$	$2·3·131$		$2^2·197$	$3·263$
79	$2·5·79$	$7·113$	$2^3·3^2·11$	$13·61$	$2·397$	$3·5·53$	$2^2·199$		$2·3·7·19$	$17·47$
80	$2^5·5^2$	$3^2·89$	$2·401$	$11·73$	$2^2·3·67$	$5·7·23$	$2·13·31$	$3·269$	$2^4·101$	
81	$2·3^4·5$		$2^2·7·29$	$3·271$	$2·11·37$	$5·163$	$2^4·3·17$	$19·43$	$2·409$	$3^2·7·13$
82	$2^2·5·41$		$2·3·137$		$2^3·103$	$3·5^2·11$	$2·7·59$		$2^2·3^2·23$	
83	$2·5·83$	$3·277$	$2^6·13$	$7^2·17$	$2·3·139$	$5·167$	$2^2·11·19$	$3^3·31$	$2·419$	
84	$2^3·3·5·7$	29^2	$2·421$	$3·281$	$2^2·211$	$5·13^2$		$7·11^2$	$2^4·53$	$3·283$
85	$2·5^2·17$	$23·37$	$2^2·3·71$		$2·7·61$	$3^2·5·19$	$2^3·107$		$2·3·11·13$	
86	$2^2·5·43$	$3·7·41$	$2·431$		$2^5·3^3$	$5·173$	$2·433$	$3·17^2$	$2^2·7·31$	$11·79$
87	$2·3·5·29$	$13·67$	$2^3·109$	$3^2·97$	$2·19·23$	$5^3·7$	$2^2·3·73$		$2·439$	$3·293$
88	$2^4·5·11$		$2·3^2·7^2$		$2^2·13·17$	$3·5·59$	$2·443$		$2^3·3·37$	$7·127$
89	$2·5·89$	$3^4·11$	$2^2·223$	$19·47$	$2·3·149$	$5·179$	$2^7·7$	$3·13·23$	$2·449$	$29·31$
90	$2^2·3^2·5^2$	$17·53$	$2·11·41$	$3·7·43$	$2^3·113$	$5·181$	$2·3·151$		$2^2·227$	$3^2·101$
91	$2·5·7·13$		$2^4·3·19$	$11·83$	$2·457$	$3·5·61$	$2^2·229$	$7·131$	$2·3^3·17$	
92	$2^3·5·23$	$3·307$	$2·461$	$13·71$	$2^2·3·7·11$	$5^2·37$	$2·463$	$3^2·103$	$2^3·29$	
93	$2·3·5·31$	$7^2·19$	$2^2·233$	$3·311$	$2·467$	$5·11·17$	$2^3·3^2·13$		$2·7·67$	$3·313$
94	$2^2·5·47$		$2·3·157$	$23·41$	$2^4·59$	$3^3·5·7$	$2·11·43$		$2^2·3·79$	$13·73$
95	$2·5^2·19$	$3·317$	$2^3·7·17$		$2·3·53$	$5·191$	$2^3·239$	$3·11·29$	$2·479$	$7·137$
96	$2^6·3·5$	31^2	$2·13·37$	$3^2·107$	$2^2·241$	$5·193$	$2·3·7·23$		$2^5·3·11^2$	$3·17·19$
97	$2·5·97$		$2^2·3^5$	$7·139$	$2·487$	$3·5^2·13$	$2^4·61$		$2·3·163$	$11·89$
98	$2^3·5·7^2$	$3^2·109$	$2·491$		$2^4·3·41$	$5·197$	$2·17·29$	$3·7·47$	$2^2·13·19$	$23·43$
99	$2·3^2·5·11$		$2^5·31$	$3·331$	$2·7·71$	$5·199$	$2^2·3·83$		$2·499$	$3^3·37$
100	$2^3·5^3$	$7·11·13$	$2·3·167$	$17·59$	$2^2·251$	$3·5·67$	$2·503$	$19·53$	$2^4·3^2·7$	

Anh. A 10 Tabelle 2 Evolventenfunktion evα = tanα − arcα (neue Schreibweise: invα = tanα − arcα)

$\alpha°$	0'	10'	20'	30'	40'	50'
12	0,003117	0,003250	0,003387	0,003528	0,003673	0,003822
13	0,003975	4132	4294	4459	4629	4803
14	0,004982	5165	5353	5545	5742	5943
15	0,006150	6361	6577	6798	7025	7256
16	0,007493	7735	7982	8234	8492	8756
17	0,009025	9299	9580	9866	10158	10456
18	0,010760	11071	11387	11709	12038	12373
19	0,012715	13063	13418	13779	14148	14523
20	0,014904	0,015293	0,015689	0,016092	0,016502	0,016920
21	0,017345	17777	18217	18665	19120	19583
22	0,020054	20533	21019	21514	22018	22529
23	0,023049	23577	24114	24660	25214	25777
24	0,026350	26931	27521	28121	28729	29348
25	0,029975	30613	31260	31917	32583	33260
26	0,033947	34644	35352	36069	36798	37537
27	0,038287	39047	39819	40602	41395	42201
28	0,043017	43845	44685	45537	46400	47276
29	0,048164	49064	49976	50901	51838	52788
30	0,053751	0,054728	0,055717	0,056720	0,057736	0,058765

Anh. A 10 Tabelle 3 Wichtige Zahlenwerte (g in ms^{-2})

π	3,14159	$\sqrt{\pi}$	1,46459	g	9,81	π^2	9,86960	90:π	28,64790	$1:g^2$	0,01039
π:2	1,57080	$\sqrt{2\pi}$	1,84526		(9,80665)	$4\pi^2$	39,47842	180:π	57,29580	$1:\sqrt{g}$	0,31928
π:3	1,04720	$\pi\sqrt{\pi}$	4,60115	g^2	96,2361	π^2:4	2,46740	$1:\pi^2$	0,10132	$\pi:\sqrt{g}$	1,00303
π:4	0,78540	$\sqrt[3]{\pi^2}$	2,14503	$\sqrt{g}$	3,13209	π^2:16	0,61685	$1:\pi^3$	0,03225	$\pi:\sqrt{2g}$	0,70925
π:6	0,52360	$\pi\sqrt[3]{\pi^2}$	6,73881	$2\sqrt{g}$	6,26418	π^3	31,00628	$1:\pi^4$	0,01027		
π:12	0,26180	$\sqrt[3]{\pi:2}$	1,16245	$\pi\sqrt{g}$	9,83976	π^4	97,40909	$\sqrt{1:\pi}$	0,56419	e	2,71828
π:16	0,19635	1:π	0,31831	$\sqrt{2g}$	4,42945	$\sqrt{\pi}$	1,77245	$\sqrt{2:\pi}$	0,79789	e^2	7,38906
π:32	0,09818	2:π	0,63662	$\pi\sqrt{2g}$	13,91536	$\sqrt{2\pi}$	2,50663	$\sqrt{3:\pi}$	0,97721	1:e	0,36788
π:64	0,04909	16:π	5,09296	1:g	0,10194	$2\sqrt{\pi}$	3,54491	$\sqrt[3]{1:\pi}$	0,68278	$1:e^2$	0,13534
π:90	0,03491	32:π	10,18592	1:$2g$	0,05097	$\sqrt{\pi:2}$	1,25331	$\sqrt[3]{2:\pi}$	0,86025	$\sqrt{e}$	1,64872
π:180	0,01745	64:π	20,37184	π^2:g	1,00608	$\pi\sqrt{\pi}$	5,56833	$\sqrt[3]{3:\pi}$	0,98475	$\sqrt[3]{e}$	1,39561

MIX
Papier aus verantwortungsvollen Quellen
Paper from responsible sources
FSC® C105338

If you have any concerns about our products,
you can contact us on
ProductSafety@springernature.com

In case Publisher is established outside the EU,
the EU authorized representative is:
**Springer Nature Customer Service Center GmbH
Europaplatz 3, 69115 Heidelberg, Germany**

Printed by Libri Plureos GmbH
in Hamburg, Germany